U0930369

中国国家标准汇编

2017年修订-41

中国标准出版社　编

中国标准出版社

北　京

图书在版编目(CIP)数据

中国国家标准汇编:2017年修订.41/中国标准出版社编.—北京:中国标准出版社,2019.5
ISBN 978-7-5066-9316-5

Ⅰ.①中… Ⅱ.①中… Ⅲ.①国家标准-汇编-中国-2017 Ⅳ.①T-652.1

中国版本图书馆CIP数据核字(2019)第118379号

中 国 标 准 出 版 社 出 版 发 行
北京市朝阳区和平里西街甲2号(100029)
北京市西城区三里河北街16号(100045)

网址 www.spc.net.cn
总编室:(010)68533533 发行中心:(010)51780238
读者服务部:(010)68523946

中国标准出版社秦皇岛印刷厂印刷
各地新华书店经销

*

开本 880×1230 1/16 印张 34.25 字数 1 036 千字
2019年5月第一版 2019年5月第一次印刷

*

定价 220.00 元

出 版 说 明

《中国国家标准汇编》是一部大型综合性国家标准全集。自1983年起，每年按国家标准顺序号分册汇编出版，分为"制定"卷和"修订"卷两种形式。

"制定"卷收入上一年度我国发布的、新制定的国家标准，视篇幅分成若干分册，封面和书脊上注明"20××年制定"字样及分册号，分册号一直连续。各分册中的标准是按照标准编号顺序连续排列的，如有标准顺序号缺号的，除特殊情况注明外，暂为空号。

"修订"卷收入上一年度我国发布的、被修订的国家标准，视篇幅分成若干分册，但与"制定"卷分册号无关联，仅在封面和书脊上注明"20××年修订-1，-2，-3，……"字样。"修订"卷各分册中的标准，仍按标准编号顺序排列(但不连续)；如有遗漏的，均在当年最后一分册中补齐。需提请读者注意的是，个别非顺延前年度标准编号的新制定国家标准没有收入在"制定"卷中，而是收入在"修订"卷中。

读者购买每年出版的《中国国家标准汇编》"制定"卷和"修订"卷则可收齐由我社出版的上一年度制定和修订的全部国家标准。

2017年我国制修订国家标准共3 811项。本分册为《中国国家标准汇编》"2017年修订-41"，收入新制修订的国家标准22项。

中国标准出版社
2019年3月

目　录

GB/T 20001.5—2017　标准编写规则　第5部分:规范标准 …… 1
GB/T 20001.6—2017　标准编写规则　第6部分:规程标准 …… 19
GB/T 20001.7—2017　标准编写规则　第7部分:指南标准 …… 31
GB/T 20021—2017　帆布芯耐热输送带 …… 45
GB/T 20027.2—2017　橡胶或塑料涂覆织物　破裂强度的测定　第2部分:液压法 …… 51
GB/T 20041.21—2017　电缆管理用导管系统　第21部分:刚性导管系统的特殊要求 …… 61
GB/T 20042.1—2017　质子交换膜燃料电池　第1部分:术语 …… 79
GB/T 20058—2017　滚动轴承　单列角接触球轴承　外圈非推力端倒角尺寸 …… 111
GB/T 20062—2017　流动式起重机　作业噪声限值及测量方法 …… 117
GB/T 20067—2017　粗直径钢丝绳 …… 129
GB/T 20068—2017　船载自动识别系统(AIS)技术要求 …… 163
GB 20074—2017　摩托车和轻便摩托车外部凸出物 …… 287
GB/T 20080—2017　液压滤芯技术条件 …… 297
GB/T 20090.13—2017　信息技术　先进音视频编码　第13部分:视频工具集 …… 305
GB/T 20108—2017　低温单元式空调机 …… 363
GB/T 20111.4—2017　电气绝缘系统　热评定规程　第4部分:评定和分级电气绝缘系统试验方法的选用导则 …… 379
GB/T 20118—2017　钢丝绳通用技术条件 …… 387
GB/T 20139.2—2017　电气绝缘系统　已确定等级的电气绝缘系统(EIS)组分调整的热评定　第2部分:成型绕组 EIS …… 435
GB/T 20168—2017　快淬钕铁硼永磁粉 …… 453
GB/T 20203—2017　管道输水灌溉工程技术规范 …… 465
GB/T 20225.1—2017　电子文档管理　词汇　第1部分:电子文档成像 …… 502
GB/T 20240—2017　竹集成材地板 …… 527

ICS 01.120
A 00

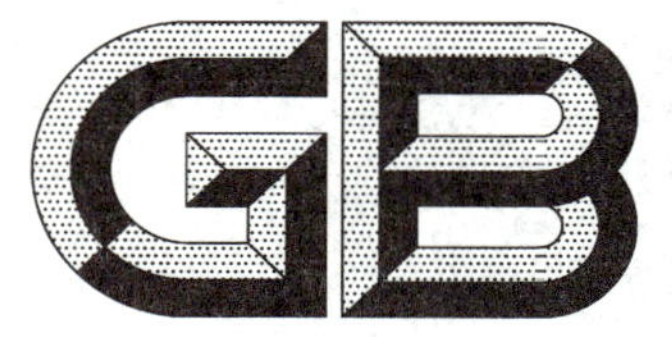

中华人民共和国国家标准

GB/T 20001.5—2017

标准编写规则 第5部分：规范标准

Rules for drafting standards—Part 5: Specification standards

2017-12-29 发布 2018-04-01 实施

中华人民共和国国家质量监督检验检疫总局
中国国家标准化管理委员会 发布

前　　言

GB/T 20001《标准编写规则》与 GB/T 1《标准化工作导则》、GB/T 20000《标准化工作指南》、GB/T 20002《标准中特定内容的起草》、GB/T 20003《标准制定的特殊程序》和 GB/T 20004《团体标准化》共同构成支撑标准制定工作的基础性系列国家标准。

GB/T 20001《标准编写规则》分为如下部分：

——第 1 部分：术语标准；

——第 2 部分：符号标准；

——第 3 部分：分类标准；

——第 4 部分：试验方法标准；

——第 5 部分：规范标准；

——第 6 部分：规程标准；

——第 7 部分：指南标准；

……

——第 10 部分：产品标准。

本部分为 GB/T 20001 的第 5 部分。

本部分按照 GB/T 1.1—2009《标准化工作导则　第 1 部分：标准的结构和编写》给出的规则起草。

请注意本文件的某些内容可能涉及专利。本文件的发布机构不承担识别这些专利的责任。

本部分由全国标准化原理与方法标准化技术委员会(SAC/TC 286)提出并归口。

本部分起草单位：中国标准化研究院、机械科学研究总院、中国家用电器研究院。

本部分主要起草人：白殿一、杜晓燕、逄征虎、刘慎斋、王益谊、李佳、强毅、陆锡林、马德军。

引　言

标准化活动主要包括制定标准和应用标准，其中制定标准的工作之一是起草高质量的标准文本。为了保证标准化活动的有效性，我国已经建立并不断完善支撑标准制定工作的基础性国家标准体系。在该标准体系中，GB/T 1.1—2009《标准化工作导则　第1部分：标准的结构和编写》是确立普遍适用于起草各类标准通用规则的国家标准。实践中，每个标准都发挥着特定的功能，相同功能的标准的要素构成及其内容表现形式具有一定的相似性。按照功能可以将标准划分为术语、符号、分类、试验方法、规范、规程和指南等类型。在 GB/T 1.1 规定的总体规则基础上，GB/T 20001 针对这些不同类型的标准分别确立起草规则，建立标准起草规则体系。本部分即是这一规则体系中针对规范标准的起草确立的特定规则。

对产品、过程或服务等标准化对象进行标准化，典型的做法之一就是在标准中规定这些标准化对象需要满足的要求。如果有必要判定声称符合这些标准的各种活动及其结果是否满足了这些要求，就要在标准中描述对应的证实方法。这样形成的标准即是规范标准。规范标准的功能是通过提供可证实的要求对标准化对象进行"规定"，其必备要素包括"要求"和"证实方法"。这两个要素是规范标准区别于其他类型标准的一个显著特征，它们的有机结合使得判定各种活动及其结果是否符合标准中的规定成为可能。因而规范标准可以作为采购、贸易的基础，作为判定产品、过程或服务符合性的依据，作为自我声明、认证的基准。

目前，我国国家标准中有 2 400 余项规范标准。随着人们对标准的功能的认识不断深入，对这类标准的需求也将不断增加，因而急需对规范标准的起草确立规则。在国际国外标准组织发布的文件中，已经确立了一些与规范标准有关的起草规则。例如，在 ISO/IEC 导则中，从产品标准的角度规定了"要求"与"试验方法"的编写要求；在《美国试验与材料协会标准的构成及格式》和《英国标准的结构和起草规则》中，均将标准划分为不同的类型，规范标准是其中的一种，并且这两个文件都在一定程度上规定了规范标准的起草规则。

本部分在参考国际国外标准组织有关规范标准起草规则的基础上，结合我国已有研究和实践，通过从标准的结构、总体原则和要求、技术要素编写以及技术内容表述等方面确立规范标准的起草规则，使我国规范标准的要素及其技术内容的选择和编写有据可依，规定的要求准确、可证实，从而提高标准本身的起草质量和应用效率，有效发挥这类标准的功能。

标准编写规则　第5部分：规范标准

1　范围

GB/T 20001 的本部分确立了起草规范标准的总体原则和要求，规定了规范标准的结构以及标准名称、范围、要求和证实方法等必备要素的编写和表述规则。

本部分适用于各层次标准中以产品、过程、服务为标准化对象的规范标准的起草。

注：除非特殊说明，本部分中的产品包括原材料、零部件、制成品、系统等。

2　规范性引用文件

下列文件对于本文件的应用是必不可少的。凡是注日期的引用文件，仅注日期的版本适用于本文件。凡是不注日期的引用文件，其最新版本（包括所有的修改单）适用于本文件。

GB/T 1.1　标准化工作导则　第1部分：标准的结构和编写

GB/T 20000.1　标准化工作指南　第1部分：标准化和相关活动的通用术语

GB/T 20001.4　标准编写规则　第4部分：试验方法标准

3　术语和定义

GB/T 1.1 和 GB/T 20000.1 界定的以及下列术语和定义适用于本文件。为了便于使用，以下重复列出了 GB/T 20000.1 中的一个术语和定义。

3.1

规范标准　specification standard

规定产品、过程或服务需要满足的要求以及用于判定其要求是否得到满足的证实方法的标准。

[GB/T 20000.1—2014，定义 7.6]

3.2

功能　function

标准化对象所具有的或预期能产生的作用。

3.3

性能　performance

反映产品**功能**的某种能力。

3.4

效能　efficacy

反映过程或服务**功能**的某种能力。

3.5

特性　characteristic

标准化对象所具有的可被辨识的特定属性。

注：特性通常被赋值。

4 总体原则和要求

4.1 总体原则

4.1.1 目的导向原则

目的导向原则是标准的技术要素中拟标准化的特性或内容的选取原则，即标准中拟标准化的特性或内容的选取与确定取决于标准化的目的。在起草规范标准时需要明确标准化的目的。在此基础上，对标准化对象进行功能分析有助于识别标准中拟标准化的特性或内容。

注：标准化的目的通常有：保证可用性，保障健康、安全，保护环境或促进资源合理利用，便于接口、互换、兼容或相互配合，利于品种控制，促进相互理解和交流等。

4.1.2 性能/效能原则

性能/效能原则是标准中要求的表述原则，即标准中的要求由反映产品性能、过程或服务效能的具体特性来表述，通常不使用其他特性(如描述特性、设计特性等)来表述，以便给技术发展留有最大的自由度。在遵守性能/效能原则时，需注意确保要求中不疏漏对标准化对象的功能产生重要影响的产品性能或过程/服务效能。

性能/效能原则是考虑如何针对特性规定要求时优先考虑的原则。在遵守这一原则时，有可能无法确定恰当的性能/效能特性及特性值，也有可能引入既耗时又复杂且昂贵的证实过程，还有可能无法找到恰当的证实方法。因此，是用性能/效能特性表述要求，还是用其他特性表述要求，需要认真权衡利弊。

4.1.3 可证实性原则

可证实性原则指标准中只规定能够在较短时间内得到证实的要求。遵守可证实性原则意味着针对要求描述对应的证实方法，但这并不意味着这些方法一定要实施。只有在应有关方面要求时才予以实施。

规范标准的要素“要求”中规定的每个要求都需要符合可证实性原则。因此，仅定性地规定要求或规定没有证实方法的定量要求通常都是没有意义的。

4.2 总体要求

起草规范标准时，凡本部分未作具体规定的，应遵守 GB/T 1.1 的有关规定。

5 结构

规范标准的必备要素包括：封面、前言、标准名称、范围、要求和证实方法。规范标准中各个要素的典型编排以及每个要素所允许的表述形式见表 1。

表 1 规范标准中要素的典型编排

要素类型	要素[a] 的编排	要素所允许的表述形式[a]
资料性概述要素	***封面***	***文字***(*标示标准的信息*)
	目次	*文字*(*自动生成的内容*)

表 1（续）

要素类型	要素[a]的编排	要素所允许的表述形式[a]
资料性概述要素	**前言**	**条文** *注* *脚注*
	引言	*条文* *图* *表* *注* *脚注*
规范性一般要素	**标准名称**	**文字**
	范围	**条文** 图 表 *注* *脚注*
	规范性引用文件	文件清单（规范性引用） *注* *脚注*
规范性技术要素	术语和定义 …… **要求** **证实方法** …… 规范性附录	条文 图 表 *注* *脚注*
资料性补充要素	*资料性附录*	*条文* *图* *表* *注* *脚注*
规范性技术要素	规范性附录	条文 图 表 *注* *脚注*
资料性补充要素	*参考文献*	*文件清单（资料性引用）* *脚注*
	索引	*文字（自动生成的内容）*

注： 表中各个要素的前后顺序即其在标准中所呈现的具体位置。

[a] 黑体表示“必备的”；正体表示“规范性的”；斜体表示“资料性的”。

根据实际需要，规范标准还可包含表 1 之外的其他规范性技术要素，例如，符号、代号和缩略语、分类（或分级）、标准化项目标记等。根据标准的表述需要，表 1 中的要素“要求”和“证实方法”的标题可直接作为章标题，也可根据具体情况做相应调整，或编排成多个章。

6 要素的编写

6.1 标准名称

6.1.1 规范标准的名称应包含词语“规范”，以表明标准的类型。如果标准中只包含要素“要求”和“证实方法”，或者同时还包含其他方面（例如，符号、代号和缩略语、分类等）但不是所有基本方面，那么词语“规范”通常应置于标准名称的补充要素中（见示例 1、示例 2）；在编写标准的某个部分的名称时，词语“规范”可置于主体要素中（见示例 3）。

示例 1：γ 辐照装置　设计、建造和使用　规范

示例 2：税控收款机　第 3 部分：税控器规范

示例 3：社区能源计量抄收系统规范　第 6 部分：本地总线

6.1.2 当规范标准中仅包含针对一个或两个标准化目的（参见 4.1.1 的注）的要求时，宜在标准名称中包含表述标准化目的的词语（见示例 1 和示例 2）。当规范标准中包含了针对三个及以上标准化目的的要求时，宜在标准名称中使用“技术规范”（见示例 3），不宜使用“技术条件”。

示例 1：γ 辐照装置　辐射防护与安全规范

示例 2：镍冶炼　安全生产规范

示例 3：1 000 kV 变电站监控系统　技术规范

6.1.3 对于适用于一类或多种产品的规范标准，标准名称中应包含“通用”“总”等限定词。

示例 1：再生橡胶　通用规范

示例 2：漏泄电缆无线通信系统　总规范

示例 3：无线传声器系统　通用规范

6.1.4 在标准化对象为产品的情况下，如果标准中包含了要素“要求”和“证实方法”在内的所有基本方面，且该标准是有关该产品的惟一标准（而且拟继续保持），那么可用产品名称作为该规范标准的名称。

示例 1：饲料添加剂　氯化钠

示例 2：墙板自攻螺钉

6.1.5 规范标准的标准名称的英文译名中对应的词语“规范”应译为“specification”。

示例 1：Gamma irradiation facilities—Design, construction and use—Specifications

示例 2：Fiscal cash register—Part 3: Specification of fiscal processor

示例 3：Specification for society energy metering for reading system—Part 6: Local bus

示例 4：1 000 kV substation automation system—Technical specification

示例 5：Reclaimed rubber—General specification

6.2 范围

范围应对规范标准中的主要技术内容做出提要式的说明，指明规定的要求的种类和证实方法。

范围的典型表述形式为：“本标准（部分）规定了……[产品、过程或服务]的……要求/通用要求，描述了对应的证实方法，……”。表述“要求”时，使用词语“规定”，表述“证实方法”时，使用词语“描述”。

示例 1：本标准规定了手持式金属探测器的通用要求，描述了对应的试验方法。

示例 2：本标准规定了太阳能供电系统的通用要求，描述了对应的试验方法，给出了太阳能供电系统的组成与分类等内容。

示例 3：本标准规定了金融租赁服务中申请、受理、审查、合同签订和履行、租后管理的整个流程的要求，描述了对应的证实方法。

示例 4：本标准规定了汽车租赁服务的服务效果、响应性、宜人性等方面的要求，描述了对应的证实方法。

6.3 要求

6.3.1 通用要求

规范标准中的要素“要求”应通过直接或引用的方式规定以下内容：

——保证产品/过程/服务适用性的所有特性；

——特性值；

——适宜时，描述证实方法。

当标准化对象为系统时，规范标准中的要素“要求”应通过直接或引用的方式规定以下内容：

——保证完整的、已安装的系统适用性的所有特性，根据具体情况，还可包括系统各构成要素（或子系统）的特性；

——特性值；

——适宜时，描述证实方法。

根据具体情况，还可包括确立系统的构成要素（或子系统）以及各要素（或子系统）之间的关系的内容。

附录A给出了以产品、过程、服务为标准化对象的规范标准的编写示例，其中A.1的示例1示出了以系统为标准化对象的规范标准的编写。

6.3.2 产品规范标准中的要求

6.3.2.1 只要可能，产品规范标准中表述要求时需遵守性能原则，即由反映产品性能的具体特性及特性值来表述要求，不宜对设计特性、描述特性或相关过程规定要求。

6.3.2.2 产品规范标准通常针对以下类别的产品性能规定要求：使用性能、理化性能、生物学/病理学/毒理学性能、人类工效学性能、环境适应性等。选择各类性能以及确定具体特性可考虑诸如以下内容：

a) 使用性能：优先考虑规定直接反映产品使用性能的特性，例如，洗净率、磨损率、加热效率、功率、噪声、灵敏度、可靠性、药性等（参见A.1的示例2）；在无法规定或找到直接反映产品使用性能的特性时，可使用间接反映使用性能的可靠代用指标。

b) 理化性能：当产品的理化性能对其使用十分重要，或者产品的使用需要用理化性能加以保证时，规定产品的物理、化学和电磁方面的特性，例如，产品的强度、硬度、塑性、黏度、纯度、酸度、耗氧量、磁感应强度、磁辐射（限）等。

c) 生物学/病理学/毒理学性能：当产品的生物学、病理学或毒理学性能对其使用十分重要，或者产品的使用需要用生物学、病理学或毒理学性能加以保证时，规定产品的生物学、病理学或毒理学特性，例如，生长速度、酶活、绝对致死量、半数致死量、最大无作用量等。

d) 人类工效学性能：当人机界面上用户的体验影响产品的使用效果时，规定产品的人机界面以及满足视觉、听觉、味觉、嗅觉、触觉等外观或感官需求的特性，如易读性、易操作性等。

e) 环境适应性：当产品本身对使用的环境条件有适应性要求时，规定产品对温度、湿度、气压、海拔、冲击、振动、辐射等适应的程度，以及产品抗风、抗磁、抗老化、抗腐蚀的性能等。参见A.1的示例2。

6.3.2.3 产品规范标准通常不对产品结构规定要求。然而，在为了便于产品的互换性、兼容性、相互配合或者为了保证安全的情况下，可对产品结构、尺寸等提出要求。规定产品结构尺寸时，宜给出结构尺寸图样，并在图上注明相应尺寸。

6.3.2.4 产品规范标准通常不对材料规定要求。然而，为了保证产品性能和安全，可对材料提出要求或指定产品所用的材料。在对材料规定要求时，如果存在现行适用的相关材料标准，那么应引用这些标准；如果没有适用的标准，那么可在附录中对材料性能做出规定。在指定产品所用的材料时，可规定允许使用性能不低于有关材料标准规定的其他材料。

6.3.2.5 产品规范标准通常不对生产过程、工艺等规定要求。然而，为了保证产品性能和安全，不得不限定生产过程、工艺时，可在附录中做出相关规定。

6.3.3 过程规范标准中的要求

6.3.3.1 只要可能，过程规范标准中表述要求时需遵守效能原则，即由反映过程效能的具体特性及特性值（例如，赞成率、通过率、检出率等，参见A.2的示例1）来表述要求，而不应对履行过程的具体行为作指示。

6.3.3.2 当无法确定反映过程效能的特性，或者当过程效能的实现确需活动内容加以保证时，可对活动内容或与活动内容有关的特性进行规定，例如，实施影响达到预期效果的关键程序、阶段或步骤的持续时间，活动内容构成，特殊情况处理，告知，记录等。参见A.2的示例1。

6.3.3.3 当无法确定反映过程效能的特性，或者当过程运作的控制条件对于达到预期效果十分重要，需要控制条件加以保证时，可规定与过程运作的控制条件有关的特性，例如，温度、湿度、水分、杂质等。参见A.2的示例2。

6.3.3.4 根据实际需要，过程规范标准可在规定要求之前，陈述执行某个过程所经历的程序、阶段或步骤。

6.3.4 服务规范标准中的要求

6.3.4.1 只要可能，服务规范标准中表述要求时需遵守效能原则，即由反映服务效能的具体特性及特性值来表述要求；除非特殊情况（见6.3.4.5），否则不应对组织机构、人员资质或提供服务所使用的物品、设备等规定要求。

6.3.4.2 服务规范标准应首先选择规定服务提供者与服务对象接触界面的要求。通常，应针对以下类别的服务效能规定要求：服务效果、宜人性、响应性、普适性等。选择各类服务效能以及确定具体特性可考虑诸如以下内容：

a） 服务效果：优先考虑规定反映服务需达到的效果的特性或预期交付给服务对象的服务的特性，例如，满意度、有效投诉率、差错率等。参见A.3的示例1。
b） 宜人性：当服务对象的体验感受对实现服务效果十分重要，或服务效果需要通过限定服务提供者的行为加以保证时，规定服务提供的便利性、舒适性、愉悦性、感受性等方面的特性以及服务行为（包括发生在服务提供之前、服务提供过程中和服务提供之后与服务对象接触界面上的行为）要求，例如，服务人员倾听服务对象需求、按时通知服务对象、使用简洁适用的语言回答服务对象的问题（例如方言、外语等）、服务人员文明用语等。参见A.3的示例2。
c） 响应性：当服务效果需要通过规定响应服务对象需求的能力加以保证时，规定反映帮助服务对象并及时提供服务的特性，例如，服务持续时间、等待时间、反馈意见处理时间、突发问题处理周期、紧急突发情况应对等。参见A.3的示例2。
d） 普适性：当服务的适用范围和程度对于服务效果的实现非常重要时，规定反映照顾和考虑所有服务对象的需求的特性，例如，考虑老年人、残疾人、儿童、孕妇等特殊人群需求等。

6.3.4.3 当无法确定反映服务效能的特性时，或服务效能的实现确需服务内容加以保证时，服务规范标准可规定与服务内容有关的特性，例如，服务内容的构成、辅助服务提供的文件或材料等。

6.3.4.4 当无法确定反映服务效能的特性时，或服务效能的实现确需服务环境加以保证时，服务规范标准可规定与服务环境有关的特性。

6.3.4.5 服务规范标准如果选择不出拟标准化的特性或内容，不得不对机构或人员资质、设备设施等提出要求时，应引用现行适用的相关标准，当没有适用的标准时可在附录中做出适当的规定。

6.3.5 要求的表述

6.3.5.1 规范标准中的要素“要求”都应以要求型条款表述。规范标准中要求型条款的文字表述的典型句式为：

——“特性”按“证实方法”试验“应”符合“特性值”的规定；

——“特性”按“证实方法”试验“应”大于/小于“特性值”；

——按“证实方法”试验，“特性”“应”大于/小于“特性值”；

——“特性”“应”保证/达到“特性值”的规定；

——“谁”“应”“怎么做”。

注：以上句式中，根据具体情况，措辞“试验”可调整为“测定”“测量”等。

示例1：甲醛含量按4.5测定应小于20 mg/kg。

示例2：快件的投递时限以发件人签发时间到收件人签收时间为准应少于24 h。

示例3：出租汽车经营者接到投诉后应在24 h内告知乘客是否受理，并于10 d内处理完毕且将处理结果告知乘客。

6.3.5.2 为了确保可证实性，规范标准中不应使用诸如“足够坚固”“适当的强度”“相对完善”等无法证实的表述形式。

6.3.5.3 适宜时，规范标准中的要求型条款可使用表格表述。表格的表头的典型形式为：编号、特性、特性值、证实方法等。其中，证实方法栏通常给出证实方法的章条号或者给出引用的标准编号及章条号。该表格应在正文中使用6.3.5.1中的典型句式予以提及。

示例：

编号	特性	特性值	证实方法

6.4 证实方法

6.4.1 概述

规范标准中的证实方法可以是：

a) 测量和试验方法，例如，强度试验、电性能测量方法、泄漏电流测量方法等，参见A.1的示例2；

b) 信息化方法，例如，扫码、网络等；

c) 主观评价等其他证实方法，例如，目测、记录、客户确认/评价等，参见A.2的示例1和示例2、A.3的示例2。

产品规范标准通常考虑编写a)中所述的证实方法，过程规范标准和服务规范标准通常考虑编写b)和c)中所述的证实方法。

6.4.2 一般要求

6.4.2.1 规范标准针对要素“要求”中的每项要求都应描述对应的证实方法。证实方法在规范标准中可以：

——作为单独的章；

——并入要求中；

——作为标准的规范性附录。

6.4.2.2 证实方法作为单独的章时，应按照与其具有对应关系的“要求”的先后次序编写。

6.4.2.3 编写证实方法时，如果存在现行适用的标准，那么应引用这些标准；如果没有适用的标准，那么可在标准中描述相应的证实方法。

6.4.2.4 如果存在多种适用的证实方法，原则上只描述一种方法。由于某种原因需要列入多种方法时，应指明仲裁方法。

6.4.3 证实方法的内容及编写

6.4.3.1 编写测量和试验方法，应包括用于证实产品、过程或服务是否满足要求以及保证结果再现性的所有条款。通常应包含：

——测量/试验步骤；

——数据处理(包括计算方法、结果的表述)。

综合考虑相关需要等因素，还可增加其他内容，例如，试剂或材料、仪器设备、技术条件、环境条件等。然而，通常不涉及证实方法的原理等内容。测量/试验步骤、数据处理等内容应按照 GB/T 20001.4 给出的有关规则编写。

6.4.3.2 编写信息化方法以及主观评价等其他证实方法，应描述实施该特定证实方法的主体、实施频率(或持续时间、起始时间、实施时间)以及扫描上传、观察、记录、确认/评价的内容，以及相应的计算方法(根据实际需要)等。

附　录　A
（资料性附录）
规范标准编写示例

本附录以标准文本形式给出示例的目的，在于帮助标准使用者理解 GB/T 20001 的本部分的相关规定。示例仅是为了说明本部分的规定而编写或由其他文件改编，选取的要素及其技术内容不保证是最佳和准确的。

A.1　产品规范标准编写示例

示例 1 示出了以系统为标准化对象的产品规范标准，在确立系统的构成要素及各要素之间关系、规定系统的特性及特性值时的编写方法。其中的第 5 章确立了 1 000 kV 变电站监控系统的构成要素，描述了这些构成要素之间的关系（见 5.1），并进一步描述了该系统的各个构成要素的功能及其构成（见 5.2、5.3 和 5.4）；第 7 章规定了系统整体的性能要求（见 7.1 和 7.2）。

示例 1：

1 000 kV 变电站监控系统　技术规范

……

5　系统结构

5.1　变电站监控系统由站控层、间隔层两部分组成，并用分层、分布、开放式网络系统实现连接。在应用电子互感器、合并单元的情况下，可增加过程层。

5.2　站控层由计算机网络连接的主机、操作员站和工作站等设备构成，提供站内运行的人机联系界面，实现管理控制间隔层设备等功能，并能与调度中心通信。

5.3　间隔层由测控单元、间隔层网络和各种网络、通信接口设备等构成，完成面向单元设备的监测控制等功能。

5.4　过程层面对电气一次设备对象，包括智能开关、智能终端等智能一次及辅助设备。

……

6　系统功能

6.1　数据采集处理

6.1.1　系统应通过测控单元实时采集模拟量、开关量。测控单元以下列方式获取模拟量和开关量：

……

7　性能要求

7.1　系统性能要求

系统性能应符合表 1 规定的要求。

表 1　系统性能要求

序号	技术参数名称	参数
1	模拟量 U、I 测量误差	≤0.2%
……	……	……
5	通信变位传送时间（至站控层）	≤1 s
……	……	……

7.2　电磁兼容性能要求

装置不应通过交直流输入回路外接抗干扰元件来满足有关电磁兼容要求。按表 2 的方法进行试验，装置电磁兼容能力应达到相对应的级别。

表 2　电磁兼容性能要求及试验方法

编号	特性	特性值(级别)	证实方法
1	静电放电抗扰度	四级	GB/T 17626.2
2	射频电磁场辐射抗扰度	三级	GB/T 17626.3
……	……	……	……

……

示例 2 示出了以制成品为标准化对象的产品规范标准，在规定产品的性能特性及特性值、描述试验方法时的编写方法。对于手持式金属探测器，根据性能原则优先规定的是使用性能——探测性能(见 4.1)。探测性能进一步由灵敏度、探测能力、稳定性等特性及特性值来表达，示例中的 5.1 描述了与探测性能相对应的试验方法。除此之外，手持式金属探测器对工作环境的适应能力也是影响其使用的重要因素，示例中的 4.3 规定了环境适应性方面的要求。

示例 2：

手持式金属探测器　通用技术规范

……

4　技术要求

4.1　探测性能

4.1.1　灵敏度范围

按 5.1.1 的方法操作探测器，至少应适合或覆盖一个检测等级。

4.1.2　探测能力

针对每个检测等级，按 5.1.2 的方法试验，应满足表 1 的要求。

表 1　不同检测等级的探测能力要求

检测等级	应报警				不应报警			
	检测方式	测试物	探测距离	姿态	检测方式	测试物	探测距离	姿态
A	接近、擦过	T1	65 mm	横向	接近、擦过	T1	100 mm	横向
B			45 mm				……	
C			25 mm				……	

4.1.3　持续工作稳定性

探测器持续工作时间不应短于 40 h，且在持续工作期间不做任何调整的情况下应能够稳定可靠地工作，并应满足 4.1.2 的要求。

……

4.3　环境适应性

4.3.1　工作环境

室内工作型探测器在 5 ℃～40 ℃、最大相对湿度 95％的环境条件下工作，应满足 4.1.2 的要求。

……

5　试验方法

5.1　探测性能试验

5.1.1　灵敏度试验

……

5.1.2　探测能力试验

……

A.2 过程规范标准编写示例

示例1示出了过程规范标准中过程效能、过程的活动内容两方面的要求及对应的证实方法的编写方法。示例中的4.4.3规定了专利处置过程的效能特性。活动内容是影响专利处置过程效能实现的重要因素，示例中的4.1.1、4.1.2、4.1.3、4.4.1、4.4.2规定了专利处置过程中披露活动和会议活动的内容要求，4.1.4、4.4.3描述了对应的证实方法。

示例1：

标准制定的特殊程序　涉及专利的处置规范

……

4　标准制定过程中的专利处置要求

4.1　披露要求

4.1.1　在标准制修订过程中的任何阶段，参与标准制修订的组织或个人应尽早向相关全国专业标准化技术委员会或归口单位披露自身及关联者拥有的必要专利，宜尽早披露其所知悉的他人(方)拥有的必要专利。

4.1.2　在标准制修订过程中的任何阶段，披露必要专利信息时，应按要求填写必要专利信息披露表(见表A.1)并保证所有必填项被100%正确填写。

4.1.3　应将必要专利信息披露表与所有证明材料一并提交至标准归口的全国专业标准化技术委员会或归口单位。提交的证明材料应包括：

——专利证书复印件或扉页，适用于已授权专利；

——专利公开通知书复印件或扉页，适用于已公开但尚未授权的专利申请；

——专利申请号和申请日期，适用于未公开的专利申请。

4.1.4　全国专业标准化技术委员会或归口单位在接收组织或个人提交的必要专利信息披露表与相关证明材料时，检查必要专利信息披露表填写的完整性，所提供的证明材料的齐全性，是否符合4.1.3的要求，并将接收必要专利信息披露表与相关证明材料的时间、接收人、材料检查情况等进行记录，作为标准制定过程工作文件存档。

……

4.4　会议要求

4.4.1　在标准制修订过程中的每次会议期间，会议主持人都应提醒参会者慎重考虑标准草案是否涉及专利，通告标准草案涉及专利的情况和询问参会者是否知悉标准草案涉及的尚未披露的必要专利，并将结果记录在会议纪要中。

4.4.2　在涉及专利的标准审查会上，在标准必要专利方面，委员应审查：

a)　标准制定过程中召开的所有会议的会议纪要中是否记录了4.4.1规定的内容；

b)　标准必要专利信息披露表、证明材料、已披露的专利清单和必要专利实施许可声明表的填写是否完整。

4.4.3　委员对4.4.2 a)和b)存有异议或对标准涉及专利的必要性不赞同，可投反对票。在反对票比率超过25%时，审查结论应为不通过。

……

示例2示出了过程规范标准中过程运作的控制条件方面的要求及对应的证实方法的编写方法。示例中，木材的含水率、胶粘剂的定型温度对于胶合结构组件加工非常重要，因而，5.2、5.4等规定了加工过程中的温度、含水率等要求。示例中的第6章描述了与这些控制条件对应的证实方法。

示例2：

木材及人造板的胶合结构组件加工　规范

……

5　加工过程要求

5.1　胶粘剂的选择

应从胶粘剂厂商获得如下信息：

a)　贮存条件和保存期限；

b)　适用期；

c) 定型和固化时间；

……

应按照厂商关于胶粘剂使用的最佳条件，选择适用的胶粘剂，并应在胶粘剂的适用期内，完成装配。

5.2 组件调节

组件中木材的含水率应在使用中的木材的预期平均值的5%以内，人造板的平衡含水率应低于实木的平衡含水率，并应置于最低温度保持在15 ℃的封闭空间中。

5.3 胶层加压

……

5.4 固化

在固化的整个阶段，装配的组件应保持在胶粘剂厂商建议的定型温度，且不应扭曲和干扰胶层。

……

6 证实方法

6.1 含水率测定试验

木材含水率按照GB/T ×××××—××××中的方法进行测定。

人造板含水率按照GB/T ×××××—××××中的方法进行测定。

……

6.3 生产记录

6.3.1 制造商记录并保持以下日常生产信息：

a) 使用的材料的含水率的范围；

b) 使用的胶粘剂的类型和批号；

c) 使用的材料的温度；

d) 生产区域的温度和湿度；

……

6.3.2 制造商记录并保持以下一般生产信息：

a) 施加和保持胶层压力所采用的方法；

b) 使粘合剂达到所需的定型温度的方法；

……

A.3 服务规范标准编写示例

示例1示出了服务规范标准中服务效果和证实方法的编写方法。对于翻译服务，根据效能原则优先规定的是反映服务效能的特性及特性值——翻译服务的综合差错率(见示例中的4.1)。示例中的5.1描述了与综合差错率对应的证实方法。

示例1：

翻译服务规范 第1部分：笔译

……

4 要求

4.1 综合差错率

译文综合差错率不应超过0.15%。

……

5 证实方法

5.1 综合差错率计算

5.1.1 计算步骤

5.1.1.1 确定译文使用目的

按使用目的，译文分为2类：Ⅰ类作为正式文件、法律文书或出版文稿使用；Ⅱ类作为一般文件和材料使用。根据与服务对象的沟通，确定译文使用目的。

5.1.1.2 **确定综合难度系数**

……

5.1.2 **计算方法**

综合差错率的计算见式(1)：

$$综合差错率 = KC_A \frac{c_{\mathrm{I}} D_{\mathrm{I}} + c_{\mathrm{II}} D_{\mathrm{II}}}{W} \times 100\% \qquad \cdots\cdots(1)$$

式中：

K ——综合难度系数，建议取值范围 0.5～1.0；

C_A ——译文使用目的系数，建议取值：

Ⅰ类使用目的系数：$C_A=1$；

Ⅱ类使用目的系数：$C_A=0.75$；

W ——合同计字总字符数；

D_{I}、D_{II} ——Ⅰ类、Ⅱ类差错出现的次数，重复性错误按一次计算；

c_{I}、c_{II} ——Ⅰ类、Ⅱ类差错的系数，建议取值如下：

$c_{\mathrm{I}}=3$；

$c_{\mathrm{II}}=1$。

示例 2 示出了服务规范标准中响应性、宜人性等方面的要求以及证实方法的编写方法。根据热线服务的特点，热线服务效果需要通过规定响应服务对象需求的能力、限定服务提供者的行为等加以保证，因而，示例中的 4.2、4.3 规定了热线服务的响应性、宜人性等方面的要求。示例中的第 5 章描述了与响应性、宜人性等方面要求对应的证实方法。

示例 2：

热线服务规范

……

4 **要求**

4.1 **通用要求**

4.1.1 **记录要求**

服务人员应在提供服务后的 4 h 内完成记录工单，工单内容包括但不限于：

——工单编号(信息系统自动生成的除外)；

——服务对象信息，如姓名、地址、联系方式、诉求分类等；

——事项内容，如诉求事项发生的时间、地点、过程、现状、服务对象的要求等；

……

4.2 **响应性**

4.2.1 服务人员应在 15 s 之内接听热线电话，连续 24 h 内呼叫接通率应大于或等于 95%。

4.2.2 服务人员通过短信及其他媒体接收热线，响应时间不应超过 3 min。

4.2.3 服务人员通过邮件接收热线时，响应时间不应超过 24 h。

4.2.4 遇到突发应急事件，服务人员应及时上报热线管理人员。

……

4.3 **宜人性**

4.3.1 服务人员提供服务时，应耐心细致地引导服务对象表达诉求。宜使用普通话。

4.3.2 服务人员提供服务时，宜使用推荐的服务用语，见附录 A。

……

5 **证实方法**

5.1 **记录**

热线服务提供者归档并管理以下信息：

——已办结事项的工单；

——事项督办情况；

……

5.2 **响应性**

热线服务提供者通过内控信息化系统记录、控制和统计呼叫接听、短信及其他媒体、邮件等的响应时间。

……

5.3 **宜人性**

热线服务提供者录制并保持服务人员与服务对象的通话录音。

……

ICS 01.120
A 00

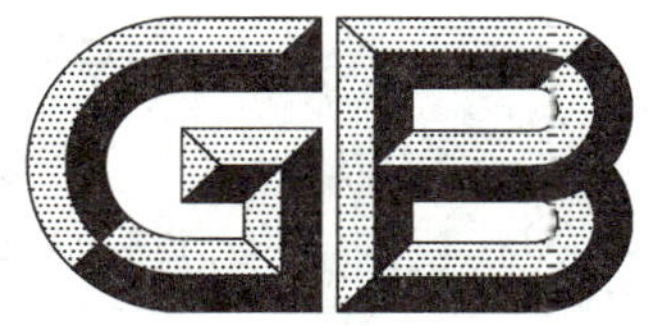

中华人民共和国国家标准

GB/T 20001.6—2017

标准编写规则　第6部分：规程标准

Rules for drafting standards—Part 6: Code of practice standards

2017-12-29 发布　　2018-04-01 实施

中华人民共和国国家质量监督检验检疫总局
中国国家标准化管理委员会　发布

前　言

GB/T 20001《标准编写规则》与 GB/T 1《标准化工作导则》、GB/T 20000《标准化工作指南》、GB/T 20002《标准中特定内容的起草》、GB/T 20003《标准制定的特殊程序》和 GB/T 20004《团体标准化》共同构成支撑标准制定工作的基础性系列国家标准。

GB/T 20001《标准编写规则》分为如下部分：

——第 1 部分：术语标准；

——第 2 部分：符号标准；

——第 3 部分：分类标准；

——第 4 部分：试验方法标准；

——第 5 部分：规范标准；

——第 6 部分：规程标准；

——第 7 部分：指南标准；

……

——第 10 部分：产品标准。

本部分为 GB/T 20001 的第 6 部分。

本部分按照 GB/T 1.1—2009《标准化工作导则　第 1 部分：标准的结构和编写》给出的规则起草。

请注意本文件的某些内容可能涉及专利。本文件的发布机构不承担识别这些专利的责任。

本部分由全国标准化原理与方法标准化技术委员会(SAC/TC 286)提出并归口。

本部分起草单位：中国标准化研究院、中国家用电器研究院、机械工业仪器仪表综合技术经济研究所。

本部分主要起草人：杜晓燕、白殿一、王益谊、逄征虎、刘慎斋、李佳、马德军、欧阳劲松、王文利、张宇春。

引　言

标准化活动主要包括制定标准和应用标准，其中制定标准的工作之一是起草高质量的标准文本。为了保证标准化活动的有效性，我国已经建立并不断完善支撑标准制定工作的基础性国家标准体系。在该标准体系中，GB/T 1.1—2009《标准化工作导则　第1部分：标准的结构和编写》是确立普遍适用于起草各类标准通用规则的国家标准。实践中，每个标准都发挥着特定的功能，相同功能的标准的要素构成及其内容表现形式具有一定的相似性。按照功能可以将标准划分为术语、符号、分类、试验方法、规范、规程和指南等类型。在GB/T 1.1规定的总体规则基础上，GB/T 20001针对这些不同类型的标准分别确立起草规则，建立标准起草规则体系。本部分即是这一规则体系中针对规程标准的起草确立的特定规则。

规程标准的标准化对象为过程。对过程进行标准化，典型的做法之一就是在标准中对过程效能提出要求。然而，实践中，有时不能够清晰识别出过程的效能特性及特性值，或者技术上能够识别但由于其他原因致使不能制定过程规范标准。有时已经有现行的相关规范，但有必要为活动的开展规定明确的"程序"。针对这些情况，通常可以考虑规定一系列明确的履行程序的行为指示以及程序的阶段/步骤之间的转换条件/程序最终结束条件。如果有必要判断声称符合这些标准的各种活动是否履行了标准中规定的程序，就要在标准中描述对应的追溯/证实方法。这样形成的标准即是规程标准。规程标准的功能是通过明确具体、可操作、可履行的行为指示的方式对过程/程序进行"规定"，其必备要素包括"程序确立""程序指示"和"追溯/证实方法"。这三个要素是规程标准区别于其他类型标准的一个显著特征。它们的有机结合使得判定各种活动是否履行了规定的程序成为可能。

目前，我国国家标准中约有400项规程标准，且随着人们对标准的功能的认识不断深入，对这类标准的需求也将不断增加，因而急需对规程标准的起草确立规则。在国外标准组织发布的文件中，已经确立了一些与规程标准有关的起草规则。例如，在《美国试验与材料协会标准的构成及格式》和《英国标准的结构和起草规则》中，均将标准划分为不同的类型，规程标准是其中的一种，并且这两个文件都在一定程度上规定了规程标准的起草规则。

本部分在参考国外标准组织有关规程标准起草规则的基础上，结合我国已有研究和实践，通过从标准的结构、总体原则和要求、技术要素编写以及技术内容表述等方面确立规程标准的起草规则，使我国规程标准的要素及其技术内容的选择和编写有据可依，规定的行为指示可操作、可追溯，从而提高标准本身的起草质量和应用效率，有效发挥这类标准的功能。

标准编写规则 第6部分：规程标准

1 范围

GB/T 20001的本部分确立了起草规程标准的总体原则和要求，规定了规程标准的结构以及标准名称、范围、程序确立、程序指示和追溯/证实方法等必备要素的编写和表述规则。

本部分适用于各层次标准中以过程为标准化对象的规程标准的起草。

2 规范性引用文件

下列文件对于本文件的应用是必不可少的。凡是注日期的引用文件，仅注日期的版本适用于本文件。凡是不注日期的引用文件，其最新版本(包括所有的修改单)适用于本文件。

GB/T 1.1　标准化工作导则　第1部分：标准的结构和编写

GB/T 20000.1　标准化工作指南　第1部分：标准化和相关活动的通用术语

GB/T 20001.4　标准编写规则　第4部分：试验方法标准

3 术语和定义

GB/T 1.1和GB/T 20000.1界定的以及下列术语和定义适用于本文件。

3.1

规程标准　code of practice standard

为活动的过程规定明确的程序以及判定该程序是否得到履行的追溯/证实方法的标准。

注1：过程包括但不限于设计、制造、安装、维护或使用；申请、评定或检验；接待、商洽、签约或交付等。

注2：履行规程标准中由行为指示构成的程序(见6.4)不产生试验结果。

3.2

指示型条款　instruction provision

表达需要履行的行动的条款。

注：指示型条款用祈使句表达。

4 总体原则和要求

4.1 总体原则

4.1.1 可操作性原则

可操作性原则即标准中规定的履行程序的行为指示清晰、明确、具体、容易操作或履行。

可操作性原则意味着只要执行标准中规定的行为指示，并且遵守阶段/步骤之间的转换条件(以下简称转换条件)或程序最终结束条件(以下简称结束条件)，就可以顺利地履行完成标准中确立的程序。

规程标准的要素“程序指示”中的规定需要符合可操作性原则。为此，要按照一定的规律对履行程序的行为给予指示，并且对程序中所需的转换条件和结束条件规定明确的要求，以保证阶段/步骤之间的衔接是连贯的，程序的完成是明确的。

4.1.2 可追溯/可证实性原则

可追溯/可证实性原则即标准中规定的程序是否被履行要能够通过溯源材料的提供或有关证实方法得到证明或证实。符合可追溯/可证实性原则意味着标准中需要描述对应的追溯/证实方法，但这并不意味着这些方法都一定要实施。只有应有关方面要求时才予以实施。

规程标准的要素“程序指示”中的规定需要符合可追溯/可证实性原则。因此，含混的行为指示、转换条件或结束条件通常都是没有意义的。

4.2 总体要求

起草规程标准时，凡本部分未作具体规定的，应遵守 GB/T 1.1 的有关规定。

5 结构

规程标准的必备要素包括：封面、前言、标准名称、范围、程序确立、程序指示、追溯/证实方法。规程标准中各个要素的典型编排及每个要素所允许的表述形式见表 1。

表 1 规程标准中要素的典型编排

要素类型	要素[a] 的编排	要素所允许的表述形式[a]
资料性概述要素	**封面**	**文字**(*标示标准的信息*)
	目次	*文字(自动生成的内容)*
	前言	**条文** *注* *脚注*
	引言	*条文* *图* *表* *注* *脚注*
规范性一般要素	**标准名称**	**文字**
	范围	**条文** 图 表 *注* *脚注*
	规范性引用文件	文件清单(规范性引用) *注* *脚注*
规范性技术要素	术语和定义 …… **程序确立** **程序指示**[b] **追溯/证实方法**[c] …… 规范性附录	条文 图 表 *注* *脚注*

表 1（续）

要素类型	要素[a]的编排	要素所允许的表述形式[a]
资料性补充要素	*资料性附录*	*条文* *图* *表* *注* *脚注*
规范性技术要素	规范性附录	条文 图 表 *注* *脚注*
资料性补充要素	*参考文献*	*文件清单（资料性引用）* *脚注*
	索引	*文字（自动生成的内容）*
注：表中各个要素的前后顺序即其在标准中所呈现的具体位置。		

[a] 黑体表示“必备的”；正体表示“规范性的”；斜体表示“资料性的”。

[b] “程序指示”中的指示型条款是声明符合标准时需要满足并且不准许存在偏差的条款。

[c] “追溯/证实方法”中的指示型条款是应有关方面要求时才予以实施的条款。

根据实际需要，规程标准还可包含表 1 之外的其他规范性技术要素，例如符号、代号和缩略语、分类（或分级）、标准化项目标记等。根据标准的表述需要，表 1 中的要素“程序确立”“程序指示”和“追溯/证实方法”的标题可直接作为章标题，也可根据具体情况做相应调整，或编排成多个章。

6 要素的编写

6.1 标准名称

6.1.1 规程标准的名称应包含词语“规程”，以表明标准的类型。通常，词语“规程”应置于标准名称的补充要素中（见示例 1）。在编写标准的某个部分的名称时，词语“规程”可置于主体要素（见示例 2）中。根据具体情况，可在标准名称中包含程序或阶段的具体名称（见示例 2）。

示例 1：马铃薯脱毒试管苗繁育　规程

示例 2：起重机械　检查与维护规程　第 9 部分：升降机

6.1.2 规程标准的标准名称的英文译名中对应的词语“规程”应译为“code of practice”。

示例 1：In-vitro virus free seed potatoes plantlets breeding—Code of practice

示例 2：Lifting appliances—Code of practice for inspection and maintenance—Part 9：Lifters

6.2 范围

范围应对规程标准中的主要技术内容做出提要式的说明，指明标准中所针对的具体程序的名称，阐明规定了程序中哪些具体阶段/步骤的行为指示（如操作指示、管理指示等）以及转换条件或结束条件，指出所描述的追溯/证实方法。

范围的典型表述形式为：“本标准（部分）确立了……程序，规定了……阶段/步骤的（操作、管理等）指示，以及……阶段/步骤之间的转换条件，描述了……追溯/证实方法。”表述具体程序时，使用词语“确立”；表述行为指示和转换条件时，使用词语“规定”；表述追溯/证实方法时，使用词语“描述”。

示例：本标准确立了马铃薯脱毒试管苗繁育程序，规定了田间选择、类病毒/病毒检测筛选、催苗处理与病毒钝化、茎尖培养、病毒检测、试种观察、基础苗培养、扩繁和壮苗培养等阶段的操作指示，以及上述阶段之间的转换条件，描述了过程记录、标记、试验方法等追溯方法。

6.3 程序确立

6.3.1 要素“程序确立”应按照通常的逻辑次序确立标准中所针对的具体程序的构成（参见附录A示例中的第4章）。

注：根据标准中规定的内容，要素“程序确立”给出的可能是进行某项活动的完整程序，也可能是程序的某个阶段。

6.3.2 根据具体情况，程序可划分为步骤。如果程序内含有的步骤很多，也可先将程序细分为阶段，每个阶段再进一步细分为步骤。

6.3.3 采取以下方式确立标准中所针对的具体程序的构成：

a) 使用陈述型条款；

b) 使用流程图。

如果使用a)方式足以清晰、明确地描述出程序的构成，那么，可仅使用a)方式确立程序。

如果程序很复杂，使用a)方式不足以清晰、明确地描述出程序的构成，那么，可综合运用a)方式和b)方式确立程序。在这种情况下，使用a)方式描述程序构成的陈述型条款的内容宜简练，且a)方式和b)方式所表述的内容不应冲突或矛盾。流程图可包含具有确定含义的符号、简单的说明性文字等。流程图中所使用的符号、符号名称及用途应符合相关领域现行适用的标准（例如，GB/T 1526等）的规定。

6.3.4 当一个阶段/步骤存在多个可供选择的后续阶段/步骤时，应阐明这些后续阶段/步骤各自的适用情形。根据实际需要，还可阐明这些供选择的后续阶段/步骤之间的关系。

6.3.5 根据具体情况，程序确立的内容可并入要素“程序指示”，并位于“程序指示”的起始部分。

6.4 程序指示

6.4.1 要素“程序指示”应包括：

——履行阶段/步骤的行为指示；

——转换条件/结束条件。

根据履行程序的需要，在一个阶段/步骤存在多个可供选择的后续阶段/步骤时，要素“程序指示”应规定针对每个后续阶段/步骤的转换条件，并保证这些转换条件之间是合理、可区分的。

如果要素“程序确立”给出的是程序的某个阶段或者不需要规定转换条件，那么要素“程序指示”应规定结束条件。

6.4.2 行为指示应按照通常的逻辑次序编排，使用指示型条款表述（见示例1）。转换条件和结束条件应使用要求型条款表述。规程标准中要求型条款用文字表述的典型句式为“只准许……”（见示例2）。

示例1：选择出无病斑、虫蛀、机械损伤且性状符合品种特征的幼龄薯。

示例2：只准许经检测不含病毒的块茎或植株直接进入基础苗培养。

6.4.3 “程序指示”应根据“程序确立”的情况设置章或条（参见附录A示例中的第5章）。通常，阶段可以设置成章，步骤设置成条。根据履行阶段/步骤需要进行的操作，规定相应的指示。

6.4.4 行为指示宜以带有编号的列项的形式编排，以便更好地展现先后顺序。

6.4.5 如果在行为指示中可能存在危险，且需要采取专门措施，则应在“程序指示”的开头用黑体字标出警示的内容，并写明专门的防护措施。根据实际需要，可在附录中给出有关安全措施和急救措施的细节。

6.5 追溯/证实方法

6.5.1 概述

规程标准中判定程序是否得到履行的方法可以是：

a) 追溯方法，例如，过程（现场）记录/标记、录音、录像等；

b) 证实方法，例如，对比、证明文件、测量和试验方法等。

对于行为指示，通常考虑编写a)中所述的追溯方法，对于转换条件、结束条件，通常考虑编写b)中所述的证实方法。

6.5.2 一般要求

6.5.2.1 起草规程标准应遵守可追溯/可证实性原则。针对要素“程序指示”中规定的行为指示应描述在关键节点的对应的追溯方法，针对转换条件、结束条件应描述满足这些条件对应的证实方法。追溯/证实方法在规程标准中可以：

——并入“程序指示”中；

——作为单独的章；

——作为标准的规范性附录。

6.5.2.2 当追溯/证实方法作为单独的章时，应按照与其具有对应关系的行为指示、转换条件、结束条件的先后次序编写。

6.5.2.3 编写追溯/证实方法时，如果存在现行适用的标准，那么应引用这些标准；如果没有适用的标准，那么可在标准中描述相应的追溯/证实方法。

6.5.2.4 如果存在多种适用的追溯/证实方法，原则上只描述一种方法。由于某种原因需要列入多种方法时，应指明仲裁方法。

6.5.3 追溯/证实方法的内容及编写

6.5.3.1 编写测量和试验方法，应包括：

——试验步骤；

——数据处理（包括计算方法、结果的表述）。

综合考虑相关需要等因素，还可增加其他内容，例如，试剂或材料、仪器设备、技术条件、环境条件等。然而，通常不涉及测量和试验方法的原理等内容。试验步骤、数据处理等内容应按照GB/T 20001.4给出的有关规则编写。

6.5.3.2 编写过程（现场）记录/标记、录音、录像、对比、证明文件等追溯/证实方法，应描述实施该特定证实方法的主体、实施频率（或持续时间、起始时间、实施时间）、地点以及记录/标记/录制/对比/证明材料的内容等。

附　录　A
（资料性附录）
规程标准编写示例

本附录以标准文本形式给出示例的目的，在于帮助标准使用者理解 GB/T 20001 的本部分的相关规定。示例仅是为了说明本部分的规定而编写或由其他文件改编，选取的要素及其技术内容不保证是最佳和准确的。

以下示例示出了规程标准的程序确立、程序指示、追溯/证实方法等必备要素的编写方法。示例的第 4 章陈述了马铃薯脱毒试管苗繁育程序的构成，并使用流程图予以展示；第 5 章规定了履行马铃薯脱毒试管苗繁育程序中各阶段/步骤的行为指示（见 5.1.1、5.2.1、5.5.1、5.6.1、5.7.1），以及阶段与阶段之间的转换条件（见 5.1.2、5.2.2、5.2.3、5.5.2、5.6.2）；第 6 章描述了判定程序是否得到履行的追溯方法。

示例：

马铃薯脱毒试管苗繁育　技术规程

……

4　马铃薯脱毒试管苗繁育程序的构成

马铃薯脱毒试管苗繁育程序包括 9 个阶段。其中，茎尖培养阶段细分为 3 个步骤。在第 2 个阶段检测无病毒的情况下，阶段 3、4、5 和 6 可省略。程序流程图如图 1 所示。

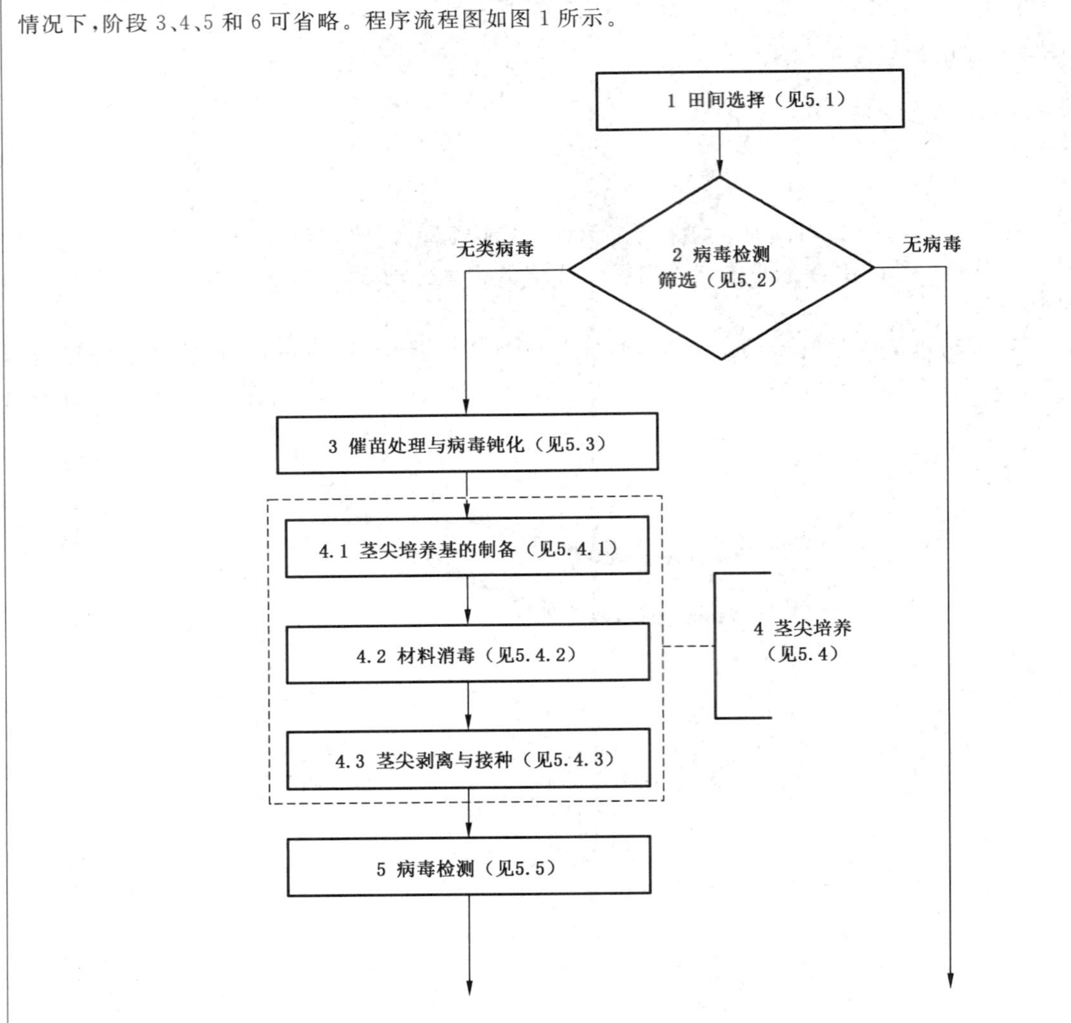

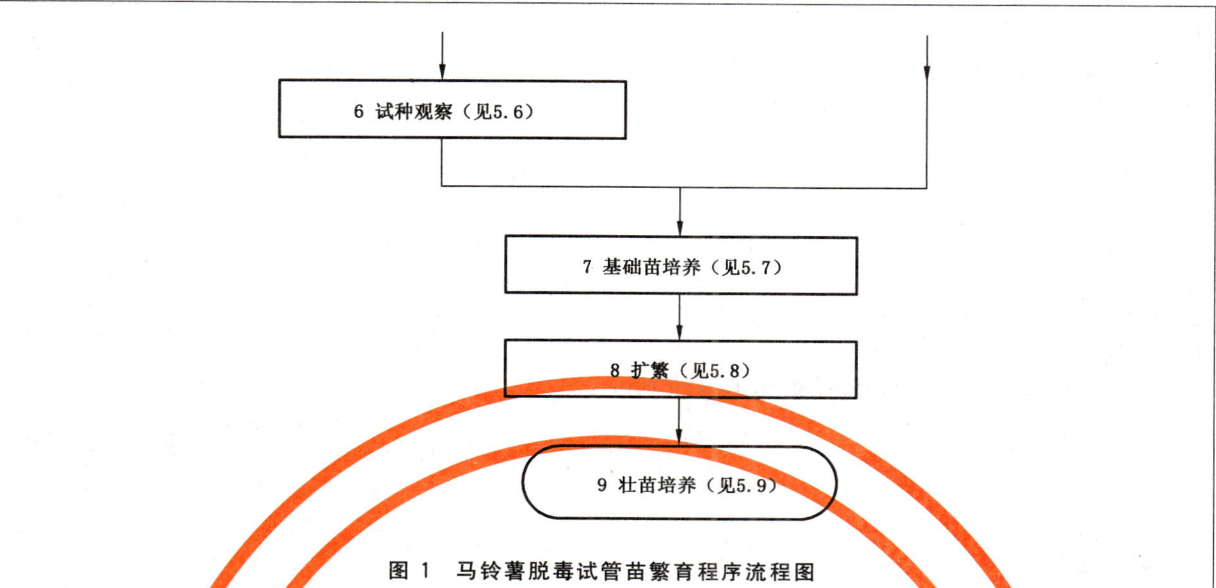

图 1 马铃薯脱毒试管苗繁育程序流程图

5 马铃薯脱毒试管苗繁育

5.1 田间选择

5.1.1 田间选择的操作如下：

a) 于现蕾期至开花期，选择具备原品种典型性状的健康植株，贴上标记。

b) 生育后期到收获期，在已做好标记的植株中选择出无病斑、虫蛀、机械损伤且性状符合品种特征的幼龄薯。

5.1.2 只准许无病斑、虫蛀、机械损伤且性状符合品种特征的幼龄薯进入病毒检测筛选。

5.2 病毒检测筛选

5.2.1 按照 GB/T ×××××—××××的××××方法检测类病毒(PSTVd)。

5.2.2 只准许经检测不含类病毒(PSTVd)的块茎或植株进入催苗处理与病毒钝化。

5.2.3 只准许经检测不含病毒的块茎或植株进入基础苗培养。

5.3 催苗处理与病毒钝化

……

5.4 茎尖培养

5.4.1 茎尖培养基的制备

……

5.4.2 材料消毒

……

5.4.3 茎尖剥离与接种

……

5.5 病毒检测

5.5.1 病毒检测的操作如下：

a) 将试管苗植株下部 1/3～1/2 的茎段装入病毒检测的样品袋中。

b) 按照 GB/T ×××××—××××的××××方法检测。

5.5.2 只准许经检测不含 PVX、PVY、PVS 病毒的试管苗进入试种观察。

5.6 试种观察

5.6.1 试种观察的操作如下：

a) 将经检测不带病毒的试管苗取出一部分移栽到防虫网棚，等待结薯。

b) 将结出的小薯种植到田间。

c) 观察田间种植的小薯，检验其是否发生变异。

5.6.2 只准许符合原品种典型性状的核心苗进入基础苗培养。

5.7 基础苗培养

5.7.1 基础苗培养的操作如下：

a) 在超净工作台上，对核心苗进行切段。

……

5.8 扩繁

……

5.9 壮苗培养

……

6 追溯方法

6.1 标记方法

在马铃薯脱毒试管苗繁育的田间选择阶段，标记的内容包括：

- 做标记时植株的性状；
- 标记的编号；
- 做标记的人员姓名；
- 标记时间；
- 其他。

6.2 过程记录

在执行第5章所规定的各个阶段的程序指示过程中，记录并保持以下内容：

- 执行各个阶段程序指示的人员姓名；
- 时间；
- 地点；
- 执行的具体操作内容；
- 操作的结果或观察到的现象；
- 其他。

……

ICS 01.120
A 00

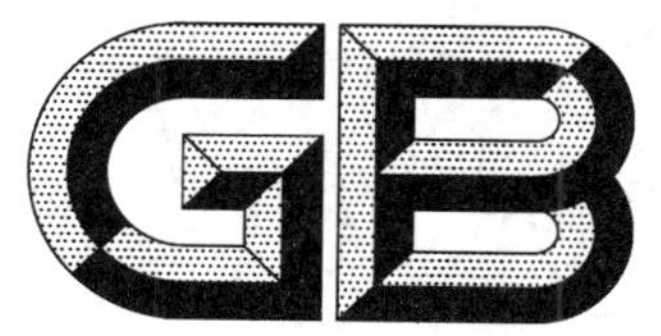

中华人民共和国国家标准

GB/T 20001.7—2017

标准编写规则 第7部分：指南标准

Rules for drafting standards—Part 7: Guide standards

2017-12-29 发布 2018-04-01 实施

中华人民共和国国家质量监督检验检疫总局
中国国家标准化管理委员会 发布

前　　言

GB/T 20001《标准编写规则》与 GB/T 1《标准化工作导则》、GB/T 20000《标准化工作指南》、GB/T 20002《标准中特定内容的起草》、GB/T 20003《标准制定的特殊程序》和 GB/T 20004《团体标准化》共同构成支撑标准制定工作的基础性系列国家标准。

GB/T 20001《标准编写规则》分为如下部分：

——第 1 部分：术语标准；

——第 2 部分：符号标准；

——第 3 部分：分类标准；

——第 4 部分：试验方法标准；

——第 5 部分：规范标准；

——第 6 部分：规程标准；

——第 7 部分：指南标准；

……

——第 10 部分：产品标准。

本部分为 GB/T 20001 的第 7 部分。

本部分按照 GB/T 1.1—2009《标准化工作导则　第 1 部分：标准的结构和编写》给出的规则起草。

请注意本文件的某些内容可能涉及专利。本文件的发布机构不承担识别这些专利的责任。

本部分由全国标准化原理与方法标准化技术委员会(SAC/TC 286)提出并归口。

本部分起草单位：中国标准化研究院、机械工业仪器仪表综合技术经济研究所、机械科学研究总院。

本部分主要起草人：王益谊、白殿一、李佳、刘慎斋、逄征虎、杜晓燕、张宇春、欧阳劲松、王文利、强毅。

引　言

标准化活动主要包括制定标准和应用标准，其中制定标准的工作之一是起草高质量的标准文本。为了保证标准化活动的有效性，我国已经建立并不断完善支撑标准制定工作的基础性国家标准体系。在该标准体系中，GB/T 1.1—2009《标准化工作导则　第1部分：标准的结构和编写》是确立普遍适用于起草各类标准通用规则的国家标准。实践中，每个标准都发挥着特定的功能，相同功能的标准的要素构成及其内容表现形式具有一定的相似性。按照功能可以将标准划分为术语、符号、分类、试验方法、规范、规程和指南等类型。在GB/T 1.1规定的总体规则基础上，GB/T 20001针对这些不同类型的标准分别确立起草规则，建立标准起草规则体系。本部分即是这一规则体系中针对指南标准的起草确立的特定规则。

在对某些宏观、复杂、新兴的主题进行标准化时，为了加强对主题的认识、揭示其发展规律，需要提供方向性的指导、具体的建议或给出有参考价值的信息，这比规定关于主题的具体特性、规定活动开展的具体程序或描述具体的检测方法更能满足实际需求。在这种情况下就需要编制指南标准。指南标准的功能是提供普遍性、原则性、方向性的指导，或者同时给出相关建议或信息，其必备要素是"需考虑的因素"，这也是指南标准区别于其他类型标准的一个显著特征。指南标准能够帮助标准使用者起草相关标准（通常为方法标准、规范标准和规程标准等）或技术文件，或者形成与该主题有关的技术解决方案。

目前，我国国家标准中有500余项指南标准。随着人们对标准的功能的认识不断深入，对这类标准的需求也将不断增加，因而急需对指南标准的起草确立规则。在国外标准组织发布的文件中，已经确立了一些与指南标准有关的起草规则。例如，在《美国试验与材料协会标准的构成及格式》和《英国标准的结构和起草规则》中，均将标准划分为不同的类型，指南标准是其中的一种，并且这两个文件都在一定程度上规定了指南标准的起草规则。

本部分在参考国际国外标准组织有关指南标准起草规则的基础上，结合我国已有研究和实践，通过从标准的结构、总体原则和要求、技术要素编写以及技术内容表述等方面确立指南标准的起草规则，使我国指南标准的要素及其技术内容的编写有据可依，提供的指导方向明确，从而提高标准本身的起草质量和应用效率，有效发挥这类标准的功能。

标准编写规则　第7部分:指南标准

1　范围

GB/T 20001 的本部分确立了起草指南标准的总体原则和要求，规定了指南标准的结构以及标准名称、范围、总则、需考虑的因素和附录等要素的编写和表述规则。

本部分适用于各层次标准中以产品、过程、服务或系统为标准化对象的指南标准的起草。

本部分不适用于提供指南的管理体系标准的起草。

2　规范性引用文件

下列文件对于本文件的应用是必不可少的。凡是注日期的引用文件，仅注日期的版本适用于本文件。凡是不注日期的引用文件，其最新版本(包括所有的修改单)适用于本文件。

GB/T 1.1　标准化工作导则　第1部分:标准的结构和编写

GB/T 20000.1　标准化工作指南　第1部分:标准化和相关活动的通用术语

3　术语和定义

GB/T 1.1 和 GB/T 20000.1 界定的以及下列术语和定义适用于本文件。

3.1

指南标准　guide standard

以适当的背景知识提供某主题的普遍性、原则性、方向性的指导，或者同时给出相关建议或信息的标准。

注：改写 GB/T 20000.1—2014，定义 7.8。

4　总体原则与要求

4.1　指导方向明确原则

指南标准中的指导是不可缺少的技术内容。通常，要素“总则”中的指导是编写要素“需考虑的因素”需要依据的总框架，要素“需考虑的因素”中的指导是为标准使用者提供更具体明确的引导。在提供指导的同时，通常会给出相关信息(适当时包括背景信息)，必要时还会提供相关建议。

指南标准的技术内容需要构成明确的指导方向，从而能够帮助标准使用者起草涉及相关主题的标准(通常为方法标准、规范标准和规程标准等)或技术文件，或者形成与该主题有关的技术解决方案，进而实现指南标准所要达到的目的。如果无法形成清楚、准确，且具有明确方向性的技术内容，那么意味着起草指南标准的基本条件还未成熟。

4.2　总体要求

起草指南标准时，凡本部分未作具体规定的，应遵守 GB/T 1.1 的有关规定。

5 结构

指南标准的必备要素包括:封面、前言、标准名称、范围、需考虑的因素。指南标准中各类要素的典型编排以及每个要素所允许的表述形式见表1。

表1 指南标准中要素的典型编排

要素类型	要素[a]的编排	要素所允许的表述形式[a]
资料性概述要素	**封面**	**文字**(*标示标准的信息*)
	目次	*文字(自动生成的内容)*
	前言	**条文** *注* *脚注*
	引言	*条文* *图* *表* *注* *脚注*
规范性一般要素	**标准名称**	**文字**
	范围	**条文** 图 表 *注* *脚注*
	规范性引用文件	文件清单(规范性引用) *注* *脚注*
规范性技术要素	术语和定义 总则 …… **需考虑的因素** …… 规范性附录	条文 图 表 *注* *脚注*
资料性补充要素	*资料性附录*	*条文* *图* *表* *注* *脚注*

表 1（续）

要素类型	要素[a] 的编排	要素所允许的表述形式[a]
规范性技术要素	规范性附录	条文 图 表 *注* *脚注*
资料性补充要素	*参考文献*	*文件清单(资料性引用)* *脚注*
	索引	*文字(自动生成的内容)*
注：表中各类要素的前后顺序即其在标准中所呈现的具体位置。		
[a] 黑体表示“必备的”；正体表示“规范性的”；斜体表示“资料性的”。		

指南标准宜设置“总则”，如需要还可包含表 1 之外的其他规范性技术要素，例如，符号、代号和缩略语、分类(或分级)等。根据标准的表述需要，表 1 中列出的要素“总则”和“需考虑的因素”可直接作为章标题，也可根据具体情况做相应调整，或编排成多个章。

6 要素的编写

6.1 标准名称

6.1.1 指南标准的标准名称应包含词语“指南”，以表明标准的类型。通常，词语“指南”应置于标准名称的补充要素中(见示例 1 和示例 2)。在编写标准的某个部分的名称时，词语“指南”可置于主体要素中(见示例 3 和示例 4)。

示例 1：建筑用绝热材料　性能选定指南

示例 2：团体标准化　第 1 部分：良好行为指南

示例 3：社区服务指南　第 1 部分：总则

示例 4：振动发生器　选择指南　第 1 部分：环境试验设备

6.1.2 指南标准的英文译名中对应的汉语“指南”应译为“guidance”“guidelines”或“guide”。

示例 1：Environment tests for electric and electronic products—**Guidance for** damp heat tests

示例 2：Arc-welded joints in steel—**Guidance on** quality levels for imperfections

示例 3：Plastics—Methods of exposure to laboratory light sources—Part 1：General **guidance**

示例 4：Graphical symbols—Technical **guidelines for** the consideration of consumers' needs

示例 5：Building environment design—**Guidelines to** assess energy efficiency of new buildings

示例 6：Project risk management—Application **guidelines**

示例 7：Electromechanical equipment **guide for** small hydroelectric installations

示例 8：Apricots—**Guide to** cold storages

6.2 范围

范围应对不同类别(见 6.4.1)指南标准中的主要技术内容做出提要式的说明，指明涉及了哪些“需考虑的因素”，指出包含哪方面指导，如果还有建议或信息，也应予以指出。

范围的典型表述形式为：“本标准(部分)提供/给出了……[某主题]的……指导/建议/信息，……”。

表述指导和建议时,使用词语“提供”;表述信息时,使用词语“给出”。

指明不同类别指南标准中涉及的哪些“需考虑的因素”时,宜根据具体情况选择恰当的、惯用的名称或措辞。

示例 1:本标准提供了硫化橡胶或热塑性橡胶进行磨耗试验时涉及的磨耗原理、磨耗试验类型、摩擦材料、试验条件、磨耗试验机以及试验步骤等方面的指导。

示例 2:本标准提供了自驾游目的地配套设施建设的指导,以及道路交通、停车场、露营地以及汽车停车站/点等方面的建议,并给出了相关信息。

示例 3:本部分提供了预防与降低谷物中真菌毒素污染操作程序的指导和建议,给出了谷物种植、收获前、收获、储藏和运输等阶段中与需考虑要点有关的信息。

6.3 总则

总则是对某主题的总体认识和把握,是经提炼总结形成的具有普适性的指导原则。根据具体情况,“总则”的标题还可为“总体原则”“总体考虑”“基本原则”等。如果指南标准设置了“总则”,那么应在“总则”的基础上编写“需考虑的因素”的内容。

“总则”与“需考虑的因素”之间对应关系的具体示例参见附录 A 中的 A.1。

6.4 需考虑的因素

6.4.1 通则

“需考虑的因素”是指南标准的核心技术内容。根据具体情况,其标题还可为“需考虑的内容”“需考虑的要点”等。

指南标准一般可分为但不限于试验方法类、特性类和程序类等类别。指南标准类别的不同、所涉及主题的不同,“需考虑的因素”的具体结构和内容也会不同。

6.4.2 试验方法类指南标准

如果对于某项试验方法的原理、条件和步骤等还不明确,那么可通过起草试验方法类指南标准,提供针对现有试验技术认识的指导、建议或信息,也可指导标准使用者形成相关的试验方法标准、技术文件,或者形成与试验方法有关的技术解决方案。

试验方法类指南标准中要素“需考虑的因素”根据所涉及的主题选择和确定,一般包括试验原理、试剂或材料、试验条件、仪器设备、试验步骤、试验数据处理以及试验报告等。在“需考虑的因素”中,可提供方法性质、选择原则和需考虑的要点等,从而提供指导或在指导的基础上提供建议;也可针对具体“需考虑的因素”推荐系列选择以及选择的原则,供标准使用者选取。

这类指南标准中不应包括具体的原理、条件和步骤。

试验方法类指南标准“需考虑的因素”的具体示例参见 A.2.1。

6.4.3 特性类指南标准

为了促进某些新兴或复杂的领域、系统的持续发展,有必要在发展初期就建立适用的规则。然而考虑到与所针对主题的功能直接相关的技术特性或特性值还不明确,可通过起草特性类指南标准,提供针对特性选择、特性值选取的指导、建议或信息,也可指导标准使用者形成相关的规范标准、技术文件,或者形成与特性有关的技术解决方案。

特性类指南标准中要素“需考虑的因素”的具体结构和内容与所涉及的主题有关,根据具体情况可考虑“特性选择”“特性值选取”两个方面。在“需考虑的因素”中,可提供选择特性或特性值的要素框架、确定原则和需要考虑的要点等,从而提供方向性的指导或在指导的基础上提供建议;也可针对特性值推荐供选择的系列数据,或一定范围的数据,供标准使用者选取;还可给出大量的具有技术内容的资料、文件、发展模式案例等信息,供标准使用者在特性选择、特性值选取时参考。

这类指南标准中不应规定要求,也不应描述证实方法。

特性类指南标准"需考虑的因素"的具体示例参见 A.2.2。

6.4.4 程序类指南标准

针对特定过程,若其活动的程序或程序指示还不明确,则可通过起草程序类指南标准,提供针对程序确立、程序指示的指导、建议或信息,也可指导标准使用者形成相关的规程标准、技术文件,或者形成与程序有关的技术解决方案。

程序类指南标准中要素"需考虑的因素"的具体结构和内容应能够表明该活动的规律,根据具体情况可考虑"程序确立""程序指示"两个方面。在"需考虑的因素"中,可提供指导程序确立或程序指示的原则、方法和需要考虑的要点等,从而提供指导或在指导的基础上提供建议;也可针对程序指示推荐供选择的系列行为指示、转换条件/结束条件,并给出选择的原则,供标准使用者选取。

这类指南标准中不应规定具体的履行程序的指示和条件,也不应描述证实方法。

程序类指南标准"需考虑的因素"的具体示例参见 A.2.3。

6.5 附录

指南标准附录中可包含资料、文件、详细信息的图表和案例以及具体的建议等技术内容。通常,推荐型内容形成规范性附录,其他内容则形成资料性附录。

7 要素的表述

7.1 指南标准通常包含指导、建议或信息等。在表述上,指导宜使用推荐型条款或陈述型条款,建议应使用推荐型条款,信息应使用陈述型条款。指南标准中不应含有要求型条款,不应含有"要求""总体要求""一般要求""规定"等措辞。如果需要强调,可以使用"……是至关重要的""……是十分必要的""……是……重要因素""最重要的是……"等表述形式。

注:推荐型条款表述指导时通常涉及方向性、原则性的内容;表述建议时通常涉及较具体的内容。

7.2 提供指导时,通常在"总则"中予以表述,其他具体的指导宜表述在"需考虑的因素"中相关章或条的起始部分。

7.3 提供建议时,宜在指导的基础上给出具体内容,表述在"需考虑的因素"中。

7.4 给出信息时,宜将相关内容表述在"需考虑的因素"中。

附 录 A
（资料性附录）
总则与需考虑的因素示例

本附录以标准文本形式给出示例的目的，在于帮助标准使用者理解 GB/T 20001 本部分的相关规定。示例仅是为了说明本部分的规定而编写或由其他文件改编，选取的要素及其技术内容不保证是最佳和准确的。

A.1 总则示例

以下给出了指南标准中“总则”与“需考虑的因素”之间对应关系的具体示例，此示例属于程序类指南标准。

示例中，第 4 章给出了“总则”，第 6 章给出了“需考虑的因素”。从示例中可以看出，“需考虑的因素”中所有内容都符合对应的“总则”，比如：6.2 中“团体宜在全体成员范围内通报团体标准制修订项目计划”和“团体宜通过合适的渠道向社会公布团体标准制修订项目计划”都符合 4.3 给出的透明原则。

示例：

> **团体标准化 第 1 部分：良好行为指南**
>
> ……
>
> **4 总则**
>
> **4.1 开放**
>
> 团体开展标准化活动宜向全体成员开放，反映成员需求，并确保成员能够有机会参与标准化活动。
>
> **4.2 公平**
>
> 团体开展标准化活动宜确保成员享有与成员身份相对应的权利，并承担相应的义务。
>
> **4.3 透明**
>
> 团体开展标准化活动宜通过适当的渠道向全体成员提供团体的标准化组织机构、运行机制、决策规则、标准制定程序及标准化工作进展等方面的信息，团体可通过公开的渠道向社会公布与团体标准化活动有关的信息。
>
> ……
>
> **6 团体标准制定程序**
>
> **6.1 提案**
>
> ……
>
> **6.2 立项**
>
> 立项阶段的主要工作是管理协调机构对团体标准项目建议书的必要性、可行性等进行审查，审查通过后形成团体标准制修订项目计划。团体宜在全体成员范围内通报团体标准制修订项目计划，以便成员参与标准编制工作或发表意见。团体宜通过合适的渠道向社会公布团体标准制修订项目计划。
>
> **6.3 起草**
>
> ……

A.2 需考虑的因素示例

A.2.1 试验方法类指南标准

以下给出了试验方法类指南标准中“需考虑的因素”具体示例。

示例中，第 4 章至第 10 章针对硫化橡胶或热塑性橡胶磨耗试验给出了“需考虑的因素”。其中，第

6 章中“选择摩擦材料首先宜考虑……”提供了摩擦材料的选择原则;第 7 章针对所选择的试验条件“温度”给出了需考虑的要点:滑动程度与速度、接触压力、连续或间断接触、润滑剂和污染物等,并对这些要点进行定性而非定量的描述,比如 7.2 中的表述内容并没有给出滑动程度与速度对摩擦表面温度影响的具体范围,只是给出了相关信息;第 10 章中“选择试验步骤和试验条件的主要目的……才可能获得良好的相关性”、“通常试验步骤宜符合……”分别对试验步骤的操作提供了指导和建议。需要注意的是,该示例并未包括具体的原理、条件及步骤。

示例:

硫化橡胶或热塑性橡胶　磨耗试验指南

……

4　磨耗原理

橡胶在运动中与另一种材料接触而产生的磨耗原理是复杂的,但产生磨耗的主要因素是切割和疲劳。磨耗原理可以通过多种方式分类,而通常按以下方法区分:

……

5　磨耗试验类型

磨耗试验主要分为两大类型:一种采用松散的摩擦材料,另一种采用致密的摩擦材料。

……

6　摩擦材料

选择摩擦材料首先宜考虑与实际使用条件保持最好的相关性,也宜考虑摩擦材料的使用方便性。

……

7　试验条件

7.1　温度

尽管温度对磨耗速率有非常大的影响,并且是影响实验室测试和实际使用条件相关性的重要因素之一,但在试验过程中控制温度是非常困难的。磨耗试验通常在标准实验室温度下进行。然而,由于摩擦表面的温度比环境温度更重要,摩擦表面温度的高低取决于如滑动程度与速度、接触压力、连续或间断接触、润滑剂和污染物等试验因素。

7.2　滑动程度与速度

在带有一个固定的摩擦材料的磨耗结构中,摩擦材料与试样之间存在相对运动或滑动,其滑动程度是确定摩擦表面温度的主要因素……滑动速度取决于从动构件的运转速度,滑动速度的增加也将产生大量的热,从而导致摩擦表面温度上升。

……

10　试验步骤

选择试验步骤和试验条件的主要目的是为了获得与实际使用条件的相关性。只有在摩擦材料和试验条件可再现实际使用条件,尤其是再现实际的磨耗原理时,才可能获得良好的相关性。如果具体的使用条件不好确定时,建议选用一系列范围内的摩擦材料和试验条件进行试验。

……

通常试验步骤宜符合特定的试验方法标准或仪器制造商的使用说明。GB/T 2941 中规定了试样条件、试样尺寸和试样制备的要求,宜按规定执行。

……

A.2.2　特性类指南标准

以下给出了特性类指南标准中“需考虑的因素”具体示例。

示例 1 中,第 4 章给出了起草标准时考虑老年人和残疾人需求的“总则”。第 7 章为在标准中考虑老年人和残疾人需求时的特性选择,提供了要素框架(7.2 中各表格所包含的“需考虑的因素”)以及确定原则(7.3 中针对不同标准确定了合适的“需考虑的因素”)。第 8 章的章标题即“需考虑的因素”,8.2～8.5 为具体的“需考虑的因素”。其中,8.2 中“如果可行,声音信号宜……”为听觉信息可选方式提供了建议;8.3 中“位置合理”、“扶手坚固”给出了在使人对使用环境更有安全感时,建筑物设计所考虑的要点;8.4 中“合适的照明能够确保……”为考虑照明和炫光时提供了指导。第 9 章针对每一项人的能力进行了描述,并对其受到的年老的影响、设计时的注意事项以及风险和危险等都进行了详细的解释,给出了大量的信息,为在标准中考虑老年人和残疾人的需求时的特性选择提供了指导。该示例没有规定定量的要求,也没有描述证实方法。

示例 1:

标准中特定内容的起草　第 2 部分:考虑老年人和残疾人需求的指南

……

4　总则

4.1　使产品、服务和环境满足老年人和残疾人的需求不仅是人道主义的要求,还会带来巨大的经济效益,最明显的是增加潜在客户。如果产品和服务适用于残疾人,那么其他人就可以更便捷、更容易地使用这些产品和服务。当人们有暂时性困难,如眼镜丢失、腿脚骨折、携带婴儿车或大件行李包旅行时,这种功能尤其有用。

……

7　确保标准包含无障碍设计规定需考虑的因素表

7.1　简介

表 2 至表 8 给出了帮助标准制定者确定影响不同程度残疾人使用产品、服务或环境的诸因素的信息。宜注意产品的个人使用者可能有多方面的能力损伤,所以制定标准时宜考虑所有残疾人的需求。

……

7.2　表格的内容

每个表格都确定了标准中需考虑的因素,其中:

表 2:信息——标签、使用说明和警示

表 3:包装——开启、关闭、使用和处置

……

7.3　表格的使用

建议标准制定者在使用表格之前,首先考虑哪些表格与他们起草的标准相关,即,标准制定者希望标准中包含哪些方面的条款。例如:

电子产品相关标准可以具有信息、包装、材料、安装、用户界面与维护方面的条款,因此表 2 至表 7 是制定电子产品相关标准时宜采用的表格。

……

8　需考虑的因素

8.1　概要

本章宜与表 2 至表 8 和第 9 章中对能力的更完整描述一同使用,这些条款详细地介绍了帮助或阻碍老年人和残疾人的产品、服务和环境的特征。

……

8.2　听觉信息的可选方式

如果可行,声音信号宜由可视或其他器官模拟产品支持,为那些有听觉障碍的人提供方便(如用书面、图形符号、振动或手语进行交流)。特别是听觉警告(如火灾警报)宜启动视觉模拟,如闪烁的灯光就是很好、很清楚的指示。

……

8.3　信息和控制装置的位置和布局及手柄的定位

建筑物的设计可结合简单的方法,使人对使用环境更有安全感,如位置合理、扶手坚固等。易于够到的控制装置和门把手,便于那些在灵敏性、操作、移动或力量方面有障碍的人使用。

……

8.4　照明和眩光

合适的照明能够确保视力有障碍的人员更好地看清楚说明和控制装置。这方面也宜为听力障碍的人士考虑,帮助他们清楚地唇读或看清手语交流。

……

8.5 颜色和对比度

颜色如何组合最好，主要取决于信息传达的目的(无论用于指导还是用于危险警示)，以及最便于阅读信息的照明条件。如，在黄色或浅灰色背景上配黑色是普通的搭配，它能保证很高的清晰度又不会很刺眼；淡青色背景上加淡青色阴影或浅灰色背景上写红色的字或符号，就很难看清，宜避免使用。

……

9 人的能力及损伤后果的详细解释

……

9.2 听力

9.2.1 描述

听力功能用来感受声音的存在，并识别声音的位置、语速、声音的大小、质量及对声音的理解等。听力损伤的范围从轻微下降到重度失聪等。

9.2.2 年老的影响

大多数有听力障碍的人都是年龄较大的人，他们更容易丧失分辨高频声音的能力。很多老年人都使用助听器。

9.2.3 设计时的注意事项

无论使用或不使用助听器，任何声音的音量、频率或清晰度非常重要。先天失聪的人在理解书面和口头语言方面可能会有一些困难。

9.2.4 风险和危险

如果口头宣布和警告的声音不够大，或者对他人来说不容易理解，或者频率太高而听不到，听力损伤的人遇到的危险都有可能提高。

9.3 视觉

……

示例2中，第4章给出了自驾游目的地配套设施建设的“总体原则”。在此总体原则的指导下，示例中的第5章至第8章给出了道路交通、停车场、露营地、汽车维修站/点等方面“需考虑的因素”。示例中的6.1对停车场的建设提供了原则性的指导；6.2和6.3对停车场的特性选择提供了建议。该示例没有规定具体的特性值，也没有描述证实方法。

示例2：

自驾游目的地配套设施　建设指南

……

4 总体原则

良好畅通的通往自驾游目的地的道路，完善的车辆停泊、补给设施，以及充足的辅助服务设施，对于自驾游目的地配套设施建设是至关重要的。

……

5 道路交通

5.1 有高速公路、国道或省道可以直达自驾游目的地，或者交通道路可通行大型自驾游车队或房车。

5.2 宜有景观公路通往自驾游目的地，路边主要风景点宜设置可停车的观景区域。

5.3 根据需要(如远离城镇，但自驾车游客有短暂休息的需求)在自驾游线路沿途合理设置自驾车驿站。

……

6 停车场

6.1 纳入自驾游目的地的休闲旅游区、经营场所需要重点考虑的配套设施之一是满足自驾游需要的停车场。

6.2 停车场宜设有适合自驾游的旅游大客车、房车和客车分区停泊的区域，并配备房车水电补给设施，以便合理满足自驾游车辆的需求。

6.3 宜考虑建立生态停车场，并提供清洁能源补给的设施或服务。

……

7 **露营地**

7.1 建成与自驾游相适应的露营地，尽可能含有帐篷营地、木屋营地、房车营地、青少年营地等多种类型的露营地。

7.2 露营地宜设置住宿区、露营区、儿童游乐区、户外运动区、服务保障区、停车场等特色功能区。

……

8 **汽车维修站/点**

8.1 充分考虑自驾游的需要规划汽车维修站/点的类型、数量和布局。

8.2 在汽车维修期间，维修站/点宜为自驾车游客提供换车服务。

……

A.2.3 程序类指南标准

以下给出了程序类指南标准中“需考虑的因素”的具体示例。

示例中，第 3 章至第 7 章给出了预防与降低谷物中真菌毒素污染操作各阶段“需考虑的因素”。其中，第 3 章中“宜尽量将散落在田间的陈谷穗、谷壳、秸秆和其他残体……”针对种植前的操作提供了建议；第 4 章中“在谷物种植时，考虑建立和维持谷物轮作制度……”给出了谷物种植时的操作原则，提供了指导；第 5 章中“收获前，宜使用……”对收获前谷物真菌污染的预防，提供了建议。此示例并没有规定一步步具体的程序指示和条件，也未描述证实方法。

示例：

预防与降低谷物中真菌毒素污染操作指南

……

3 **种植前**

谷物种植前，宜尽量将散落在田间的陈谷穗、谷壳、秸秆和其他残体犁到地下或清除掉，避免这些残留物可能成为产毒真菌的生长的基质。

……

4 **种植**

在谷物种植时，考虑建立和维持谷物轮作制度。一般情况下，避免连续两年在同一农田种植同一谷物，或轮种对同一真菌寄主敏感的不同谷物，以减少田间的感染。

……

5 **收获前**

收获前，宜使用微生物标准检测方法检测样品中的真菌感染情况，对谷物上真菌毒素污染的预防，如玉米赤霉烯酮和单端孢霉烯族化合物，宜在扬花期就建立谷穗上镰刀菌感染情况的监测，并宜对收获前代表性样品中真菌毒素的含量进行检测。

……

6 **收获期**

收获时，尽可能避免谷物受到机械损伤，且不宜与土壤接触。

收获完成后，宜采取措施将田间被侵染的谷穗、谷壳、秸秆和其他残体收集起来并尽可能防止散布，以免真菌孢子侵染后种植的谷物。

……

7 **储存**

谷物储存设施宜完好，包括具有良好的干燥和通风设施。这些储存设施宜能防雨、防地下水渗漏以及防止啮齿类动物和鸟类进入，并能减少大气温湿度的影响。

……

ICS 53.040.20
G 42

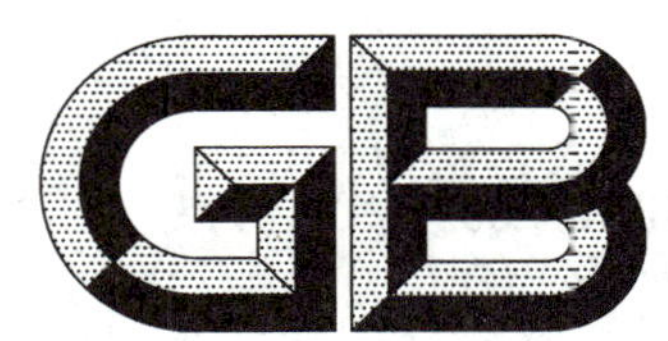

中华人民共和国国家标准

GB/T 20021—2017
代替 GB/T 20021—2005

帆布芯耐热输送带

Heat resistant conveyor belts of duck construction

2017-09-29 发布　　2018-04-01 实施

中华人民共和国国家质量监督检验检疫总局
中国国家标准化管理委员会　发布

前　言

本标准按照 GB/T 1.1—2009 给出的规则起草。

本标准代替 GB/T 20021—2005《帆布芯耐热输送带》，与 GB/T 20021—2005 相比，主要技术变化如下：

——修改了范围(见第 1 章，2005 年版的第 1 章)；

——修改了规范性引用文件(见第 2 章，2005 年版的第 2 章)；

——修改了 4 级带的试验温度(见 3.2，2005 年版的 3.2)；

——修改了尺寸偏差(见 4.1，2005 年版的 4.1)；

——删除了布层接头(见 2005 年版的 4.2)；

——删除了耐热输送带的热老化试验后的纵向全厚度拉伸强度和纵向参考力伸长率的要求(见 2005 年版的 4.3.3 和 4.3.4)；

——删除了不同等级的耐热带在各自耐热试验温度下的层间粘合强度和试验方法(见 2005 年版的 4.3.6 和附录 B)；

——删除了耐热带的直线度和成槽度(见 2005 年版的 4.3.7)；

——修改了检验要求(见第 5 章，2005 年版的第 5 章和第 6 章)；

——增加了不合格品判定规则(见 5.4)；

——删除了附录 A(见 2005 年版的附录 A)。

本标准由中国石油和化学工业联合会提出。

本标准由全国带轮与带标准化技术委员会输送带分技术委员会(SAC/TC 428/SC 1)归口。

本标准起草单位：青岛橡六输送带有限公司、浙江三维橡胶制品股份有限公司、沈阳泰丰胶带制造有限公司、山东道远新能源科技有限公司、保定华月胶带有限公司、河北九洲橡胶科技股份有限公司、中南橡胶集团有限责任公司。

本标准主要起草人：张墩、温寿东、王博、郭永县、李昭钦、杜占虎、王传贵、田大鹏。

本标准所代替标准的历次版本发布情况为：

——GB/T 20021—2005。

帆布芯耐热输送带

1 范围

本标准规定了在平形或槽形托辊上使用的帆布芯耐热输送带(以下简称耐热带)的产品分类、技术要求、检验、标志、包装、贮存和运输。

本标准适用于可耐试验温度分别不大于100 ℃、125 ℃、150 ℃和180 ℃的帆布芯耐热输送带。

2 规范性引用文件

下列文件对于本文件的应用是必不可少的。凡是注日期的引用文件,仅注日期的版本适用于本文件。凡是不注日期的引用文件,其最新版本(包括所有的修改单)适用于本文件。

GB/T 3690 织物芯输送带 全厚度拉伸强度、拉断伸长率和参考力伸长率 试验方法(GB/T 3690—2017, ISO 283:2015,IDT)

GB/T 4490 织物芯输送带 宽度和长度(GB/T 4490—2009,ISO 251:2003,IDT)

GB/T 5752 输送带 标志(GB/T 5752—2013,ISO 433:1991,MOD)

GB/T 6759 输送带 层间粘合强度 试验方法(GB/T 6759—2013,ISO 252:2007,IDT)

GB/T 32457 输送带 具有橡胶或塑料覆盖层的普通用途织物芯输送带规范(GB/T 32457—2015,ISO 14890:2013,IDT)

GB/T 32331 织物芯输送带 带总厚度和各层厚度 试验方法(GB/T 32331—2015,ISO 583:2007,IDT)

GB/T 33510 耐热橡胶覆盖层输送带 覆盖层的耐热性 要求和试验方法(GB/T 33510—2017,ISO 4195:2012,IDT)

GB/T 33512 织物芯输送带 环形输送带(拼接)净长度的测定(GB/T 33512—2017,ISO 16851:2012,IDT)

HG/T 3056 输送带贮存和搬运指南(HG/T 3056—2006,ISO 5285:2004,IDT)

3 产品分类

3.1 结构

耐热带的带芯由一层或多层帆布构成,帆布应经压延贴胶,带芯层外应有覆盖层。

3.2 耐热性能等级

耐热带按试验温度不同分为四个等级:

——1级:可耐热不大于100 ℃的试验温度,代号T1;

——2级:可耐热不大于125 ℃的试验温度,代号T2;

——3级:可耐热不大于150 ℃的试验温度,代号T3;

——4级:可耐热不大于180 ℃的试验温度,代号T4。

注:所选试验温度通常与被输送物料的温度不同,试验温度一般比被输送物料的温度低,这是考虑到:

——带冷却的可能性;

——被输送物料的温度和带的接触温度并不相同。

制造方应根据预定耐热带的用途确定耐热带的等级。

3.3 订货用标记

标记示例：

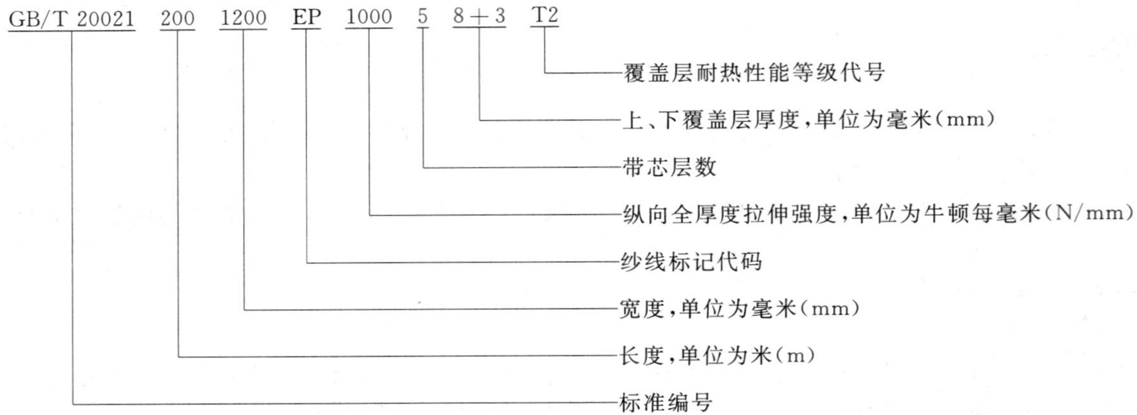

3.4 纱线标记代码

纱线标记代码按 GB/T 32457 执行。

4 技术要求

4.1 尺寸偏差

耐热带的宽度和长度的极限偏差应符合 GB/T 4490 的要求。

耐热带的覆盖层厚度和总厚度的极限偏差应符合 GB/T 32457 的要求。

4.2 物理性能

4.2.1 覆盖层的硬度、拉断伸长率和拉伸强度的容许变化范围

按照 GB/T 33510 的方法进行覆盖层性能试验时，耐热带覆盖层的硬度、拉断伸长率和拉伸强度的容许变化范围应符合表 1 的要求。

表 1 容许变化范围

项目	带的等级			
	1	2	3	4
硬度(IRHD) ——初始值的变化量 ——最大值	 +20 85	 +20 85	 +20 85	 +20 85
拉断伸长率(%) ——初始值的变化率 ——最小值	 −50 200	 −50 200	 −55 180	 −55 180
拉伸强度(N/mm^2) ——初始值的变化率，% ——最小值	 −25 12	 −30 10	 −40 5	 −40 5

4.2.2 常温下耐热带的层间粘合强度

4.2.2.1 采用合成纤维织物作带芯时，带的层间粘合强度应符合表 2 的要求。

表 2 层间粘合强度

单位为牛顿每毫米

项目	布层间	覆盖层与带芯之间
全部试样平均值 ≥	4.5	3.5
全部试样最低峰值 ≥	3.9	2.9

4.2.2.2 采用含天然纤维的织物作带芯时，带的层间粘合强度应符合表 3 的要求。

表 3 层间粘合强度

单位为牛顿每毫米

项目	布层间	覆盖层与带芯之间
全部试样平均值 ≥	3.2	2.7
全部试样最低峰值 ≥	2.7	2.2

4.2.3 耐热带的纵向全厚度拉伸强度和参考力伸长率

耐热带的纵向全厚度拉伸强度和参考力伸长率应符合 GB/T 32457 的要求。

5 检验

5.1 检验项目

5.1.1 产品出厂时，应检验带的长度、宽度、总厚度、纵向全厚度拉伸强度和参考力伸长率及常温下层间粘合强度。

5.1.2 型式检验时，应检验第 4 章规定的全部技术要求。

5.2 取样

取样数量见表 4，每个样品长度不小于 450 mm，宽度为带的全宽度。

表 4 取样数量

带长度 m	取样数量
≤200	1(如果被请求)
>200～500	1
>500～1 000	2
>1 000～2 000	3
>2 000～3 500	4
>3 500～5 000	5
>5 000～7 000	6
>7 000～10 000	7
>10 000	每增加 5 000 m 增加一个样品

5.3 检验方法

5.3.1 有端带长度的测量,将带平放成松弛状态,采用测量误差不大于 1 mm 的钢尺测量带长。

5.3.2 环形带长度按 GB/T 33512 规定进行测量。

5.3.3 带的宽度采用测量误差不大于 1 mm 的钢尺进行测量,每个尺寸取 3 个测量值,取中位数为测量结果。

5.3.4 带的总厚度和覆盖层厚度按 GB/T 32331 规定进行测量。

5.3.5 覆盖层的物理性能试验方法见 GB/T 33510,4 级带的热空气老化试验温度为 180 ℃,老化时间为 168 h。

5.3.6 耐热带的纵向全厚度拉伸强度和参考力伸长率按 GB/T 3690 的规定进行试验。

合成纤维织物作带芯的输送带,宜采用 B 型试样,含有天然纤维织物作带芯的输送带,宜采用 C 型试样。

5.3.7 常温下带的层间粘合强度按 GB/T 6759 的规定进行试验。

5.4 不合格品判定规则

对 5.1 检验出现的不合格项目,应在该批带中抽取双倍试样,对不合格项目复试,若复试结果里有一项不合格,则该批产品判为不合格品。

6 标志、包装、贮存和运输

6.1 耐热带的标志按 GB/T 5752 执行。

6.2 耐热带的包装,带应在芯轴上卷缠整齐,用覆盖物包扎牢固,包装中应附有质量检验合格证。

6.3 耐热带的贮存和运输按 HG/T 3056 执行。

ICS 59.080.40
G 42

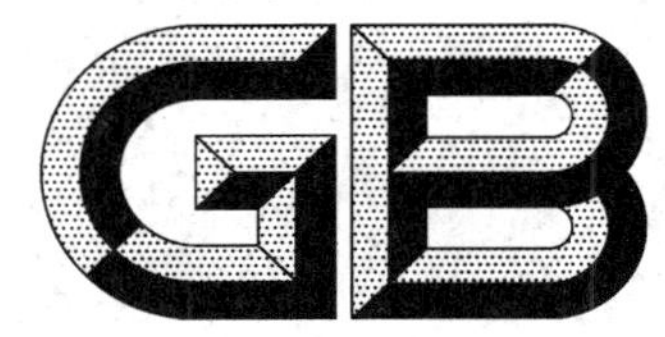

中华人民共和国国家标准

GB/T 20027.2—2017/ISO 3303-2:2012
部分代替 GB/T 20027—2005

橡胶或塑料涂覆织物　破裂强度的测定 第2部分:液压法

Rubber-or plastics-coated fabrics—Determination of bursting strength—Part 2:Hydraulic method

(ISO 3303-2:2012,IDT)

2017-11-01 发布　　2018-05-01 实施

中华人民共和国国家质量监督检验检疫总局
中国国家标准化管理委员会　发布

前　言

GB/T 20027《橡胶或塑料涂覆织物　破裂强度的测定》分为两个部分：

——第 1 部分：钢球法；

——第 2 部分：液压法。

本部分为 GB/T 20027 的第 2 部分。

本部分按照 GB/T 1.1—2009 给出的规则起草。

本部分部分代替 GB/T 20027—2005《橡胶或塑料涂覆织物　破裂强度的测定》，与 GB/T 20027—2005 相比，主要技术变化如下：

——适用范围做了一定调整，删除了方法 A；

——在范围里重新规定了液压方法中的两种试验方法，方法 A 和方法 B(见第 1 章)；

——增加了原理(见第 3 章)；

——重新规定了两种试验装置(见第 4 章)；

——增加了校准要求(见第 5 章)；

——修改了试样制备的要求(见第 7 章，2005 年版的第 5 章)；

——修改了试验过程的要求(见第 10 章，2005 年版的第 8 章)；

——修改了试验报告的内容(见第 11 章，2005 年版的第 9 章)。

本部分使用翻译法等同采用 ISO 3303-2:2012《橡胶或塑料涂覆织物　破裂强度的测定　第 2 部分：液压法》。

本部分做了下列编辑性修改：

——删除了参考文献中的 ISO 2758，因在正文里没有引用。

与本部分中规范性引用的国际文件有一致性对应关系的我国文件如下：

——GB/T 24133—2009　橡胶或塑料涂覆织物　调节和试验的标准环境(ISO 2231:1989，IDT)

本部分由中国石油和化学工业联合会提出。

本部分由全国橡胶与橡胶制品标准化技术委员会(SAC/TC 35)归口。

本部分起草单位：沈阳橡胶研究设计院有限公司。

本部分主要起草人：赵博丹、马英、曹智斌、王军。

本部分所代替标准的历次版本发布情况为：

——GB/T 20027—2005。

引　言

涂覆织物的破裂强度常作为测定材料的多向模数的一个量值，而不像拉伸性能那样只能提供涂覆织物在一个平面上的强度。另外，破裂强度试验更适用于试验有收缩倾向的材料，例如以针织物为骨架材料的涂覆织物。

本部分描述的试验，使用了一种橡胶薄膜，是破裂试验较通用的一种试验方法，这种试验方法更适用于质量较轻和处于中等范围的涂覆织物；同时规定了可以使用两种孔径规格的商业化试验仪，但由不同试验仪测得的结果可能没有可比性。

橡胶或塑料涂覆织物　破裂强度的测定
第2部分:液压法

1　范围

GB/T 20027的本部分规定了测定橡胶或塑料涂覆织物破裂强度的试验方法,使用两种用液压方法操作的隔膜破裂试验仪,规定为A型试验机和B型试验机。A型试验机适用于破裂强度在350 kPa～5 500 kPa范围内的材料;B型试验机适用于破裂强度在70 kPa～1 400 kPa范围内的材料。

2　规范性引用文件

下列文件对于本文件的应用是必不可少的。凡是注日期的引用文件,仅注日期的版本适用于本文件。凡是不注日期的引用文件,其最新版本(包括所有的修改单)适用于本文件。

ISO 2231　橡胶或塑料涂覆织物　调节和试验的标准环境(Rubber-or plastics-coated fabrics—Standard atmospheres for conditioning and testing)

3　原理

试样边缘能被上、下夹板牢固地夹紧。下夹板下面安装一个橡胶薄膜,在薄膜下的空腔内以恒定速度注入液体,使薄膜逐渐延伸膨胀凸起,并与试样接触,给试样施加压力。记录试样破坏时流体的压力和薄膜凸起的高度。

4　试验装置

4.1　试验机[1)],A型试验机(见4.1.1)或B型试验机(见4.1.2)。依据材料的破裂强度规格决定使用某一类型的试验机,建议供需双方在使用试验机的类型上达成一致,因为一种类型试验机的试验结果与另一种类型试验机的试验结果没有可比性。

4.1.1　A型试验机(见图1),测量范围为350 kPa～5 500 kPa,试验机各组件在4.1.1.1至4.1.1.3中规定。

4.1.1.1　夹具装置,用于牢固地夹紧试样,两个平行的环形夹板平面之间能均匀加载,夹板表面应光滑(但不抛光),具有如图1所示的凹槽,并规定夹具装置的尺寸。夹板上有一个锁紧装置或类似的装置夹紧夹板,以确保夹紧压力分布均匀。在承受试验的负荷时,两夹紧面的圆孔应保持在同一轴线上,同心度应在0.25 mm以内,夹紧表面应是平整和平行的。

4.1.1.2　橡胶薄膜,形状为圆形,天然或合成橡胶制成。在测试开始之前被牢固地夹紧,要求薄膜上表面相对于下夹板的上表面应凹进5.5 mm。橡胶薄膜的材质和构造应在施加压力时,确保薄膜凸起要超出下夹板的上表面,凸起高度如下:

——凸起高度10 mm±0.2 mm,压力范围:170 kPa～220 kPa;

——凸起高度18 mm±0.2 mm,压力范围:250 kPa～350 kPa。

1)　此类试验机通常被称为马伦破裂试验机。ISO 2759中详细介绍了此类试验机。

薄膜在使用中应定期检查,当凸起的高度不能满足要求时应予以更换。

4.1.1.3 液压系统,从薄膜的内侧增加液压压力,直至试样破裂。压力由电机驱动活塞在薄膜内表面推动适当的液体产生,所选液体与薄膜材料兼容(例如,纯甘油、低黏度的硅油或含乙二醇的缓蚀剂)。液压系统和所使用的液体应无气泡。液体流速为 170 mL/min±20 mL/min。

单位为毫米

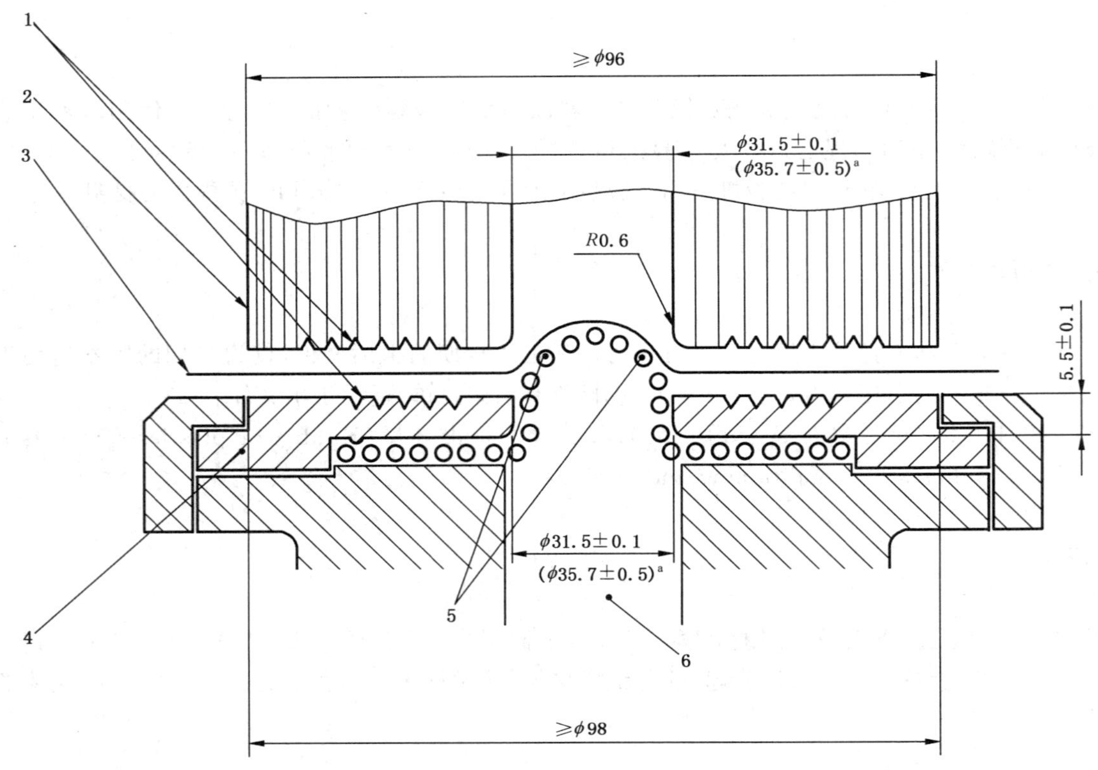

说明:

1——连续螺旋 60°V 形槽或一组同心的 60°V 形槽;

2——上夹板;

3——试样;

4——下夹板;

5——橡胶薄膜;

6——压力室。

a 在 EN 12332-2 中,通过上、下夹板的圆柱孔的直径为 35.7 mm,夹持面积为 10 cm^2。

图 1 A 型试验机夹具装置示意图

4.1.2 B 型试验机(见图 2),测量范围为 70 kPa~1 400 kPa,试验机各组件在 4.1.2.1 至 4.1.2.3 中规定。

4.1.2.1 夹具装置,用于牢固地夹紧试样,两个平行的环形夹板平面之间能均匀加载,夹板表面应光滑(但不抛光),具有如图 2 所示的凹槽,并规定夹具装置的尺寸。夹板上有一个锁紧装置或类似的装置夹紧夹板,以确保夹紧压力分布均匀。在承受试验的负荷时,两夹紧面的圆孔应保持在同一轴线上,同心度应在 0.25 mm 以内,夹紧表面应是平整和平行的。

4.1.2.2 橡胶薄膜,形状为圆形,天然或合成橡胶制成,厚度为 0.86 mm±0.06 mm,在测试开始之前被牢固地夹紧,要求薄膜上表面相对于下夹板的上表面应凹进 3.5 mm。橡胶薄膜的材质和构造应是在施加 30 kPa±5 kPa 压力时，确保薄膜凸起超出下夹板的上表面 9.0 mm±0.2 mm。

薄膜在使用中应定期检查，当凸起高度不能满足要求时应予以更换。

单位为毫米

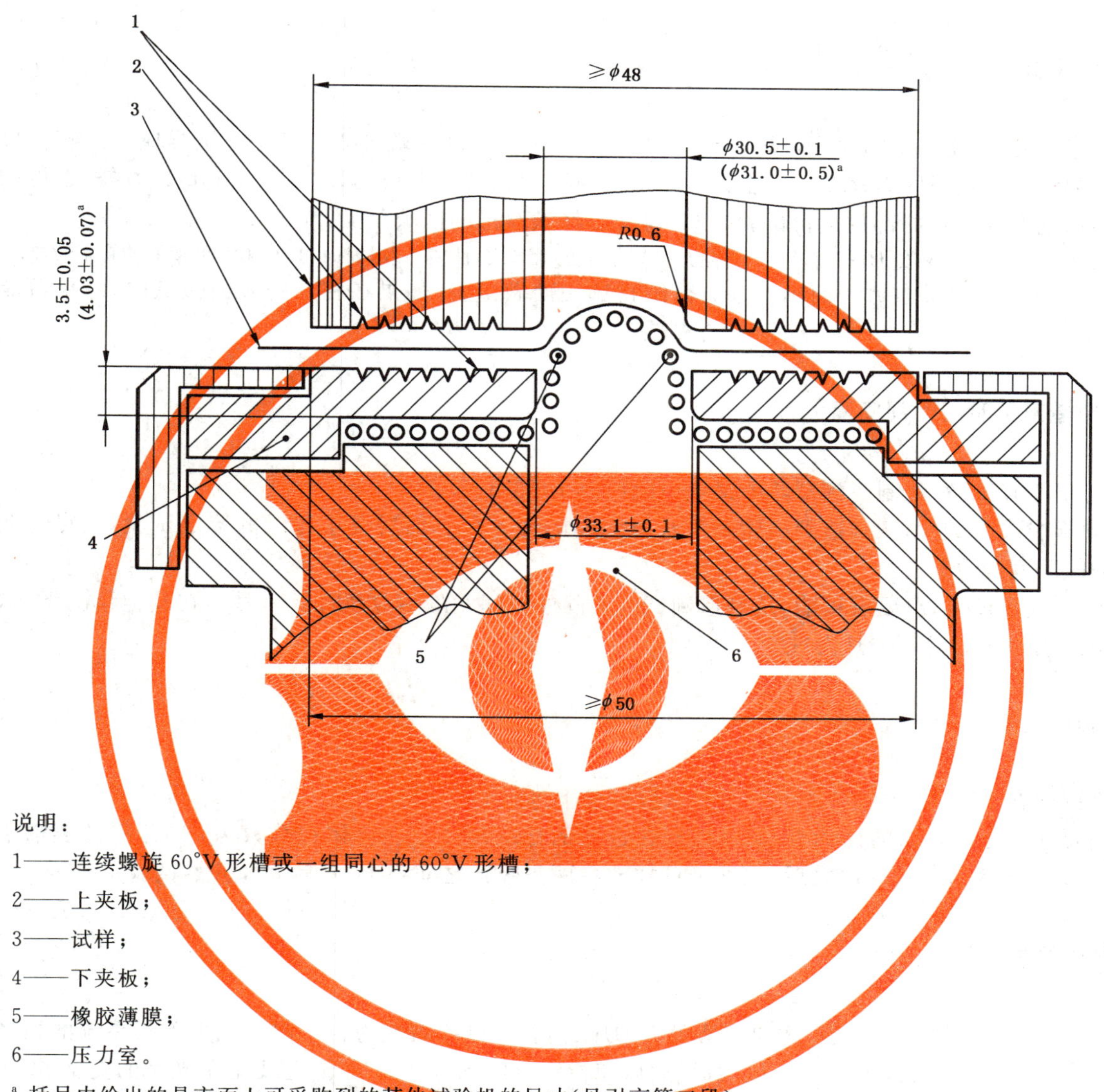

说明：

1——连续螺旋 60°V 形槽或一组同心的 60°V 形槽；

2——上夹板；

3——试样；

4——下夹板；

5——橡胶薄膜；

6——压力室。

[a] 括号内给出的是市面上可采购到的其他试验机的尺寸(见引言第二段)。

图 2　B 型试验机夹具装置示意图

4.1.2.3　液压系统，从薄膜的内侧增加液压压力，直至试样破裂。压力由电机驱动活塞在薄膜内表面推动适当的液体产生，所选液体与薄膜材料兼容(例如，纯甘油、低黏度的硅油或含乙二醇的缓蚀剂)。液压系统和所使用的液体应无气泡。液体流速为 95 mL/min±5 mL/min。

4.2　用于测量破裂强度的压力测量系统，可显示液压增加值，所示最大液压压力在真实峰值压力的±3%以内。

5　校准

在初次使用前应根据制造商提供的说明书进行校准，随后应经常校准，以保证规定的精确度。

6 取样

样品应尽可能代表整批交付的货物。

7 试样的制备

7.1 在样品的有效宽度(见注)内裁取5个试样,并至少离开样品端部1 m。每个试样应有足够的尺寸确保被试验机夹板坚固地夹紧。每个试样的短边应至少比圆形夹板的外径大12 mm。另外,也可在样品的幅宽范围内规定的部位进行试验,注意避开已经试验过的区域至少20 mm。

注:有效宽度的定义在HG/T 3050.1中给出。即指不包括布边,性能一致、表面均匀、无不可接受的缺陷的宽度。

7.2 试验前应与有关各方协商确定是涂覆织物哪一面做试验,如果在相反的表面做试验,结果可能会不同。

8 从制造到试验的时间间隔

8.1 对于所有试验,从制造到试验的最短时间间隔为16 h。

8.2 对于非成品试验,从制造到试验的最长时间间隔为4周。而对要求比对的鉴定试验,应尽可能以相同的时间间隔进行。

8.3 对于成品试验,只要有可能,从制造到试验之间的时间间隔不应超过3个月。在其他情况下,试验应在用户收到产品后2个月内进行。

9 试样的调节

将试样在ISO 2231规定的一种标准试验环境下进行调节。

当要求测定湿材料的性能时,要将试样在选定的标准温度下在含体积分数为1%乙醇的蒸馏水中浸泡24 h。从蒸馏水中取出之后,立即把试样放在两张吸纸之间吸干,然后立即开始试验。

10 试验程序

10.1 通过输入液体到压力室,对橡胶薄膜增加压力,直到试样破裂为止。记录压力测量系统的指针所指示的最大压力,以及薄膜膨胀的最大值,然后使指针返回到零点。另外,还要记录破裂的类型(即十字型或裂缝)。

10.2 每个试样重复此程序,剔除在夹板边缘或附近处发生破裂的试样,而要用另一试样进行重复试验。

10.3 对于破裂压力,计算5次所得结果的平均值,然后按10.4所述测定薄膜修正系数,用以修正此平均值。

10.4 用试验时使用的同一流速的流体来扩张薄膜,不装试样,但安装上夹板。记下等于试样破裂平均值时使薄膜扩张所需要的压力。该压力即为“薄膜修正系数”,也就是应从平均破裂压力中减掉的值。

10.5 记录修正后的平均破裂压力,作为破裂强度。

11 试验报告

试验报告应包括下列内容:

a) 本部分标准编号；
b) 鉴别样品的详细说明；
c) 试验机使用的类型(A 或 B)；
d) 调节方法，停放的环境和时间，或者试样是否经过浸湿调节的说明；
e) 试验条件；
f) 破裂强度，用 kPa 表示；破裂膨胀类型；膨胀高度，用 mm 表示；
g) 修正后的平均破裂压力；
h) 试验日期。

参 考 文 献

［1］ HG/T 3050.1 橡胶或塑料涂覆织物 整卷特性的测定 第1部分:测定长度、宽度和净质量的方法

［2］ ISO 2759 Board—Determination of bursting strength

［3］ EN 12332-2 Rubber-or plastics-coated fabrics—Determination of bursting strength—Part 2:Hydraulic method

ICS 29.120.10
K 65

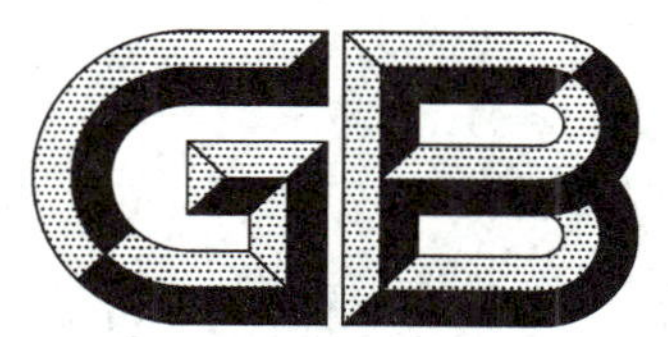

中华人民共和国国家标准

GB/T 20041.21—2017
代替 GB 20041.21—2008

电缆管理用导管系统 第21部分:刚性导管系统的特殊要求

**Conduit systems for cable management—
Part 21:Particular requirement for rigid conduit systems**

(IEC 61386-21:2002,Conduit systems for cable management—
Part 21:Particular requirements—Rigid conduit systems,MOD)

2017-07-31 发布　　　　2018-02-01 实施

中华人民共和国国家质量监督检验检疫总局
中国国家标准化管理委员会　发布

前　言

GB/T 20041《电缆管理用导管系统》分为以下部分：

——第1部分：通用要求

——第2部分：特殊要求

- 第21部分：刚性导管系统的特殊要求
- 第22部分：可弯曲导管系统的特殊要求
- 第23部分：柔性导管系统的特殊要求
- 第24部分：埋入地下的导管系统的特殊要求
- 第25部分：导管固定装置的特殊要求

本部分是GB/T 20041的第21部分。

本部分按照GB/T 1.1—2009给出的规则起草。

本部分代替GB 20041.21—2008《电缆管理用导管系统　第21部分：刚性导管系统的特殊要求》，与GB 20041.21—2008相比，主要技术变化如下：

——增加了规范性引用文件(见第2章)；

——增加了例行试验项目要求(见5.101)；

——增加了标注本部分编号的要求(见7.1.101)；

——增加了金属导管的螺纹的要求(见8.1)；

——增加了金属导管的尺寸要求(见8.101、8.102、8.103、8.104、8.105、8.106)；

——增加了金属导管的结构要求(见9.101、9.102、9.103、9.104、9.105、9.106、9.107、9.108)；

——增加了金属导管的保护等级和耐腐蚀要求(见第14章)；

——增加了图101；

——增加了规范性附录C例行试验。

本部分使用重新起草法修改采用IEC 61386-21:2002《电缆管理用导管系统　第21部分：刚性导管系统的特殊要求》。

本部分与IEC 61386-21:2002的技术性差异及其原因如下：

——关于规范性引用文件，本部分做了具有技术性差异的调整，以适应我国的技术条件，调整的情况集中反映在第2章“规范性引用文件”中，具体调整如下：

- 用GB/T 20041.1—2015代替了IEC 61386-1；
- 增加了引用文件：GB/T 192、GB/T 196、GB/T 4208、GB/T 17194。

——为了指导制造商生产检验，增加了5.101。

——7.1.101增加了标注本部分编号的要求。

——根据我国的金属导管系统的情况，增加了导管尺寸要求的条款：8.101、8.102、8.103、8.104、8.105、8.106。

——根据我国的金属导管系统的情况，增加了导管结构要求的条款：9.101、9.102、9.103、9.104、9.105、9.106、9.107、9.108。

——根据我国的金属导管系统的应用环境情况，增加了导管保护等级和耐腐蚀要求的条款：14.101、14.102。

——增加了附录C例行试验。

——增加了图101。

本部分做了下列编辑性修改：

——按照 GB/T 1.1—2009 要求，在第 1 章“范围”中修改为“GB/T 20041 的本部分规定了刚性导管系统的标志和文件、尺寸、结构、机械性能、电气性能、热性能等技术要求。本部分适用于刚性导管系统”。

——由于增加了图 101，且根据正文中提及图的顺序，对图号进行了调整。

本部分由中国电器工业协会提出。

本部分由全国电器附件标准化技术委员会(SAC/TC 67)归口。

本部分起草单位：中国电器科学研究院有限公司、中山市长顺五金制品有限公司、广东一通科技股份有限公司、杭州鸿雁电器有限公司、ABB(中国)有限公司、广东联塑科技实业有限公司、广东华捷钢管实业有限公司、广州市海珠区中兴五金线槽桥架厂、威凯检测技术有限公司、深圳市华易通工业电气有限公司。

本部分主要起草人：蔡军、黎达坚、吴伟国、吴明、董钢、陈国南、曾祥桂、车志强、洪志景、罗杨军、李细琴、周晓清。

本部分所代替标准的历次版本发布情况为：

——GB/T 14823.1—1993、GB/T 14823.2—1993；

——GB 20041.21—2008。

电缆管理用导管系统
第21部分:刚性导管系统的特殊要求

1 范围

GB/T 20041.1—2015 的本章替换为:

GB/T 20041 的本部分规定了刚性导管系统的标志和文件、尺寸、结构、机械性能、电气性能、热性能等技术要求。

本部分适用于刚性导管系统。

2 规范性引用文件

下列文件对于本文件的应用是必不可少的。凡是注日期的引用文件,仅注日期的版本适用于本文件。凡是不注日期的引用文件,其最新版本(包括所有的修改单)适用于本文件。

GB/T 192 普通螺纹 基本牙型(GB/T 192—2003,ISO 68-1:1998,MOD)

GB/T 196 普通螺纹 基本尺寸(GB/T 196—2003,ISO 724:1993,MOD)

GB/T 4208 外壳防护等级(IP代码)(GB/T 4208—2008,IEC 60529:2001,IDT)

GB/T 17194 电气导管 电气安装用导管的外径和导管与配件的螺纹(GB/T 17194—1997,eqv IEC 423:1993)

GB/T 20041.1—2015 电缆管理用导管系统 第1部分:通用要求(IEC 61386-1:2008,MOD)

3 术语和定义

GB/T 20041.1—2015 的本章适用。

4 一般要求

GB/T 20041.1—2015 的本章适用。

5 试验的一般条件

GB/T 20041.1—2015 的本章增加下述条款后适用。

5.101 例行试验项目在附录C给出。

6 分类

GB/T 20041.1—2015 的本章适用,除下述内容外:

6.1.1 1),6.1.2 1),6.1.3 2),6.1.3 3),6.1.3 4),6.1.4 1)和6.1.5 1)不适用。

7 标志和文件

GB/T 20041.1—2015 的本章做下述修改后适用。

增加：

7.1.101 导管应根据 7.1 要求进行标识。标识应沿着导管全长按固定的间隔进行，间隔最适宜为 1 m 但不超过 3 m，每一段间隔应至少标识一次。在每根导管上标注本部分编号，例如，GB/T 20041.21。

是否合格，通过观察检查。

7.1.102 制造商应为导管系统提供最小内径和符合第 6 章分类说明的文件。

是否合格，通过观察检查。

8 尺寸

GB/T 20041.1—2015 的本章修改为：

8.1 螺纹和外径应符合 GB/T 17194 要求。

金属导管的螺纹应整齐、光滑、无裂缝。在钢导管焊缝处的螺纹允许有黑皮，但螺纹断面高度的减低量不应超过规定高度的 15%，螺纹的断缺或齿形不全的长度之总和不应超过规定长度的 10%，相邻两扣的同一部位不得同时断缺。

是否合格，通过观察以及用符合 GB/T 17194 规定的量规进行检查。

8.2 除了端接导管配件外，可形成螺纹的导管和导管配件应符合表 1 要求。除了已说明抗拉强度的导管系统的配件外，不可形成螺纹的导管配件应符合表 2 要求。制造商应声明导管系统的最小内径。

是否合格，通过测量检查。

表 1 螺纹长度

单位为毫米

尺寸	外螺纹 最小长度	内螺纹 最小长度
6	5.5	6.5
8	6.5	7.5
10	8.5	9.5
12	10.5	11.5
16	12.5	13.5
20	14.0	15.0
25	17.0	18.0
32	19.0	20.0
40	19.0	20.0
50	19.0	20.0
63	19.0	20.0
75	19.0	20.0

表 2　最大进入直径和最小进入长度说明

单位为毫米

尺寸	外螺纹 最大进入直径	内螺纹 最小进入长度
6	6.5	6.0
8	8.5	8.0
10	10.5	10.0
12	12.5	12.0
16	16.5	16.0
20	20.5	20.0
25	25.5	25.0
32	32.6	30.0
40	40.7	32.0
50	50.8	42.0
63	63.9	50.0
75	75.9	50.0

增加如下内容：

8.101　金属导管的外径公差、最小壁厚应符合表 3、表 4 内“导管外径尺寸”相应的规定。外径公差应符合表 3、表 4 内“外径公差”项的相应要求。

8.102　金属导管厚度尺寸应符合表 3、表 4 内“壁厚”项相应的规定。

表 3　不可形成螺纹金属导管外径和壁厚尺寸

单位为毫米

导管外径尺寸	16	20	25	32	40	50	63
最小壁厚	1.0±0.1	1.2±0.12					
外径公差	${}^{0}_{-0.3}$		${}^{0}_{-0.4}$		${}^{0}_{-0.5}$		${}^{0}_{-0.3}$

注：不可形成螺纹的金属导管壁厚尺寸可按使用条件选择大于表 3 中壁厚尺寸。

表 4　可形成螺纹金属导管外径和壁厚尺寸

单位为毫米

导管外径尺寸	16	20	25	32	40	50	63
最小壁厚	1.5±0.15	1.6±0.15				1.9±0.18	
外径公差	${}^{0}_{-0.3}$		${}^{0}_{-0.4}$			${}^{0}_{-0.5}$	${}^{0}_{-0.3}$

注：金属导管连接配件壁厚尺寸应不低于所选用导管的壁厚尺寸。

8.103　金属导管的最小外径应不小于表 5 内“c”项相应的尺寸(见图 101 所示)。

表 5　金属导管最小外径量规尺寸

单位为毫米

导管尺寸	c	制造公差	允许磨损	e_1	e_2	g	s
16	15.7	${}^{0}_{-0.018}$	${}^{+0.018}_{0}$	8	17	18	8
20	19.7	${}^{0}_{-0.022}$	${}^{+0.022}_{0}$	10	23	27	9

表 5（续）

单位为毫米

导管尺寸	c	制造公差	允许磨损	e_1	e_2	g	s
25	24.6	0 −0.022	+0.022 0	10	23	27	9
32	31.6	0 −0.025	+0.025 0	12	29	34	10
40	39.6	0 −0.030	+0.030 0	14	35	42	10
50	49.5			16	42	52	12
63	62.4			18	49	65	12

8.104　金属导管弯曲后的最小内径应能让符合图 102 和表 6 内“D”项相应尺寸的量规通过。

表 6　金属导管弯曲后最小内径尺寸

单位为毫米

导管尺寸	16	20	25	32	40	50	63
弯曲后最小内经 D	9.0	12.0	16.0	20.0	25.0	31.0	40.0
公差	±0.02						

8.105　金属导管的螺纹牙型应符合 GB/T 192 的规定，螺纹是细牙螺纹，牙距均为 1.5 mm，螺纹的细节尺寸应符合 GB/T 196 相应的规定。

8.106　金属导管的尺寸及其制造长度，除本部分的尺寸规格以外，可由供需双方协定。

9　结构

9.1　GB/T 20041.1—2015 的本章做下述修改后适用。

增加：

9.101　金属导管应是无缝管或焊缝接合管，其外表应无明显的凹凸不平和类似缺陷；不得有裂纹和结疤、烧伤、深的划道（但允许存在不大于壁厚允许偏差的轻微压痕、直道、划伤及直径小于 2 mm 的凹坑），管口边缘应平滑（可作 0.5×45°的倒棱处理），不致损伤导线、电缆的绝缘层。

9.102　金属导管外表应有完整、均匀的镀、涂层，这保护层不得有裂痕、气泡及剥落。

9.103　金属导管的内焊缝应平滑、圆顺，焊缝高度不得超过 0.3 mm，不得损伤导线、电缆的绝缘层。

9.104　对金属导管，因制造而形成的少许轧疤，如不损伤导线、电缆的绝缘层时，可不予考虑。

9.105　金属导管壁厚应均匀，并应符合附录 B 的规定要求。

9.106　如金属导管入口是螺纹的，则其螺纹应符合 8.1、8.2 规定的要求。

9.107　如金属导管入口是不形成螺纹的（如套接式），其配件入口处可装有把导管固定到配件中的装置。

9.108　对于无声明具有抗拉强度的金属导管系统，接口的抗拉强度不小于依照附录 A 中分类轻型的抗拉强度。

9.109　使用于预埋敷设管路的金属系统，如金属导管入口是不形成螺纹的（如套接式），接口处可装有防止水进入的装置。

10 机械性能

GB/T 20041.1—2015 的本章做下述修改后适用。

10.4 弯曲试验

替代：

由制造商声明的可弯曲的导管应符合 10.4.101、10.4.102 或 10.4.103 试验要求。

10.4.101 金属导管

10.4.101.1 尺寸为 16、20、25 的导管应用图 103 所示的装置进行弯曲试验。其他尺寸的导管试验应根据制造商的使用说明书进行。

10.4.101.2 长度为标称直径 30 倍的试样进行弯曲试验，当松开试验夹具时，试样能弯成(90±5)°，使其弯曲的内半径为标称直径的 6 倍。

10.4.101.3 对有焊缝的导管，用 6 个试样进行此项试验。3 个试样焊缝在弯曲面的外侧，3 个试样焊缝在弯曲面的内侧。

10.4.101.4 试验后：

——导管的本身材料和导管的保护层，应不得出现在无附加放大情况下正常或校正视力可见的裂痕；

——如有焊缝，应不开裂；

——导管的截面应不过度变形。

截面的变形应通过以下试验进行检查：

弯曲后的导管应以以下方式放置进行试验：直的部分与铅垂线成 45°，试样一端朝上，另一端朝下。应能让符合图 102 所示的相应量规在其自身重量并无任何初速度的情况下通过导管。

10.4.102 非金属导管

10.4.102.1 尺寸为 16、20、25 的导管用图 104 所示的装置进行弯曲试验。试样的长度约为 500 mm，其他尺寸的试验应根据制造商的使用说明书进行。

10.4.102.2 在弯曲试验前，应将弯曲辅助件放进每个试样中。弯曲辅助件应采用方截面金属丝盘绕而成的弹簧制成，该弹簧应无毛刺且外径应比所规定的导管最小内径小 0.7 mm～1.0 mm；或者可采用制造商推荐的弯曲辅助件。

10.4.102.3 试验前，将填充了弯曲辅助件的试样在冷冻箱放置至少 2 h。冷冻箱的温度应保持在表 1 所示的温度(偏差为±2 ℃)。

弯曲装置应放置于冷冻箱旁边，在试样从冷冻箱里取出的 10 s 内应进行试验。

10.4.102.4 每个试样应放置于如图 104 所示的成形模的凹槽中，同时用夹具轻轻夹紧。绕成形模移动弯曲型辊，在放开弯曲型辊后，试样应弯曲成(90±5)°。同时应在不损坏试样或弯曲辅助件的情况下能取出弯曲辅助件。

试验后，试样应不得出现在无附加放大情况下正常或校正视力可见的裂痕；且应能让符合图 102 所示的相应量规依靠自重在无任何初速度的情况下通过导管。

10.4.103 复合导管

制造商声明可弯曲的复合导管应符合10.4.101和10.4.102试验要求。每个试验均要求用新试样进行。

试验应在GB/T 20041.1—2015的表1所示的温度(偏差为±2 ℃)下进行。

10.5 弯折试验

GB/T 20041.1—2015的本条不适用。

10.6 破坏性试验

10.6.101 金属导管

金属导管不进行破坏性试验。

10.6.102 非金属和复合导管

10.6.102.1 有制造商声明的可弯曲的导管,应符合除了10.4.102.3以外的10.4.102其余条款要求。

10.6.102.2 在取出弯曲弹簧或制造商推荐的其他弯曲辅助件之后,试样应固定在图105所示的刚性支架的四个夹箍中。

将试验装置与试样一起在烘箱中放置24 h±15 min,烘箱温度应如GB/T 20041.1—2005的表2所示(偏差±2 ℃)。

此阶段试验后,把支架放置成使试样直的部分与铅垂线成45°,试样一端朝上,另一端朝下。应能让符合图102所示的相应量规在其自身重量并无任何初速度的情况下通过导管。

10.7 抗拉强度试验

GB/T 20041.1—2015的本条除了以下条款外均适用。

10.7.1 GB/T 20041.1—2015的本条做下述修改后适用:

表6中的1、2分类不适用,其他适用。

10.7.3 不适用。

11 电气性能

GB/T 20041.1—2015的本章适用。

12 热性能

GB/T 20041.1—2015的本章除了以下条款外均适用。

12.3 替代:

然后,撤掉负荷,立即将试样放于铅垂方向上,让符合图102所示的相应量规在其自身重量并无任何初速度的情况下通过导管,量规应能通过导管。

13 火焰效应

GB/T 20041.1—2015 的本章适用。

14 外部影响

GB/T 20041.1—2015 的本章做下述修改后适用：

增加：

14.101 金属导管的保护等级

14.101.1 导管系统按制造商的规定装配好后，应足以抵御与等级相应的外部影响。

是否合格，进行如下试验确定。

将一小段导管装配到一个配件的每个入口，以制成组件。必要时，组件的敞开端要塞住，或不作为试验的一部分。

组件按 GB/T 4208 相应的要求进行试验检查。

在无放大的情况下，如进水量不足以形成正常或矫正视力看不见的水珠，视作试验合格。

14.101.2 导管或配件可装有防止有害进水的装置。

如配件的导管入口不是螺纹，使用于预埋敷设管路的，至少达到 IPX3。

14.102 金属导管的耐腐蚀

对金属导管系统，除螺纹、螺钉外，其他部件的耐腐蚀能力分类代码至少为 3。

15 电磁兼容性

GB/T 20041.1—2015 的本章适用。

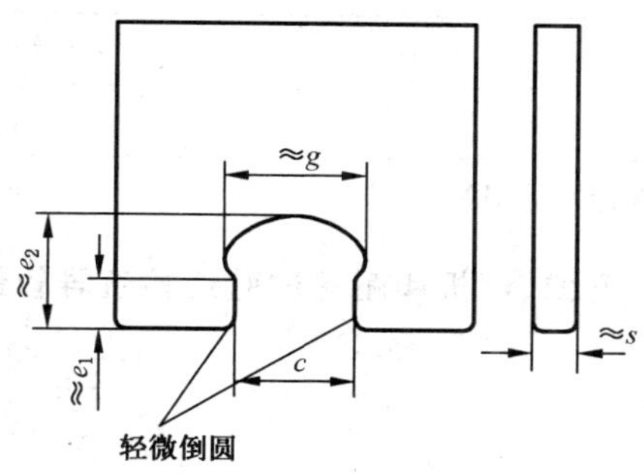

说明：

制造材料 ——抛光钢；

制造公差 ——$^{+0.05}_{0}$ mm；

允许磨损量——0.1 mm。

图 101 导管最小外径的量规

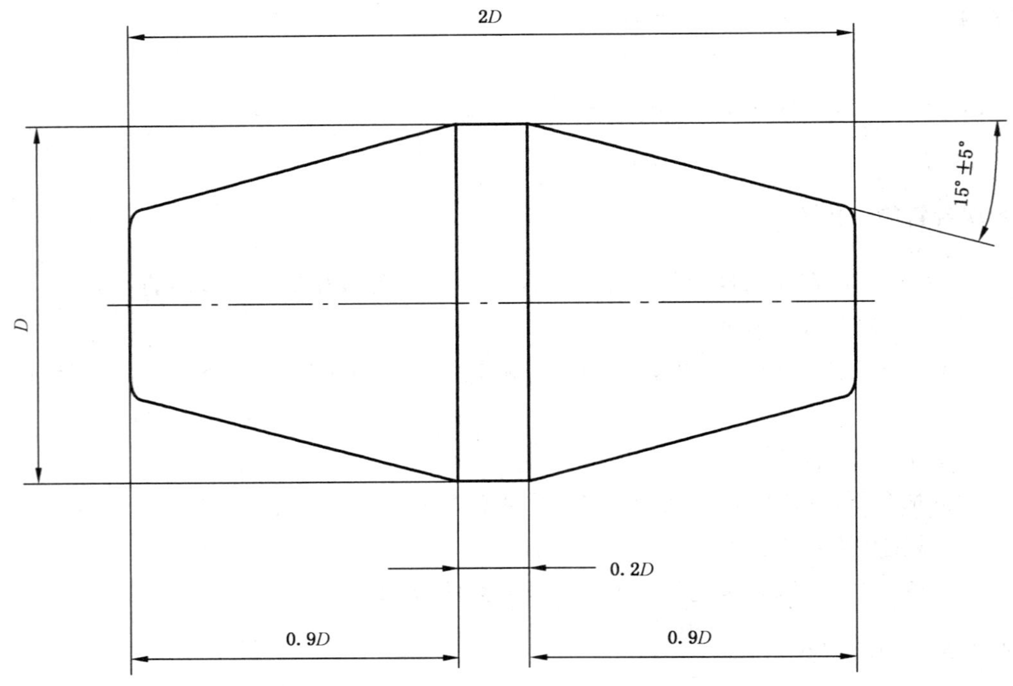

D	制造商声明导管最小内径的80%
材料	钢材,硬质和抛光,边缘轻微抛圆
制造公差	$^{+0.05}_{0}$ mm
公差和轴心尺寸	±0.2 mm
允许磨损	0.01 mm

注:本图除所示尺寸之外,其余不进行设计限制。

图102 在冲击、弯曲、弯折和耐热试验后检查导管最小内径的量规

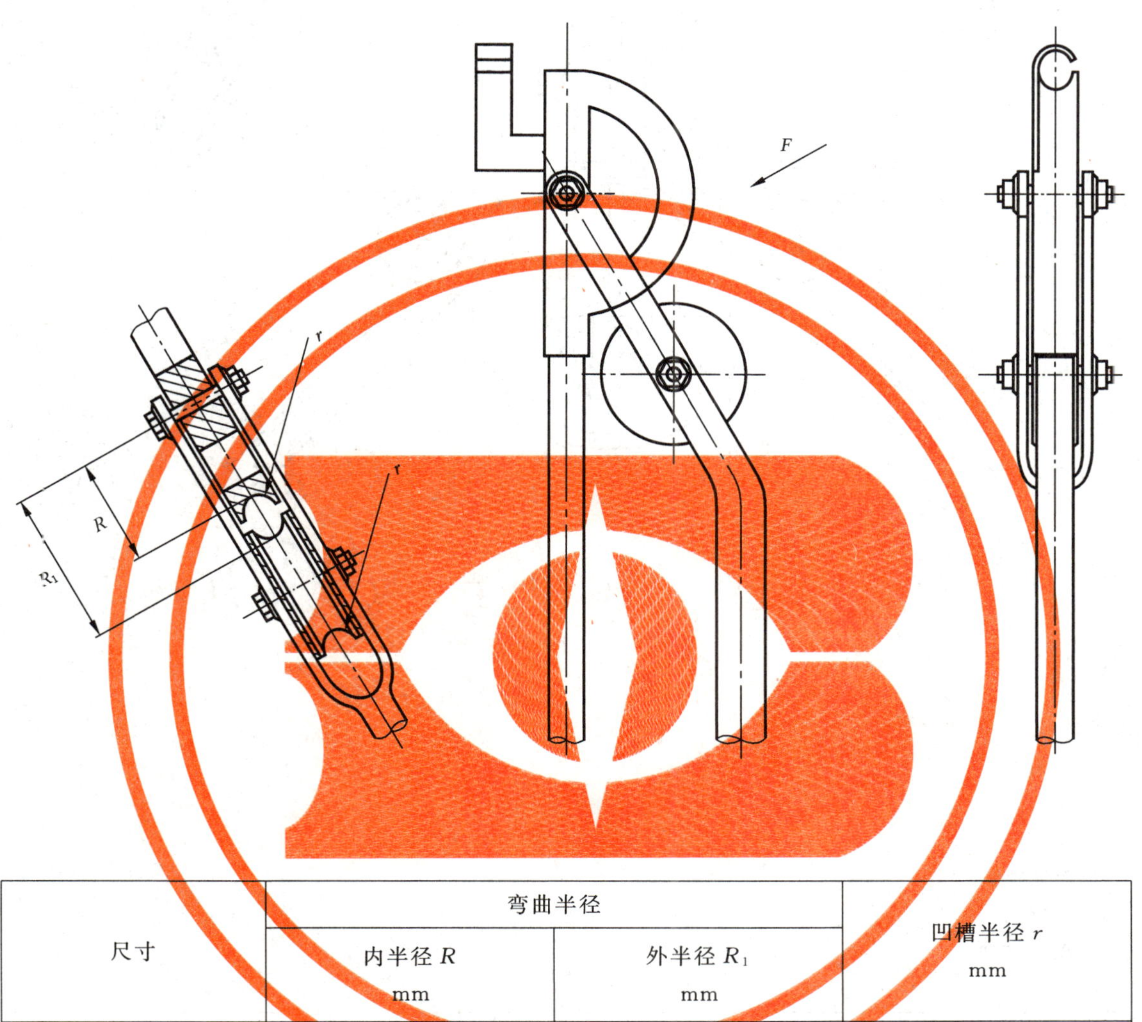

尺寸	弯曲半径		凹槽半径 r mm
	内半径 R mm	外半径 R_1 mm	
16	96	113	8.1
20	120	141	10.1
25	150	178	12.7

注：本图除所示尺寸之外，其余不进行设计限制。

图 103　金属和复合导管的弯曲试验装置

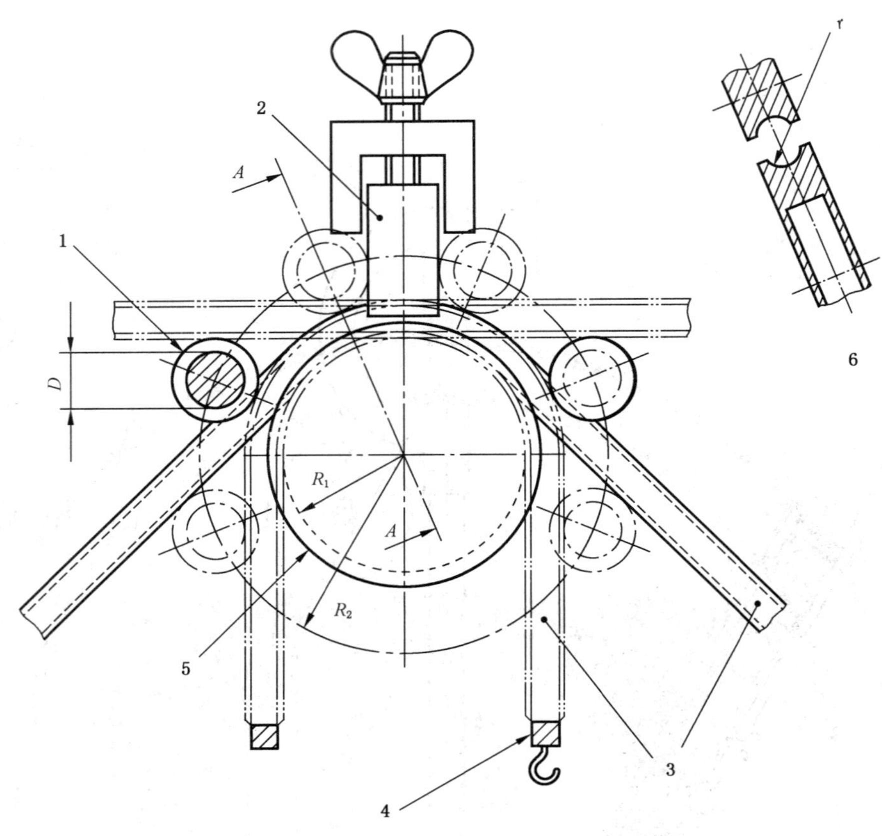

说明：
1——弯曲型辊；
2——夹具；
3——试样；
4——弯曲弹簧；
5——成型模；
6——*A*-*A* 截面。

尺寸	成型模的凹槽底部半径 R_1 mm	经弯曲型辊中心描绘的弧线半径 R_2 mm	成型模和弯曲型辊的凹槽半径 r mm	弯曲型辊的底部的直径 D mm
16	48	84	8.1	24
20	60	105	10.1	30
25	75	131.25	12.6	37.5

注：本图除所示尺寸之外，其余不进行设计限制。

图 104　非金属和复合导管的弯曲试验装置

单位为毫米

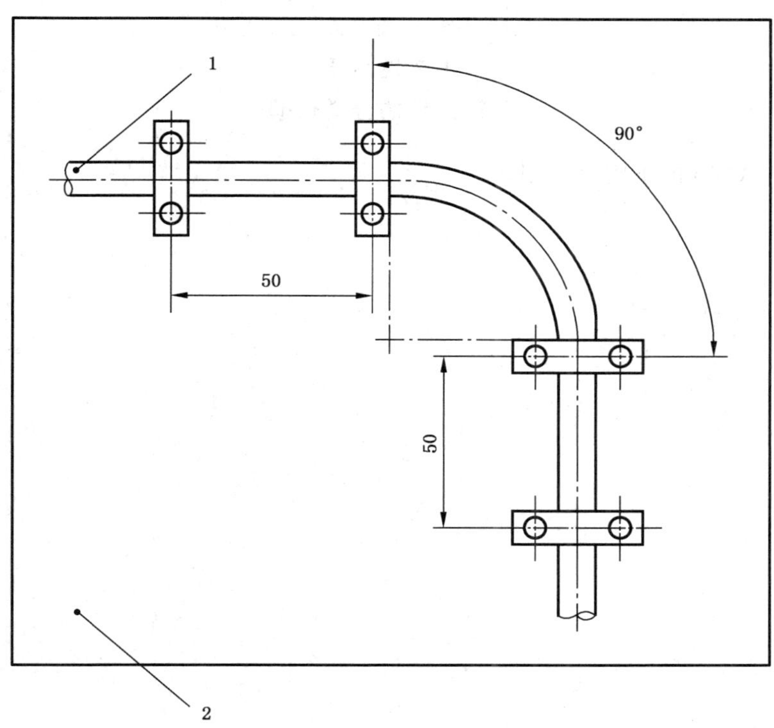

说明：

1——试样；

2——刚性支架。

注：本图除所示尺寸之外，其余不进行设计限制。

图 105　破坏性试验的布置

附 录 A
（规范性附录）
导管系统的分类代码

GB/T 20041.1—2015 的本附录适用。

附　录　B
（规范性附录）
材料厚度的测定

GB/T 20041.1—2015 的本附录适用。

附 录 C
（规范性附录）
例行试验

C.1 总则

如适用，所有导管应经受C.2、C.3、C.4试验。

根据制造商得到的经验，为确保每根导管与通过本部分试验的样品一致，可能需要做更多的试验。

C.2 标志

每根导管上有符合本部分第7章要求的标志。

C.3 尺寸

每根导管的尺寸应符合本部分第8章要求。

C.4 接地连续性（仅对金属导管）

对金属导管，应检查接地连续性。

ICS 27.070
K 82

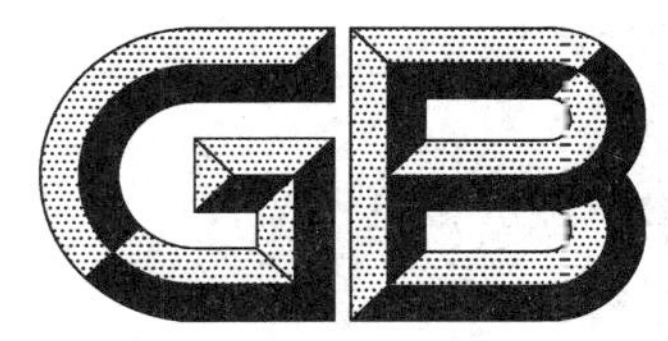

中华人民共和国国家标准

GB/T 20042.1—2017
代替 GB/T 20042.1—2005

质子交换膜燃料电池　第1部分:术语

Proton exchange membrane fuel cell—Part 1:Terminology

2017-05-12 发布　　2017-12-01 实施

中华人民共和国国家质量监督检验检疫总局
中国国家标准化管理委员会　发布

前　言

GB/T 20042《质子交换膜燃料电池》分以下 7 个部分：

——第 1 部分：术语；

——第 2 部分：电池堆通用技术条件；

——第 3 部分：质子交换膜测试方法；

——第 4 部分：电催化剂测试方法；

——第 5 部分：膜电极测试方法；

——第 6 部分：双极板特性测试方法；

——第 7 部分：炭纸特性测试方法。

本部分为 GB/T 20042 的第 1 部分。

本部分按照 GB/T 1.1—2009 给出的规则起草。

本部分代替 GB/T 20042.1—2005《质子交换膜燃料电池　术语》，与 GB/T 20042.1—2005 相比主要技术变化如下：

——对术语的类别进行调整，由原来的七大类调整为五大类十一小类；

——术语和定义由原来的 93 个增补至 219 个。

本部分由中国电器工业协会提出。

本部分由全国燃料电池及液流标准化技术委员会(SAC/TC 342)归口。

本部分负责起草单位：中国科学院大连化学物理研究所、武汉众宇动力系统科技有限公司、武汉理工大学、新源动力股份有限公司、机械工业北京电工技术经济研究所、上海神力科技有限公司、深圳市标准技术研究院、南京大学昆山创新研究院、航天新长征电动汽车技术有限公司、宁波拜特测控技术有限公司。

本部分主要起草人：梁栋、齐志刚、侯明、李赏、陈晨、张若谷、衣宝廉、潘牧、杜超、黄曼雪、刘建国、卢琛钰、靳殷实、黄平、王益群。

本部分所代替标准的历次版本发布情况为：

——GB/T 20042.1—2005。

质子交换膜燃料电池 第1部分：术语

1 范围

本部分界定了质子交换膜燃料电池技术及其应用领域内使用的术语和定义。

本部分适用于各种类型的质子交换膜燃料电池。

2 实物及抽象

2.1 材料及物料

2.1.1

储氢材料 hydrogen storage material

在一定条件下能够吸收、存储，并能够在需要时释放氢气的材料。

2.1.2

电催化剂 electrocatalyst

加速电极反应过程但本身不被消耗的物质。

2.1.3

非贵金属催化剂 non-precious metal catalyst

不含任何贵金属成分的催化剂。

注：贵金属元素包括：锇(Os)，铱(Ir)，钌(Ru)，铑(Rh)，铂(Pt)，钯(Pd)，金(Au)，银(Ag)。

2.1.4

合金催化剂 alloy catalyst

由两种或两种以上金属形成的合金构成的催化剂。

2.1.5

核壳催化剂 core-shell catalyst

含有一个核和一个包覆在该核上的壳组成的催化剂。

2.1.6

电催化剂载体 electrocatalyst support

作为电极的组成部分用于担载电催化剂的物质。

2.1.7

电解质 electrolyte

含有可移动离子因而具有离子传导能力的液态或固态物质。

2.1.8

聚合物电解质 polymer electrolyte

含有可移动离子因而具有离子传导能力的聚合物。

2.1.9

质子交换膜 proton exchange membrane；PEM

以质子为导电电荷的聚合物电解质膜。

2.1.10

非氟质子交换膜　non-fluorinated PEM

不含有任何氟原子的质子交换膜。

2.1.11

磺酸质子交换膜　sulfonated PEM

通过磺酸基团传导质子的质子交换膜。

2.1.12

全氟质子交换膜　perfluorinated PEM

高分子链上的氢原子全部被氟原子取代的质子交换膜。

2.1.13

复合膜　composite membrane

由两种或两种以上材料组成的膜。

2.1.14

炭布　carbon cloth

由炭纤维织成的多孔布。

2.1.15

炭纸　carbon paper

(以可碳化的粘结剂)把均匀分散的炭纤维粘结在一起后而形成的多孔纸状型材。

2.1.16

燃料　fuel

能够在阳极被氧化产生自由电子的物质。

2.1.17

原燃料　raw fuel

从外部源供给燃料电池发电系统的未经过重整的燃料。

2.1.18

重整气　reformate

原燃料通过燃料重整系统转化得到的富氢气体。

2.1.19

氧化剂　oxidant

能够在阴极得到电子被还原的物质。

2.1.20

洁净反应气　clean gaseous reactant

不含气体污染物或其含量低到不会对燃料电池性能和寿命带来任何影响的反应气。

2.1.21

污染物　contaminant

存在于反应气或电解质中(除水以外的)以很低的浓度便可对电极的氢氧化或氧还原催化活性或电解质的质子传导能力造成影响,进而影响电池性能或寿命的物质。

2.2　部件及功能区域

2.2.1

端板　end plate

位于燃料电池堆电流流动方向的两端,用于给叠在一起的电堆组件传送所需压紧力的部件。

2.2.2

集流板　current collector

位于电堆两端用来传导电堆所产生电流的导电板。

2.2.3

极板　polar plate

电池堆中隔离单电池、引导流体流动、传导电子的导电板。

2.2.4

单极板　monopolar plate

仅一侧含有反应物(燃料或氧化剂)供应、分布和生成物排出的流场(也可能包含传热介质流场)的极板。

2.2.5

双极板　bipolar plate

两侧均有为反应物(一侧为燃料和另一侧为氧化剂)供应、分布和生成物排出的流场(也可能包含传热介质流场)的极板。

2.2.6

流场　flowfield

为反应物、反应产物或冷却介质的进出及(合理)分布而在极板上加工的各种形状的流道的组合。

2.2.7

电极　electrode

和电解质相接触,提供电化学反应区域,并将电化学反应产生的电流导入或导出电化学反应池的电子导体(或半导体)。

2.2.8

阳极　anode

燃料的氧化反应发生所在电极。

2.2.9

阴极　cathode

氧化剂的还原反应发生所在电极。

2.2.10

催化层　catalyst layer

含有电催化剂的薄层,通常具有离子和电子传导性。

注:在燃料电池中,催化层一面和电解质膜相邻,构成了可发生电化学反应的空间区域。

2.2.11

气体扩散层　gas diffusion layer;GDL

放置在催化层和极板之间形成电接触的多孔基层,该层允许反应物进入催化层和反应产物离开催化层。

2.2.12

支撑层　supporting layer

气体扩散层中具有机械支撑作用的多孔基层。

2.2.13

微孔层　microporous layer;MPL

处于催化层和支撑层之间,促进反应气及反应产物有效传递和分配的多孔薄层。

2.2.14

气体扩散电极 gas diffusion electrode;GDE

将催化层直接制备在气体扩散层上而得到的多孔电极。

2.2.15

催化剂涂覆膜 catalyst-coated membrane;CCM

双表面带有催化层分别形成阴极和阳极反应区的质子交换膜。

2.2.16

膜电极组件 membrane-electrode assembly;MEA

由电解质膜和分别置于其两侧的气体扩散电极或由催化剂涂覆膜和分别置于其两侧的气体扩散层通过一定的工艺组合在一起构成的组件。多被简称为膜电极。

2.2.17

三相界面 three-phase boundary

催化层内电子、离子、反应物能同时达到的微型结构空间区域,在此区域电化学反应可能发生。

2.2.18

电堆接线端子 stack wiring lead

燃料电池堆向外供应电力的输出接线端,也称为电池堆电端。

2.2.19

歧管 manifold

为燃料电池或燃料电池堆输送流体或从中收集流体并排出的管道。

注 1:外部歧管的设计是针对摞在一起的单电池,气体混合物从一个中央源被送往大的燃料和氧化剂的进口,该进口覆盖紧邻的电池堆端并用恰当设计的密封垫密封。类似的系统在对面端收集废气。

注 2:内部歧管是由双极板、MEA 及密封垫经组装后形成的电堆内部通道,用于为每节单电池输送和/或排出反应物和/或反应产物,某些结构的电堆还包括输送和排出冷却液的内部歧管。

2.3 电池/系统

2.3.1

单电池 single cell or unit cell

燃料电池的基本单元,由一组膜电极组件及相应的单极板或双极板组成。

注:通常,处于电堆中的某一节单电池称为 unit cell,具有独立结构的一个单电池称为 single cell。

2.3.2

燃料电池 fuel cell

将外部供应的燃料和氧化剂的化学能直接转化为电能(直流电)及生成热和反应产物的电化学装置。

2.3.3

可再生燃料电池 regenerative fuel cell

能够通过使用燃料和氧化剂产生电能和产物,又可通过使用外部电能对前述产物进行电解而产生该燃料和该氧化剂的电化学装置。

2.3.4

直接醇燃料电池 direct alcohol fuel cell

在电堆阳极直接氧化醇类物质的燃料电池。

2.3.5

直接甲醇燃料电池　direct methanol fuel cell

在电堆阳极直接氧化甲醇的燃料电池。

2.3.6

质子交换膜燃料电池　proton exchange membrane fuel cell;PEMFC

用质子交换膜做电解质的燃料电池。

2.3.7

电堆/燃料电池堆　stack/fuel cell stack

由两个或多个单电池和其他必要的结构件组成的、具有统一电输出的组合体。

注：必要结构件包括：极板、集流板、端板、密封件等。

2.3.8

短堆　short stack

具有额定功率电堆的结构特征但其中单电池数量显著小于按额定功率设计的电堆中单电池数量的电堆。

2.3.9

燃料电池模块　fuel cell module

一个或多个燃料电池堆和其他主要及适当的附加部件构成的集成体。

注：一个燃料电池模块可由以下几个主要部分组成：一个或多个燃料电池堆、输送燃料、氧化剂和废气的管路系统、电池堆输电的电路连接、监测和/或控制手段。此外，燃料电池模块还可包括：额外流体(如冷却介质，惰性气体)的输送部件，检测正常或不正常运行条件的部件，外壳或压力容器，和模块的通风系统。

2.3.10

燃料电池发电系统　fuel cell power system

由燃料电池模块和必要的辅助部件组成的一个完整的可稳定运行的发电系统，通常简称为燃料电池系统。

2.3.11

便携式燃料电池发电系统　portable fuel cell power system

不被永久紧固或其他形式固定在一个特定位置使用的燃料电池发电系统。

2.3.12

移动式燃料电池发电系统　vehicle-carried fuel cell power system

固定在移动交通工具上，但不作为其动力电源的燃料电池发电系统。

2.3.13

微型燃料电池发电系统　micro fuel cell power system

便于携带且带有燃料容器的燃料电池发电系统。

注：微型燃料电池发电系统直流输出电压不超过 60 V，输出功率不超过 240 W。

2.3.14

固定式燃料电池发电系统　stationary fuel cell power system

连接并固定于某一位置的燃料电池发电系统。

2.3.15

燃料电池热电联供系统　fuel cell cogeneration system

向外部用户提供电能和热能的燃料电池系统。

2.3.16

燃料电池电动汽车　fuel cell electric vehicle

以燃料电池发电系统为主要电力源直接或间接给驱动电机提供驱动电力的电动汽车。

2.4 控制系统及辅助功能部件

2.4.1

通风系统/模块 ventilation system/module

通过机械或者自然方式实现燃料电池系统的机壳内外空气交换的系统或模块。

2.4.2

自动控制系统/模块 automatic control system/module

由检测器件、执行器件和控制单元等组成的系统或模块,用以使燃料电池发电系统在无需人工干预时自动启动、运行和关机。

2.4.3

排气系统/模块 exhaust system/module

负责把燃料电池系统产生的尾气和废气排到外界环境中的系统或模块。

2.4.4

电能调节系统/模块 power conditioning system/module

把电堆发出的直流电转变成满足负载所需的直流电或交流电的系统或模块。

2.4.5

燃料处理系统/模块 fuel processing system/module

将原燃料转化为燃料电池电堆可用燃料及必要时对其加压、由化学和/或物理处理设备以及相关的热交换器和控制器所组成的系统或模块。

2.4.6

燃料供应系统/模块 fuel supply system/module

为燃料电池系统提供燃料贮存、供给和调节功能的系统或模块。

2.4.7

热管理系统/模块 heat management system/module

为保持燃料电池系统在工作时,内部各模块的温度在正常范围内而提供冷却、散热和/或加热、也可能提供对过剩热再利用功能的系统或模块。

2.4.8

水管理系统/模块 water management system/module

为保持燃料电池系统内部相关模块所需的水满足其正常运行要求、也可能为实现水的再利用而进行管理的系统或模块。

2.4.9

水处理系统/模块 water treatment system/module

用以对燃料电池系统所用的回收水或补充水进行必要处理的系统或模块。

2.4.10

尾气处理系统/模块 exhaust treatment system/module

用于把从电堆中排放出的尾气进行处理以达到相关排放标准的系统或模块,主要为去除或稀释阳极尾气中没有反应的燃料。

2.4.11

氧化剂处理系统/模块 oxidant treatment system/module

对输入的氧化剂进行计量、调控、处理以便供燃料电池发电系统使用的系统或模块。

2.4.12

辅助系统 balance of plant;BOP

燃料电池系统中除了燃料电池堆或燃料电池模块的其他所有组件的总称,其功能为保障燃料电池堆或燃料电池模块的正常运行。

2.4.13

内电源模块　internal power module

燃料电池系统中用来启动燃料电池、或帮助燃料电池为负载供电、或在燃料电池待机时为寄生负载提供电能的模块。

2.4.14

通信模块　communication module

负责燃料电池系统内部模块间或燃料电池系统和外部系统(如氢源系统)进行信息交流的模块。

2.4.15

水气转换反应器　water-gas shift reactor

用于使重整反应产生的一氧化碳和水蒸气反应生成二氧化碳和氢气的反应器。

2.4.16

增湿器　humidifier

提升燃料和/或氧化剂气体湿度的装置。

2.4.17

重整器　reformer

由原燃料制备富氢气体混合物的反应装置。

注：有几种类型的重整器，如平板式、单管式、多管式、多双管式和多管环式。

2.4.18

燃料加注耦合器　fueling coupler

加注燃料时燃料电池汽车或其他燃料接受系统和燃料供应站之间的连接组件。

注：燃料加注耦合器也可以提供冷却水，以及跟燃料供应有关的通信信息。燃料加注耦合器包括加注口和加注枪。

2.4.19

脱硫器　desulfurizer

除去原燃料中硫化物或其中硫元素的装置。

2.4.20

再循环器　recirculator

把电堆的排出尾气送回到反应气流中的装置。也称作回流器。

3　物理量及参数

3.1　实物特性相关

3.1.1

Pt 担载量　Pt loading

燃料电池(电极)单位活性面积上 Pt 的量。

注：要明确是单独阳极或单独阴极 Pt 担载量，或者阳极和阴极 Pt 担载量的总和。

3.1.2

催化剂担载量　catalyst loading

燃料电池(电极)单位活性面积上催化剂的量。

注：要明确是单独阳极或单独阴极担载量，或者阳极和阴极担载量的总和。

3.1.3

催化剂面积比活性　catalyst area activity

燃料电池在给定电压下电极中单位电化学表面积的电催化剂所输送的电流。

3.1.4

催化剂(质量)比活性　catalyst (mass) specific activity

燃料电池在给定电压下电极上单位质量的电催化剂所输送的电流。

3.1.5

电极活性/有效面积　electrode active/effective area

垂直于电流流动方向的电极的几何面积。

3.1.6

电化学活性面积　electrochemical active surface area

电极中能够参与电化学反应的电催化剂表面的面积总和。

注：电化学表面积表示为 m^2。

3.1.7

极板面积利用率　polar plate area utilization

极板的流场部分的平面投影面积与极板总平面投影面积的比值。

注：流场部分面积指可与膜电极活性区域相对应的面积。

3.1.8

水合数(膜的湿化程度)　hydration number (hydration level of membrane)

质子交换膜中平均到每个传导质子的基团所带有的水分子数。

3.1.9

离子交换当量　ion exchange equivalent weight;EW

每摩尔离子基团所对应的干膜的质量,单位为 g/mol。

注：它与表示离子交换能力大小的离子交换容量 IEC(Ion Exchange Capacity)成倒数关系,对于质子交换膜,它体现了膜的酸浓度。

3.1.10

(膜)溶胀率　(membrane)swelling rate

在给定温度和湿度下相对于干膜在横向、纵向和厚度方向的尺寸变化比例,用%表示。

3.1.11

质子传导率　proton conductivity

膜的质子传导能力,表征为膜在单位电场强度下所能传导的电流密度,单位是 S/cm。

3.1.12

透气率　gas permeability

在单位压力下单位时间内透过单位面积和单位厚度物体的气体量。

3.1.13

孔隙率　porosity

一个物件中所有孔的体积和该物件几何体积的比值。

注：在质子交换膜燃料电池中,孔隙率是催化层、微孔扩散层、气体扩散层的表征参数之一。

3.1.14

内电阻(燃料电池内阻)　internal resistance(fuel cell internal resistance)

由电子和离子电阻造成的燃料电池内部的欧姆电阻。

注：欧姆意指电压降和电流的关系服从欧姆定律。

3.1.15

低可燃极限　lower flammable limit

可燃气体或蒸汽在与助燃气体形成的均匀混合系中能够被点燃并能转播火焰时的最低浓度(体积分数)。

3.1.16

再循环率 recirculation ratio

再循环反应物所占输入反应物的量的比例，也称回流比。

3.2 反应相关

3.2.1

额定电压 rated voltage

制造商规定的电堆或燃料电池系统在运行时的连续输出电压，燃料电池电堆或系统设计在该电压下运行。

3.2.2

开路电压 open circuit voltage;OCV

燃料电池中有燃料和氧化剂但没有外部电流流动时的端电压。

3.2.3

空载电压 no-load voltage

燃料电池系统不向外部负载提供任何电能时其所用电堆的输出电压。如果燃料电池系统通过使用其电堆来为寄生负载提供电能，电堆此时的空载电压要低于电堆的开路电压。

3.2.4

最低输出电压 minimum output voltage

由生产厂商规定的燃料电池系统或模块所能允许输出的最低电压。

3.2.5

界面电压 interfacial potential

电极与其相接触的电解质之间的电势差。

3.2.6

热力学电压 thermodynamic voltage

根据一个反应的吉布斯自由能 ΔG 和参与反应的电子数 n 通过公式 $V=-\Delta G/(nF)$ 计算出来的电压；其中 F 是法拉第常数，等于 96 485 库伦。

3.2.7

活化极化过电位 activation overpotential

由于活化极化而引起电极电位偏离其热力学电极电位的值。

3.2.8

欧姆极化过电位 ohmic overpotential

由于欧姆极化而引起的电极电位偏离其热力学电极电位的值。

3.2.9

传质/浓差极化过电位 mass-transport/concentration overpotential

由于传质（浓差）极化而引起电极电位偏离其热力学电极电位的值。

3.2.10

电迁移系数 osmotic drag coefficient

对于质子交换膜燃料电池而言，指每个质子在正负电极之间电场作用下移动时所携带的液体分子（如：水或醇等）的平均数。

3.2.11

内电流 internal current

电子穿过电解质移动到另一侧所形成电流，或燃料分子穿过电解质移动到另一侧所对应的法拉第电流。

3.2.12

极限电流 limiting current

反应物到达催化剂表面瞬间便全部反应致使其在催化剂表面的浓度为零时的电流，表现为燃料电池输出电压为零。

3.2.13

额定/满载电流 rated/full-load current

制造商规定燃料电池电堆或系统的最大连续输出电流，燃料电池电堆或系统设计在该电流下运行。

3.2.14

电流密度 current density

单位电极活性面积上通过的电流。

3.2.15

交换电流密度 exchange current density

当一个电极反应处于热力学平衡状态不产生任何净电流时，其正反应和其逆反应的速率相等，该反应速率所对应的电极中催化剂的单位活性表面积上的电流为交换电流密度。

注：是表示催化剂活性的一个参数，交换电流密度越大，催化剂的催化性能越好，活化过电位越低。

3.2.16

透氢电流密度 hydrogen crossover current density

单位时间内单位膜电极活性面积的透氢量所对应的法拉第电流。

3.2.17

额定功率 rated power

在生产商规定的正常运行条件下，燃料电池发电系统的最大连续电输出功率。

3.2.18

毛功率 gross power

燃料电池堆输出的直流电功率。

3.2.19

净功率 net power

燃料电池发电系统产生的可供外部使用的电功率。

3.2.20

最低功率 minimum power

燃料电池发电系统在连续稳定运行的情况下能够输出的最小净电功率。

3.2.21

峰值功率 peak power

燃料电池电堆或发电系统在一个约定的短时间内产生的不低于额定功率的最大功率。

3.2.22

辅助电功率 auxiliary electrical power

燃料电池系统所消耗的来自外部的电功率。

3.2.23

辅助热功率 auxiliary thermal power

燃料电池系统所消耗的来自外部的热功率。

3.2.24

（电极）面积功率密度 (electrode) area power density

单位电极活性面积产生的功率。

3.2.25

体积比功率　volumetric power

电堆或燃料电池发电系统额定功率和其体积的比值。

注：体积比功率通常称为功率密度(Power Density)。

3.2.26

质量比功率　specific power

电堆或燃料电池发电系统额定功率和其质量的比值。

注：质量比功率通常简称比功率(Specific Power)。

3.2.27

电压效率　voltage efficiency

单电池或电堆输出的直流电压与在该运行条件下其理论电压(即热力学平衡电压)的百分比。

3.2.28

电效率　electrical efficiency

燃料电池堆或发电系统产生的净电功率和向燃料电池堆或发电系统提供的总焓流的百分比。

3.2.29

理论电效率　theoretical electrical efficiency

一个反应的吉布斯自由能和其热焓的百分比。

注：当反应产物或产物之一为水时，一般采用水在蒸汽状态时的吉布斯自由能和其热焓进行计算。这时的热焓值叫做低热焓值。水为液态时的热焓值叫做高热焓值。

3.2.30

燃料重整效率　fuel reforming efficiency

在燃料重整系统中燃料生成目标产物的转化率。

3.2.31

系统总效率　system overall efficiency

燃料电池系统输出的可用能量流和供给燃料电池系统的总能量流的百分比。

3.2.32

总能量效率　overall energy efficiency

总的可用能量流(净电能和回收的热流)和供给燃料电池发电系统总焓流的百分比。

注：原燃料供给的总焓流(包括反应焓)应采用低热值，以便更好的和其他类型的能量转换系统比较。

3.2.33

热回收效率　heat recovery efficiency

燃料电池发电系统回收的热能与供入燃料电池发电系统焓流的百分比。

注：原燃料供给的总焓流(包括反应焓)应采用低热值，以便更好的和其他类型的能量转换系统比较。

3.2.34

废热　wasted heat

从燃料电池系统中排放出且不被回收的热能。

3.2.35

回收热　recovered heat

从燃料电池系统中回收再利用的热能。

3.2.36

寄生负载　parasitic load

为了维持燃料电池发电系统运行，辅助系统(BOP)所消耗的功率。

注：例如风机、泵、加热器、传感器的能耗。

3.2.37

辅助能耗　auxiliary energy consumption

燃料电池系统所消耗的来自外部的能量,包括电能、热能、机械能等。

3.2.38

衰减速率　decay rate

在一定时间内燃料电池性能衰减的比率。

注:常用的测量单位是单位时间内电压的下降值(μV/h),或一固定时间内终值电压和初值电压的百分比。

3.2.39

燃料电池系统寿命　fuel cell system lifetime

燃料电池系统从首次满足电流、电压或功率要求的运行开始,到其电流、电压或功率降至低于规定的最低可接受值的累计运行时间。

3.2.40

单电池或电池堆寿命　single cell or stack lifetime

燃料电池在一个基准运行电流下,从活化完毕后首次启动运行开始,到其电压降至低于规定的最低可接受电压时的累计运行时间。

注:最低可接受电压值应考虑到具体的使用情形,由参与各方协议确定,通常为电压衰减一定比例(如10%)计算得到。

3.3　条件及响应相关

3.3.1

反应物化学计量比　reactant stoichiometry

燃料或氧化剂实际供给量与实际输出电流所需的燃料或氧化剂量(依据法拉第定律计算)之比。

注:又称过量系数。

3.3.2

反应物利用率　reactant utilization

实际输出电流所需的燃料或氧化剂量(依据法拉第定律计算)和进入燃料电池的燃料或氧化剂总量的百分比。

注:反应物利用率与反应物计量比互为倒数。

3.3.3

燃料消耗量　fuel consumption

一定工况下发电系统在规定时间内消耗的燃料量。

3.3.4

燃料消耗率　fuel consumption rate

一定工况下发电系统单位时间、单位功率消耗的燃料量,单位为 g/(kW·h)。

3.3.5

氧化剂消耗量　oxidant consumption

一定工况下发电系统在规定时间内消耗的氧化剂的量。

3.3.6

水消耗率　water consumption rate

发电系统单位时间、单位功率净消耗的水量,为消耗水量与回收水量之差,单位为 g/kWh。

3.3.7

氢气压缩参数　hydrogen compressibility factor

用来修正根据理想气体定律计算出来的压缩氢气量的一个大于1的参数,用 Z 表示,修正后的公

式为 $n = PV/(RTZ)$。压力越大,Z 值越大。

3.3.8

背压　back pressure

在燃料电池的出口处建立的反应物的压力。

3.3.9

允许最大工作压差　maximum allowable operating pressure difference

由制造商规定的各种流体之间的最大压力差,燃料电池模块能承受此压差而不损坏或永久失去功能特性。

3.3.10

最大运行压力　maximum operating pressure

由制造商规定的燃料电池可安全连续运行的内部的燃料、氧化剂或冷却液的最大压力,以表压表示。

3.3.11

运行温度　operating temperature

由制造商规定的电堆或燃料电池系统在额定(或某一)工况下运行的最佳温度或温度范围。

3.3.12

启动时间　startup time

对于不需要外部供能来维持储存状态的系统,从冷态过渡到有净电能输出的时间间隔。对需要外部供能来维持储存状态的系统,从储存状态过渡到有净电能输出的时间间隔。

3.3.13

关机时间　shutdown time

正常运行的燃料电池系统接受关机指令后,从负载去掉的时刻到达到按制造商规定关机状态之间的时间间隔。

3.3.14

功率响应时间　power response time

燃料电池系统接受功率变化指令后,从电或热功率输出变化的开始时刻到电或热输出功率达到设定值稳态公差范围内的时间间隔。

3.3.15

额定功率响应时间　rated power response time

燃料电池系统从启动开始时刻到电或热输出功率达到额定功率稳态公差范围内的时间间隔。

3.3.16

90%功率响应时间　90% rated power response time

燃料电池系统从启动开始时刻到电或热输出功率达到90%额定功率稳态公差范围内的时间间隔。

3.3.17

启动能量　startup energy

燃料电池发电系统在启动期间所需的电能、热能和/或化学(燃料)能等的总和。

4　反应过程及现象、性质

4.1　反应过程

4.1.1

电催化　electrocatalysis

在电极的电催化剂与电解质界面上进行电荷转移反应的非均相催化过程。

4.1.2

氢氧化反应　hydrogen oxidation reaction；HOR

氢气在阳极被氧化失去电子的电化学半反应。

4.1.3

氧还原反应　oxygen reduction reaction；ORR

氧气在阴极被还原得到电子的电化学半反应。

4.1.4

部分氧化重整　partial oxidation reforming；POX

燃料被氧化成一氧化碳（和氢气），而不是被氧化成二氧化碳（和水）的放热反应。

注：又称部分氧化。

4.1.5

选择性氧化　preferential oxidation

利用 O_2 选择性地把（通常经过水气转化后的）富氢气体混合物中含有的 CO 浓度（通常不超过 5%）降低（通常至 10 ppm 左右）的反应，其反应方程式为：$CO+0.5O_2=CO_2$。

4.1.6

碳载体石墨化　carbonization of carbon support

通过高温处理来提高做为催化剂载体的碳颗粒的石墨化程度，以增强碳载体的抗腐蚀能力。

4.1.7

催化剂聚结　catalyst sintering

由于化学和/或物理过程导致的催化剂颗粒长大。

4.1.8

脱硫　desulfurization

除去原燃料中硫化物或其中硫元素的过程。

4.1.9

氢化脱硫　hydrodesulfurization

通过氢化反应将原燃料中硫化物转化为 H_2S 和不含硫的化合物，再通过金属或金属氧化物和 H_2S 反应生成金属硫化物从而从燃料中去除所含硫化物中 S 元素的过程。

4.1.10

电迁移　electro-osmosis

溶剂或固体电解质中的液态分子随着电解质中的离子在正负电极之间电场的作用下移动的过程。

4.1.11

活化　activation/conditioning

在设定条件下运行燃料电池从而使其达到设计性能或最优性能的过程。

4.1.12

重整　reforming

由原燃料制备富氢气体混合物的化学过程。

4.1.13

内部重整　internal reforming

在燃料电池堆内部发生的重整反应。

注：重整区可能和燃料电池的阳极是分开的，但两者紧邻（间接内部）；或者可能是阳极本身（直接内部）。

4.1.14

重整制氢　hydrogen production via reforming

碳氢化合物原料在重整器内进行催化反应获得氢的过程。

4.1.15

水蒸气重整　steam reforming

通过原燃料(如天然气)和水蒸气的化学反应制备富氢气体的过程。

4.2　现象及性质

4.2.1

极化　polarization

由于电流流过电极界面引起的电极电势偏离其热力学电势的现象。

4.2.2

活化极化　activation polarization

为提供相应法拉第电流下(包括燃料穿过电解质引起的内电流)的电极反应的活化能所引起的极化。

注 1：当电极上的电流密度超过电极的表观交换电流密度时,活化极化就发生。

注 2：慢的反应动力学交换电流密度小,活化极化容易发生且显著。

4.2.3

传质/浓差极化　mass transport/concentration polarization

由于电极中催化剂表面上反应物的浓度低于其本体浓度或产物浓度高于其本体浓度,致使电极电位偏离其在本体浓度下电位的现象。

4.2.4

欧姆极化(内阻损失)　ohmic polarization (internal resistance loss)

由于内电阻而引起的电池电压偏离其在内电阻为零时电池电压的现象。

注：欧姆一词意指电压降遵循欧姆定律,即欧姆电阻(叫做电池的内阻)会使电压和电流成正比,是一个比例常数。

4.2.5

极化曲线　polarization curve

燃料电池阴、阳极电位或两者的电位差随电流或电流密度变化的曲线。

4.2.6

燃料电池中毒　fuel cell poisoning

燃料电池的性能被一些物质(毒物)抑制,比如电极中催化剂的表面吸附了一些非反应物从而减少了可供反应物吸附的催化剂表面积。

4.2.7

水淹　flooding

气体通道被液态水堵塞致使气体流动受阻而引起燃料电池性能下降的现象。

4.2.8

透氢　hydrogen crossover

氢气通过扩散从阳极穿过质子交换膜迁移到阴极的现象。

4.2.9

窜气　internal gas leakage

气体在燃料腔、氧化剂腔或冷却液腔之间发生的相互泄漏。

4.2.10

气体泄漏　external gas leakage

除有意排出的气体之外,产生气体漏出燃料电池的现象。

4.2.11

燃料匮乏　fuel starvation

燃料供应量小于与产生电流所对应的燃料量。

4.2.12

功率输出的动态响应特性 **dynamic transient response of power output**

燃料电池堆或发电系统的输出功率随负载变化的响应情况。

4.2.13

电压稳定性 **voltage stability**

在一个恒定输出电流下电堆或燃料电池系统输出的直流电压随时间的波动程度。

5 实验方法及状态

5.1 实验方法及相关操作

5.1.1

循环伏安法 **cyclic voltammetry**

在一个高电位和一个低电位之间按一定的电压上升或下降速率循环线性地改变施加在工作电极上的电位,记录在每个电位下工作电极上的电流或电流密度,得到相应的“电位-电流/电流密度”曲线的测试方法。

5.1.2

毒化试验 **poisoning experiment**

在有能够造成电极中毒的物质存在下测试电极性能的实验。

5.1.3

冻融试验 **freeze-thaw experiment**

研究燃料电池的温度从水的冰点以下到冰点以上变化和/或反向变化时行为的试验。

5.1.4

功率输出变化试验 **test for power output change**

在运行条件下,测试燃料电池发电系统在负载变化时的功率输出特性的试验。

注:功率输出变化试验也可称为变工况试验。

5.1.5

冷态启动 **cold start**

燃料电池发电系统的温度为环境温度时的启动。

5.1.6

热态启动 **hot start**

燃料电池发电系统在其组成模块处于正常工作温度范围内的启动。

5.1.7

跟载运行 **load-following operation**

燃料电池发电系统输出的电功率或热功率跟随负载的变化而相应地变化,并据此来控制系统运行的模式。

5.1.8

恒电流运行 **constant current operation**

燃料电池发电系统在恒电流下的运行模式。

5.1.9

恒电压运行 **constant voltage operation**

燃料电池发电系统保持恒定输出电压的运行模式。

5.1.10

恒功率运行　constant power operation

燃料电池发电系统输出功率保持恒定的运行模式。

5.1.11

离网运行　grid-independent or isolated operation

燃料电池发电系统独立于任何电力电网而单独运行的模式。

注：离网运行也被称为独立运行。

5.1.12

联网运行　grid-connected operation

燃料电池发电系统和电力电网相连接的运行模式。

5.1.13

湿度循环　humidity cycling

使燃料电池在所用反应气在两个或两个以上相对湿度之间来回变化的情况下运行的过程。

5.1.14

温度循环　thermal cycling

使燃料电池在两个或两个以上温度之间来回变化的情况下运行得过程。

5.1.15

负载循环　load cycling

使燃料电池在两个或两个以上负载之间按设定的时间间隔和时长进行循环运行的过程。

5.1.16

在线更换　hot swap

在燃料电池系统运行过程中更换一个部件(如气瓶或一个小电堆)而不影响燃料电池系统的正常运行。

注：在线更换也称热插拔。

5.1.17

电压巡检　cell voltage monitoring

按预定时间自动检测电堆中每个单电池或每个检测单元电压的过程。

5.1.18

关机　shutdown

把燃料电池发电系统从运行状态过渡到钝态、待机或冷态。

注：正常关机、非正常关机和紧急关机可能会有不同的程序。

5.1.19

预定/正常关机　scheduled/normal shutdown

燃料电池发电系统按例行安排关机。

注：预定关机也被称为正常关机。

5.1.20

非正常关机　abnormalshutdown

燃料电池发电系统由于运行参数异常且无法在运行中恢复而进行的关机。

5.1.21

紧急关机　emergency shutdown

当燃料电池系统内部或外部情况恶化，继续运行燃料电池系统会带来危害时，通过手动启动应急按钮而终止燃料电池系统的运行并同时自动切断燃料源的供给。

5.1.22

气体净化　gas cleanup

通过物理或化学方法除去气态物料流体中的污染物。

5.1.23

增湿　humidification

通过燃料和/或氧化剂反应气体，向燃料电池内部引入水的过程。

5.1.24

现场重整　onboard reforming

燃料电池系统发电时为满足其功率需求而进行的燃料重整。

5.1.25

反应物再循环　reactant recirculation

捕获过量的反应物并将其重新引入到流入燃料电池发电系统的反应物流中。

5.1.26

交叉流动　cross flow

（如在热交换器或燃料电池中）两路流体相互交叉以一个基本上互相垂直的角度流过一个装置的相邻且相互隔离的流体空间。

5.1.27

逆向流动　counter-flow

（如在热交换器或燃料电池中）两路流体以相反的方向平行流过一个装置的相邻且相互隔离的流体空间。

5.1.28

同向流动　co-flow

（如在热交换器或燃料电池中）两路流体相互平行沿同一方向流过一个装置的相邻且相互隔离的流体空间。

5.1.29

闭端流动　dead-ended flow

电堆上流体的出口端多数时间处于闭合状态，此时进入的反应物量和消耗的反应物量相等，仅在排放反应尾气时打开出口端很短时间（如小于 0.5 s）。

注：这种流体流动方式一般只适用于反应物的浓度接近 100％的情形，如燃料电池阳极用纯氢气时或阴极用纯氧气时。

5.1.30

气体吹扫　gas purge

通过使一种选定气体快速流动，把燃料电池中气体和/或液体（例如，燃料、氢气、空气或水）快速清除的保护性操作。

5.1.31

联锁　interlock

监测规定条件满足与否并保证相关控制装置执行相互关联的安全动作的控制方式。

5.1.32

电堆组装　stacking

以串联的方式将单电池彼此相邻放置而形成燃料电池堆的过程。

注：通常，各个单燃料电池串联地连接在一起。

5.1.33

自然通风　natural ventilation

由于风和/或温度梯度的影响使空气流动。

5.1.34

强制通风　forced ventilation

通过机械手段使空气流动,原有空气被新鲜空气取代。

5.2　状态

5.2.1

运行状态　operational state

燃料电池发电系统有电能输出的状态。

5.2.2

钝态　passive state

电堆中燃料或氧化剂腔室已经被水蒸气、空气、氮气或生产商所规定的气体吹扫后燃料电池发电系统的状态。

5.2.3

热态/热机状态　hot state

燃料电池发电系统其组成模块温度处于正常工作温度范围内的状态。

5.2.4

热稳定/平衡状态　thermal steady state

温度维持相对恒定的状态。

注:可用 15 min 之内温度变化不超过 3 K 和不超过运行时绝对温度(K)的 1%来判断。

5.2.5

稳态　steady state

一个系统的相关特征随时间推移保持不变的状态。

5.2.6

怠速　idle state

燃料电池发电系统启动后,燃料电池输出功率仅维持系统自身所需,对系统外输出的净功率为零的运行状态。

5.2.7

冷态/冷机状态　cold state

燃料电池发电系统内部温度与环境温度相同既没有能量输入也没有能量输出的状态。

5.2.8

待机状态　standby state

燃料电池发电系统已具备起动的条件,接到起动指令即可起动的状态。

索 引

汉语拼音索引

B

背压 …… 3.3.8
闭端流动 …… 5.1.29
便携式燃料电池发电系统 …… 2.3.11
部分氧化重整 …… 4.1.4

C

储氢材料 …… 2.1.1
传质/浓差极化 …… 4.2.3
传质/浓差极化过电位 …… 3.2.9
窜气 …… 4.2.9
催化层 …… 2.2.10
催化剂(质量)比活性 …… 3.1.4
催化剂担载量 …… 3.1.2
催化剂聚结 …… 4.1.7
催化剂面积比活性 …… 3.1.3
催化剂涂覆膜 …… 2.2.15

D

待机状态 …… 5.2.8
怠速 …… 5.2.6
单电池 …… 2.3.1
单电池或电池堆寿命 …… 3.2.40
单极板 …… 2.2.4
低可燃极限 …… 3.1.15
电催化 …… 4.1.1
电催化剂 …… 2.1.2
电催化剂载体 …… 2.1.6
电堆/燃料电池堆 …… 2.3.7
电堆接线端子 …… 2.2.18
电堆组装 …… 5.1.32
电化学活性面积 …… 3.1.6
电极 …… 2.2.7
(电极)面积功率密度 …… 3.2.24
电极活性/有效面积 …… 3.1.5
电解质 …… 2.1.7
电流密度 …… 3.2.14
电能调节系统/模块 …… 2.4.4
电迁移 …… 4.1.10
电迁移系数 …… 3.2.10
电效率 …… 3.2.28
电压稳定性 …… 4.2.13
电压效率 …… 3.2.27
电压巡检 …… 5.1.17
冻融试验 …… 5.1.3
毒化试验 …… 5.1.2
端板 …… 2.2.1
短堆 …… 2.3.8
钝态 …… 5.2.2

E

额定/满载电流 …… 3.2.13
额定电压 …… 3.2.1
额定功率 …… 3.2.17
额定功率响应时间 …… 3.3.15

F

反应物化学计量比 …… 3.3.1
反应物利用率 …… 3.3.2
反应物再循环 …… 5.1.25
非氟质子交换膜 …… 2.1.10
非贵金属催化剂 …… 2.1.3
非正常关机 …… 5.1.20
废热 …… 3.2.34
峰值功率 …… 3.2.21
辅助电功率 …… 3.2.22
辅助能耗 …… 3.2.37
辅助热功率 …… 3.2.23
辅助系统 …… 2.4.12

负载循环 …… 5.1.15
复合膜 …… 2.1.13

G

跟载运行 …… 5.1.7
功率输出变化试验 …… 5.1.4
功率输出的动态响应特性 …… 4.2.12
功率响应时间 …… 3.3.14
固定式燃料电池发电系统 …… 2.3.14
关机 …… 5.1.18
关机时间 …… 3.3.13

H

合金催化剂 …… 2.1.4
核壳催化剂 …… 2.1.5
恒电流运行 …… 5.1.8
恒电压运行 …… 5.1.9
恒功率运行 …… 5.1.10
磺酸质子交换膜 …… 2.1.11
回收热 …… 3.2.35
活化 …… 4.1.11
活化极化 …… 4.2.2
活化极化过电位 …… 3.2.7

J

极板 …… 2.2.3
极板面积利用率 …… 3.1.7
极化 …… 4.2.1
极化曲线 …… 4.2.5
极限电流 …… 3.2.12
集流板 …… 2.2.2
寄生负载 …… 3.2.36
交叉流动 …… 5.1.26
交换电流密度 …… 3.2.15
洁净反应气 …… 2.1.20
界面电压 …… 3.2.5
紧急关机 …… 5.1.21
净功率 …… 3.2.19
聚合物电解质 …… 2.1.8

K

开路电压 …… 3.2.2
可再生燃料电池 …… 2.3.3
空载电压 …… 3.2.3
孔隙率 …… 3.1.13

L

冷态/冷机状态 …… 5.2.7
冷态启动 …… 5.1.5
离网运行 …… 5.1.11
离子交换当量 …… 3.1.9
理论电效率 …… 3.2.29
联锁 …… 5.1.31
联网运行 …… 5.1.12
流场 …… 2.2.6

M

毛功率 …… 3.2.18
膜电极组件 …… 2.2.16

N

内部重整 …… 4.1.13
内电流 …… 3.2.11
内电源模块 …… 2.4.13
内电阻(燃料电池内阻) …… 3.1.14
逆向流动 …… 5.1.27

O

欧姆极化(内阻损失) …… 4.2.4
欧姆极化过电位 …… 3.2.8

P

排气系统/模块 …… 2.4.3

Q

歧管 …… 2.2.19
启动能量 …… 3.3.17
启动时间 …… 3.3.12
气体吹扫 …… 5.1.30

气体净化 …… 5.1.22
气体扩散层 …… 2.2.11
气体扩散电极 …… 2.2.14
气体泄漏 …… 4.2.10
强制通风 …… 5.1.34
氢化脱硫 …… 4.1.9
氢气压缩参数 …… 3.3.7
氢氧化反应 …… 4.1.2
全氟质子交换膜 …… 2.1.12

R

燃料 …… 2.1.16
燃料处理系统/模块 …… 2.4.5
燃料电池 …… 2.3.2
燃料电池电动车 …… 2.3.16
燃料电池发电系统 …… 2.3.10
燃料电池模块 …… 2.3.9
燃料电池热电联供系统 …… 2.3.15
燃料电池系统寿命 …… 3.2.39
燃料电池中毒 …… 4.2.6
燃料供应系统/模块 …… 2.4.6
燃料加注耦合器 …… 2.4.18
燃料匮乏 …… 4.2.11
燃料消耗量 …… 3.3.3
燃料消耗率 …… 3.3.4
燃料重整效率 …… 3.2.30
(膜)溶胀率 …… 3.1.10
热管理系统/模块 …… 2.4.7
热回收效率 …… 3.2.33
热力学电压 …… 3.2.6
热态/热机状态 …… 5.2.3
热态启动 …… 5.1.6
热稳定/平衡状态 …… 5.2.4

S

三相界面 …… 2.2.17
湿度循环 …… 5.1.13
衰减速率 …… 3.2.38
双极板 …… 2.2.5
水处理系统/模块 …… 2.4.9
水管理系统/模块 …… 2.4.8
水合数(膜的湿化程度) …… 3.1.8
水气转换反应器 …… 2.4.15
水消耗率 …… 3.3.6
水淹 …… 4.2.7
水蒸气重整 …… 4.1.15

T

炭布 …… 2.1.14
炭纸 …… 2.1.15
碳载体石墨化 …… 4.1.6
体积比功率 …… 3.2.25
通风系统/模块 …… 2.4.1
通信模块 …… 2.4.14
同向流动 …… 5.1.28
透气率 …… 3.1.12
透氢 …… 4.2.8
透氢电流密度 …… 3.2.16
脱硫 …… 4.1.8
脱硫器 …… 2.4.19

W

微孔层 …… 2.2.13
微型燃料电池发电系统 …… 2.3.13
尾气处理系统/模块 …… 2.4.10
温度循环 …… 5.1.14
稳态 …… 5.2.5
污染物 …… 2.1.21

X

系统总效率 …… 3.2.31
现场重整 …… 5.1.24
选择性氧化 …… 4.1.5
循环伏安法 …… 5.1.1

Y

阳极 …… 2.2.8
氧化剂 …… 2.1.19
氧化剂处理系统/模块 …… 2.4.11
氧化剂消耗量 …… 3.3.5

氧还原反应 …… 4.1.3
移动式燃料电池发电系统 …… 2.3.12
阴极 …… 2.2.9
预定/正常关机 …… 5.1.19
原燃料 …… 2.1.17
允许最大工作压差 …… 3.3.9
运行温度 …… 3.3.11
运行状态 …… 5.2.1

Z

再循环率 …… 3.1.16
再循环器 …… 2.4.20
在线更换 …… 5.1.16
增湿 …… 5.1.23
增湿器 …… 2.4.16
支撑层 …… 2.2.12
直接醇燃料电池 …… 2.3.4
直接甲醇燃料电池 …… 2.3.5
质量比功率 …… 3.2.26
质子传导率 …… 3.1.11
质子交换膜 …… 2.1.9
质子交换膜燃料电池 …… 2.3.6
重整 …… 4.1.12
重整气 …… 2.1.18
重整器 …… 2.4.17
重整制氢 …… 4.1.14
自动控制系统/模块 …… 2.4.2
自然通风 …… 5.1.33
总能量效率 …… 3.2.32
最大运行压力 …… 3.3.10
最低功率 …… 3.2.20
最低输出电压 …… 3.2.4

90%功率响应时间 …… 3.3.16
Pt 担载量 …… 3.1.1

英文对应词索引

A

abnormalshutdown …… 5.1.20
activation/conditioning …… 4.1.11
activation overpotential …… 3.2.7
activation polarization …… 4.2.2
alloy catalyst …… 2.1.4
anode …… 2.2.8
(electrode) area power density …… 3.2.24
automatic control system/module …… 2.4.2
auxiliary electrical power …… 3.2.22
auxiliary energy consumption …… 3.2.37
auxiliary thermal power …… 3.2.23

B

back pressure …… 3.3.8
balance of plant …… 2.4.12
bipolar plate …… 2.2.5
BOP …… 2.4.12

C

carbon cloth ………… 2.1.14
carbon paper ………… 2.1.15
carbonization of carbon support ………… 4.1.6
catalyst (mass) specific activity ………… 3.1.4
catalyst area activity ………… 3.1.3
catalyst layer ………… 2.2.10
catalyst loading ………… 3.1.2
catalyst sintering ………… 4.1.7
catalyst-coated membrane ………… 2.2.15
cathode ………… 2.2.9
CCM ………… 2.2.15
cell voltage monitoring ………… 5.1.17
clean gaseous reactant ………… 2.1.20
co-flow ………… 5.1.28
cold start ………… 5.1.5
cold state ………… 5.2.7
communication module ………… 2.4.14
composite membrane ………… 2.1.13
constant current operation ………… 5.1.8
constant power operation ………… 5.1.10
constant voltage operation ………… 5.1.9
contaminant ………… 2.1.21
core-shell catalyst ………… 2.1.5
counter-flow ………… 5.1.27
cross flow ………… 5.1.26
current collector ………… 2.2.2
current density ………… 3.2.14
cyclic voltammetry ………… 5.1.1

D

dead-ended flow ………… 5.1.29
decay rate ………… 3.2.38
desulfurization ………… 4.1.8
desulfurizer ………… 2.4.19
direct alcohol fuel cell ………… 2.3.4
direct methanol fuel cell ………… 2.3.5
dynamic transient response of power output ………… 4.2.12

E

electrical efficiency …… 3.2.28
electrocatalysis …… 4.1.1
electrocatalyst support …… 2.1.6
electrocatalyst …… 2.1.2
electrochemical active surface area …… 3.1.6
electrode active/effective area …… 3.1.5
electrode …… 2.2.7
electrolyte …… 2.1.7
electro-osmosis …… 4.1.10
emergency shutdown …… 5.1.21
end plate …… 2.2.1
EW …… 3.1.9
exchange current density …… 3.2.15
exhaust system/module …… 2.4.3
exhaust treatment system/module …… 2.4.10
external gas leakage …… 4.2.10

F

flooding …… 4.2.7
flow field …… 2.2.6
forced ventilation …… 5.1.34
freeze-thaw experiment …… 5.1.3
fuel cell cogeneration system …… 2.3.15
fuel cell electric vehicle …… 2.3.16
fuel cell module …… 2.3.9
fuel cell poisoning …… 4.2.6
fuel cell power system …… 2.3.10
fuel cell system lifetime …… 3.2.39
fuel cell …… 2.3.2
fuel consumption rate …… 3.3.4
fuel consumption …… 3.3.3
fuel processing system/module …… 2.4.5
fuel reforming efficiency …… 3.2.30
fuel starvation …… 4.2.11
fuel supply system/module …… 2.4.6
fuel …… 2.1.16
fueling coupler …… 2.4.18

G

gas cleanup …… 5.1.22
gas diffusion electrode …… 2.2.14
gas diffusion layer …… 2.2.11
gas permeability …… 3.1.12
gas purge …… 5.1.30
GDE …… 2.2.14
GDL …… 2.2.11
grid-connected operation …… 5.1.12
grid-independent or isolated operation …… 5.1.11
gross power …… 3.2.18

H

heat management system/module …… 2.4.7
heat recovery efficiency …… 3.2.33
HOR …… 4.1.2
hot start …… 5.1.6
hot state …… 5.2.3
hot swap …… 5.1.16
humidification …… 5.1.23
humidifier …… 2.4.16
humidity cycling …… 5.1.13
hydration number (hydration level of membrane) …… 3.1.8
hydrodesulfurization …… 4.1.9
hydrogen compressibility factor …… 3.3.7
hydrogen crossover current density …… 3.2.16
hydrogen crossover …… 4.2.8
hydrogen oxidation reaction …… 4.1.2
hydrogen production via reforming …… 4.1.14
hydrogen storage material …… 2.1.1

I

idle state …… 5.2.6
interfacial potential …… 3.2.5
interlock …… 5.1.31
internal current …… 3.2.11
internal gas leakage …… 4.2.9
internal power module …… 2.4.13
internal reforming …… 4.1.13

internal resistance(fuel cell internal resistance) …… 3.1.14
ion exchange equivalent weight …… 3.1.9

L

limiting current …… 3.2.12
load cycling …… 5.1.15
load-following operation …… 5.1.7
lower flammable limit …… 3.1.15

M

manifold …… 2.2.19
mass transport/concentration polarization …… 4.2.3
mass-transport/concentration overpotential …… 3.2.9
maximum allowable operating pressure difference …… 3.3.9
maximum operating pressure …… 3.3.10
MEA …… 2.2.16
membrane-electrode assembly …… 2.2.16
micro fuel cell power system …… 2.3.13
microporous layer …… 2.2.13
minimum output voltage …… 3.2.4
minimum power …… 3.2.20
monopolar plate …… 2.2.4
MPL …… 2.2.13

N

natural ventilation …… 5.1.33
net power …… 3.2.19
no-load voltage …… 3.2.3
non-fluorinated PEM …… 2.1.10
non-precious metal catalyst …… 2.1.3

O

OCV …… 3.2.2
ohmic overpotential …… 3.2.8
ohmic polarization (internal resistance loss) …… 4.2.4
onboard reforming …… 5.1.24
open circuit voltage …… 3.2.2
operating temperature …… 3.3.11
operational state …… 5.2.1
ORR …… 4.1.3

osmotic drag coefficient ······ 3.2.10
overall energy efficiency ······ 3.2.32
oxidant consumption ······ 3.3.5
oxidant treatment system/module ······ 2.4.11
oxidant ······ 2.1.19
oxygen reduction reaction ······ 4.1.3

P

parasitic load ······ 3.2.36
partial oxidation reforming ······ 4.1.4
passive state ······ 5.2.2
peak power ······ 3.2.21
PEM ······ 2.1.9
PEMFC ······ 2.3.6
perfluorinated PEM ······ 2.1.12
poisoning experiment ······ 5.1.2
polar plate area utilization ······ 3.1.7
polar plate ······ 2.2.3
polarization curve ······ 4.2.5
polarization ······ 4.2.1
polymer electrolyte ······ 2.1.8
porosity ······ 3.1.13
portable fuel cell power system ······ 2.3.11
power conditioning system/module ······ 2.4.4
power response time ······ 3.3.14
POX ······ 4.1.4
preferential oxidation ······ 4.1.5
proton conductivity ······ 3.1.11
proton exchange membrane ······ 2.1.9
proton exchange membrane fuel cell ······ 2.3.6
Pt loading ······ 3.1.1

R

rated current ······ 3.24.2
rated power response time ······ 3.3.15
90% rated power response time ······ 3.3.16
rated power ······ 3.2.17
rated voltage ······ 3.2.1
rated/full-load current ······ 3.2.13
raw fuel ······ 2.1.17

reactant recirculation ······ 5.1.25
reactant stoichiometry ······ 3.3.1
reactant utilization ······ 3.3.2
recirculation ratio ······ 3.1.16
recirculator ······ 2.4.20
recovered heat ······ 3.2.35
reformate ······ 2.1.18
reformer ······ 2.4.17
reforming ······ 4.1.12
regenerative fuel cell ······ 2.3.3

S

scheduled/normal shutdown ······ 5.1.19
short stack ······ 2.3.8
shutdown time ······ 3.3.13
shutdown ······ 5.1.18
single cell or stack lifetime ······ 3.2.40
single cell or unit cell ······ 2.3.1
single cell ······ 3.19.2
specific power ······ 3.2.26
(membrane)swelling rate ······ 3.1.10
stack wiring lead ······ 2.2.18
stack/fuel cell stack ······ 2.3.7
stacking ······ 5.1.32
standby state ······ 5.2.8
startup energy ······ 3.3.17
startup time ······ 3.3.12
stationary fuel cell power system ······ 2.3.14
steady state ······ 5.2.5
steam reforming ······ 4.1.15
sulfonated PEM ······ 2.1.11
supporting layer ······ 2.2.12
system overall efficiency ······ 3.2.31

T

test for power output change ······ 5.1.4
theoretical electrical efficiency ······ 3.2.29
thermal cycling ······ 5.1.14
thermal steady state ······ 5.2.4
thermodynamic voltage ······ 3.2.6

three-phase boundary ······ 2.2.17

V

vehicle-carried fuel cell power system ······ 2.3.12
ventilation system/module ······ 2.4.1
voltage efficiency ······ 3.2.27
voltage stability ······ 4.2.13
volumetric power ······ 3.2.25

W

wasted heat ······ 3.2.34
water consumption rate ······ 3.3.6
water management system/module ······ 2.4.8
water treatment system/module ······ 2.4.9
water-gas shift reactor ······ 2.4.15

ICS 21.100.20
J 11

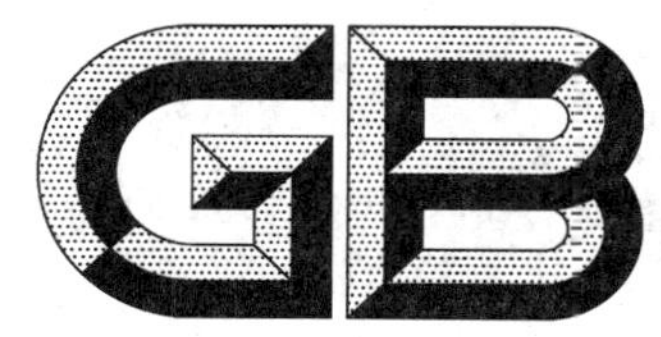

中华人民共和国国家标准

GB/T 20058—2017/ISO 12044:2014
代替 GB/T 20058—2006

滚动轴承　单列角接触球轴承
外圈非推力端倒角尺寸

Rolling bearings—Single-row angular contact ball bearings—Chamfer dimensions for outer ring non-thrust side

(ISO 12044:2014,IDT)

2017-11-01 发布　　　　2018-05-01 实施

中华人民共和国国家质量监督检验检疫总局
中国国家标准化管理委员会　发布

前　言

本标准按照GB/T 1.1—2009给出的规则起草。

本标准代替GB/T 20058—2006《滚动轴承　单列角接触球轴承　外圈非推力端倒角尺寸》，与GB/T 20058—2006相比，除编辑性修改外，主要技术变化如下：

——修改了范围的表述(见第1章，2006年版的第1章)；

——调整了规范性引用文件(见第2章，2006年版的第2章)；

——增加了术语和定义(见第3章)；

——修改了部分符号和定义(见第4章，2006年版的第3章)；

——将倒角尺寸作为单独一章(见第5章，2006年版的第4章)；

——增加了部分尺寸段单列角接触球轴承的外圈非推力端倒角尺寸(见表1，2006年版的表1)；

——增加了参考文献(见参考文献)。

本标准使用翻译法等同采用ISO 12044:2014《滚动轴承　单列角接触球轴承　外圈非推力端倒角尺寸》。

与本标准中规范性引用的国际文件有一致性对应关系的我国文件如下：

——GB/T 6930—2002　滚动轴承　词汇(ISO 5593:1997，IDT)

——GB/T 7811—2015　滚动轴承　参数符号(ISO 15241:2012，IDT)

本标准由中国机械工业联合会提出。

本标准由全国滚动轴承标准化技术委员会(SAC/TC 98)归口。

本标准起草单位：浙江兆丰机电股份有限公司、襄阳汽车轴承股份有限公司、浙江优特轴承有限公司、浙江省新昌新轴实业有限公司、洛阳轴承研究所有限公司。

本标准主要起草人：康乃正、张雷、郑子勋、庞启兴、孔爱祥、杜晓宇。

本标准所代替标准的历次版本发布情况为：

——GB/T 20058—2006。

滚动轴承　单列角接触球轴承 外圈非推力端倒角尺寸

1　范围

本标准规定了单列角接触球轴承外圈非推力端的倒角尺寸，其倒角尺寸与 ISO 15[1] 所规定的不同。本标准适用于接触角不超过 30°的直径系列为 9、0 和 2 的轴承，以及接触角超过 30°的直径系列为 2 和 3 的轴承。

2　规范性引用文件

下列文件对于本文件的应用是必不可少的。凡是注日期的引用文件，仅注日期的版本适用于本文件。凡是不注日期的引用文件，其最新版本(包括所有的修改单)适用于本文件。

ISO 5593　滚动轴承　词汇(Rolling bearings—Vocabulary)

ISO 15241　滚动轴承　参数符号(Rolling bearings—Symbols for physical quantities)

3　术语和定义

ISO 5593 界定的术语和定义适用于本文件。

4　符号

ISO 15241 给出的以及下列符号适用于本文件。

除另有说明外，图 1 中所示符号和表 1 中所示数值均表示公称尺寸。

d：轴承内径

r_1：外圈非推力端倒角尺寸

$r_{1s\min}$：外圈非推力端最小单一倒角尺寸

α：接触角

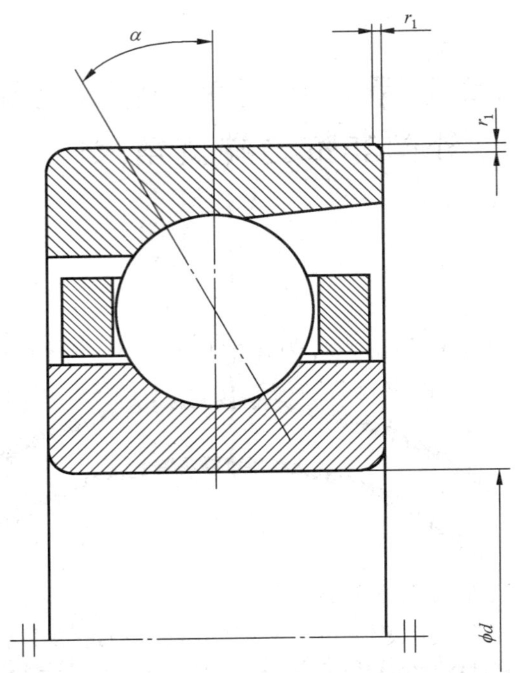

注 1：对于串联安装，检查相组配轴承的套圈端面之间具有足够的接触面。

注 2：本图为一种设计示例。

图 1　单列角接触球轴承外圈非推力端倒角尺寸

5　倒角尺寸

单列角接触球轴承外圈非推力端倒角尺寸见表 1。

表 1 规定了图 1 所示倒角尺寸 r_1 的最小单一尺寸 r_{1smin}。对应表 1 中 r_{1smin} 的最大单一倒角尺寸参见 ISO 582[2]。

表 1　倒角尺寸

单位为毫米

d	r_{1smin}				
	直径系列			直径系列	
	9	0	2	2	3
	$\alpha \leqslant 30°$			$\alpha > 30°$	
8	0.1	0.1	0.15	0.15	0.15
9	0.1	0.1	0.15	0.15	0.3
10	0.1	0.1	0.3	0.3	0.3
12	0.1	0.1	0.3	0.3	0.6
15	0.1	0.1	0.3	0.3	0.6
17	0.1	0.1	0.3	0.6	0.6
20	0.15	0.3	0.3	0.6	0.6
25	0.15	0.3	0.3	0.6	0.6
30	0.15	0.3	0.3	0.6	0.6
35	0.15	0.3	0.3	0.6	1

表 1（续）

单位为毫米

d	r_{1smin}				
	直径系列			直径系列	
	9	0	2	2	3
	$\alpha \leqslant 30°$			$\alpha > 30°$	
40	0.15	0.3	0.6	0.6	1
45	0.15	0.3	0.6	0.6	1
50	0.15	0.3	0.6	0.6	1
55	0.3	0.6	0.6	1	1
60	0.3	0.6	0.6	1	1.1
65	0.3	0.6	0.6	1	1.1
70	0.3	0.6	0.6	1	1.1
75	0.3	0.6	0.6	1	1.1
80	0.3	0.6	1	1	1.1
85	0.6	0.6	1	1	1.1
90	0.6	0.6	1	1	1.1
95	0.6	0.6	1.1	1.1	1.1
100	0.6	0.6	1.1	1.1	1.1
105	0.6	1	1.1	1.1	1.1
110	0.6	1	1.1	1.1	1.1
120	0.6	1	1.1	1.1	1.1
130	0.6	1	1.1	1.1	1.5
140	0.6	1	1.1	1.1	1.5
150	1	1	1.1	1.1	1.5
160	1	1	1.1	1.1	1.5
170	1	1.1	1.5	1.5	1.5
180	1	1.1	1.5	1.5	2
190	1	1.1	1.5	1.5	2
200	1	1.1	1.5	1.5	2
220	1	1.1	1.5	1.5	2
240	1	1.1	1.5	1.5	2

参 考 文 献

[1] ISO 15 Rolling bearings—Radial bearings—Boundary dimensions, general plan
[2] ISO 582 Rolling bearings—Chamfer dimensions—Maximum values

ICS 53.020.20
J 80

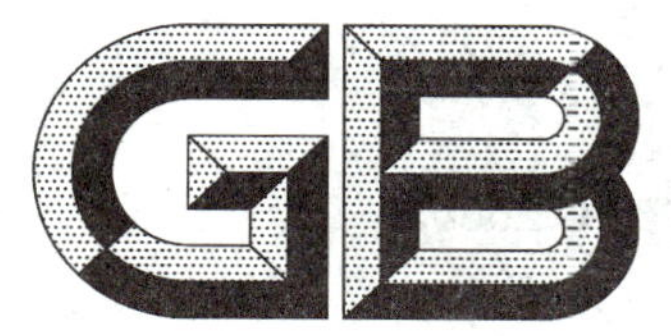

中华人民共和国国家标准

GB/T 20062—2017
代替 GB/T 20062—2006

流动式起重机作业噪声限值及测量方法

Mobile cranes—Limits and measurement methods for operating noise

2017-12-29 发布　　2018-07-01 实施

中华人民共和国国家质量监督检验检疫总局
中国国家标准化管理委员会
发布

前　言

本标准按照 GB/T 1.1—2009 给出的规则起草。

本标准代替 GB/T 20062—2006《流动式起重机　作业噪声限值及测量方法》。

本标准与 GB/T 20062—2006 相比，主要技术变化如下：

——修改了第 3 章“术语”(见第 3 章，2006 年版的第 3 章)；

——修改了噪声限值(见第 4 章，2006 年版的第 4 章)；

——修改了噪声的测量方法(见第 5 章，2006 年版的第 5 章及附录 A)；

——增加了记录信息要求(见第 6 章)；

——增加了报告信息要求(见第 7 章)；

——修改了测量报告(见附录 A，2006 年版的附录 B)。

本标准由中国机械工业联合会提出。

本标准由全国起重机械标准化技术委员会(SAC/TC 227)归口。

本标准起草单位：国家工程机械质量监督检验中心、中联重科股份有限公司。

本标准主要起草人：李晓飞、姜书霞、张松涛、姜旭、罗凯、杨武。

本标准所代替标准的历次版本发布情况为：

——GB/T 20062—2006。

流动式起重机
作业噪声限值及测量方法

1 范围

本标准规定了流动式起重机的机外辐射噪声限值、操纵室内噪声限值及测量方法。

本标准适用于 GB/T 6974.2 所定义的流动式起重机（以下简称“起重机”）。

2 规范性引用文件

下列文件对于本文件的应用是必不可少的。凡是注日期的引用文件，仅注日期的版本适用于本文件。凡是不注日期的引用文件，其最新版本(包括所有的修改单)适用于本文件。

GB/T 3767 声学 声压法测定噪声源声功率级和声能量级 反射面上方近似自由场的工程法

GB/T 3785.1—2010 电声学 声级计 第 1 部分：规范

GB/T 8170 数值修约规则与极限数值的表示和判定

GB/T 17248.2 声学 机器和设备发射的噪声 工作位置和其他指定位置发射声压级的测量 一个反射面上方近似自由场的工程法

GB/T 21457 起重机和相关设备 试验中参数的测量精度要求

3 术语和定义

下列术语和定义适用于本文件。

3.1

时间平均 A 计权声压级 time-averaged A-weighted sound pressure level

$L_{pA,T}$

在整个测量时间 T 内，按能量平均得出的 A 计权声压级。

3.2

A 计权声功率级 A-weighted sound power level

L_{WA}

在测量表面上，按能量平均的时间平均 A 计权声压级得到的量。

3.3

操纵室 operator's cabin

用于操纵起重作业的司机室。

注：有些型号的起重机操纵室也可操纵起重机行驶。

3.4

背景噪声 environment noise

被测起重机噪声不存在时，周围环境的噪声(包括风噪声)。

4 噪声限值

起重机作业时，机外发射 A 计权声功率级 L_{WA} 和操纵室内发射 A 计权声压级 $L_{pA,T}$ 不应大于表 1

规定的数值。

注：声功率级取决于发射声压级的测量值。

表 1　起重机噪声限值

发动机净功率 P kW	机外发射声功率级 L_{WA} dB(A)	操纵室内发射声压级 $L_{pA,T}$ dB(A)
$\leqslant 55$	101	$\leqslant 85$
> 55	$82 + 11\lg P$	
注 1：P 为发动机净功率。 注 2：公式计算的噪声限值采用“四舍五入法”圆整至整数。		

5　测量方法

5.1　一般要求

5.1.1　采集数据的仪器系统应优先选用符合 GB/T 3785.1—2010 的 5.1.5 中Ⅰ级要求的积分平均声级计。

5.1.2　测量仪器应按有关计量仪器的规定进行定期检定，并在测量前后分别进行校准。

5.1.3　测量时应使用 A 频率计权特性和 S 时间计权特性。

5.1.4　测量过程中，应作好记录。如果明显的噪声峰值出现，应记录下来。

5.2　测量环境

5.2.1　试验场地应符合 GB/T 3767 的规定。

5.2.2　在传声器位置上，平均后的背景噪声级宜比被测声压级低 15 dB 以上，至少应低 6 dB。

5.2.3　试验时的环境温度在 −10 ℃～+35 ℃之间。

5.2.4　试验时距地面 1.5 m 处的风速不应大于 8 m/s。

5.2.5　试验时风速如果超过了传声器制造商给出的允许最大风速范围，应给传声器增加防风装置。

5.3　起重机噪声测量中心的定位

起重机噪声测量面为一个半球面(见图 1)，半径为 16 m。如果起重机不适合此半径，也可以按照 GB/T 3767 选用。

对于起重机装有两台发动机的，则起重机噪声测量中心即为起重作业用发动机的几何中心，并应与半球中心重合。测量时，使起重机的行驶方向沿 $+X$ 向，臂架沿 $-X$ 向。如果起重机行驶方向与臂架工作方向一致(无旋转功能的起重机)，则起重机(整体)沿 $-X$ 向。

对于起重机装有一台发动机的，同时供给行驶和作业，则起重机噪声测量中心即为发动机和起升卷扬机的中间位置，并应与半球中心重合。

5.4　传声器的布置

5.4.1　机外发射噪声传声器的布置见图 1。

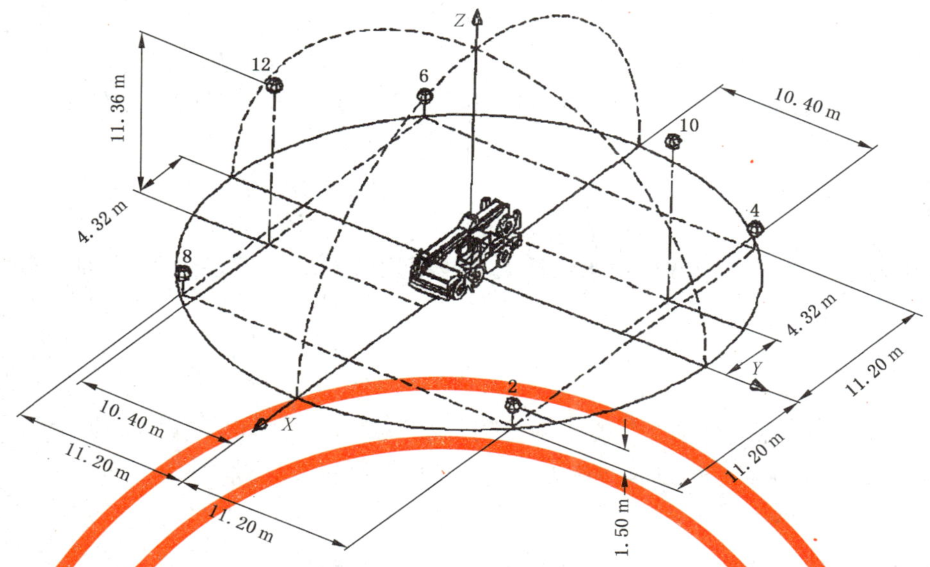

图 1　起重机测量位置及传声器的布置

5.4.2　操纵室内发射噪声传声器应被布置在距操作者头部中心 200 mm±20 mm 的两侧，和眼睛成一条直线的位置。

5.5　操纵室内的测量工况

操纵室内测量工况应符合下列规定：

a)　对于操纵室装有风扇或空调系统，测量时要求紧闭门窗；风扇或空调系统在全速额定转速下工作，读取测量数值。如果有快速冷却功能（正常情况下不使用）高速挡不开启。

b)　门窗开启，风扇或空调系统关闭，读取测量数值。

c)　门窗关闭，风扇或空调系统关闭，读取测量数值。

5.6　起重机的测量工况

5.6.1　一般要求

起重机测量状态应符合以下规定：

a)　测量前，应按照制造商提供的操作手册将起重机的发动机和液压系统预热到正常使用的温度，并且按照操作手册执行所有的与安全有关的程序；

b)　对于起重机装有两台发动机，则只使用起重作业用发动机，关闭行驶用发动机；

c)　对于起重机的发动机装有排风装置，测试时应将其开启，如果排风装置有多个转速，则在排风装置的最高速度运行时进行测量；

d)　测量时发动机转速为额定转速的 75%±2%；

e)　在重物和吊钩不会产生危险运动的情况下，以最大加减速度运行；

f)　在 5.6.2～5.6.5 所确定的工况下，以使用说明书中给出的最大升降、回转、变幅、伸缩速度运行。

5.6.2　起升工况

起重机起吊额定起重量 50%的重物，选择合适的臂架长度，测量时间持续 15 s～20 s。

5.6.3 回转工况

起重机空载状态下，最短基本臂，将臂架调整到与水平面成 40°～50°位置，向左旋转 90°，立即反向旋转到初始位置。测量时间为一个工作周期所需时间。

5.6.4 变幅工况

起重机空载状态下，最短基本臂，臂架从最大工作幅度升至最小工作幅度，立即降落到原始位置。测量时间至少为 20 s。

5.6.5 臂架伸缩工况

起重机空载状态下，将全缩状态的臂架调整到与水平面成 40°～50°位置，将伸缩油缸的第一级全伸，之后立即回收到全缩状态。测量时间应为一个工作周期所需的时间。

注：此过程可能导致其他级油缸的同时动作。

5.7 时间平均 A 计权声压级 $L_{pA,T}$ 及 A 计权声功率级 L_{WA} 的计算

5.7.1 时间平均 A 计权声压级 $L_{pA,T}$

记录 5.6.2～5.6.5 要求的每种工况所有传声器的时间平均 A 计权声压级 $L_{pA,T}$，应至少测量三次。

测量和计算过程应符合 GB/T 17248.2 的规定。

从每个工作周期的第 i 处测得 A 计权声压级值按式(1)计算得出传声器位置处 $L_{pA,T}$ 加权噪声发射压力级：

$$\overline{L}_{pA,T} = 10 \times \lg\left[\frac{1}{N}\sum_{i=1}^{N} 10^{0.1L_{pA,i}}\right] \qquad \cdots\cdots(1)$$

式中：

$\overline{L}_{pA,T}$——在测量面上，时间平均 A 计权声压级的能量平均值，单位为分贝(dB)；

$L_{pA,i}$——从传声器位置 i 测得的时间平均 A 计权声压级，单位为分贝(dB)；

N——传声器位置总数($N=6$)。

5.7.2 A 计权声功率级 L_{WA}

按 GB/T 3767 确定 A 计权声功率级 L_{WA}。

由式(2)计算起重机的 A 计权声功率级 L_{WA}：

$$L_{WA} = \overline{L}_{pA,T} - K_{1A} - K_{2A} + 10\lg\left(\frac{S}{S_0}\right) \qquad \cdots\cdots(2)$$

式中：

K_{1A}——背景噪声修正值(按 GB/T 3767 的规定进行修正)，单位为分贝(dB)；

K_{2A}——环境修正值，单位为分贝(dB)；

注 1：若测量场所其反射面为坚硬平坦的地面(如沥青或混凝土地面)，从声源至测量半球面半径的 3 倍范围内无反射物，环境修正值 K_{2A} 的绝对值小于或等于 0.5 dB 时，则 K_{2A} 等于 0 dB 。

注 2：对于砂石地面，当 K_{2A} 大于 0.5 dB 时，环境修正值计入声功率的计算。

S——半球测量面的面积，单位为平方米(m^2)；

S_0——常数，$S_0=1\ m^2$；

$10\lg\left(\frac{S}{S_0}\right)$——声功率级常值。半球半径为 4 m 时，取 20.0 dB；半球半径为 10 m 时，取 28.0 dB；半球半径为 16 m 时，取 32.1 dB。

5.8 测量结果的确定

5.8.1 所有中间计算结果(例如声压级和面积计算等)应保留到小数点后一位。试验中参数的测量精度应符合 GB/T 21457 的规定。

5.8.2 对于测得的三个 A 计权测量值中有两个相差不超过 1 dB 时,不必再进行测量;否则应继续测量,直至有两个值彼此之间相差不超过 1 dB。用彼此相差不超过 1 dB 的两个较高值的算术平均值作为报告值。

6 记录信息

6.1 试验样机信息应包括:

——样机制造商;

——样机型号;

——样机编号;

——发动机制造商;

——发动机型号;

——发动机净功率;

——发动机最大额定转速;

——发动机工作转速;

——风扇、空调制造商、型号;

——风扇转速。

6.2 测量环境信息应包括:

——试验场地的气温、风速;

——试验场地的地点、地面情况。

6.3 测量仪器信息应包括:

——噪声测量使用仪器的名称、型号、编号及制造商等;

——仪器的校准日期和校准机构。

6.4 测量数据应包括:

——传声器的位置;

——传声器位置处的背景噪声的时间平均 A 计权声压级 $L_{pA,T}$;

——按 5.6.2～5.6.5 进行每次测量时,传声器位置处的时间平均 A 计权声压级 $L_{pA,T}$;

——按 5.7.1 计算的测量面上的时间平均 A 计权声压级 $L_{pA,T}$;

——按 5.7.2 计算并按 5.8 确定 A 计权声功率级 L_{WA}的最终值。

7 报告信息

7.1 报告应给出以下信息:

——样机制造商;

——样机型号;

——样机编号;

——发动机制造商;

——发动机型号;

——发动机净功率;

——发动机最大额定转速；

——发动机工作转速；

——测量所用试验场地的地面类型；

——按 5.8 确定的 A 计权声功率级（按 GB/T 8170 修约到“个”数位）；

——样机定置和变速器空挡下，油门位置的发动机转数；

——风扇、空调系统类型、包括风扇和空调系统的最大转数和试验中使用的转数；

——燃油箱的油位。

7.2 噪声测量报告示例参见附录 A。

附 录 A
（资料性附录）
噪声测量报告

在每份报告中至少应有下面所列内容：

a) 综合参数

1) 制造商信息		
名称：		
地址：		
2) 流动式起重机参数		
制造商：	类别：	型号
尺寸：L = [m]；	B= [m]；	H= [m]
3) 发动机参数		
制造商：	型号：	
回转速度：	[1/min]	
功率：	[kW]	
排气系统：		
制造商：	型号：	
空气过滤器：		
制造商：	型号：	
4)测量条件		
根据起重机指出测试点，否则参照图 1。		
测量区域的地形：		
气象条件：		
天气概要：		
温度：		
气压：		
风速：		
相对湿度：		
5)使用的测量仪器		
制造商：		
型号：		
6)测量结果[见 b)]		
日 期：		
试验场：		

b） 每个动作的测量记录

起升载荷（向上和向下）kg	测量次数	测量点的声压级别							操纵室内的声压级 $L_{pA,T}$		
		2	4	6	8	10	12	$L_{pA,T,max}$	1*	2*	3*
	1										
	2										
	3										
$R=$	m	$L_{WA}=L_{pA,T,max}+10\lg(S/S_0)$						dB(A)			

变幅（向上和向下）	测量次数	测量点的声压级别							操纵室内的声压级 $L_{pA,T}$		
		2	4	6	8	10	12	$L_{pA,T,max}$	1*	2*	3*
	1										
	2										
	3										
$R=$	m	$L_{WA}=L_{pA,T,max}+10\lg(S/S_0)$						dB(A)			

回转（向左和向右）	测量次数	测量点的声压级别							操纵室内的声压级 $L_{pA,T}$		
		2	4	6	8	10	12	$L_{pA,T,max}$	1*	2*	3*
	1										
	2										
	3										
$R=$	m	$L_{WA}=L_{pA,T,max}+10\lg(S/S_0)$						dB(A)			

臂架伸缩（向内和向外）	测量次数	测量点的声压级别							操纵室内的声压级 $L_{pA,T}$		
		2	4	6	8	10	12	$L_{pA,T,max}$	1*	2*	3*
	1										
	2										
	3										
$R=$	m	$L_{WA}=L_{pA,T,max}+10\lg(S/S_0)$						dB(A)			

1*：门窗开起

2*：门窗关闭，没有风扇或空调

3*：门窗关闭，带有风扇或空调

签字	
测 量 者：	时间和地点：
机构名称：	签 名：

参 考 文 献

[1] GB/T 6974.2—2010 起重机 术语 第2部分:流动式起重机

ICS 77.140.65
H 49

中华人民共和国国家标准

GB/T 20067—2017
代替 GB/T 20067—2006

粗直径钢丝绳

Large diameter steel wire ropes

2017-12-29 发布　　2018-09-01 实施

中华人民共和国国家质量监督检验检疫总局
中国国家标准化管理委员会　发布

前　言

本标准按照 GB/T 1.1—2009 给出的规则起草。

本标准代替 GB/T 20067—2006《粗直径钢丝绳》，与 GB/T 20067—2006 相比，主要技术内容变化如下：

——增加了阻旋转圆股钢丝绳及压实股钢丝绳；

——钢丝绳直径范围调整为 60 mm～192 mm，对部分钢丝绳最小直径和最大直径进行了修改；

——修改了钢丝绳分类原则：单层圆股钢丝绳分 11 个类别，阻旋转圆股钢丝绳分 3 个类别，压实股钢丝绳分 6 个类别；

——修改了钢丝绳表示方法：6×37(a)类修改为 6×36 类，6×61(a)类修改为 6×61 类，8×37(a)类修改为 8×36 类，6×61(ab)类修改为 6×61N、6×91(ab)类修改为 6×91N，8×61(ab)类修改为 8×61N、8×91(ab)类修改为 8×91N 类等均按 GB/T 8706 标准表述修改；

——取消了 8×19(a)类结构钢丝绳；

——增加了钢丝绳标记代号示例；

——增加了表 4；

——取消了 1670、1870 钢丝绳级别；

——增加了计算实测破断拉力的测量方法；

——取消了钢丝绳允许低值钢丝根数要求；

——绳取消了部分粗直径钢丝有纤维绳芯钢丝绳的最小破断拉力。

本标准由中国钢铁工业协会提出。

本标准由全国钢标准化技术委员会(SAC/TC 183)归口。

本标准起草单位：贵州钢绳股份有限公司、江苏狼山钢绳股份限公司、上海正申金属制品有限公司、江苏神王钢线钢缆有限公司、南通松诚实业有限公司、冶金工业信息标准研究院。

本标准主要起草人：黄忠渠、王小刚、陆萍、任翠英、王玲君、顾其林、张冬梅、黄玮颉、汪小竹、邓海燕、黄建明、王晶、张毅、程焱。

本标准所代替标准的历次版本发布情况为：

——GB/T 11256—1989；

——GB/T 20067—2006。

粗直径钢丝绳

1 范围

本标准规定了直径为 60 mm～192 mm 粗直径钢丝绳的分类、订货内容、材料、技术要求、检验、试验、验收方法、包装、标志及质量证明书。

本标准适用于大型吊装、起重、挖掘机、升船机、电铲、船舶、水工机械、海洋工程、海上打捞救助等领域使用的各种粗直径钢丝绳。

2 规范性引用文件

下列文件对于本文件的应用是必不可少的。凡是注日期的引用文件，仅注日期的版本适用于本文件。凡是不注日期的引用文件，其最新版本(包括所有的修改单)适用于本文件。

GB/T 228.1　金属材料　拉伸试验　第1部分：室温试验方法

GB/T 239.1　金属材料　线材　第1部分：单向扭转试验方法

GB/T 2104　钢丝绳包装、标志及质量证明书的一般规定

GB/T 8358　钢丝绳　实际破断拉力测定方法

GB/T 8706　钢丝绳　术语、标记和分类

GB/T 21965　钢丝绳　验收及缺陷术语

GB/T 29086　钢丝绳　安全　使用和维护

YB/T 4452　钢丝绳纤维芯

YB/T 5343　制绳用圆钢丝

YB/T 081　冶金技术标准的数值修约与检测数据的判定

NB/SH/T 0387 钢丝绳用润滑脂

3 术语和定义

GB/T 8706 界定的术语和定义适用于本文件。

4 分类和标记

4.1 分类

钢丝绳按 GB/T 8706 分类，分别见表1、表2、表3，当中心钢丝较大时可用股芯代替并记为一根。

表 1　单层圆股钢丝绳

类别（不含绳芯）	钢丝绳			外层股			
	股数	外层股数	股层数	钢丝数	外层钢丝数	钢丝层数	股捻制类型
6×36 6×61	6 6	6 6	1 1	29～57 61～85	12～18 18～24	3～4 3～4	平行捻 平行捻
6×61M	6	6	1	45～61	18～24	4	多工序点接触
6×61N 6×91N	6 6	6 6	1 1	47～81 85～109	20～24 24～36	3～4 4～6	多工序复合捻 多工序复合捻
8×36 8×61	8 8	8 8	1 1	29～57 61～85	12～18 18～24	3～4 3～4	平行捻 平行捻
8×37M	8	8	1	27～37	16～18	3	多工序点接触
8×61M	8	8	1	45～61	18～24	4	多工序点接触
8×61N 8×91N	8 8	8 8	1 1	47～81 85～109	20～24 24～36	3～4 4～6	多工序复合捻 多工序复合捻

表 2　阻旋转圆股钢丝绳

类别	钢丝绳			外层股			
	股数	外层股数	股层数	钢丝数	外层钢丝数	钢丝层数	股捻制类型
2 次捻制 35(W)×7 35(W)×19 35(W)×36	 27～40 27～40 27～40	 15～18 15～18 15～18	 3 3 3	 5～9 15～26 29～57	 4～8 7～12 12～18	 1 2～3 2～3	 单捻 平行捻 平行捻

表 3　压实股钢丝绳

类别	钢丝绳			外层股			
	股数	外层股数	股层数	钢丝数	外层钢丝数	钢丝层数	股捻制类型
6×K36	6	6	1	29～57	12～18	3～4	平行捻
6×K61	6	6	1	61～85	18～24	3～4	平行捻
8×K36	8	8	1	29～57	12～18	2～3	平行捻
8×K61	8	8	1	61～85	18～24	3～4	平行捻
35(W)×K7 35(W)×K19	27～40 27～40	15～18 15～18	3 3	5～9 15～26	4～8 7～12	1 2～3	单捻 平行捻
注：35(W)×K7、35(W)×K19 也是阻旋转钢丝绳。							

4.2　标记

钢丝绳标记应符合 GB/T 8706 的规定，由下列内容组成：

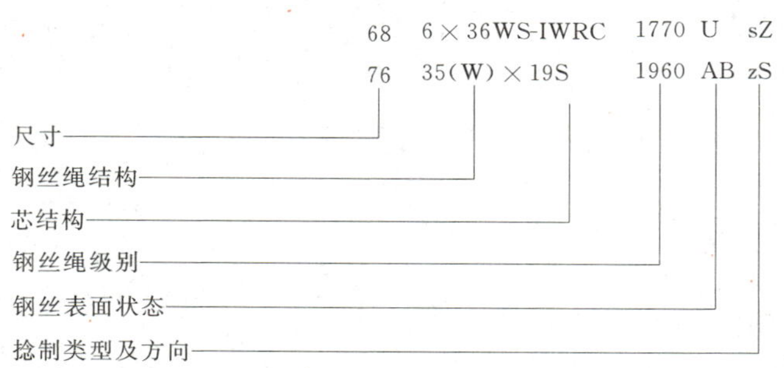

4.3 钢丝绳的捻制方向和类型

钢丝绳的捻制方向和类型应为下列中的一种，见图1～图4所示。

a) 右交互捻(sZ)；

b) 左交互捻(zS)；

c) 右同向捻(zZ)；

d) 左同向捻(sS)；

e) 如需方无要求，钢丝绳的捻法应由供方确定。

图1　　图2　　图3　　图4

6×61M、8×37M、8×61M、6×61N、6×91N、8×61N、8×91N等类别的钢丝绳应为交互捻。

5 订货内容

钢丝绳按本标准订货的合同应包括以下主要内容：

a) 标准号；

b) 产品名称；

c) 结构(标记代号)；

d) 公称直径；

e) 钢丝绳级别；

f) 芯的类型；

g) 捻制方向和类型；

h) 表面状态(镀层)；

i) 数量(长度、卷数、重量)；

j) 润滑要求(绳、股涂油脂情况)；

k) 用途；

l) 其他特定要求。

6 钢丝绳用材料

6.1 制绳用钢丝

6.1.1 制绳钢丝应符合 YB/T 5343 的规定。

6.1.2 股中同一钢丝层中相同直径的所有钢丝应具有相同抗拉强度级别和镀层级别。

6.1.3 采用以下级别的钢丝绳，制绳钢丝的抗拉强度级别范围(不包括中心钢丝和填充钢丝)应符合表 4 的规定。

表 4 钢丝绳中钢丝的抗拉强度级范围

钢丝绳级别	钢丝抗拉强度级别范围/(N/mm²)
1 570	1 370～1 770
1 770	1 570～1 960
1 960	1 770～2 160
注：钢丝绳最小破断拉力值是根据钢丝绳级别计算的，而不是采用单根钢丝抗拉强度计算。	

6.2 绳芯

绳芯分为纤维芯和钢芯。

6.2.1 纤维芯

纤维芯应用符合 YB/T 4452 规定的剑麻、合成纤维及其他符合要求的纤维制成。除需方另有要求，纤维芯应涂覆防腐、防锈润滑油脂。

6.2.2 钢芯

阻旋转钢丝绳的钢芯应为股芯(WSC)，其余钢丝绳的钢芯应为独立的钢丝绳芯(IWRC)，钢芯结构由供方确定。

6.3 钢丝绳润滑脂

钢丝绳用润滑脂应符合 NB/SH/T 0387 或其他有关要求的规定。

7 技术要求

7.1 钢丝绳制造

7.1.1 股的捻制

7.1.1.1 股中钢丝应捻制均匀、紧密。不应存在有 GB/T 21965 中的制造缺陷。

7.1.1.2 用相同公称直径钢丝捻制成的股，其中心钢丝应适当加大。同一股中相邻钢丝之间应有较均匀的缝隙。

7.1.2 钢丝绳的捻制

7.1.2.1 钢丝绳应捻制均匀、紧密和不松散(阻旋转钢丝绳除外)。在展开和无负荷情况下,钢丝绳不应呈波浪状。钢丝绳内钢丝不应有交错、折弯和断丝,不应有畸变的股等缺陷,但允许有因捻制用工艺装备变形工卡具压紧造成的钢丝有轻微压扁现象存在。

7.1.2.2 在同一条钢丝绳中,捻距不应有明显差别。

7.1.2.3 钢丝绳制造时股中同一层相同直径钢丝应为同一钢丝公称抗拉强度,不同直径钢丝允许采用相同或符合表4规定的钢丝抗拉强度级范围的要求,但应保证钢丝绳最小破断拉力和钢丝最小破断拉力总和符合附录A中表A.1～表A.19的规定。

7.1.2.4 钢丝绳绳芯尺寸应具有足够的支撑作用,可使外层各股捻制均匀。各相邻股之间应有较均匀的缝隙。

7.2 钢丝接头

钢丝绳中钢丝需要接头时,应采用电焊对接。钢丝电焊对接时,同一股中任何两个接头之间的最小距离应不少于20倍钢丝绳直径。

7.3 钢丝表面状态

用镀层钢丝制造的钢丝绳,可以使用A级、AB级、B级钢丝,但同一直径钢丝镀层级别应相同。镀层钢丝绳内的钢丝应全部具有镀层,包括绳芯钢丝。钢丝绳镀层级别应以外层股中的外层钢丝镀层级别确定。

7.4 钢丝绳结构

钢丝绳结构应采用表A.1～表A.19中的一种结构,也可由制造商规定的其他结构类别钢丝绳。在需方只规定钢丝绳类别的情况下,钢丝绳结构应由制造商根据用途要求确定钢丝绳具体结构。通常需方应规定钢丝绳的结构或类别。

7.5 钢丝绳级

7.5.1 钢丝绳级是用数值表示的钢丝绳破断拉力水平。如:1770级钢丝绳中钢丝的实际抗拉强度级是1570级～1960级。

7.5.2 钢丝绳级应符合表A.1～表A.19中的规定。经需方与制造商协商也可以提供其他的满足要求的钢丝绳。

7.6 涂油

除非需方另有要求,钢丝绳应均匀地涂敷防锈润滑油脂。

7.7 表面质量

钢丝绳表面不应有GB/T 21965规定的制造缺陷。

7.8 钢丝绳的绳端处理

钢丝绳两端应用铁丝或细绳捆扎牢固,捆扎长度不小于3倍钢丝绳直径,并且每端捆扎不少于2处,相邻两捆扎带之间的距离不得小于2倍钢丝绳直径。也可用其他方法固定绳端,以确保钢丝绳两端完整并防止绳松散。

7.9 钢丝绳直径及允许偏差

7.9.1 公称直径

公称直径是钢丝绳名义直径，应由供需双方在签订合同时确定。

7.9.2 实测直径

钢丝绳实测直径是按 8.1.1 规定的方法测得的直径。

7.9.3 直径偏差

钢丝绳直径按要求测量，钢丝绳直径允许偏差应在公称直径的－1%～＋4%范围内。

7.9.4 不圆度

钢丝绳不圆度按要求测量，应不超过钢丝绳公称直径的 4%。

7.10 长度及其允许偏差

钢丝绳应按订货长度供货，并应符合表 5 的规定。

表 5 长度允许偏差

单位为米

长度 L_0	允许偏差
$L_0 \leqslant 400$	0～＋5%L_0
$400 < L_0 \leqslant 1\,000$	0～＋20
$L_0 > 1\,000$	0～＋2%L_0

7.11 钢丝绳破断拉力

钢丝绳破断拉力的测定值应不低于表 A.1～表 A.19 的规定或供需双方协议的数值。钢丝绳最小破断拉力，单位用千牛(kN)表示，并按式(1)计算：

$$F_0 = KD^2R_0/1\,000 \tag{1}$$

式中：

F_0——钢丝绳最小破断拉力，单位为千牛(kN)；

D——钢丝绳公称直径，单位为毫米(mm)；

R_0——钢丝绳级别，单位为牛每平方毫米(N/mm^2)；

K——给定某一类别钢丝绳最小破断拉力系数，K 值见表 6。

注：式(1)仅适用于表 A.1～表 A.19 中钢丝绳直径范围内所对应钢丝绳级别的最小破断拉力计算，无绳级的钢丝绳最小破断拉力值应由供需双方协议。

表 6 钢丝绳重量系数和最小破断拉力系数

钢丝绳类型	钢丝绳类别	纤维芯钢丝绳		钢芯钢丝绳			
		重量系数	最小破断拉力系数	重量系数		最小破断拉力系数	
		W_1	K_1	W_2	W_3	K_2	K_3
单层圆股钢丝绳	6×36	0.383	0.330	0.418		0.356	
	6×61	0.386	0.330	0.435		0.356	
	6×61M	0.361	0.283	0.398		0.306	
	6×61N 6×91N	0.380	0.318	0.435		0.346	
	8×36	0.375	0.293	0.445		0.346	
	8×37M	0.356	0.261	0.420		0.310	
	8×61	0.380	0.293	0.455		0.346	
	8×61M	0.356	0.251	0.415		0.297	
	8×61N 8×91N	0.370	0.270	0.443		0.336	
阻旋转圆股钢丝绳	35(W)×7 35(W)×19				0.460		0.350
	35(W)×36				0.452		0.340
压实股钢丝绳	6×K36			0.465		0.405	
	6×K61			0.470		0.397	
	8×K36			0.475		0.405	
	8×K61			0.480		0.397	
	35(W)×K7				0.485		0.405
	35(W)×K19				0.480		0.395
注：重量系数仅作参考。							

7.12 特殊要求

需方对以上条款有特殊要求时，有关技术要求由供需双方协议。

8 钢丝绳的检验

8.1 直径和不圆度的测量

8.1.1 钢丝绳直径应用带有宽钳口的游标卡尺测量。钳口的宽度要足以跨越两个相邻的股，见图 5。

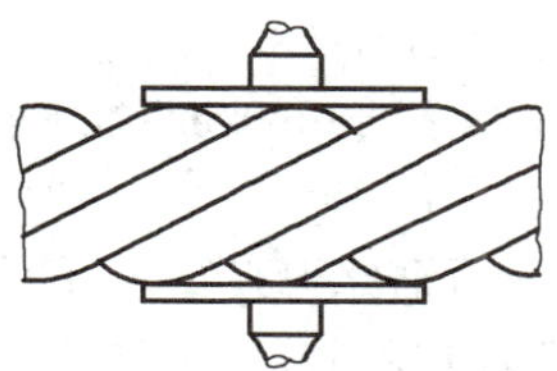

图 5 钢丝绳直径测量方法

测量应在无张力的情况下，在钢丝绳端头 15 m 外的直线部位相距至少 1 m 的两截面上进行，并在同一截面相互垂直的方向上测取两个数值。

四个测量结果的算术平均值作为钢丝绳的实测直径，该值应符合7.9.3的规定。

对直径小于或等于100 mm的钢丝绳，游标卡尺的最小分度值应不大于0.05 mm。对直径大于100 mm的钢丝绳，游标卡尺的最小分度值应不大于0.1 mm。

8.1.2 同一截面上最大直径与最小直径的差值与钢丝绳公称直径之比为不圆度，应符合7.9.4的规定。

8.1.3 在供需双方有争议时，钢丝绳直径的测量可在不超过钢丝绳最小破断拉力5%的负荷下进行。

8.2 长度的测量

钢丝绳的长度应在无载荷条件下测量。特殊要求测量钢丝绳长度的方法应供需双方协议。钢丝绳长度的测量以米为单位。

8.3 绳芯检查

通过目测验证绳芯的符合性。

8.4 涂油检查

通过目测验证涂油的符合性。

8.5 结构检查

通过目测验证结构的符合性。

8.6 表面质量的检查

钢丝绳及其股表面质量，用目测检验。不应有GB/T 21965中存在的质量缺陷。

9 钢丝绳的试验

9.1 试验方式与试验数量

9.1.1 方式1——钢丝绳组批试验

一批由同一合同、同一结构、同一公称直径、同一绳级、同一制造工艺的钢丝绳组成。同一批钢丝绳中任取一个试样进行实际破断拉力试验或拆股钢丝实际破断拉力总和试验。

9.1.2 方式2——逐条试验

当需方有要求时，钢丝绳可逐条取样试验，但应在订货合同中注明。

9.2 破断拉力的测定

9.2.1 方法1—— 实测破断拉力

9.2.1.1 钢丝绳实际破断拉力测定方法按GB/T 8358规定。

9.2.1.2 当实测破断拉力已达到或超过钢丝绳最小破断拉力而钢丝绳未断裂的情况下试验可以结束，并可以确定该钢丝绳满足破断拉力要求。

9.2.1.3 当钢丝绳破断发生在距离夹头6倍钢丝绳直径长度范围内且破断拉力未达到标准规定的最小破断拉力值时则该试验无效，可重新取样进行试验，但不能视为四次试验中的一次。

9.2.1.4 如果在第一次破断拉力测试中，实测破断拉力未达到钢丝绳最小破断拉力值时，允许进行三次附加试验，如有一个试验达到或超过钢丝绳最小破断拉力，可以确定该钢丝绳符合最小破断拉力的要求。

9.2.2 方法2——实测钢丝破断拉力总和

对单根钢丝进行拉伸试验，并将所有拆股后的单根钢丝破断拉力值加在一起即得到实测钢丝破断拉力总和。钢丝绳内钢丝破断拉力总和的测定，可按如下规定：

a) 当试验钢丝绳内全部钢丝时，是将每根钢丝的实测破断拉力相加。

b) 当试验钢丝绳内部分钢丝时，钢丝破断拉力总和按式(2)计算：

$$F_{e.m}=F_0+F_1N_1+F_2N_2+F_3N_3+\cdots+F_nN_n \tag{2}$$

式中：

$F_{e.m}$ ——钢丝实测破断拉力总和，单位为千牛(kN)；

F_1、F_2、F_3、…、F_n——同结构、同直径1股中钢丝的实测破断拉力和不参加试验钢丝的计算破断拉力之和，单位为千牛(kN)；

F_0 ——钢丝绳中钢芯的计算破断拉力之和，单位为千牛(kN)；

N_1、N_2、N_3、…、N_n——钢丝绳中同结构、同直径的股数。

同结构、同直径取大于1股试验时，则应以算术平均值来计算。

式(2)仅适用于表A.1～表A.19中钢丝绳直径范围内所对应钢丝绳级别的最小破断拉力计算，无绳级的钢丝绳最小破断拉力值应由供需双方协议。

式(2)中不参加试验的钢丝是股中填充钢丝、中心钢丝、各种股芯钢丝和钢芯钢丝，但不进行试验的钢丝，应按制绳前各该钢丝公称直径和公称抗拉强度参与钢丝破断拉力总和的计算。

9.2.3 方法3——计算实测破断拉力

将实测钢丝破断拉力总和除以表A.1～表A.19给出换算系数所得的数值，这种方法所得的破断拉力值被称为“计算破断拉力”。

计算破断拉力小于规定的钢丝绳最小破断拉力时，则可以按方法1再进行试验。

9.3 拆股钢丝试验

拆股钢丝试验数量、项目、方法及要求应符合附录B的规定。

9.4 判定规则与复验

9.4.1 如果所有试验都符合标准规定的要求，则该批(或条)钢丝绳合格。

9.4.2 如果一个或一个以上的试验项目不符合规定要求，则应在同一条钢丝绳上重新取样进行不合格项目的复验。

9.4.3 钢丝绳组批试验整绳破断拉力可按双倍取样，拆股复验可将其余各股中同一公称直径的钢丝试验其不合格项目，加上原试验结果，按100%试验评定。复验结果符合标准规定的要求时，则该批(或条)钢丝绳仍为合格。如果一个或一个以上的试验结果不符合标准规定要求时，则该批剩余的钢丝绳，应逐条取样进行试验。

9.4.4 需方验收试验或仲裁试验，钢丝绳拆股初验不合格时，拆股复验可将其余各股中同一公称直径的钢丝全部试验其不合格项目，加上原试验结果，按100%试验评定。

9.4.5 当一条钢丝绳截成数条交货时，则从其中任选一条取样试验，如果合格，其余各条免于试验，否则应逐条取样进行试验。

9.5 仲裁试验

当供需双方对试验结果有争议时，应在供需双方同意的检验机构进行仲裁试验。仲裁试验按本标准的方法1和订货合同规定。若试验结果符合标准要求，认为该钢丝绳合格。

9.6 数值修约

数值修约按 YB/T 081 的规定。

10 重量

10.1 参考重量

钢丝绳的参考重量按式(3)计算,也可参考表 A.1～表 A.19。

$$M = KD^2 \quad \cdots\cdots (3)$$

式中:

M ——钢丝绳单位长度的参考重量,单位为千克每百米(kg/100 m);

D ——钢丝绳的公称直径,单位为毫米(mm);

K ——某一类别未涂油钢丝绳单位长度的重量系数,单位为千克每百米平方毫米[kg/(100 m · mm^2)],K 值见表 6 。

10.2 实测重量

钢丝绳的总重量包括钢丝绳、卷轴和包装材料的重量,应用衡器测量,用 kg 表示。

计算钢丝绳单位重量时,用钢丝绳净重量除以钢丝绳实测长度。钢丝绳单位实测重量用 kg/m 表示。

11 验收方法

11.1 钢丝绳出厂前的验收,由供方进行。

11.2 需方的验收,可委托有钢丝绳检定资格的检测部门进行。验收的依据是本标准和订货合同及供方质量证明书,验收期(从出厂日期算起)不应超过一年。

12 包装、标志和质量证明书

钢丝绳的包装、标志和质量证明书按 GB/T 2104 的规定。特殊要求时合同中明确。

13 钢丝绳安全使用和维护

钢丝绳安全使用和维护按 GB/T 29086 的规定。

附 录 A
（规范性附录）
典型结构、直径和级别钢丝绳最小破断拉力

表 A.1～表 A.19 给出了典型结构、公称直径和级别钢丝绳最小破断拉力。

表 A.1 6×36 类钢丝绳

典型结构图	典型结构				钢丝绳直径范围/mm
	钢丝绳结构	股结构	外层钢丝数		
			总数	每股	
6×36WS-IWRC　6×36WS-FC	6×36WS	1-7-7+7-14	84	14	60～84
	6×41WS	1-8-8+8-16	96	16	60～100
	6×41F	1-8-8-8F-16	96	16	60～100
	6×46WS	1-9-9+9-18	108	18	60～104
	6×49SWS	1-8-8-8+8-16	96	16	60～104
	6×55SWS	1-9-9-9+9-18	108	18	60～104

钢丝绳公称直径/mm	参考重量/(kg/100 m)		钢丝绳级别					
			1 570		1 770		1 960	
			钢丝绳最小破断拉力/kN					
	纤维芯	钢芯	纤维芯	钢芯	纤维芯	钢芯	纤维芯	钢芯
60	1 380	1 500	1 870	2 010	2 100	2 270	2 330	2 510
64	1 570	1 710	2 120	2 290	2 390	2 580	2 650	2 860
68	1 770	1 930	2 400	2 580	2 700	2 910	2 990	3 230
72	1 990	2 170	2 690	2 900	3 030	3 270	3 350	3 620
76	2 210	2 410	2 990	3 230	3 370	3 640	3 740	4 030
80	2 450	2 680	3 320	3 580	3 740	4 030	4 140	4 470
84	2 700	2 950	3 660	3 940	4 120	4 450	—	4 920
88	2 970	3 240	4 010	4 330	4 520	4 880	—	5 400
92	3 240	3 540	4 390	4 730	4 940	5 330	—	5 910
96	3 530	3 850	4 770	5 150	5 380	5 810	—	6 430
100	3 830	4 180	5 180	5 590	5 840	6 300	—	6 980
104	4 140	4 520	5 600	6 050	6 320	6 820	—	7 550

注：钢丝最小破断拉力总和＝钢丝绳最小破断拉力×1.212(纤维芯)或 1.309(钢芯)。

表 A.2　6×61 类钢丝绳

6×61FWS+FC　　6×61FWS+IWRC

典型结构图

钢丝绳结构	股结构	外层钢丝数 总数	外层钢丝数 每股	钢丝绳直径范围/mm
6×61FS	1-6/9-9F-18-18	108	18	60～108
6×64SFS	1-9-9-9F-18-18	108	18	60～108
6×61FWS	1-5-5F-10-10+10-20	120	20	60～120

钢丝绳公称直径/mm	参考重量/(kg/100 m)		钢丝绳级别					
			1 570		1 770		1 960	
			钢丝绳最小破断拉力/kN					
	纤维芯	钢芯	纤维芯	钢芯	纤维芯	钢芯	纤维芯	钢芯
60	1 390	1 570	1 870	2 010	2 100	2 270	2 330	2 510
64	1 580	1 780	2 120	2 290	2 390	2 580	2 650	2 860
68	1 780	2 010	2 400	2 580	2 700	2 910	2 990	3 230
72	2 000	2 260	2 690	2 900	3 030	3 270	3 350	3 620
76	2 230	2 510	2 990	3 230	3 370	3 640	3 740	4 030
80	2 470	2 780	3 320	3 580	3 740	4 030	4 140	4 470
84	2 720	3 070	3 660	3 940	4 120	4 450	—	4 920
88	2 990	3 370	4 010	4 330	4 520	4 880	—	5 400
92	3 270	3 680	4 390	4 730	4 940	5 330	—	5 910
96	3 560	4 010	4 770	5 150	5 380	5 810	—	6 430
100	3 860	4 350	5 180	5 590	5 840	6 300	—	6 980
104	4 170	4 700	5 600	6 050	6 320	6 820	—	7 550
108	4 500	5 070	6 040	6 520	6 810	7 350	—	—
112	4 840	5 460	6 500	7 010	7 330	7 900	—	—
116	5 190	5 850	6 970	7 520	7 860	8 480	—	—
120	5 560	6 260	7 460	8 050	8 410	9 070	—	—

注 1:钢丝最小破断拉力总和=钢丝绳最小破断拉力×1.218(纤维芯)或 1.309(钢芯)。

注 2:表中未列出数值,而用"—"代替的,表示不能用 7.11 式(1)计算钢丝绳最小破断拉力,以下各表均相同。

表 A.3　6×61M 类钢丝绳

典型结构图	钢丝绳结构	股结构	外层钢丝数 总数	外层钢丝数 每股	钢丝绳直径范围/mm
6×61M-IWRC　6×61M-FC	6×61M	1-6/12/18/24	144	24	60～124

钢丝绳公称直径/mm	参考重量/(kg/100 m)		钢丝绳级别 1 570		1 770		1 960	
			钢丝绳最小破断拉力/kN					
	纤维芯	钢芯	纤维芯	钢芯	纤维芯	钢芯	纤维芯	钢芯
60	1 300	1 430	1 600	1 730	1 800	1 950	2 000	2 160
64	1 480	1 630	1 820	1 970	2 050	2 220	2 270	2 460
68	1 670	1 840	2 050	2 220	2 320	2 500	2 560	2 770
72	1 870	2 060	2 300	2 490	2 600	2 810	2 880	3 110
76	2 090	2 300	2 570	2 770	2 890	3 130	3 200	3 460
80	2 310	2 550	2 840	3 070	3 210	3 470	3 550	3 840
84	2 550	2 810	3 140	3 390	3 530	3 820	3 910	4 230
88	2 800	3 080	3 440	3 720	3 880	4 190	4 300	4 640
92	3 060	3 370	3 760	4 070	4 240	4 580	4 690	5 080
96	3 330	3 670	4 090	4 430	4 620	4 990	5 110	5 530
100	3 610	3 980	4 440	4 800	5 010	5 420	5 550	6 000
104	3 900	4 300	4 810	5 200	5 420	5 860	6 000	6 490
108	4 210	4 640	5 180	5 600	5 840	6 320	6 470	7 000
112	4 530	4 990	5 570	6 030	6 280	6 790	6 960	7 520
116	4 860	5 360	5 980	6 460	6 740	7 290	7 460	8 070
120	5 200	5 730	6 400	6 920	7 210	7 800	7 990	8 640
124	5 550	6 120	6 830	7 390	7 700	8 330	8 530	9 220

注：钢丝最小破断拉力总和＝钢丝绳最小破断拉力×1.283(纤维芯)或 1.389(钢芯)。

表 A.4　6×61N 类钢丝绳

	典型结构				钢丝绳直径范围/mm
	钢丝绳结构	股结构	外层钢丝数		
			总数	每股	
6×65FNS-IWRC　6×65FNS-FC 典型结构图	6×65FNS	1-6-6F-12/20-20	120	20	72～120
	6×71WSNS	1-6-6+6-12/20-20	120	20	72～120
	6×69FNS	1-7-7F-14/20-20	120	20	72～120
	6×76WSNS	1-7-7+7-14/20-20	120	20	72～120
	6×80WSNS	1-7-7+7-14/22-22	132	22	72～120

钢丝绳公称直径/mm	参考重量/(kg/100 m)		钢丝绳级别					
			1 570		1 770		1 960	
			钢丝绳最小破断拉力/kN					
	纤维芯	钢芯	纤维芯	钢芯	纤维芯	钢芯	纤维芯	钢芯
72	1 970	2 260	2 590	2 820	2 920	3 170	3 230	3 520
76	2 190	2 510	2 884	3 140	3 250	3 540	3 600	3 920
80	2 430	2 780	3 200	3 480	3 600	3 920	3 990	4 340
84	2 680	3 070	3 520	3 830	3 970	4 320	—	4 790
88	2 940	3 370	3 870	4 210	4 360	4 740	—	5 250
92	3 220	3 680	4 230	4 600	4 760	5 180	—	5 740
96	3 500	4 010	4 600	5 010	5 190	5 640	—	6 250
100	3 800	4 350	4 990	5 430	5 630	6 120	—	6 780
104	4 110	4 700	5 400	5 880	6 090	6 620	—	—
108	4 430	5 070	5 820	6 340	6 570	7 140	—	—
112	4 770	5 460	6 260	6 810	7 060	7 680	—	—
116	5 110	5 850	6 720	7 310	7 570	8 240	—	—
120	5 470	6 260	7 190	7 820	8 110	8 820	—	—

注：钢丝最小破断拉力总和＝钢丝绳最小破断拉力×1.252(纤维芯)或 1.324(钢芯)。

表 A.5　6×91N 类钢丝绳

6×111SWSNS-IWRC　　6×111SWSNS-FC

典型结构图

典型结构				钢丝绳直径范围/mm
钢丝绳结构	股结构	外层钢丝数		
		总数	每股	
6×84WSNS	1-7-7+7-14/24-24	144	24	84～130
6×89WSNS	1-8-8+8-16/24-24	144	24	84～130
6×97WSNS	1-8-8-8+8-16/24-24	144	24	84～136
6×111SWSNS	1-9-9-9+9-18/28-28	168	28	84～148
6×109SWSNS	1-8-8-8+8-16/30-30	180	30	84～148
6×119SWSNS	1-9-9-9+9-18/32-32	192	32	84～148
6×127SWSNS	1-9-9-9+9-18/36-36	216	36	84～154

钢丝绳公称直径/mm	参考重量/(kg/100 m)		钢丝绳级别			
			1 570		1 770	
			钢丝绳最小破断拉力/kN			
	纤维芯	钢芯	纤维芯	钢芯	纤维芯	钢芯
84	2 680	3 070	3 520	3 830	3 970	4 320
88	2 940	3 370	3 870	4 210	4 360	4 740
92	3 220	3 680	4 230	4 600	4 760	5 180
96	3 500	4 010	4 600	5 010	5 190	5 640
100	3 800	4 350	4 990	5 430	5 630	6 120
104	4 110	4 700	5 400	5 880	6 090	6 620
108	4 430	5 070	5 820	6 340	6 570	7 140
112	4 770	5 460	6 260	6 810	7 060	7 680
116	5 110	5 850	6 720	7 310	7 570	8 240
120	5 470	6 260	7 190	7 820	8 110	8 820
124	—	6 690	—	8 350	—	9 420
130	—	7 350	—	9 180	—	10 300
136	—	8 050	—	10 000	—	11 300
142	—	8 770	—	11 000	—	12 300
148	—	9 530	—	11 900	—	13 400
154	—	10 300	—	12 900	—	14 500

注：钢丝最小破断拉力总和＝钢丝绳最小破断拉力×1.252(纤维芯)或 1.324(钢芯)。

表 A.6　8×36 类钢丝绳

8×36WS-IWRC　　8×36WS-FC

典型结构图

典型结构				钢丝绳直径范围/mm
钢丝绳结构	股结构	外层钢丝数		
		总数	每股	
8×31WS	1-6-6+6-12	96	12	60～88
8×36WS	1-7-7+7-14	112	14	60～100
8×41WS	1-8-8+8-16	128	16	60～112
8×41F	1-8-8-8F-16	128	16	60～112
8×46WS	1-9-9+9-18	144	18	60～120
8×49SWS	1-8-8-8+8-16	128	16	60～120
8×55SWS	1-9-9-9+9-18	144	18	60～120

钢丝绳公称直径/mm	参考重量/(kg/100 m)		钢丝绳级别					
			1 570		1 770		1 960	
			钢丝绳最小破断拉力/kN					
	纤维芯	钢芯	纤维芯	钢芯	纤维芯	钢芯	纤维芯	钢芯
60	1 350	1 600	1 660	1 960	1 870	2 200	2 070	2 440
64	1 540	1 820	1 880	2 230	2 120	2 510	2 350	2 780
68	1 730	2 060	2 130	2 510	2 400	2 830	2 660	3 140
72	1 940	2 310	2 380	2 820	2 690	3 170	2 980	3 520
76	2 170	2 570	2 660	3 140	3 000	3 540	3 320	3 920
80	2 400	2 850	2 940	3 480	3 320	3 920	3 680	4 340
84	2 650	3 140	3 250	3 830	3 660	4 320	—	4 790
88	2 900	3 450	3 562	4 210	4 020	4 740	—	5 250
92	3 170	3 770	3 890	4 600	4 390	5 180	—	5 740
96	3 460	4 100	4 240	5 010	4 780	5 640	—	6 250
100	3 750	4 450	4 600	5 430	5 190	6 120	—	6 780
104	4 060	4 810	4 980	5 880	5 610	6 620	—	—
108	4 370	5 190	5 370	6 340	6 050	7 140	—	—
112	4 700	5 580	5 770	6 810	6 510	7 680	—	—
116	5 050	5 990	6 190	7 310	6 980	8 240	—	—
120	5 400	6 410	6 620	7 820	7 470	8 820	—	—

注：钢丝最小破断拉力总和＝钢丝绳最小破断拉力×1.225(纤维芯)或 1.352(钢芯)。

表 A.7　8×61 类钢丝绳

典型结构图	钢丝绳结构	股结构	外层钢丝数 总数	外层钢丝数 每股	钢丝绳直径范围/mm
8×61FWS+FC　8×61FWS+IWRC	8×61FS	1-6/9-9F-18-18	144	18	68～120
	8×64SFS	1-9-9-9F-18-18	144	18	68～120
	8×61FWS	1-5-5F-10-10/10-20	120	20	68～136

钢丝绳公称直径/mm	参考重量/(kg/100 m)		钢丝绳级别 1 570		1 770		1 960	
			钢丝绳最小破断拉力/kN					
	纤维芯	钢芯	纤维芯	钢芯	纤维芯	钢芯	纤维芯	钢芯
68	1 760	2 100	2 130	2 510	2 400	2 830	2 660	3 140
72	1 970	2 360	2 380	2 820	2 690	3 170	2 980	3 520
76	2 190	2 630	2 660	3 140	3 000	3 540	3 320	3 920
80	2 430	2 910	2 940	3 480	3 320	3 920	3 680	4 340
84	2 680	3 210	3 250	3 830	3 660	4 320	4 050	4 790
88	2 940	3 520	3 560	4 210	4 020	4 740	4 450	5 250
92	3 220	3 850	3 890	4 600	4 390	5 180	4 860	5 740
96	3 500	4 190	4 240	5 010	4 780	5 640	5 290	6 250
100	3 800	4 550	4 600	5 430	5 190	6 120	5 740	6 780
104	4 110	4 920	4 980	5 880	5 610	6 620	6 210	7 330
108	4 430	5 310	5 370	6 340	6 050	7 140	—	—
112	4 770	5 710	5 770	6 810	6 510	7 680	—	—
116	5 110	6 120	6 190	7 310	6 980	8 240	—	—
120	5 470	6 550	6 620	7 820	7 470	8 820	—	—
124	—	7 000	—	8 350	—	9 420	—	—
130	—	7 690	—	9 180	—	10 300	—	—
136	—	8 420	—	10 000	—	11 300	—	—

注：最小钢丝破断拉力总和＝钢丝绳最小破断拉力×1.225(纤维芯)或 1.341(钢芯)。

表 A.8　8×61N 类钢丝绳

典型结构图	钢丝绳结构	股结构	外层钢丝数 总数	外层钢丝数 每股	钢丝绳直径范围/mm
8×65FNS-IWRC　8×65FNS-FC	8×65FNS	1-6-6F-12/20-20	160	20	76～124
	8×71WSNS	1-6-6+6-12/20-20	160	20	76～124
	8×69FNS	1-7-7F-14/20-20	160	20	76～124
	8×76WSNS	1-7-7+7-14/20-20	160	20	76～124
	8×80WSNS	1-7-7+7-14/22-22	176	22	76～136

钢丝绳公称直径/mm	参考重量/(kg/100 m)		钢丝绳级别 1 570 钢丝绳最小破断拉力/kN		1 770		1 960	
	纤维芯	钢芯	纤维芯	钢芯	纤维芯	钢芯	纤维芯	钢芯
76	2 140	2 560	2 450	3 050	2 760	3 440	3 060	3 800
80	2 370	2 840	2 710	3 380	3 060	3 810	3 390	4 210
84	2 610	3 130	2 990	3 720	3 370	4 200	3 730	4 650
88	2 870	3 430	3 280	4 090	3 700	4 610	4 100	5 100
92	3 130	3 750	3 590	4 460	4 040	5 030	4 480	5 570
96	3 410	4 080	3 910	4 860	4 400	5 480	4 880	6 070
100	3 700	4 430	4 240	5 280	4 780	5 950	5 290	6 590
104	4 000	4 790	4 580	5 710	5 170	6 430	5 720	7 120
108	4 320	5 170	4 940	6 150	5 570	6 940	—	—
112	4 640	5 560	5 320	6 620	5 990	7 460	—	—
116	4 980	5 960	5 700	7 100	6 430	8 000	—	—
120	5 330	6 380	6 100	7 600	6 880	8 560	—	—
124	—	6 810	—	8 110	—	9 140	—	—
130	—	7 490	—	8 920	—	10 100	—	—
136	—	8 190	—	9 760	—	11 000	—	—

注:钢丝最小破断拉力总和=钢丝绳最小破断拉力×1.280(纤维芯)或1.396(钢芯)。

表 A.9　8×91N 类钢丝绳

8×111SWSNS-IWRC
典型结构图

钢丝绳结构	股结构	外层钢丝数 总数	外层钢丝数 每股	钢丝绳直径范围/mm
8×84WSNS	1-7-7+7-14/24-24	192	24	108～154
8×89WSNS	1-8-8+8-16/24-24	192	24	108～154
8×97WSNS	1-8-8-8+8-16/24-24	192	24	108～154
8×111SWSNS	1-9-9-9+9-18/28-28	224	28	108～178
8×109SWSNS	1-8-8-8+8-16/30-30	240	30	108～178
8×119SWSNS	1-9-9-9+9-18/32-32	256	32	108～184
8×127SWSNS	1-9-9-9+9-18/36-36	288	36	108～192

钢丝绳公称直径/mm	参考重量/(kg/100 m)	钢丝绳级别 1 570 钢丝绳最小破断拉力/kN	钢丝绳级别 1 770 钢丝绳最小破断拉力/kN
	钢芯	钢芯	钢芯
108	5 170	6 150	6 940
112	5 560	6 620	7 460
116	5 960	7 100	8 000
120	6 380	7 600	8 560
124	6 810	8 110	9 140
130	7 490	8 920	10 100
136	8 190	9 760	11 000
142	8 930	10 600	12 000
148	9 700	11 600	13 000
154	10 500	12 500	14 100
160	11 300	13 500	—
166	12 200	14 500	—
172	13 100	15 600	—
178	14 000	16 700	—
184	15 000	17 900	—
192	16 300	19 400	—

注：钢丝最小破断拉力总和＝钢丝绳最小破断拉力×1.280(纤维芯)或1.396(钢芯)。

表 A.10　8×37M 类钢丝绳

型结构图	钢丝绳结构	股结构	外层钢丝数 总数	外层钢丝数 每股	钢丝绳直径范围/mm
8×37M-IWRC　8×37M-FC	8×37M	1-6/12/18	144	18	60～108

钢丝绳公称直径/mm	参考重量/(kg/100 m)		钢丝绳级别 1 570 钢丝绳最小破断拉力/kN		1 770		1 960	
	纤维芯	钢芯	纤维芯	钢芯	纤维芯	钢芯	纤维芯	钢芯
60	1 280	1 510	1 480	1 750	1 660	1 980	1 840	2 190
64	1 460	1 720	1 680	1 990	1 890	2 250	2 100	2 490
68	1 650	1 940	1 890	2 250	2 140	2 540	2 370	2 810
72	1 850	2 180	2 120	2 520	2 390	2 840	2 650	3 150
76	2 060	2 430	2 370	2 810	2 670	3 170	2 950	3 510
80	2 280	2 690	2 620	3 110	2 960	3 510	3 270	3 890
84	2 510	2 960	2 890	3 430	3 260	3 870	3 610	4 290
88	2 760	3 250	3 170	3 770	3 580	4 250	3 960	4 710
92	3 010	3 550	3 470	4 120	3 910	4 640	4 330	5 140
96	3 280	3 870	3 780	4 490	4 260	5 060	4 710	5 600
100	3 560	4 200	4 100	4 870	4 620	5 490	5 120	6 080
104	3 850	4 540	4 430	5 260	5 000	5 930	5 530	6 570
108	4 150	4 900	4 780	5 680	5 390	6 400	5 970	7 090

注：钢丝最小破断拉力总和＝钢丝绳最小破断拉力×1.296(纤维芯)或 1.425(钢芯)。

表 A.11　8×61M 类钢丝绳

典型结构图	钢丝绳结构	股结构	外层钢丝数 总数	外层钢丝数 每股	钢丝绳直径范围/mm
8×61M-IWRC　8×61M-FC	8×61M	1-6/12/18/24	192	24	60～130

钢丝绳公称直径/mm	参考重量/(kg/100 m)		钢丝绳级别 1 570 钢丝绳最小破断拉力/kN		1 770		1 960	
	纤维芯	钢芯	纤维芯	钢芯	纤维芯	钢芯	纤维芯	钢芯
60	1 280	1 490	1 420	1 680	1 600	1 890	1 770	2 100
64	1 460	1 700	1 610	1 910	1 820	2 150	2 020	2 380
68	1 650	1 920	1 820	2 160	2 050	2 430	2 270	2 690
72	1 850	2 150	2 040	2 420	2 300	2 730	2 550	3 020
76	2 060	2 400	2 280	2 690	2 570	3 040	2 840	3 360
80	2 280	2 660	2 520	2 980	2 840	3 360	3 150	3 730
84	2 510	2 930	2 780	3 290	3 130	3 710	3 470	4 110
88	2 760	3 210	3 050	3 610	3 440	4 070	3 810	4 510
92	3 010	3 510	3 340	3 950	3 760	4 450	4 160	4 930
96	3 280	3 820	3 630	4 300	4 090	4 840	4 530	5 360
100	3 560	4 150	3 940	4 660	4 440	5 260	4 920	5 820
104	3 850	4 490	4 260	5 040	4 810	5 690	5 320	6 300
108	4 150	4 840	4 600	5 440	5 180	6 130	5 740	6 790
112	4 470	5 210	4 940	5 850	5 570	6 590	—	—
116	4 790	5 580	5 300	6 270	5 980	7 070	—	—
120	5 130	5 980	5 670	6 710	6 400	7 570	—	—
124	—	6 380	—	7 170	—	8 080	—	—
130	—	7 010	—	7 880	—	8 880	—	—

注：钢丝最小破断拉力总和＝钢丝绳最小破断拉力×1.300(纤维芯)或 1.438(钢芯)。

表 A.12　35(W)×19、35(W)×7 类钢丝绳

<table>
<tr><td rowspan="3" colspan="2">35(W)×19S
典型结构图</td><td colspan="4">典型结构</td><td rowspan="2">钢丝绳直径范围/mm</td></tr>
<tr><td rowspan="2">钢丝绳结构</td><td rowspan="2">股结构</td><td colspan="2">外层钢丝数</td></tr>
<tr><td>总数</td><td>每股</td><td></td></tr>
<tr><td colspan="2"></td><td>35(W)×7
35(W)×19S
35(W)×19W
35(W)×26WS</td><td>1-6
1-9-9
1-6-6+6
1-5-5+5-10</td><td>96
144
192
160</td><td>6
9
12
10</td><td>60～80
60～112
60～120
60～120</td></tr>
</table>

<table>
<tr><td rowspan="3">钢丝绳公称直径/mm</td><td rowspan="3">参考重量/(kg/100 m)</td><td colspan="3">钢丝绳级别</td></tr>
<tr><td>1 570</td><td>1 770</td><td>1 960</td></tr>
<tr><td colspan="3">钢丝绳最小破断拉力/kN</td></tr>
<tr><td>60</td><td>1 660</td><td>1 980</td><td>2 230</td><td>2 470</td></tr>
<tr><td>64</td><td>1 880</td><td>2 250</td><td>2 540</td><td>2 810</td></tr>
<tr><td>68</td><td>2 130</td><td>2 540</td><td>2 860</td><td>3 170</td></tr>
<tr><td>72</td><td>2 380</td><td>2 850</td><td>3 210</td><td>3 560</td></tr>
<tr><td>76</td><td>2 660</td><td>3 170</td><td>3 580</td><td>3 960</td></tr>
<tr><td>80</td><td>2 940</td><td>3 520</td><td>3 960</td><td>4 390</td></tr>
<tr><td>84</td><td>3 250</td><td>3 880</td><td>4 370</td><td>4 840</td></tr>
<tr><td>88</td><td>3 560</td><td>4 260</td><td>4 800</td><td>5 310</td></tr>
<tr><td>92</td><td>3 890</td><td>4 650</td><td>5 240</td><td>5 810</td></tr>
<tr><td>96</td><td>4 240</td><td>5 060</td><td>5 710</td><td>6 320</td></tr>
<tr><td>100</td><td>4 600</td><td>5 500</td><td>6 200</td><td>6 860</td></tr>
<tr><td>104</td><td>4 980</td><td>5 940</td><td>6 700</td><td>7 420</td></tr>
<tr><td>108</td><td>5 370</td><td>6 410</td><td>7 230</td><td>8 000</td></tr>
<tr><td>112</td><td>5 770</td><td>6 890</td><td>7 770</td><td>8 610</td></tr>
<tr><td>116</td><td>6 190</td><td>7 390</td><td>8 340</td><td>9 230</td></tr>
<tr><td>120</td><td>6 620</td><td>7 910</td><td>8 920</td><td>9 880</td></tr>
<tr><td colspan="5">注：钢丝最小破断拉力总和＝钢丝绳最小破断拉力×1.287。</td></tr>
</table>

表 A.13 35(W)×36 类钢丝绳

35(W)×36WS
典型结构图

钢丝绳结构	股结构	外层钢丝数 总数	外层钢丝数 每股	钢丝绳直径范围/mm
35(W)×31WS	1-6-6+6-12	192	12	68～130
35(W)×36WS	1-7-7+7-14	224	14	68～130
40(W)×31WS	1-6-6+6-12	216	12	68～130
40(W)×36WS	1-7-7+7-14	252	14	68～130

钢丝绳公称直径/mm	参考重量/(kg/100 m)	钢丝绳级别 1 570	1 770	1 960
		钢丝绳最小破断拉力/kN		
68	2 090	2 470	2 780	3 080
72	2 340	2 770	3 120	3 450
76	2 610	3 080	3 480	3 850
80	2 890	3 420	3 850	4 260
84	3 190	3 770	4 250	4 700
88	3 500	4 130	4 660	5 160
92	3 830	4 520	5 090	5 640
96	4 170	4 920	5 550	6 140
100	4 520	5 340	6 020	6 660
104	4 890	5 770	6 510	7 210
108	5 270	6 230	7 020	7 770
112	5 670	6 700	7 550	—
116	6 080	7 180	8 100	—
120	6 510	7 690	8 670	—
124	6 950	8 210	9 250	—
130	7 640	9 020	10 200	—

注：钢丝最小破断拉力总和＝钢丝绳最小破断拉力×1.287。

表 A.14 6×K36 类压实股钢丝绳

<table>
<tr><td rowspan="2" colspan="2">6×K36WS-IWRC
典型结构图</td><td colspan="4">典型结构</td><td rowspan="2">钢丝绳直径范围/mm</td></tr>
<tr><td>钢丝绳结构</td><td>股结构</td><td>外层钢丝数 总数</td><td>外层钢丝数 每股</td></tr>
<tr><td colspan="2"></td><td>6×K36WS
6×K41WS
6×K46WS
6×K49SWS
6×K55SWS</td><td>1-7-7+7-14
1-8-8+8-16
1-9-9+9-18
1-8-8-8+8-16
1-9-9-9+9-18</td><td>84
96
108
96
108</td><td>14
16
18
16
18</td><td>60～84
60～96
60～104
60～104
60～104</td></tr>
</table>

<table>
<tr><td rowspan="3">钢丝绳公称直径/mm</td><td rowspan="3">参考重量/(kg/100 m)</td><td colspan="3">钢丝绳级别</td></tr>
<tr><td>1 570</td><td>1 770</td><td>1 960</td></tr>
<tr><td colspan="3">钢丝绳最小破断拉力/kN</td></tr>
<tr><td>60</td><td>1 670</td><td>2 290</td><td>2 580</td><td>2 860</td></tr>
<tr><td>64</td><td>1 900</td><td>2 600</td><td>2 940</td><td>3 250</td></tr>
<tr><td>68</td><td>2 150</td><td>2 940</td><td>3 310</td><td>3 670</td></tr>
<tr><td>72</td><td>2 410</td><td>3 300</td><td>3 720</td><td>4 120</td></tr>
<tr><td>76</td><td>2 690</td><td>3 670</td><td>4 140</td><td>4 580</td></tr>
<tr><td>80</td><td>2 980</td><td>4 070</td><td>4 590</td><td>5 080</td></tr>
<tr><td>84</td><td>3 280</td><td>4 490</td><td>5 060</td><td>5 600</td></tr>
<tr><td>88</td><td>3 600</td><td>4 920</td><td>5 550</td><td>6 150</td></tr>
<tr><td>92</td><td>3 940</td><td>5 380</td><td>6 070</td><td>6 720</td></tr>
<tr><td>96</td><td>4 290</td><td>5 860</td><td>6 610</td><td>7 320</td></tr>
<tr><td>100</td><td>4 650</td><td>6 360</td><td>7 170</td><td>7 940</td></tr>
<tr><td>104</td><td>5 030</td><td>6 880</td><td>7 750</td><td>8 590</td></tr>
<tr><td colspan="5">**注**：钢丝最小破断拉力总和＝钢丝绳最小破断拉力×1.316。</td></tr>
</table>

表 A.15　6×K61 类压实股钢丝绳

6×K61FWS+IWR
典型结构图

典型结构		外层钢丝数		钢丝绳直径范围/mm
钢丝绳结构	股结构	总数	每股	
6×K64SFS	1-9-9-9F-18-18	108	18	68～120
6×K61FWS	1-5-5F-10-10+10-20	120	20	68～130

钢丝绳公称直径/mm	参考重量/(kg/100 m)	钢丝绳级别		
		1 570	1 770	1 960
		钢丝绳最小破断拉力/kN		
68	2 170	2 880	3 250	3 600
72	2 440	3 230	3 640	4 030
76	2 710	3 600	4 060	4 500
80	3 010	3 990	4 500	4 980
84	3 320	4 400	4 960	5 490
88	3 640	4 830	5 440	6 030
92	3 980	5 280	5 950	6 590
96	4 330	5 740	6 480	7 170
100	4 700	6 230	7 030	7 780
104	5 080	6 740	7 600	8 420
108	5 480	7 270	8 200	—
112	5 900	7 820	8 820	—
116	6 320	8 390	9 460	—
120	6 770	8 980	10 100	—
124	7 230	9 580	1 0800	—
130	7 940	10 500	11 900	—

注：钢丝最小破断拉力总和＝钢丝绳最小破断拉力×1.310。

表 A.16 8×K36 类压实股钢丝绳

<table>
<tr><td rowspan="3">8×K31WS-IWRC
典型结构图</td><td colspan="4">典型结构</td><td rowspan="2">钢丝绳直径范围/mm</td></tr>
<tr><td rowspan="2">钢丝绳结构</td><td rowspan="2">股结构</td><td colspan="2">外层钢丝数</td></tr>
<tr><td>总数</td><td>每股</td><td></td></tr>
<tr><td></td><td>8×K31WS
8×K36WS
8×K41WS
8×K46WS
8×K49SWS
8×K55SWS</td><td>1-6-6+6-12
1-7-7+7-14
1-8-8+8-16
1-9-9+9-18
1-8-8-8+8-16
1-9-9-9+9-18</td><td>96
112
128
144
128
144</td><td>12
14
16
18
16
18</td><td>60～84
60～96
60～112
60～130
72～120
72～130</td></tr>
</table>

钢丝绳公称直径/mm	参考重量/(kg/100 m)	钢丝绳级别		
		1 570	1 770	1 960
		钢丝绳最小破断拉力/kN		
60	1 710	2 290	2 580	2 860
64	1 950	2 600	2 940	3 250
68	2 200	2 940	3 320	3 670
72	2 460	3 300	3 720	4 120
76	2 740	3 670	4 140	4 580
80	3 040	4 070	4 590	5 080
84	3 350	4 490	5 060	5 600
88	3 680	4 920	5 550	6 150
92	4 020	5 380	6 070	6 720
96	4 380	5 860	6 610	7 320
100	4 750	6 360	7 170	7 940
104	5 140	6 880	7 750	8 590
108	5 540	7 420	8 360	—
112	5 960	7 980	8 990	—
116	6 390	8 560	9 650	—
120	6 840	9 160	10 300	—
124	7 300	9 780	11 000	—
130	8 030	10 700	12 100	—

注：钢丝最小破断拉力总和＝钢丝绳最小破断拉力×1.316。

表 A.17 8×K61 类压实股钢丝绳

8×K61FWS+IWRC
典型结构图

钢丝绳结构	股结构	外层钢丝数 总数	外层钢丝数 每股	钢丝绳直径范围/mm
8×K64SFS	1-9-9-9F-18-18	144	18	72～130
8×K61FWS	1-5-5F-10-10+10-20	160	20	72～136

钢丝绳公称直径/mm	参考重量/(kg/100 m)	钢丝绳级别 1 570	1 770	1 960
		钢丝绳最小破断拉力/kN		
72	2 490	3 230	3 640	4 030
76	2 770	3 600	4 060	4 490
80	3 070	3 990	4 500	4 980
84	3 390	4 400	4 960	5 490
88	3 720	4 830	5 440	6 030
92	4 060	5 280	5 950	6 590
96	4 420	5 740	6 480	7 170
100	4 800	6 230	7 030	7 780
104	5 190	6 740	7 600	8 420
108	5 600	7 270	8 200	9 080
112	6 020	7 820	8 810	9 760
116	6 460	8 390	9 460	10 500
120	6 910	8 980	10 100	11 200
124	7 380	9 580	10 800	12 000
130	8 110	10 500	11 900	13 200
136	8 880	11 500	13 000	14 400

注:钢丝最小破断拉力总和=钢丝绳最小破断拉力×1.310。

表 A.18　35(W)×K17 类钢丝绳

<table>
<tr><td rowspan="3">35(W)×K7
结构图</td><td colspan="4">典型结构</td><td rowspan="2">钢丝绳直径范围/mm</td></tr>
<tr><td rowspan="2">钢丝绳结构</td><td rowspan="2">股结构</td><td colspan="2">外层钢丝数</td></tr>
<tr><td>总数</td><td>每股</td><td></td></tr>
<tr><td></td><td>35(W)×K7</td><td>1-6</td><td>96</td><td>6</td><td>60～84</td></tr>
</table>

<table>
<tr><td rowspan="3">钢丝绳公称直径/mm</td><td rowspan="3">参考重量/(kg/100 m)</td><td colspan="3">钢丝绳级别</td></tr>
<tr><td>1 570</td><td>1 770</td><td>1 960</td></tr>
<tr><td colspan="3">钢丝绳最小破断拉力/kN</td></tr>
<tr><td>60</td><td>1 750</td><td>2 290</td><td>2 580</td><td>2 860</td></tr>
<tr><td>64</td><td>1 990</td><td>2 600</td><td>2 940</td><td>3 250</td></tr>
<tr><td>68</td><td>2 240</td><td>2 940</td><td>3 310</td><td>3 670</td></tr>
<tr><td>72</td><td>2 510</td><td>3 300</td><td>3 720</td><td>4 120</td></tr>
<tr><td>76</td><td>2 800</td><td>3 670</td><td>4 140</td><td>4 580</td></tr>
<tr><td>80</td><td>3 100</td><td>4 070</td><td>4 590</td><td>5 080</td></tr>
<tr><td>84</td><td>3 420</td><td>4 490</td><td>5 060</td><td>5 600</td></tr>
<tr><td colspan="5">注：钢丝最小破断拉力总和＝钢丝绳最小破断拉力×1.287。</td></tr>
</table>

表 A.19　35(W)×K19 类钢丝绳

35(W)×K19S 典型结构图	典型结构				钢丝绳直径范围/mm
	钢丝绳结构	股结构	外层钢丝数		
			总数	每股	
	35(W)×K19S	1-9-9	144	9	60～116
	35(W)×K26WS	1-5-5+5-10	160	10	60～124

钢丝绳公称直径/mm	参考重量/(kg/100 m)	钢丝绳级别		
		1 570	1 770	1 960
		钢丝绳最小破断拉力/kN		
60	1 730	2 230	2 520	2 790
64	1 970	2 540	2 860	3 170
68	2 220	2 870	3 230	3 580
72	2 490	3 210	3 620	4 010
76	2 770	3 580	4 040	4 470
80	3 070	3 970	4 470	4 950
84	3 390	4 380	4 930	5 460
88	3 720	4 800	5 410	6 000
92	4 060	5 250	5 920	6 550
96	4 420	5 720	6 440	7 140
100	4 800	6 200	6 990	—
104	5 190	6 710	7 560	—
108	5 600	7 230	8 150	—
112	6 020	7 780	8 770	—
116	6 460	8 340	9 410	—
120	6 910	8 930	10 100	—
124	7 380	9 540	10 800	—

注:钢丝最小破断拉力总和＝钢丝绳最小破断拉力×1.287。

附　录　B
（规范性附录）
钢丝绳中拆股钢丝试验

B.1　概述

如果要求对钢丝绳进行拆股钢丝试验，试验项目包括钢丝公称直径、抗拉强度、扭转。为确定试验结果，制造厂商应明确钢丝的公称直径和抗拉强度级别。所选择的试样应具有进行再次试验的足够长度。需方有要求时可进行镀层试验

B.2　取样

B.2.1　拆股钢丝拆取的股数检验按表 B.1 的规定。

B.2.2　股的中心钢丝、填充钢丝、各种股芯钢丝和钢丝绳中的钢芯不进行试验，但钢丝按制绳前各钢丝公称直径和公称抗拉强度参与钢丝破断拉力总和的计算考核。

表 B.1　拆取钢丝试验的股数

钢丝绳类型	内层	中层	最外层
6 股、8 股钢丝绳	—	—	1
35(W)×7、35(W)×19 35(W)×36、35(W)×K7 35(W)×K19	1	大股、小股各 1	3

B.3　试验方法和验收标准

B.3.1　总则

每一检验项目最多允许 5%的检验钢丝（按 YB/T 081 数值修约到整数）检验结果低于规定值。同一根钢丝有多个检验项目不合格时，只记作一根。拆股钢丝的抗拉强度、扭转、镀层按该钢丝公称抗拉强度级考核其性能指标。

B.3.2　钢丝直径

圆钢丝实测直径应符合 YB/T 5343 的有关规定，但允许有不超过测量钢丝数的 5%钢丝超出上述规定而不超出各该规定的 50%。压实股钢丝绳不考核钢丝直径。计算时不足一根按一根计算。

B.3.3　抗拉强度

B.3.3.1　拉力试验按 GB/T 228.1 规定执行。

B.3.3.2　圆钢丝实测抗拉强度允许比其公称抗拉强度降低 50 N/mm^2。相同直径的压实股拆股钢丝破断拉力应不低于该直径实测平均破断拉力的 92%。

B.3.4　扭转

B.3.4.1　扭转试验应按 GB/T 239.1 规定执行。试验机夹头之间的长度最好是试样的 100 d（d 为试样的直径）。如果不能采用，其替代的长度按钢丝制造厂商的规定处理。在这种情况下，钢丝所承受的扭转次数应当与试样为 100 d 长度规定的次数成正比。

B.3.4.2　圆钢丝的最小扭转次数，应符合表 B.2 的规定。

表 B.2 圆钢丝最小扭转次数

捻制前钢丝公称直径 d	试验长度	光面和 B 级			AB 级镀锌钢丝			A 级镀锌钢丝		
		抗拉强度级/MPa								
mm		1 570	1 770	1 960/2 160	1 570	1 770	1 960/2 160	1 570	1 770	1 960/2 160
$1.00 \leqslant d < 1.30$	$100 \times d$	25	22	20	22	20	18	16	14	13
$1.30 \leqslant d < 1.80$		24	21	19	21	20	17	15	14	12
$1.80 \leqslant d < 2.30$		23	20	18	20	19	16	14	12	10
$2.30 \leqslant d < 3.00$		22	19	16	20	18	15	12	9	8
$3.00 \leqslant d < 3.50$		21	18	15	19	17	14	10	8	6
$3.50 \leqslant d < 3.70$		20	16	14	17	15	13	8	6	5
$3.70 \leqslant d < 4.00$		19	15	12	16	14	12	8	5	4
$4.00 \leqslant d < 4.20$		18	14	11	15	14	11	6	5	3
$4.20 \leqslant d < 4.40$		16	14	9	14	12	9	6	4	3
$4.40 \leqslant d < 4.60$		15	12	8	13	10	8	5	4	3
$4.60 \leqslant d < 4.80$		14	10	7	12	8	5	5	4	3
$4.80 \leqslant d < 5.20$		12	9	6	10	8	4	5	4	2
$5.20 \leqslant d < 5.40$		10	8	6	8	7	4	5	3	2
$5.40 \leqslant d < 5.60$		8	7	—	7	5	—	3	3	—
$5.60 \leqslant d < 5.80$		7	5	—	5	3	—	3	3	—
$5.80 \leqslant d \leqslant 6.00$		5	5	—	3	3	—	3	3	—

B.3.4.3 压实股拆股钢丝的最小扭转次数，应符合表 B.3 的规定。

表 B.3 压实股钢丝的最小扭转次数

捻制前钢丝公称直径 d	试验长度	光面和 B 级			AB 级镀锌钢丝			A 级镀锌钢丝		
		抗拉强度级/MPa								
mm		1 570	1 770	1 960/2 160	1 570	1 770	1 960/2 160	1 570	1 770	1 960/2 160
$1.00 \leqslant d < 1.30$	$100 \times d$	22	20	17	20	18	16	14	13	11
$1.30 \leqslant d < 1.80$		21	19	16	19	17	15	14	12	10
$1.80 \leqslant d < 2.30$		20	18	16	18	16	14	12	10	9
$2.30 \leqslant d < 3.00$		20	16	14	17	16	14	10	8	7
$3.00 \leqslant d < 3.50$		19	16	14	16	15	13	9	7	5
$3.50 \leqslant d < 3.70$		17	14	12	15	14	11	8	5	4
$3.70 \leqslant d < 4.00$		17	14	10	14	13	10	7	4	4
$4.00 \leqslant d < 4.20$		16	13	10	14	12	10	5	4	3
$4.20 \leqslant d < 4.40$		14	12	8	12	10	8	5	4	2
$4.40 \leqslant d < 4.60$		14	10	8	11	9	7	4	4	2
$4.60 \leqslant d < 4.80$		12	9	6	10	8	4	4	4	2
$4.80 \leqslant d < 5.20$		10	8	5	9	7	4	4	4	2
$5.20 \leqslant d < 5.40$		9	8	5	8	6	4	4	3	2
$5.40 \leqslant d < 5.60$		8	6	—	6	4	—	3	2	—
$5.60 \leqslant d < 5.80$		6	4	—	4	3	—	2	2	—
$5.80 \leqslant d \leqslant 6.00$		4	4	—	3	3	—	2	2	—

B.3.4.4 其他抗拉强度级别钢丝最小扭转次数按表 B.2～表 B.3 相邻较高抗拉强度指标考核。

B.3.5 镀层

B.3.5.1 镀层级别分为三个级别:B 级、AB 级和 A 级。

B.3.5.2 圆钢丝镀层重量应符合表 B.4 的规定,试验钢丝数中允许有 5%的钢丝镀层重量不低于表 B.4 的 80%。镀层重量单位用 g/m² 表示。

表 B.4 圆钢丝最小镀层重量

钢丝公称直径 d/mm	最小镀层重量/(g/m²)		
	B 级	AB 级	A 级
1.00≤d<1.20	76	104	142
1.20≤d<1.50	86	114	157
1.50≤d<1.90	95	124	171
1.90≤d<2.50	104	142	195
2.50≤d<3.20	117	157	218
3.20≤d<4.00	128	180	228
4.00≤d<4.40	142	190	247
4.40≤d≤6.00	150	200	255

压实股钢丝镀层重量应符合表 B.5 的规定,试验钢丝数中允许有 5%的钢丝镀层重量不低于表 B.5 的 80%。镀层重量单位用 g/m² 表示。

表 B.5 压实股钢丝最小镀层重量

捻制前钢丝公称直径 d/mm	最小锌层重量/(g/m²)		
	B 级	AB 级	A 级
1.00≤d<1.20	60	82	112
1.20≤d<1.50	67	90	124
1.50≤d<1.90	75	97	135
1.90≤d<2.50	82	112	154
2.50≤d<3.20	94	124	172
3.20≤d<4.00	101	142	187
4.00≤d<4.40	112	150	195
4.40≤d<5.00	124	158	205
5.00≤d≤6.00	138	168	215

如果镀层重量不符合本标准规定,而其他性能符合光面钢丝绳要求时,则可按光面钢丝绳交货。

B.3.5.3 直径大于 6.00 mm 的钢丝扭转次数、镀层重量由供需双方协议。

ICS 33.060.01
M 30

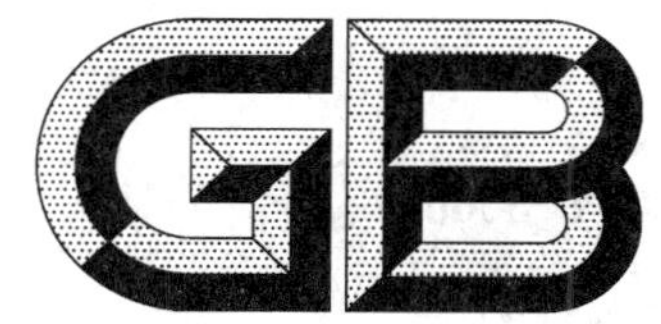

中华人民共和国国家标准

GB/T 20068—2017
代替 GB/T 20068—2006

船载自动识别系统(AIS)技术要求

Technical requirements of shipborne automatic identification system

(ITU-R M.1371-4:2010,Technical characteristics for an automatic identification— system using time-division multiple access in the VHF maritime mobile band,NEQ)

2017-10-14 发布 2018-05-01 实施

中华人民共和国国家质量监督检验检疫总局
中国国家标准化管理委员会 发布

前　言

本标准按照 GB/T 1.1—2009 给出的规则起草。

本标准代替 GB/T 20068—2006《船载自动识别系统(AIS)技术要求》。与 GB/T 20068—2006 相比,除编辑性修改外,主要技术变化如下:

——对原标准进行了结构修改和格式编排;

——将原标准第 4 章标题名称修改为"操作特性"(见第 4 章及 2006 年版的第 4 章);

——将原标准 5.1 条标题名称修改为"AIS 结构"(见第 5.1 及 2006 年版的 5.1);

——增加了"AIS 各层功能概述"(见 5.2);

——调整了原 5.2 条中各层次的顺序(见 5.6 及 2006 年版的 5.2);

——将原 5.6 条"远程应用"调整为第 7 章"远程应用"(见第 7 章及 2006 年版的 5.6),同时:

1) 增加了条标题"通过接口至其他设备方式的远程应用"(见 7.2);

2) 补充了"通过广播方式的远程应用"内容(见 7.3)。

——将原 5.7 条"DSC 兼容性"调整为第 6 章"通过 DSC 消息进行 AIS 信道管理"(见第 6 章及 2006 年版的 5.7);

——将原 5.3.3.8 条"消息类型"调整为第 11 章"AIS 消息"(见第 11 章及 2006 年版的 5.3.3.8),并新增了消息 23～消息 27(见 11.3.22～11.3.26);

——增加了"应用专用消息"一章内容(见第 8 章);

——增加了"传输分组排序"一章内容(见第 9 章);

——增加了"采用 CSTDMA 技术的 B 类 AIS"一行内容(见第 10 章);

——增加了"对使用脉冲传输台站的要求"一章内容(见第 12 章)。

本标准使用重新起草法参考 ITU-R M.1371-4:2010《在 VHF 海上移动频段采用时分多址(TDMA)技术的通用船载自动识别系统(AIS)的技术特性》,与 ITU-R M.1371-4:2010 的一致性程度为非等效。

本标准由中华人民共和国交通运输部提出。

本标准由交通运输信息通信及导航标准化技术委员会归口。

本标准起草单位:中国交通通信信息中心、大连海事大学、交通运输部海事局、中国船级社。

本标准主要起草人:朱金发、孙文力、孙文强、曾晖、孔祥伦、鄂海亮、胡伟、俞毅、吴晓明、刘延镭。

本标准所代替标准的历次版本发布情况为:

——GB/T 20068—2006。

船载自动识别系统(AIS)技术要求

1 范围

本标准规定了在甚高频(VHF)水上移动频段内使用时分多址(TDMA)的船载自动识别系统(AIS)的技术要求,主要包括:

——术语、定义和缩略语;
——操作特性;
——技术特性;
——通过 DSC 消息进行 AIS 信道管理;
——远程应用;
——应用专用消息;
——发射分组排序;
——采用 CSTDMA 技术的 B 类 AIS;
——AIS 消息;
——对使用脉冲发射台站的要求。

本标准适用于船载自动识别系统以及相关台站设备的设计、生产、使用和管理。

2 规范性引用文件

下列文件对于本文件的应用是必不可少的。凡是注日期的引用文件,仅注日期的版本适用于本文件。凡是不注日期的引用文件,其最新版本(包括所有的修改单)适用于本文件。

GB/T 7421 信息技术 系统间远程通信和信息交换 高级数据链路控制规程

GB/T 16162 全球海上遇险和安全系统(GMDSS)术语

IEC 61162(所有部分) 海上导航与无线电通信设备及系统 数字接口(Maritime navigation and radio communication equipment and systems)

IEC 61162.1 海上导航与无线电通讯设备及系统 数字接口 第1部分:单通话器和多受话器(Maritime navigation and radio communication equipment and systems-Digital interfaces Part 1: Single talker and mutiple listeners)

ITU-R M.585 建议案 水上移动业务标识的分配和使用(Assignment and use of identities in the maritime mobile service)

ITU-R M.822 建议案 在海上移动业务中数字选择呼叫的呼叫信道负载[Calling-Channel Loading for Digital Selective-Calling (DSC) for the Maritime Mobile Service]

ITU-R M.823 建议案 全球导航卫星系统通过海上无线电信标在区域1用 283.5 kHz～315 kHz频段和在区域2、3用 285 kHz～325 kHz 频段进行差分传送的技术性能(Technical Characteristics of Differential Transmissions for Global Navigation Satellite Systems from Maritime Radio Beacons in the Frequency Band 283.5-315 kHz in Region 1 and 285-325 kHz in Regions 2 and 3)

ITU-R M.825 建议案 采用 DSC 技术的应用于 VTS 和船-船间识别的转发器系统的特性(Characteristics of a Transponder System Using Digital Selective Calling Techniques for Use with

Vessel Traffic Services and Ship-to-ship Identification)

ITU-R M.1080 建议案 针对多种设备安装的增强型数字选择性呼叫系统(Digital Selective Calling System Enhancement for Multiple Equipment Installations)

ITU-R M.1084 建议案 改善海上移动服务电台使用156 MHz～174 MHz频段效率的临时方案(Interim solutions for improved efficiency in the use of the band 156-174 MHz by stations in the maritime mobile service)

ITU-R M.1371 建议案 在VHF水上移动频带内使用时分多址的自动识别系统的技术特性(Technical characteristics for an automatic identification system using time division multiple access in the VHF maritime mobile band)

ITU RR 无线电规则(radio regulations)

3 术语、定义和缩略语

3.1 术语和定义

GB/T 16162界定的以及下列术语和定义适用于本文件。

3.1.1

自组织时分多址接入 self-organized time division multiple access

一种具有避免和解决通信冲突能力的时分多址接入算法。

3.1.2

自动识别系统 automatic identification system

在甚高频海上移动频段采用自组织时分多址接入方式自动广播和接收船舶动态、静态等信息以便实现识别、监视和通信的系统。

3.2 缩略语

下列缩略语适用于本文件。

ACK:确认(Acknowledge)

AIS:自动识别系统(Automatic identification system)

AIS-SART:AIS搜救发射机(AIS Search and Rescue Transmitter)

ASCII:美国信息交换标准代码(American standard code for information interchange)

AtoN:助航设备(Aid to navigation)

BR:比特速率(Bit rate)

BS:比特扰动(Bit scrambling)

BT:带宽-时间(Bandwidth-Time)

CHB:信道带宽(Channel bandwidth)

CHS:信道间隔(Channel spacing)

CIRM:国际海事无线电委员会(International Radio Marine Committee)

COG:对地航向(Course over ground)

CP:候选周期(Candidate period)

CRC:循环冗余校验(Cyclic redundancy check)

CS:载波侦听(Carrier sense)

CSTDMA：载波侦听时分多址接入(Carrier sense time Division multiple access)

DAC：分配区域码(Designated area code)

DE：数据编码(Data encoding)

DG：危险品(Dangerous goods)

DGNSS：差分全球导航卫星系统(Differential global navigation satellite system)

DLS：数据链路服务(Data link service)

DSC：数字选择性呼叫(Digital Selective Calling)

DTE：数据终端设备(Data terminal equipment)

ECDIS：电子海图显示与信息系统(Electronic chart display and information system)

ENC：电子导航图(Electronic navigation chart)

EPFS：电子定位系统(Electronic position fixing system)

ETA：预计到达时间(Estimated time of arrival)

FATDMA：固定接入时分多址(Fixed access time-division multiple access)

FCS：帧校验序列(Frame check sequence)

FEC：前向纠错(Forward error correction)

FI：功能标识符(Function identifier)

FIFO：先入先出(First-in，First-out)

FM：频率调制(Frequency modulation)

FTBS：FATDMA 码块大小(FATDMA block size)

FTI：FATDMA 增量(FATDMA increment)

FTST：FATDMA 起始时隙(FATDMA start slot)

GLONASS：全球卫星导航系统(Global navigation satellite system)

GMDSS：全球海上遇险与安全系统(Global maritime distress and safety system)

GMSK：高斯滤波最小移频键控(Gaussian filtered minimum shift keying)

GNSS：全球导航卫星系统(Global navigation satellite system)

GPS：全球定位系统(Global positioning system)

HDLC：高级数据链路控制(High level data link control)

HS：有害物质(Harmful substances)

HSC：快艇(high speed craft)

IAI：国际应用标识符(International application identifier)

IALA：国际航标协会(International Association of Marine Aids to Navigation and Lighthouse Authorities)

ICAO：国际民用航空组织(International Civil Aviation Organization)

ID：标识符(Identifier)

IEC：国际电工委员会(International Electrotechnical Commission)

IFM：国际功能消息(International function message)

IL：交织(Interleaving)

IMO：国际海事组织(International Maritime Organization)

ISO：国际标准化组织(International Standardization Organization)

ITDMA：增量时分多址(incremental time division multiple access)

ITINC：ITDMA 时隙增量(ITDMA slot increment)

ITKP:ITDMA 保持标志(ITDMA keep flag)

ITSL:ITDMA 时隙数(ITDMA number of slots)

ITU:国际电信联盟(International Telecommunication Union)

kHz:千赫兹(kilohertz)

LME:链路管理实体(Link management entity)

LSB:最低有效位(Least significant bit)

MAC:介质接入控制(Medium access control)

MAX:最大(Maximum)

MHz:兆赫兹(megahertz)

MID:海上识别数字(Maritime identification digits)

MIN:最小(Minimum)

MMSI:海上移动业务识别(Maritime mobile service identity)

MOD:调制(modulation)

MP:海洋污染物(marine pollutants)

NI:标称增量(nominal increment)

nm:海里(Nautical mile)

NRZI:反向不归零(Non return zero inverted)

NS:标称时隙(Nominal slot)

NSS:标称开始时隙(Nominal start slot)

NTS:标称传输时隙(Nominal transmission slot)

NTT:标称传输时间(Nominal transmission time)

OSI:开放系统互连(Open system interconnection)

PI:显示接口(Presentation Interface)

RAI:区域应用标识符(Regional application identifier)

RAIM:接收机自主完整性监测(Receiver autonomous integrity monitoring)

RATDMA:随机接入时分多址(Random access time-division multiple access)

RF:射频(Radio frequency)

RFM:区域功能消息(Regional function message)

RFR:区域频率(Regional frequencies)

RI:报告间隔(Reporting interval,Reporting intervals)

ROT:转向速率(Rate of turn)

RR:无线电规则(Radio Regulations)

Rr:报告间隔(每分钟的位置报告次数)(reporting rate)

RTA:RATDMA 尝试(RATDMA attempts)

RTCSC:RATDMA 候选时隙计数器(RATDMA candidate slot counter)

RTES:RATDMA 末端时隙(RATDMA end slot)

RTP1:用于传输的 RATDMA 计算概率(RATDMA calculated probability for transmission)

RTP2: 用于传输的 RATDMA 当前概率(RATDMA current probability for transmission)

RTPI:RATDMA 概率增量(RATDMA probability increment)

RTPRI:RATDMA 优先级(RATDMA priority)

RTPS:RATDMA 起始概率(RATDMA start probability)

Rx:接收机(Receiver)

RXBT:接收 BT 乘积(Receive BT-product)

SAR:搜救(Search and rescue)

SI:选择间隔(Selection interval)

SO:自组织(Self organized)

SOG:对地速度(Speed over ground)

SOTDMA:自组织时分多址(Self organized time division multiple access)

TDMA:时分多址(Time division multiple access)

TMO:超时(Time-out)

TS:同步序列(Training sequence)

TST:发射机还原时间(transmitter settling time)

Tx:发射机(Transmitter)

TXBT:发射 BT 乘积(Transmit BT-product)

TXP:发射机输出功率(Transmitter output power)

UTC:协调世界时(Coordinated universal time)

VDL:VHF 数据链路(VHF data link)

VHF:甚高频(Very high frequency)

VTS:船舶交通管理(Vessel traffic services)

WGS:世界测地系统(World geodetic system)

WIG:地效翼(Wing in ground)

4 操作特性

4.1 概要

4.1.1 系统应自动地以自组织的方式向其他船舶广播船舶的动态信息和其他信息。

4.1.2 系统装置应能够接收和处理特定的询问呼叫。

4.1.3 系统应能够根据要求发射附加的安全信息。

4.1.4 系统装置应能够在航行或锚泊时连续地运行。

4.1.5 系统应采用 TDMA 技术作为同步手段。

4.1.6 系统应能以自主、分配和轮询三种模式工作。

4.2 AIS 设备

4.2.1 AIS VDL 非主控台

4.2.1.1 AIS 船载台

A 类船载台采用 SOTDMA 技术,应符合相关的 IMO AIS 装载要求。

B 类船载台提供的功能不必完全符合 IMO AIS 装载要求。B 类 SO 采用 SOTDMA 技术,B 类 CS 采用 CSTDMA 技术。

4.2.1.2 AIS 航标台

安装在助航设备上的 AIS 台站,应能发射助航设备的位置和状态信息。

4.2.1.3 AIS受限基站

AIS受限基站不具备VHF数据链路(VDL)控制功能。

4.2.1.4 AIS SAR机载台

AIS SAR机载台应发射位置报告消息9和静态数据。静态数据采用消息5、消息24A和消息24B。

4.2.1.5 转发台

转发台是一种AIS基站,用于扩展AIS环境,可以采用双工或单工工作模式。

4.2.1.6 AIS搜救发射机(AIS-SART台)

AIS SART台应采用脉冲发射消息1和消息14,见第12章。

消息1和消息14应采用用户ID 970xxyyyy(其中xx:制造商ID 01～99;yyyy:序号0000～9999)以及航行状态14。

消息14应包括下列内容:

——在激活状态下:SART ACTIVE;

——在测试状态下:SART TEST。

4.2.2 AIS VDL主控台

AIS VDL主控台,即AIS基站,是AIS服务于固定AIS台站层最基本的结构单元。

4.3 识别

船舶的识别应使用适当的MMSI,见ITU RR条款19及ITU-R.585建议案。ITU-R M.1080建议案对第十位数字(最低有效数字)的定义应不适用。如果MMSI被编程写入,AIS装备应只发射MMSI进行识别。

4.4 信息内容

4.4.1 概述

AIS台站应根据需要提供静态、动态以及与航行相关的数据。

4.4.2 与安全相关短消息

A类船载台应能接收和发射包含重要航行警告和重要气象警告的与安全相关的短消息。

B类船载台应能接收与安全相关的短消息。

4.4.3 自主模式信息更新间隔

不同类型信息在不同的时间周期内有效,因此需要不同的信息更新间隔:

——静态信息:每6 min,或当数据被修改后按要求;

——动态信息:根据表1和表2,取决于速度和航向的变化;

——与航行相关的信息:每6 min,或当数据被修改后按要求;

——与安全相关的信息:按需要。

表 1 A 类船载台报告间隔

船舶的运动状态	标称报告间隔
锚泊或靠泊且移动速度不超过 3 kn 的船舶	3 min[a]
锚泊或靠泊且移动速度超过 3 kn 的船舶	10 s[a]
0 kn～14 kn 的船舶	10 s[a]
0 kn～14 kn 且改变航向的船舶	3⅓ s[a]
14 kn～23 kn 的船舶	6 s[a]
14 kn～23 kn 且改变航向的船舶	2 s
超过 23 kn 的船舶	2 s
超过 23 kn 且改变航向的船舶	2 s
如果自主模式要求的报告间隔比分配模式短，那么 A 类船载 AIS 移动台站应采用自主模式。	
[a] 当移动台作为信号台时(见 5.5.1.2.5)，报告间隔应降至每 2 s，见 5.5.1.4.3.3。	

表 2 非 A 类船载台报告间隔

平台状态	标称报告间隔
移动速度不大于 2 kn 的 B 类“SO”船载台	3 min[a]
移动速度 2 kn～14 kn 的 B 类“SO”船载台	30 s[a]
移动速度 14 kn～23 kn 的 B 类“SO”船载台	15 s[a,c]
移动速度大于 23 kn 的 B 类“SO”船载台	5 s[a,c]
移动速度不大于 2 kn 的 B 类“CS”船载台	3 min
移动速度大于 2 kn 的 B 类“CS”船载台	30 s
搜救飞机(机载台)[b]	10 s
助航设备	3 min
AIS 基站[d]	10 s
[a] 当一个移动台站作为信号台时(见 5.5.1.2.5)，报告间隔应降至 2 s，见 5.5.1.4.3.3。 [b] 当基站监测到一个或多个台站与其同步后，其报告间隔应降至 3⅓ s，见 5.5.1.4.3.2。 [c] B 类 CS 的标称报告间隔为 30 s。 [d] 在展开搜救行动的地区，其报告间隔可降至 2 s 或更短。	

4.5 频段

根据 ITU RR 附录 18 和 ITU-R M.1084 建议案附录 4 的规定，应设计 AIS 台站应工作于 VHF 水上移动频段，采用 25 kHz 带宽。

某些类型设备的最低要求可以是 VHF 水上频段的子集。

ITU RR 附录 18 为 AIS 使用分配了两个国际信道。

系统应能在两个并行的 VHF 信道上工作。当指定 AIS 信道无法使用时，系统应能够采用符合本标准规定的信道管理方式选择可替代的信道。

5 技术特性

5.1 AIS 结构

AIS 系统覆盖了开放系统互连(OSI)模型的第一层至第四层(物理层、链路层、网络层和传输层)。图 1 给出了 AIS 系统的层次模型(物理层至传输层)以及业务应用中的各层次(会话层至应用层)。

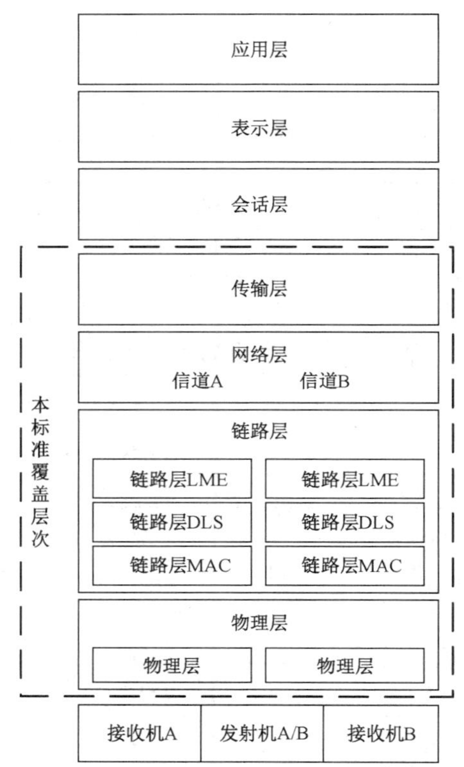

图 1 AIS 系统的层次模型

5.2 AIS 各层功能概述

5.2.1 传输层

传输层将数据转换成适当大小的传输包,并对数据包排序。

5.2.2 网络层

网络层管理消息优先级的分配、信道间传输包的分配以及解决数据链路的阻塞。

5.2.3 链路层

5.2.3.1 链路管理实体(LME)

组装 AIS 消息比特,见第 11 章。

为组装传输包而将 AIS 消息比特排序封装成 8 比特字节，见 5.5.3.7。

5.2.3.2 数据链路服务(DLS)

计算 AIS 消息比特的 FCS，见 5.5.2.2.7。

将 FCS 附加到 AIS 消息上，以便生成完整传输包的内容，见 5.5.2.2.3。

对传输包内容采用比特填充程序，见 5.5.2.2.2。

完成传输包的组装，见 5.5.2.2.3。

5.2.3.3 介质接入控制(MAC)

提供一种允许数据接入 VDL 的方法。所用方法是采用共同时间基准的 TDMA 方案。

5.2.4 物理层

用 NRZI 编码装配传输包，见 5.6.3.1.1 或 5.6.6。

将数字 NRZI 编码的传输包转换成 GMSK 信号，用于调制发射机，见 5.6.3.1.1。

5.3 传输层

5.3.1 概述

传输层负责：

——将数据转换成适当大小的发射分组；

——数据分组的排序；

——与更高层的接口协议。

传输层与更高层间的接口应由 PI 承担。

5.3.2 发射分组的定义

发射分组是最终能与外部系统互通的信息的内部表示。发射分组的大小应符合数据传输的规则。

5.3.3 将数据转化为发射分组

传输层应将从 PI 接收到的数据转化成发射分组。若数据长度需要用占用五个以上时隙(见表 3)进行发射，或对于 AIS 移动台，若帧内消息 6、消息 8、消息 12 和消息 14 的 RATDMA 发射总数超过 20 个时隙，则 AIS 应拒绝发射，并以否定的确认相应 PI。

表 3 给出了基于所需比特填充的理论最大值。可采用一种机制，在发射之前确定实际所需要的比特填充，见 5.5.2.2.2，取决于由 PI 输入的实际发射内容。如果该机制确定采用少于表 3 中给出的填充，那么通过采用实际需要的比特填充数，可以发射比采用表 3 更多的数据位。

考虑到使用安全相关消息及二进制消息，应将可变长度的消息设在字节边界上。为确保在最恶劣条件下能为可变长度的消息提供符合数据格式要求(见 5.5.2.2.3)的比特填充，应以表 3 的参数作为指南。

表 3　消息比特填充

时隙数	最大数据位	填充位数	总缓冲位
1	136	36	56
2	360	68	88
3	584	100	120
4	808	132	152
5	1 032	164	184

5.3.4　发射分组

5.3.4.1　寻址消息 6 和消息 12

寻址消息应具有目的用户 ID。信源台站应等待确认消息(消息 7 或消息 13)。若未收到确认消息，则信源台站应尝试重发。重发消息之前应等待 4 s。重新发射时，应设置重发标志。重发次数默认设置为三次，可通过 PI 的外部应用在零到三次之间选择设置。当外部应用设置了不同值时，在 8 min 之后重发次数将恢复默认值 3。数据发射的总体结果应转发到更高层。确认消息应在两个台站的传输层之间进行。

PI 上的每个数据传输分组应具有唯一的分组标识符，由消息类型(二进制消息或安全相关消息)、信源 ID、目的 ID 和序列编号组成。

序列编号应在输入到台站的合适的 PI 消息中分配。

目的台站应在 PI 上的确认消息中返回相同的序列编号。

信源台站不应再使用序列编号，直到已经确认或发生超时。

确认应排在 PI 上及 VDL 上的数据传输队列的首位。

上述确认只适用于 VDL。针对其他确认的应用应采用其他手段。

见图 2 和第 9 章。

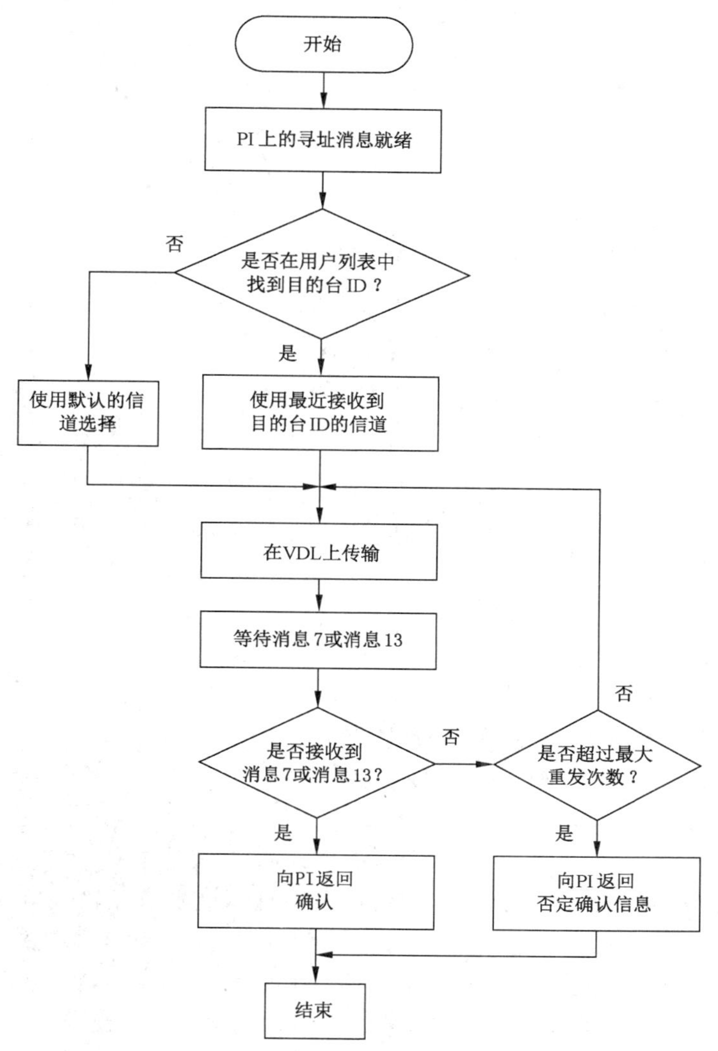

图 2　寻址消息流程图

5.3.4.2　广播消息

广播消息没有目的标识符 ID，接收台不应确认广播消息。

5.3.4.3　转换为 PI 消息

所接收到的发射分组应转化为相应的 PI 消息，且无论消息类别只按接收的次序显示。根据要求，使用 PI 的应用应负责其排序编号方案。对于移动台站，若目的用户 ID(目的 MMSI)与本台站的 ID(本台 MMSI)不同，则不应将寻址消息输出到 PI。

5.3.5　PI 协议

由 AIS 设备发射的数据应通过 PI 输入；由 AIS 设备接收的数据应通过 PI 输出。用于数据流的格式和协议应符合 IEC 61162 的规定。

5.4 网络层

5.4.1 概述

网络层应用于：

——建立并保持信道连接；

——消息的优先权分配管理；

——信道间发射分组的分配；

——数据链路阻塞的解决。

5.4.2 双信道工作及信道管理

5.4.2.1 概述

除由消息22另有规定外，为了满足双信道工作（见5.6.1.4）的要求，应符合5.4.2.2～5.4.2.10的规定。

5.4.2.2 工作频道

除非基于某个区域为AIS目的而指配其他频率，ITU RR附录18中已指配在公海及所有其他区的用于全球范围的两个AIS专用频道，这两个指配频率是：

——AIS1（信道87B，161.975 MHz），（2 087）；

——AIS2（信道88B，162.025 MHz），（2 088）。

AIS应默认工作于这两个频道。

在其他频道上的工作应采用下述的方法实现：由AIS输入装置人工输入指令（人工切换）；由基站发出TDMA指令（通过TDMA遥控指令自动切换）；由基站发出DSC（数字选择性呼叫）指令（通过DSC遥控指令自动切换），或由船载系统发出指令，例如ECDIS或由船载系统指令（ENC）通过IEC 61162指令自动切换。移动台站应保存包括本区域在内的最后八个接收到区域的运行设置。所有存储区域的运行设置应标明时间/日期，并附有收到该区域运行设置所用输入方法的说明（TDMA消息20，DSC指令，人工输入，通过PI输入）。

对于信道管理，在正常工作期间当位置信息丢失，直到通过一个寻址信道管理消息（寻址DSC命令或寻址消息22）或通过手工输入命令更改之前，应维持使用当前频道。

5.4.2.3 双信道工作的常规默认模式

当AIS同时在并行的两个频道上接收时，工作的常规默认模式应为双信道工作模式。为完成这一功能，AIS转发器应包含两台TDMA接收机。

在并行的两个信道上的信道介入是各自独立进行的。

对于包括初始链路接入的周期性重复消息，应在AIS1和AIS2之间交替发射。交替发射以一次发射接一次发射为基础，与时间帧无关。

本台站时隙分配声明之后的本台站发射、轮询回复、请求回复以及本台站确认，应在与接收初始消息的相同频道上进行。

对于寻址消息，应利用最近一次从寻址台接收到消息的那个频道进行发射。

对于不同于上述消息的其他非周期性重复消息，不考虑其类型，其发射应在AIS1和AIS2之间交替进行。

基站由于下述原因能在AIS1和AIS2之间交替发射：

——增加链路容量；

——平衡 AIS1 和 AIS2 的信道负载；

——减轻射频(RF)干扰的不良影响。

当基站被纳入信道管理方案中时，应在最近一次从寻址台接收到消息的频道上发射寻址消息。

5.4.2.4 区域工作频率

区域工作频率应由 ITU-R M.1084 建议案附录 4 中所规定的四位频道号码来指配。按照 ITU RR 附录 18 的规定，允许区域选择使用 25 kHz 带宽的单工信道、双工信道。

5.4.2.5 区域工作范围

区域工作范围应由一个有着两个参考点(WGS-84)的墨卡托(Mercator)投影矩形来确定。第一个参照点应是矩形东北角(分辨率为0.1分)的地理坐标地址，第二个参照点应是矩形西南角(分辨率为 0.1 分)的地理坐标地址。

信道号码指配所使用的频道(25 kHz 带宽的单工、双工频道)。

涉及区域边界的台站，应立即按指令设置其工作频道号，发射机/接收机模式及功率水平。不涉及区域边界的台站，按如下规定进行默认设置：

——功率设置：见 5.6.12；

——工作频道号码：见 5.4.2.2；

——发射机/接收机模式：见 5.4.2.3；

——过渡区域范围：见 5.4.2.6。

若采用区域工作范围，则应定义为至少在一个基站的信道管理命令(TDMA 或 DSC)发射覆盖范围之内。

5.4.2.6 靠近区域边界的切换模式工作

5.4.2.6.1 概述

当 AIS 装置位于区域边界 5 nm 范围内，或区域边界的切换区范围(见表 74)内，应自动转换到双信道切换工作模式。在该模式下，AIS 装置应在为其所占区域指定的主用 AIS 频率上发射和接收，同时还应在紧邻区域的主用 AIS 频率上发射和接收。但只需要一个发射机工作。此外，针对 5.4.2.3 规定的双信道工作，在切换工作模式下，报告间隔应加倍并在两个信道间共享(交替发射模式)，除非报告间隔已由消息 16 分配。当 AIS 进入切换模式时，应再将其中的一个接收机切换至新的频道的同时，继续利用当前信道发射完整的一帧(1 min)。应采用 TDMA 接入规则，清空当前信道的时隙并接入新的信道的时隙。仅在信道改变时需要使用这种切换行为。

区域边界的设定应由主管机关来完成，其设定的标准是使双信道的切换模式完成尽可能简单和安全。例如，应注意避免在任一个区域边界交汇处有多于三个相邻的区域。公海区域应采用默认工作设置的区域。当邻近区域工作范围内存在三个不同的区域工作设置，其中两辆相距不超过 8 nm 时，移动 AIS 台应忽略任何信道管理命令。

区域应尽可能大。出于实际考虑，为了提供区域间的安全切换，区域的任一边界侧不应小于 20 nm 和大于 200 nm。图 3 和图 4 给出了不可接受与可接受的区域边界定义的示例。

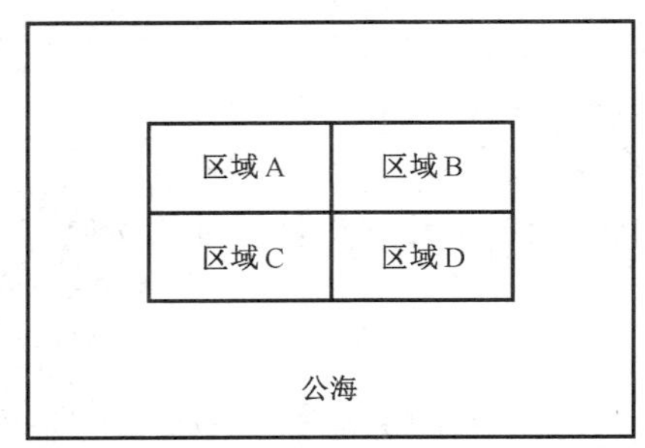

图3　不可接受的区域边界定义示例

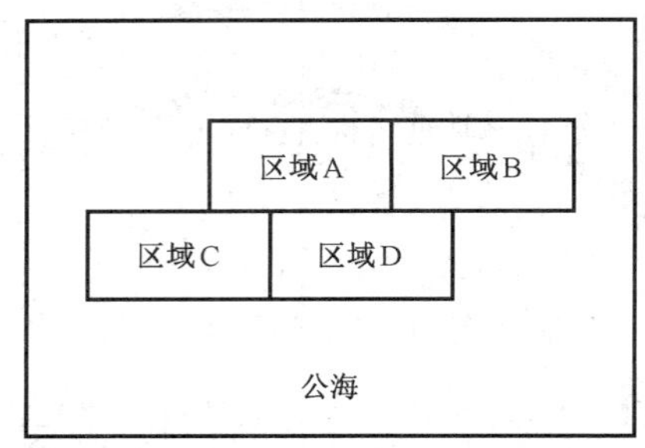

图4　可接受的区域边界定义示例

5.4.2.6.2　改变信道带宽

主管机关不应给使用相同频率的相邻区域分配不同的带宽，为此需要额外的缓冲区域。若不用缓冲区域，则会对收到的消息产生不稳定状况。

5.4.2.7　人工输入信道管理

人工输入信道管理应包括地理区域以及指配给该区域使用的AIS信道(见消息22)。按照5.4.2.9给出的规则，人工输入优先权应低于TDMA命令、DSC命令或船载系统命令，即通过PI。

当用户需要人工输入区域工作设置时，当前使用的区域工作设置应显示给用户，该设置可能是默认的。然后，应允许用户边界全部或部分设置。移动台应确保总有一个区域性工作范围已经输入并符合区域工作范围的规则(见5.4.2.6)。完成一组可接受的区域工作设置输入之后，AIS应要求用户再次确认设置的数据已被存储并可立即使用。

5.4.2.8　加电后恢复工作

除非移动台位于一个保存区域内，在移动台加电后，应采用默认设置恢复工作。

若移动台处于某一现成区域，则应采用所确定区域已存储的设置工作。

5.4.2.9　信道管理命令优先级和区域工作存储设置删除

接收到的最新的和可用的指令应按照下述规则优先于以前的信道管理命令。

AIS移动台应不断检查：

——已存储区域工作设置的区域工作范围的边界，是否与本台站当前位置的最近距离超出804 500 m(500 mile)以上；

——或者，已存储区域工作设置是否已超过了五周时间。

符合上述条件的任何已存储区域工作设置应从存储器中删除。

区域工作设置应作为一个整体处理，即请求改变区域工作设置的任何参数均应视为新的区域工作设置。

根据5.4.2.6的规定，AIS移动台不应接受，即忽略包含区域工作范围的任何区域工作设置。

如果新的区域运行设置的区域运行区，部分或全部覆盖或匹配任何已存储区域运行设置，该设置在最近2 h内由基站通过消息22或DSC遥控指令接收，则AIS移动台不应接受由船载系统命令，即通过PI输入的新的区域运行设置。

如果AIS移动台位于一个已存储区域运行设置所定义的区域内，仅应接受发给本台站的消息22或DSC遥控指令。在这种情况下，区域运行设置组应由接收的参数与使用的区域运行区组合构成。

如果新的、可接受的区域运行设置的区域运行区，部分或全部覆盖或匹配一个或多个原有区域运行设置的区域运行区，则原有区域运行设置应从存储器中删除。新的、可接受的区域运行设置的区域运行区可以是紧邻的，这样有可能与原有区域运行设置拥有共同的边界，此时不应删除原有区域运行设置。

AIS移动台随后应在区域运行设置的八个存储器中的一个空闲存储位置存储新的可接受区域运行设置。若没有空闲存储位置，最早的区域运行设置应由新的可接受区域运行设置替代。

不应采用此处未规定的方式删除任何一个或全部已存储区域运行设置。特别是，通过人工输入或通过PI方式，而不输入新的区域运行设置，应不可能删除任何一个或全部已存储的区域运行设置。

5.4.2.10 AIS工作频道改变条件

当主管机关需要改变某区域内的两个AIS工作频道时，在第一个AIS信道改变之后及第二个AIS信道改变之前，应有至少9 min的时间间隔。

5.4.3 发射分组的分发

5.4.3.1 用户目录

用户目录建立在AIS内部，用于协助时隙选择和同步，还用于为寻址消息选择适当的发射信道。

5.4.3.2 发射分组的路由选择

针对分组路由，要完成以下任务：

——位置报告应分配到PI；

——台站本身位置应报告给PI，并在VDL上发射；

——如果需要进行消息排队，应给消息分配优先权；

——将接收到的GNSS修正消息输出到PI。

5.4.3.3 消息的优先权分配管理

有四个消息的优先级，分别是：

a) 优先级1(最高优先权)：关键链路管理消息，包括确保链路运行有效性的位置报告消息；

b) 优先级2(最高服务优先权)：安全相关的消息，应以最小的延迟发射；

c) 优先级3：分配消息、轮询消息以及对轮询消息的响应；

d) 优先级4(最低优先权)：所有其他消息。

详见表45。

消息按其优先级的先后进行发射。该原则既适用于接收到的消息，也适用于需要发射的消息。相同优先级的消息按照FIFO的顺序进行处理。

5.4.4 改变报告间隔

5.4.4.1 概述

参数 Rr 定义见表 12，且与表 1 和表 2 中所定义的报告间隔直接对应。Rr 应由网络层决定，即可采用自主模式，也可采用消息 16(见 5.5.3.6)或消息 23(见 11.3.22)的分配结果。Rr 的默认值应为表 1 和表 2 所声明的值。移动台站在首次连接 VDL 时，应采用默认值，见 5.5.3.5.3。当移动台采用的 Rr 低于每帧一次时，应采用 ITDMA 分配方式，否则应采用 SOTDMA。

5.4.4.2 自动改变 Rr(自主模式)

5.4.4.2.1 改变航速

适用于 A 类和 B 类 SO 船载台。

Rr 应受航速改变的影响，航速应由 SOG 决定。当航速的提高导致 Rr 高于当前采用的 Rr 时(见表 1 和表 2)，则台站应采用 5.5.3.5 的算法来提高 Rr。当台站保持的航速导致 Rr 低于当前采用的 Rr 时，台站应在该状态持续 3 min 之后减小 Rr。

若正常运行时航速信息丢失，则报告计划应恢复为默认的报告间隔，直到由分配模式命令给出了新的发射计划。

5.4.4.2.2 改变航向

仅适用于 A 类船载台。

当船舶改变航向时，应根据表 1 的要求提高 Rr。Rr 应受到航向改变的影响。

航向的改变应通过计算最近 30 s 内船艏向信息的平均值，并与当前船艏向信息进行比较来确定。在船艏向信息不能获得的情况下，Rr 不应受影响。

当差值超过 5°时，应根据表 1 采用更高的 Rr。应通过采用 ITDMA 对 SOTDMA 发射计划的补充以达到要求的 Rr。当超过 5°时，无论使用计划的 SOTDMA 时隙还是 RATDMA 接入时隙，见 5.5.3.5.5，应从后续 150 个时隙内(见 5.5.3.6.3.2)的广播开始缩短报告间隔。

提高的 Rr 应保持持续，直到船艏向平均值与当前船艏向之间的差值小于 5°超过 20 s。

如果正常运行时船艏向信息丢失，报告计划应恢复为默认的报告间隔，直到由分配模式命令发送新的发射计划。

在分配模式下，当航向改变要求的报告间隔比所分配的更短时，台站应：

——继续分配模式(发射消息 2)；

——保持分配模式计划(分配的时隙或间隔)；

——在基本消息 2 之间增加两个消息 3，如同自主模式。

5.4.4.2.3 航行状态

仅适用于 A 类船载台。

当由 SOG 确定的航速低于 3 kn 时，Rr 应受航行状态的影响，见消息 1、消息 2、消息 3。当航行状态消息显示船舶处于锚泊、靠泊、失控或搁浅状态且航速不超过 3 kn 时，应采用消息 3，且 Rr 应为 3 min 一次。航行状态应由用户通过适当的用户接口进行设置。消息 3 发射应在消息 5 之后间隔 3 min发射。Rr 应保持到航行状态发生变化或 SOG 增至大于 3 kn。

5.4.4.3 分配 Rr

主管机关可以通过从基站或转发台发射分配消息 16 来为任何一个移动台站分配 Rr。除 A 类船载 AIS 移动台外，在所有改变 Rr 的理由当中，分配 Rr 应最具优先权。若自主模式要求高于消息 16 指定的 Rr，A 类船载 AIS 移动台应采用自主模式。

5.4.5 数据链路阻塞解决方案

5.4.5.1 概述

当数据链路的负荷达到了威胁安全消息发射的程度时，应采取 5.4.5.2 或 5.4.5.3 的方法解决阻塞问题。

5.4.5.2 本台站对时隙的主动复用

仅当本台站位置可获得时，应仅根据本条的规定进行时隙复用。

在选择新的发射时隙时，台站应从合理的 SI 中候选时隙集中选取，见 5.5.3.1.3。当候选时隙集包含不足四个时隙时，台站应主动复用被其他船载台站使用的时隙，以使得候选时隙集达到四个时隙。不能主动复用不可获得位置信息的台站的时隙，这可能导致候选时隙集少于四个时隙。主动复用的时隙应从选择间隔中距离最远的台站中选取。除非基站距本台站 120 nm 以上，否则基站分配或使用的时隙不应复用。当一个远端台站已实施了主动时隙复用，则该台站在其后一帧的时间内，不应再实施主动时隙复用。

时隙复用为随机选择提供候选时隙。该过程试图将候选时隙集时隙数量增加到最大值四。在候选时隙集时隙数量达到四时，候选时隙选择过程即完成。若应用所有规则后还未标识出四个时隙，该过程可报告时隙少于四个。复用的候选时隙应按照下述优先级从规则 1 开始进行选择（也可参见时隙选择规则流程图，见图 5）。

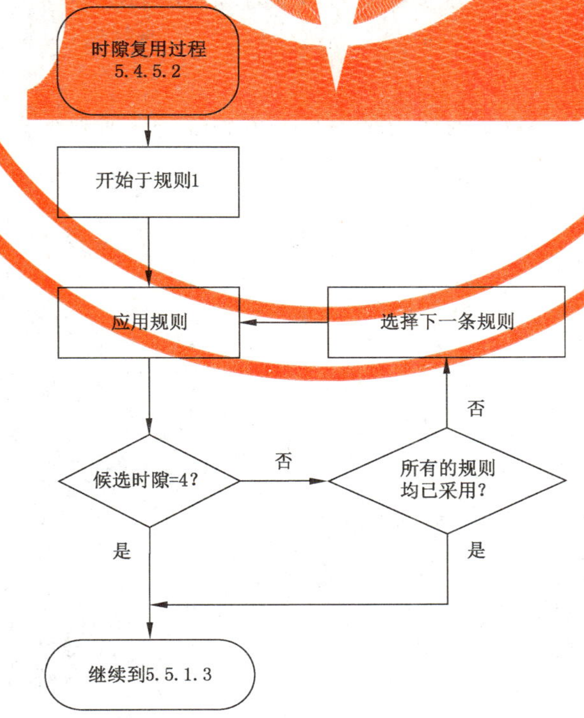

图 5 时隙选择规则流程图

将符合下述规则的所有时隙加入到自由时隙集中(如果有的话)：

——规则 1:在选择信道上空闲,且在另一信道上可用[1),见 5.5.1.7;

——规则 2:在选择信道上可用[1),且在另一信道上空闲;

——规则 3:在两个信道上均可用[1);

——规则 4:在选择信道上空闲,且在另一信道上不可用[2);

——规则 5:在选择信道上可用[1),且在另一信道上不可用[2)。

图 6 给出了应用这些规则的一个示例。

选择间隔(SI)

		1	2	3	4	5	6	7	8	9	10	11	12	
信道A		F	F	F	F	T	T	D	F	X	X	X	B	
信道B		F	T	D	E	F	T	F	B	F	I	F	F	

图 6 时隙复用示例图

计划在信道 A 的 SI 中有意复用一个时隙。在两个信道 A 和信道 B 上的 SI 内各时隙的使用状态如下：

——F:自由时隙;

——I:内部分配(由本台站分配,未被使用);

——E:外部分配(由本台站附近的另一个分配);

——B:由距本台站 120 nm 以内的某基站分配;

——T:由超过 3 min 或更长时间未接收到其信号的另一台站使用;

——D:由距本台站最远的台站分配;

——X:应不采用。

对复用的时隙的选择应按照以下的优先次序进行(以图 5 中的时隙组合号码表示)：

——1 号(最高选择优先权);

——2 号;

——5 号;

——6 号;

——3 号;

——4 号;

——7 号;

——8 号(最低选择优先权)。

不应选用组合 9、10、11 和 12,原因是：

——9 号：相邻时隙原则;

——10 号:相反信道原则;

——11 号:相邻时隙原则;

——12 号:基站原则。

---

1) 可用:移动台(SOTDMA 或 ITDMA),或 120 nm 之外的基站(FTDMA 或消息 4)预留的时隙。

2) 不可用:120 nm 之内的基站(FTDMA 或消息 4)预留的时隙,或没有位置信息的移动台报告。

5.4.5.3 采用分配模式解决阻塞

基站可为除A类船载AIS移动台之外的所有移动台分配Rr,以解决阻塞问题并能以此保护VDL的活力。为了解决A类船载AIS移动台的阻塞问题,基站可使用时隙分配,将A类船载AIS移动台使用的时隙改为FATDMA预留的时隙。

5.4.6 基站的运行

基站要完成的工作任务包括:

——为没有直接同步的台站提供同步;默认报告间隔的基站报告(消息4);

——提供发射时隙的分配,见5.5.3.6.3和5.4.5.3;

——为移动台提供Rr的分配,见5.5.3.6.2和5.4.4.3;

——发射信道管理消息;

——通过VDL以消息17提供GNSS差分消息(可选)。

5.4.7 转发台运行

5.4.7.1 概述

当需要提供扩展的覆盖区域时,应考虑转发器的功能。扩展的AIS环境可包括一个或多个转发器。

主管机关应采用相关的工程标准及要求,对需要覆盖的区域及用户交通负荷情况作出全面分析。

转发器可采用以下工作模式:

——双工转发器模式;

——单工转发器模式。

5.4.7.2 转发指示符

5.4.7.2.1 移动台转发指示符的使用

当船载设备发射消息时,应始终将转发指示符调整为默认值:0。

5.4.7.2.2 基站和转发台转发指示符的使用

当发射消息是某个台站已发射消息的副本,应递增转发指示符。

当基站是代表另一个实体(主管机关、航标,或一个虚拟航标)发射消息,使用的MMSI不是本基站的MMSI时,发射消息的转发指示符应置为非零值(视情况而定),以表明消息是重发的。该消息可传输给基站,以便利用VDL、网络连接、台站配置或其他方法进行重发。

5.4.7.2.3 转发次数

转发次数应为转发台可配置的变量,由主管机关实施。

转发次数应设为1或2,表明需转发的次数。

交互覆盖范围内的所有转发器应设置相同的转发次数,以保证将“二进制确认”消息7和“与安全相关的确认”消息13投递至始发台站。

转发台每处理一次接收到的消息,“转发指示符”的值都应在消息转发之前递增1。当经过处理的“转发指示符”等于3时,则相关的消息不应再转发。

5.4.7.3 双工转发器模式

双工转发器模式是一种实时应用，在一对频率上使用相同时隙进行转发。

接收到的消息在转发前无需另行处理。

在双工转发器模式下，转发指示符不起作用。

所需的由一对频率组成的双工信道，按照ITU-R M.1084建议案的规定。

5.4.7.4 单工转发器模式

5.4.7.4.1 概述

单工转发器模式是专门配置的，为了实现转发功能的一种基站工作模式。

单工转发器模式是一种非实时应用，需要时隙的额外应用(存储和转发)。

在接收到需转发的相关消息后，应尽快转发。

转发应在接收原消息的同一个信道上进行。

5.4.7.4.2 接收的消息

接收到的消息在转发之前应进行如下处理：

——选择转发消息所需要的额外时隙；

——依据最初(接收到的消息)的时隙使用，采用相同的接入方式；

——相应接收到的消息的通信状态应加以改变，并受转发台进行转发所选定时隙所要求的参数影响。

5.4.7.4.3 附加处理功能

过滤功能应由转发台进行设置，由主管机关实施。

转发信息的过滤应考虑以下参数：

——消息类型；

——覆盖区域；

——要求的消息报告间隔(有可能增加报告间隔)。

5.4.7.4.4 同步及时隙选择

需要时应进行主动时隙复用，见5.4.5.2。为有助于时隙选择，转发台应考虑所接收信号强度的测量。当距转发台距离大致相等的位置上有两个或更多台站，在同一个时隙发射时，接收信号强度指示器(RSSI)会给出指示。接收信号强度较强表示发射台距转发台距离较近，接收信号强度较弱表示发射台距转发台距离较远。

可采用VDL的阻塞解决方案，见5.4.5.3。

5.4.8 与分组排序和分组组合有关的错误处理

应能基于序列编号对寻址到另一台站(参见"寻址二进制信息和寻址安全信息")的发射分组进行组合。发射台应分配一个序列号给寻址的数据分组。接收到的数据分组的序列编号应同分组本身一起转发到传输层。当检测到与分组排序及分组组合有关的错误时(见5.5.2.3)，应按照5.3.4.1的要求由传输层来处理。

5.5 链路层

5.5.1 子层 1:介质接入控制

5.5.1.1 概述

介质接入控制(MAC)子层提供授权接入数据传输介质的方法,即 VDL。该方法是使用共同时间基准的 TDMA 方案。

5.5.1.2 TDMA 同步

5.5.1.2.1 概述

TDMA 同步通过基于同步状态的一个算法来实现。在 SOTDMA 通信状态(见 5.5.3.7.3.2)和 ITDMA 通信状态(见 5.5.3.7.4.3)中的同步状态标记,用以指示一个电台的同步状态,见图 3 和图 4。

TDMA 接收过程不应与时隙边界同步。

TDMA 同步参数见表 4。

表 4 TDMA 同步参数

符号	参数名称/描述	标称
MAC.SyncBaseRate	同步支持增加更新率(基站)	每 $3\frac{1}{3}$ s 一次
MAC.SyncMobileRate	同步支持增加更新率(移动台)	每 2 s 一次

5.5.1.2.2 UTC 直接同步

一个台站,能按照要求的精度直接接入 UTC 计时,应通过设置其同步状态为“UTC 直接”来指示同步状态。

5.5.1.2.3 UTC 间接同步

一个台站,不能直接获取 UTC 同步,但能接收到其他采用 UTC 直接同步的台站,应与这些台站同步,然后应改变其同步状态为“UTC 间接”。UTC 间接同步只允许一级。

5.5.1.2.4 与基站同步(直接或间接)

不能获得 UTC 直接同步或 UTC 间接同步,但能接收基站发射的移动台,应与指示接收的台站数量最多的基站同步,并规定在最后的 40 s 内收到来自该基站的两个报告。一旦建立了基站同步,如果在最后的 40 s 内收到来自选定基站的报告少于两个,应停止这种同步。当 SOTDMA 通信状态的时隙超时参数取值为 3、5 或 7 中之一时,SOTDMA 通信状态子消息中应包含接收台站数。然后,与某一基站同步的移动台应将其同步状态变更为“基站”以反映这种情况。如果基站或采用 UTC 直接同步的台站不可用,同步状态=3 的台站(见 5.5.1.4.4.4)应与同步状态=2 的台站(见 5.5.1.4.4.4)同步。与基站的间接同步只允许一级。

当一个台站正在接收几个其他基站,而每个基站指示接收的台站数量相同时,同步应以具有最小 MMSI 的基站为基准。

5.5.1.2.5 接收台的数量

不能获得UTC直接同步或UTC间接同步，也不能接收基站发射的台站，应与最近九帧内指示接收的台站数量最多的台站同步，并规定在最后的40 s内收到来自该台站的两个报告。然后应改变其同步状态为“接收台的数量”(关于SOTDMA通信状态，见5.5.3.7.3.3；关于ITDMA通信状态，见5.5.3.7.4.3)。当一个台站正在接收几个台站，而每个台站指示接收的台站数量相同时，同步应以具有最小MMSI的台站为基准，基准台站便成为进行同步的信号台。

5.5.1.3 时间划分

AIS系统采用帧的概念。一帧等于1 min，并分为2 250个时隙。默认在时隙开始接入数据链路。在UTC可用时，帧的开始和结束与UTC的分钟一致；当无法获取UTC时，应采用5.5.1.4规定的步骤。

5.5.1.4 时隙相比特同步与帧同步

5.5.1.4.1 时隙相比特同步

时隙相位同步的方法是：一个台站使用来自其他台站或基站的信息，完成自身的再同步，从而保持高等级的同步稳定性，保证没有信息边界重叠或信息讹误。

应在接收到结束标记和有效的FCS之后，进行时隙相位同步的判决。在T5(T3状态，图12)状态，台站基于T_S、T3和T5(图12)复位其时隙相位同步计时器(Slot_Phase_Synchronization_Timer)。

5.5.1.4.2 帧同步

帧同步的方法是：一个台站使用另一个台站或基站的当前时隙编号，并将接收的时隙编号作为本台当前时隙号码。当SOTDMA通信状态的时隙超时参数取值为2、4或6中的一个时，SOTDMA的通信状态子消息中应包含接收台站的当前时隙编号。

5.5.1.4.3 发射台的同步

5.5.1.4.3.1 同步时序

图7给出了发射台的同步时序。

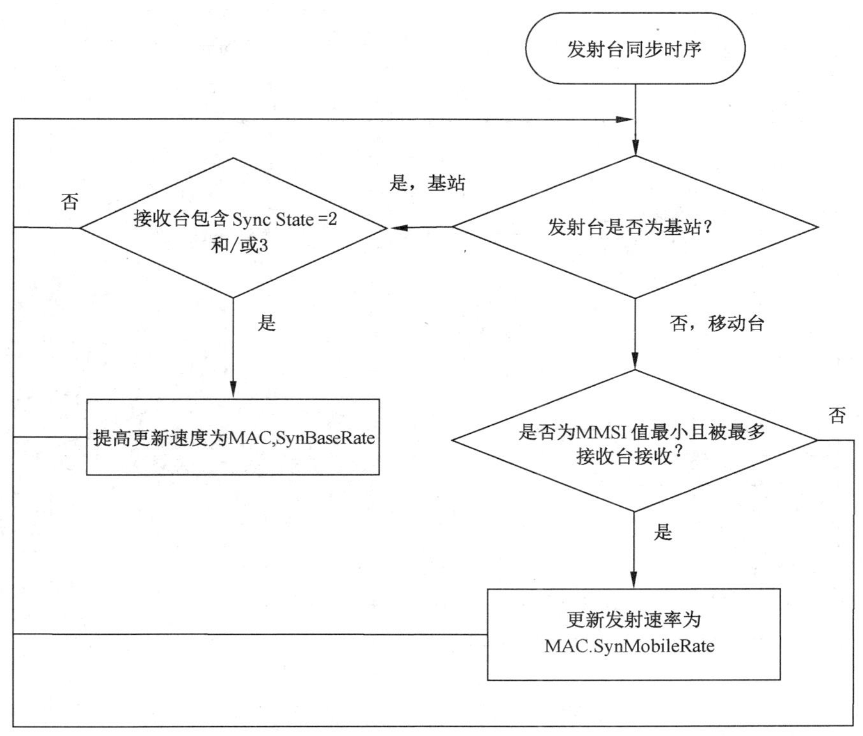

图 7 发射台同步时序图

5.5.1.4.3.2 基站运行

基站一般以 10 s 的最小报告间隔发射基站报告(消息 4)。

在基站成为符合 5.5.1.4.4.4 中表 7 所列条件的信号台时,基站应将消息 4 的报告间隔降至 MAC.SyncBaseRate 并保持,直到最近 3 min 内信号台资格不再有效为止。

5.5.1.4.3.3 移动台作为信号台运行

当一个移动台确认自身成为一个信号台(见 5.5.1.2.5 及 5.5.1.4.4.4)时,应将其报告间隔降至 MAC.SyncMobileRate 并保持,直到最近 3 min 内信号台资格不再有效为止。

5.5.1.4.4 接收台的同步

5.5.1.4.4.1 同步时序

图 8 给出了接收台的同步时序。

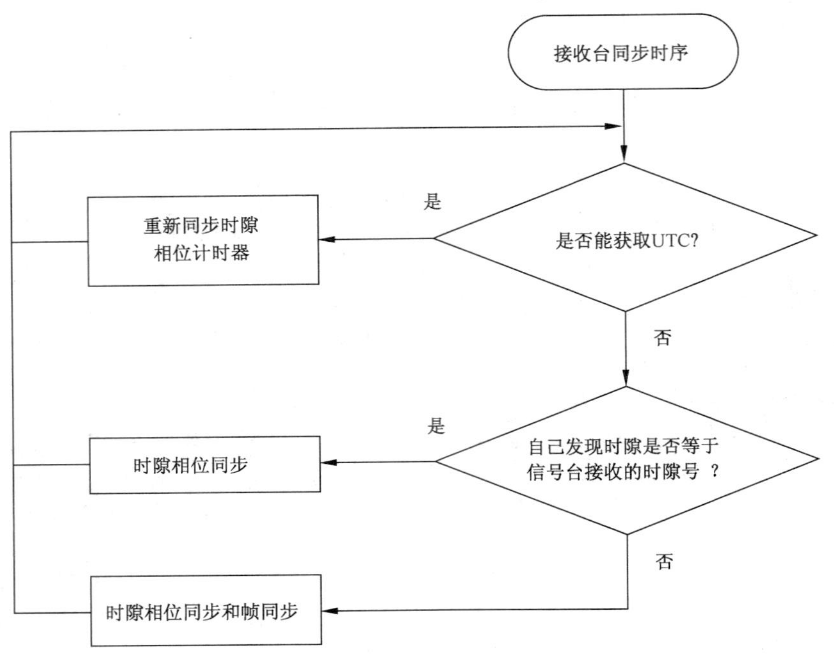

图 8　接收台同步时序图

5.5.1.4.4.2　**UTC 可用**

能直接或间接获取 UTC 的台站，应根据 UTC 信源连续地对其发射进行同步调整，见 5.5.1.2.3。

5.5.1.4.4.3　**UTC 不可用**

当一个台站确认其内部时隙号等于信号站的时隙号时，帧同步已经完成，应当不断地进行时隙相位同步。

5.5.1.4.4.4　**同步源**

主同步源应是统一的 UTC 信源（UTC 直接）。如果 UTC 信源不可用，下列优先顺序列出的扩展同步源应作为时隙相位同步和帧同步时间基准：

a）能获得 UTC 时间的台站；
b）有资格作为信号台的基站；
c）同步于基站的其他台站；
d）有资格作为信号台的移动台站。

表 5 给出了不同同步模式的优先级和通信状态中同步状态字段的内容。

表 5 同步模式

本台站的同步模式	优先级	图示	本台站的同步状态（在通信状态字段中）	是否可以作为其他台站的间接同步源
UTC 直接	1		0	是
UTC 间接	2		1	否
基站直接	3		2	是
基站间接	4		3	否
移动台作为信号台	5		3	否

移动台应仅在表 6 条件下，具备信号台资格。

表 6 移动台作为信号台的条件

本移动台的同步状态		最高的接收同步状态值			
		0	1	2	3
移动台的同步状态值	0	否	否	否	否
	1	否	否	否	是
	2	否	否	否	否
	3	否	否	否	是
同步状态说明如下： 0：UTC 直接，见 5.5.1.2.2； 1：UTC 间接，见 5.5.1.2.3； 2：与基站同步的台站，见 5.5.1.2.4； 3：与具有最多接收台站的另一台站同步或与基站间接同步的台站。					

若超过一个台站具备信号台资格，则接收台站数量最多的台站应作为有效的信号台。若超过一个台站接收的台站数量相同时，应选择具有最小 MMSI 的台站作为有效的信号台。

在表 7 条件下，应只有基站具备信号台的资格。

表 7 基站作为信号台的条件

本基站的同步状态		最高的接收同步状态值			
		0	1	2	3
基站的同步状态值	0	否	否	否	否
	1	否	否	是	是
	2	否	否	是	是
	3	否	否	是	是
同步状态说明如下： 0:UTC 直接，见 5.5.1.2.2； 1:UTC 间接，见 5.5.1.2.3； 2:与基站同步的台站，见 5.5.1.2.4； 3:与具有最多接收台站的另一台站同步或与基站间接同步的台站，见 5.5.1.2.5。					

根据表 7，具备信号台资格的基站应起到信号台的作用。

关于信号台资格，也可见 5.5.1.2.4、5.5.1.2.5 以及 5.5.1.4.3。

5.5.1.5 时隙标识

每个时隙由其索引号(0～2249)标识。应定义时隙零(0)为帧的开始。

5.5.1.6 时隙接入

发射机应在时隙开始时启动 RF 功率开始发射。

发射机应在数据包的最后一个比特发射完毕之后关闭，且应在分配给本机发射的时隙内发生。一次发射默认占用一个时隙长度。时隙接入的情况见图 9。

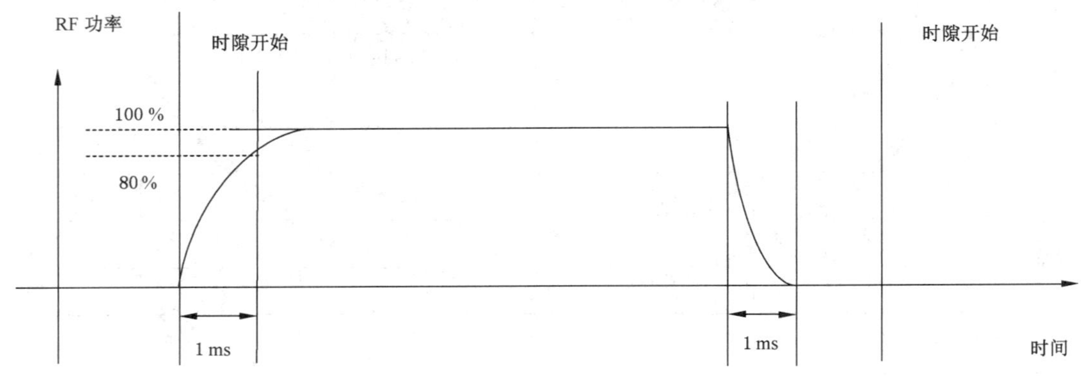

图 9 时隙接入图

5.5.1.7 时隙状态

每个时隙可处于以下状态之一：

——自由状态：表示该时隙在本台站的接收范围内未被占用。外部分配时隙中头三帧未被使用的时隙也是自由时隙。这类时隙可作为本台站的候选时隙，见 5.5.3.1.3；

——内部分配状态：表示该时隙由本台站分配，可用于发射；

——外部分配状态:表示该时隙由另一个台站分配并用于发射;

——可用状态:表示该时隙由某个台站外部分配 ,并可作为候选时隙,见 5.4.5.2;

——不可用状态:表示该时隙由某个台站外部分配,不能作为候选时隙,见 5.4.5.2。

5.5.2 子层 2:数据链路服务

5.5.2.1 数据链路激活和释放

基于 MAC 子层,DLS 负责数据链路的监听、激活和释放。激活和释放应符合 5.5.1.6 的规定。当时隙被标注为自由或外部分配状态时,表明本机设备应处于接收模式,监听其他数据链用户。这也应适用于被标注为可用且没有被本台站用于发射的时隙,见 5.4.5.2。

5.5.2.2 数据传输

5.5.2.2.1 概述

数据传输应采用面向比特的协议。该协议应基于 GB/T 7421 规定的高级数据链路控制规程(HDLC)。除控制字段被省略外,应采用图 10 所示的信息分组(I-Packets)。

5.5.2.2.2 比特填充

数据部分的比特流以及 FCS,见图 6 和 5.5.2.2.6 及 5.5.2.2.7,应进行比特填充。在发射端,如果在输出比特流中出现五个连续的"1"时,应插入一个"0"。该规则适用于除 HDLC 标记之间的所有比特(开始标记与结束标记见图 10)。在接收端,应删除五个连续的"1"之后的第一个"0"。

5.5.2.2.3 分组格式

数据传输采用图 10 所示的数据分组。

同步序列	开始标记	数据	FCS	结束标记	缓冲

图 10 数据分组图

分组应自左向右发送。除同步序列外,这一结构应同普通的 HDLC 结构完全一样。为了与 VHF 接收机同步应采用同步序列,参见 5.5.2.2.4。默认的分组总长度是 256 比特,相当于一个时隙。

5.5.2.2.4 同步序列

同步序列应为交替的"0"和"1"构成的比特组合(010101010……)。在发射开始标记之前,应先发射 24 比特的前置码。由于通信电路采用 NRZI ,比特组合应加以修正(见图 11)。

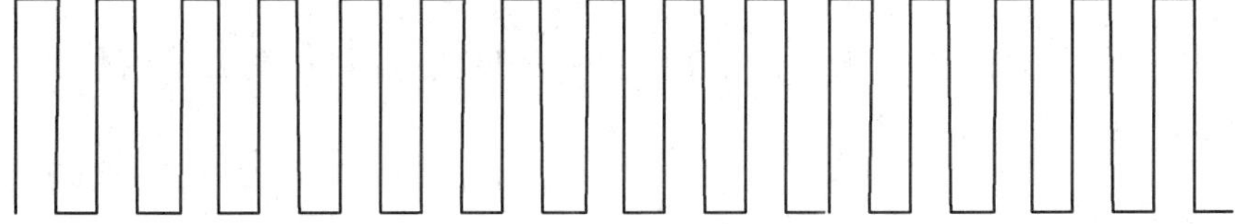

a) 修整前

图 11 NRZI 编码示意图

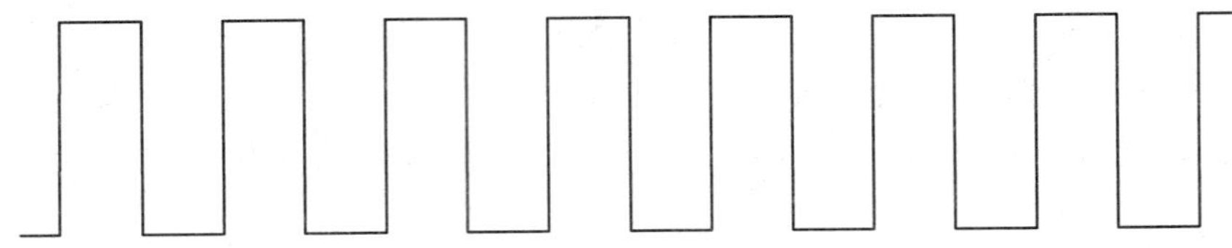

b） 经 NRZI 修整后

图 11（续）

前置码不应进行比特填充。

5.5.2.2.5 开始标记

开始标记应为8比特长，且由标准的HDLC标记组成，用于一个检测传输分组的开始。HDLC标记由一个8比特长的比特组合组成：01111110。该标记尽管包含六个连续的"1"，但不进行比特填充。

5.5.2.2.6 数据

在默认传输分组中的数据部分应为168比特长。在DLS的数据内容未加定义的，5.5.2.2.11规定了超过168比特的数据传输。

5.5.2.2.7 FCS

帧校验序列（FCS）使用循环冗余校验（CRC）16比特多项式计算校验和，定义见GB/T 7421。在CRC计算开始时CRC各比特应预设为"1"。CRC计算中应只包括数据部分（见图11）。

5.5.2.2.8 结束标记

结束标记与开始标记相同，见5.5.2.2.5。

5.5.2.2.9 缓冲码

5.5.2.2.9.1 概述

缓冲码通常为24比特长，应按以下规则使用：

——比特填充：4比特（一般用于除安全相关消息和二进制消息之外的所有消息）；

——距离延迟：12比特；

——转发器延迟：2比特；

——同步抖动：6比特。

5.5.2.2.9.2 比特填充

对固定长度消息的比特填充为4比特。在采用可变长度消息时，可能要求附加的比特填充。需要附加比特填充的情况，见5.3.3和表22。

5.5.2.2.9.3 距离延迟

为距离延迟保留的缓冲值为12比特，相当于202.16 nm。这个距离延迟能为超过100 nm的传播范围提供保护。

5.5.2.2.9.4 转发器延迟

转发器延迟规定了双工转发器的切换时间。

5.5.2.2.9.5 同步抖动

同步抖动为保持 TDMA 数据链的完整性，允许在每一时隙中有一次抖动，相当于±3 比特的抖动量。发射定时误差应在同步源的±104 μs 内。由于定时误差是累计的，累计定时误差可达到±312 μs。

5.5.2.2.9.6 默认传输分组小结

默认传输分组的概括说明见表 8。

表 8 数据分组

字段名称	比特数	备注
斜坡上升	8	图 12 中的 $T_0 \sim T_{TS}$
同步序列	24	同步需要
开始标记	8	根据 HDLC(7E$_h$)
数据	168	默认
CRC	16	根据 HDLC
结束标记	8	根据 HDLC(7E$_h$)
缓冲码	24	比特填充、距离延迟、转发器延迟和抖动
总计	256	

5.5.2.2.10 发射定时

图 12 给出默认传输分组(一时隙)的定时事件。在 RF 功率斜坡下降过冲进入下一时隙的情况下，在发射终止后不应对 RF 进行调制。

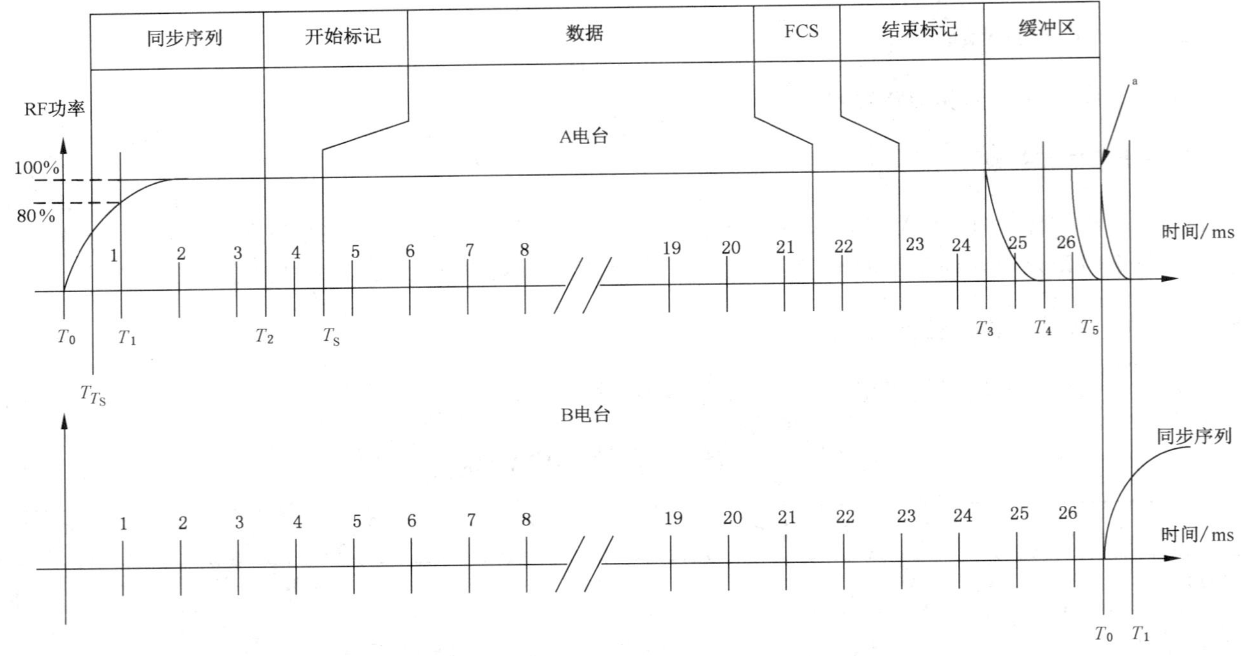

参数说明：

T_n	时间	说明
T_0	0.000 ms	时隙开始，施加发射电源；
T_{T_S}	0.833 ms	同步序列开始；
T_1	1.000 ms	RF 功率和频率稳定时间；
T_2	3.333 ms	传输分组开始(开始标记)。若主同步源(UTC)缺失，可用作辅助同步源；
T_S	4.176 ms	时隙相位同步标志。开始标记结束，数据开始；
T_3	24.167 ms	发射结束，假设零比特填充。在传输结束之后不采用调制。如数据块较短，则发射可较早结束；
T_4	T3＋1.000	RF 功率达到零的时间；
T_5	26.667	时隙结束。下一时隙的开端。

[a] 在下一时隙的开始时刻，发射应准确地结束。图中 A 台站的 RF 功率下降会重叠到下一时隙上，同步序列的传输不会因此受损。这种情况极为少见，仅在传播异常情况下发生。即使发生，但由于接收机的范围辨别特性，AIS 的工作也不会受损。

图 12 发射定时图

5.5.2.2.11 长传输分组

一个台站一次连续传输最多可占用五个连续的时隙。对长传输分组，只需采用一次数据开销(斜坡上升、同步序列、标记、FCS、缓冲)。长传输分组的长度不应超过数据传输所需的长度，即 AIS 不应另增填充码。

5.5.2.3 差错检测和控制

应采用 5.5.2.2.7 中的 CRC 多项式处理差错检测和控制。CRC 的差错不应引起 AIS 的进一步行动。

5.5.3 子层 3:链路管理实体

5.5.3.1 接入数据链路

5.5.3.1.1 概述

链路管理实体(LME)控制 DLS、MAC 和物理层的运行。

应有四种不同的方案接入数据传输介质:SOTDMA、ITDMA、RATDMA 和 FATDMA。接入方案的选择取决于应用和运行模式。从自主台站定时重复发射信息时,SOTDMA 应作为基本方案。而在报告间隔要作变化时或要在传输非重复信息时,可采用其他的接入方案。

5.5.3.1.2 数据链路上的协作

各个接入方案在同一个物理数据链路上连续、并行地工作,并应符合 TDMA 的建立规则,见 5.5.1。

5.5.3.1.3 候选时隙

用于传输的时隙应以时隙间隔(SI)从候选时隙中选取(见图 14)。选择过程使用收到的数据。除非候选时隙的数据由于位置信息丢失而受限,应有至少四个候选时隙备选,见 5.4.5.2。对于 A 类 AIS 移动台站,若消息的长度超过一个时隙,其候选时隙应为一块连续的自由或可用时隙中的首时隙,见 5.5.2.2.11。对于 B 类"SO"AIS 移动台站,消息 6、消息 8、消息 12、消息 14 的候选时隙应为自由时隙。当没有可用的候选时隙时,允许使用当前时隙。候选时隙应主要从自由时隙中选择,见 5.5.1.7。需要时,可用时隙也应包括在候选时隙集合中。在从候选时隙中选取时隙时,任何候选时隙不论状态如何,被选中的概率相同 ,见 5.5.1.7。若台站因为在 SI 内的所有时隙均受到时隙复用限制而无法找到候选时隙,台站应不在 SI 内保留时隙,直到出现至少一个候选时隙为止,见 5.4.5.2。

示例:

0	1	2	3	4	5	6	7
E	E	F	F	F	F	F	E

若要发送一个三时隙长的消息,只应将第二、三和四时隙作为候选时隙。

在一个信道上为发射选择候选时隙时,应考虑其他信道对时隙的使用。如果别的台站占用了另一个信道中的候选时隙,则时隙的使用应遵循与时隙复用相同的规则,见 5.4.5.2。如果任一个信道中的时隙被其他基站或移动台占用或分配,则时隙的复用只应根据 5.4.5.2 再用。

导航状态没有置于"锚泊"或"靠泊"的其他台站,其时隙持续 3 min 没有被收到,应作为主动时隙复用的候选时隙。

由于信道转换需要时间,台站自身无法在位于两个并行信道上相邻的时隙发射信息,见 5.6.11.2。因此,在一个信道上与台站所用时隙的两边相邻的各一个时隙不应作为另一个信道上的候选时隙。

传输采用主动的时隙复用,及保留至少四个具有相同被选用概率的候选时隙,其目的在于维持较高的链路接入概率。为了进一步提高接入概率,则可在时隙使用上应用时隙超时特性,从而可不断地将时隙投入新使用。

图 13 给出了链路上在候选时隙内选择发送时隙的过程。

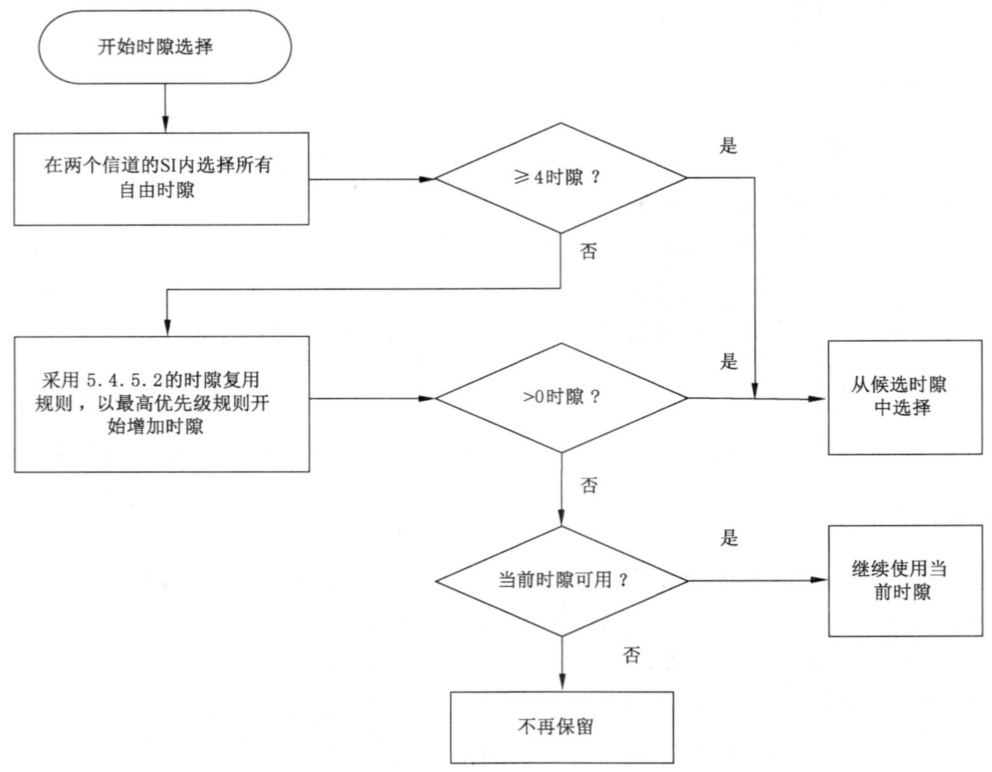

不考虑SI内选择信道上的任何下述时隙：

——对应时隙或在另一信道上本台预计广播的同一时隙内；

——由相距120海里内的某基地台分配；或

——由未报告位置信息的某移动台分配。

图13 时隙选择流程图

5.5.3.2 工作模式

5.5.3.2.1 概述

有三种工作模式。自主模式应为默认模式，并可根据当地主管机关的要求与其他模式相互转换。对于单工转发器，应只有两种工作模式：自主模式和分配模式，而不存在轮询模式。

5.5.3.2.2 自主模式

以自主模式运行的台站应能自行确定其发射时间安排，并自动解决与其他台站在发射时间安排上的冲突。

5.5.3.2.3 分配模式

以分配模式运行的台站应采用主管机关的基站或转发台所指定的发射时间表，见5.5.3.6。

5.5.3.2.4 询问模式

以询问模式运行的台站应自动响应船舶或政府部门的轮询消息（消息15）。轮询模式的运行不应和其他两种模式的运行发生冲突。响应信息的发射应在接收到轮询信息的信道上进行。

5.5.3.3 初始化

台站在接通电源后应用 1 min 的时间监测 TDMA 信道，以确定信道的活动状态、其他 AIS 台站的身份、当前时隙分配和其他用户的报告位置，以及可能存在的岸台。在这个过程中，应建立整个系统运行中所有台站的动态目录、以及反映 TDMA 信道活动状态的帧图。1 min 之后，台站应进入运行状态并开始根据其时间表进行发射。

5.5.3.4 信道接入方案

5.5.3.4.1 概述

各接入方案应同时存在，且在 TDMA 信道中同时运行。

5.5.3.4.2 ITDMA

5.5.3.4.2.1 概述

ITDMA 接入方案允许台站预先声明其不具重复特性的传输时隙。例外情况是，在数据链路网络登录时，应对 ITDMA 时隙加以标识，以便将其保留于下一个帧。允许台站为自主和连续工作模式预先声明它的分配时隙。

ITDMA 应用于三种情况：

——数据链路网络登陆；

——周期报告间隔的临时更改及转换；

——有关安全信息的预先声明。

5.5.3.4.2.2 ITDMA 接入算法

台站能够通过取代一个已分配的 SOTDMA 时隙，或通过采用 RATDMA 分配另一个新的、未声明的时隙开始 ITDMA 发射。无论哪一种，均为第一个 ITDMA 时隙。

在数据链路网络登录期间，第一个发射时隙应采用 RATDMA 进行分配。该时隙应作为第一个 ITDMA 发射。

当系统高层指示报告间隔的临时改变或需要发射安全消息时，下一个计划的 SOTDMA 时隙可优先用于 ITDMA 发射。

在第一个 ITDMA 时隙发射之前，台站随机选取下一个 ITDMA 时隙，并计算出相对于该位置偏移。应将该偏移插入 ITDMA 通信状态。接收台能将该偏移所表示的时隙标注为“外部分配”，见 5.5.3.7.4.3和 5.5.1.6。通信状态应作为 ITDMA 发射的一部分。在网络登录期间，台站还将注明 ITDMA 时隙应再保留一个帧。时隙的分配过程按需要连续进行。在最后一个 ITDMA 时隙，相对偏移设置为零。

5.5.3.4.2.3 ITDMA 参数

控制 ITDMA 时间安排的参数，见表 9。

表 9　**ITDMA 参数**

符号	名称	说明	最小值	最大值
LME.ITINC	时隙增量	用于在帧中事先分配一个时隙,它是相对于当前发射时隙的一个偏移。如设为零,则不应再进行 ITDMA 分配	0	8 191
LME.ITSL	时隙数	指示从时隙增量开始所分配的连续时隙的数量	1	5
LME.ITKP	保持标记	如当前时隙要保留至下一帧时,该标记应设为"TRUE";如分配时隙在发射之后要立即释放,则标记应设为"FALSE"	FALSE=0	TRUE=1

5.5.3.4.3　RATDMA

5.5.3.4.3.1　概述

当一个台站需要分配一个未预先声明的时隙时,应采用 RATDMA。RATDMA 通常用于数据链路网络登录期间的第一个发射时隙,或用于非重复性的消息。

5.5.3.4.3.2　RATDMA 算法

RATDMA 接入方案应采用持续概率算法,见表 11。

AIS 台站应避免使用 RATDMA。事先计划的消息应首要用于播报将要进行的发射,以避免 RATDMA 发射。

采用 RATDMA 接入方式的消息应使用先进先出(FIFO)优先法储存。当发现一个候选时隙(见 5.5.3.1.3)时,台站在 0～100 之间随机选取一个概率值(LME.RTP1),并同当前的发射概率(LME.RTP2)进行比较。如 LME.RTP1≤LME.RTP2,则应选用该候选时隙发射。反之,LME.RTP2 应加上一个概率增量(LME.RTPI),并且台站将等待该帧中的下一个候选时隙。

RATDMA 的 SI 应为 150 个时隙,相当于 4 s。候选时隙集应在 SI 中选择,以便发射可在 4 s 内完成。

每次进入一个候选时隙,都采用持续概率算法。如果算法决定抑制发射,则参数 LME.RTCSC 减少 1 且参数 LME.RTA 增加 1。

若其他台站在候选时隙集中分配了一个时隙,也将使 LME.RTCSC 减少 1。如果 LME.RTCSC+LME.RTA<4,则候选时隙集将用当前时隙范围内的一个新时隙来补充。LME.RTES 服从时隙选择规则。

5.5.3.4.3.3　RATDMA 参数

控制 RATDMA 时间安排的参数,见表 10。

表 10　**RATDMA 参数**

符号	名称	说明	最小值	最大值
LME.RTCSC	候选时隙计数器[a]	候选时隙集中当前可用的时隙数	1	150
LME.RTES	结束时隙	规定为初始 SI 中最后一个时隙的编号,前面有 150 个时隙	0	2 249

表 10（续）

符号	名称	说明	最小值	最大值
LME.RTPRI	优先权	信息排队时，发射所具有的优先权。LME.RTPRI最低时优先权最高。与安全相关的信息总是具有最高优先权，见5.5.3.3	1	0
LME.RTPS	开始概率[b]	每次发射新消息之前，应设置LME.RTP2与LME.RTPS相等。LME.RTPS应等于100/LME.RTCSC	0	25
LME.RTP1	导出概率	下一个候选时隙传输发射的概率。导出概率应该小于或等于LME.RTP2，且每次尝试发射时应该随机选取	0	100
LME.RTP2	当前概率	在下一个候选时隙可以发射的概率	LME.RTPS	100
LME.RTA	尝试次数	初始值为0。每当持续概率算法决定抑制一次发射，该值就增加1	0	149
LME.RTPI	概率增量	每当算法决定抑制发射时，LME.RTP2应增加LME.RTPI。LME.RTPI应等于(100-LME.RTP2)/LME.RTCSC	1	25
[a] 初始值通常为4或4以上，见5.5.3.3。不过，在持续概率算法周期内，该值可降至4以下。 [b] LME.RTCSC初始设为大于或等于4。因此，LME.RTPS具有的最大值为25(100/4)。				

5.5.3.4.4 FATDMA

5.5.3.4.4.1 概述

FATDMA应当只由基站使用。FATDMA分配的时隙应用于重复性消息。关于FATDMA在基站的使用，见5.4.6和5.4.7。

5.5.3.4.4.2 FATDMA算法

数据链路接入应以帧开始作为参考。每一个分配都应由主管机关预先设定，并在整个运行期间保持不变，或直到重新设定。除非超时值另作定义，FATDMA消息(消息20)的接收机应设置超时值，以确定FATDMA时隙何时成为自由时隙。在每接收一子消息之后，都应重新设置超时值。

FATDMA预留应由基站报告(消息4)连同一个具有相同基站ID(MMSI)的数据链路管理消息组成。FATDMA预留在距该预留基站120 nm的范围内使用。在该范围内，AIS台站(除采用FATDMA时)不应采用FATDMA预留时隙。无基站报告(消息4)的数据链路管理消息(消息20)应被忽略。在该范围内，基站可以复用FATDMA预留时隙进行本台的FATDMA发射，但可不复用FATDMA预留时隙进行RATDMA发射。

FATDMA预留在超出该预留基站120 nm时不适用。所有台站均可认为这些时隙可用。

5.5.3.4.4.3 FATDMA参数

控制FATDMA时间安排见表11。

表 11　FATDMA 参数

符号	名称	说明	最小值	最大值
LME.FTST	开始时隙	台站所用的第一个时隙(相对于帧开始)	0	2 249
LME.FTI	增量	到下一组分配的时隙码的增量。增量为零表明台站在每帧中的第一个时隙发射一次	0	1 125
LME.FTBS	码组长度	默认码组长度。决定每次增量所保留的连续时隙数量的默认值	1	5

5.5.3.4.5　SOTDMA

5.5.3.4.5.1　概述

SOTDMA 接入方案应用于以自主和连续模式,或以分配模式(见表 45)运行的移动台。该接入方案的目的在于提供一个无需控制台介入便可以迅速解决冲突的接入算法。采用 SOTDMA 接入方式的消息应具有可重复性。使用这类消息是为了向数据链路的其他用户提供连续更新的监视画面。

5.5.3.4.5.2　SOTDMA 算法

SOTDMA 的接入算法和自主工作模式,见 5.5.3.5。

5.5.3.4.5.3　SOTDMA 参数

参数控制 SOTDMA 的时间安排见表 12。

表 12　SOTDMA 参数

符号	名称	说明	最小值	最大值
NSS	标称开始时隙	台站宣布处于数据链路中而使用的第一个时隙。一般以 NSS 作为参考选择其他可重复的发射。当用两个信道(A 和 B)以相同报告间隔(Rr)发射时,第二个信道(B)的 NSS 与第一个信道(A)的 NSS 要有 NI 的偏移: $NSS_B=NSS_A+NI$	0	2 249
NS	标称时隙	标称时隙作为选择用于发射位置报告时隙的中心。NSS 和 NS 在一帧中的第一次发射时是相等的。只用一个信道时,NS 通过以下等式求出: $NS=NSS+(n\times NI)$,$(0<n<Rr)$。 在用两个信道(A 和 B)发射时,每个信道标称时隙的间隔加倍,且偏移 NI: $NS_A=NSS_A+(n\times 2\times NI)$,$(0<n<0.5\times Rr)$ $NS_B=NSS_A+NI+(n\times 2\times NI)$,$(0<n<0.5\times Rr)$	0	2 249
NI	标称增量	标称增量由时隙数给出,并用下面等式导出: NI=2 250/Rr	75[a]	1 225

表 12（续）

符号	名称	说明	最小值	最大值
Rr	报告间隔	表示每一帧中位置报告的理想数量。Rr=60/RI（式中 RI 是以秒为单位的报告间隔）	2[b,c]	30[d]
SI	选择间隔	选择间隔为可用作位置报告候选时隙的集合。SI 可由下列等式导出：SI={NS−(0.1×NI) 至 NS+(0.1×NI)}	0.2×NI	0.2×NI
NTS	标称发射时隙	在选择间隔 SI 中目前用于发射的时隙	0	2 249
TMO_MIN	最低超时	SOTDMA 分配占据某一个时隙的帧数量最小值	3 帧	不可用
TMO_MAX	最高超时	SOTDMA 分配占据某一个时隙的帧数量最大值	不可用	7 帧

[a] 在分配模式下使用报告频次分配时为 37.5；在分配模式使用时隙增量分配和 SOTDMA 通信状态时为 45。
[b] 若台站使用的报告频次低于每分钟两次报告，则应采用 ITDMA 分配。
[c] 在采用由表 43 给出的 SOTDMA 工作于分配模式时，也如此。
[d] 在采用由表 43 给出的 SOTDMA 工作于分配模式时，每分钟报告 60 次。

5.5.3.5 自主和连续运行

5.5.3.5.1 SOTDMA 接入时隙图

SOTDMA 接入时隙如图 14 所示。

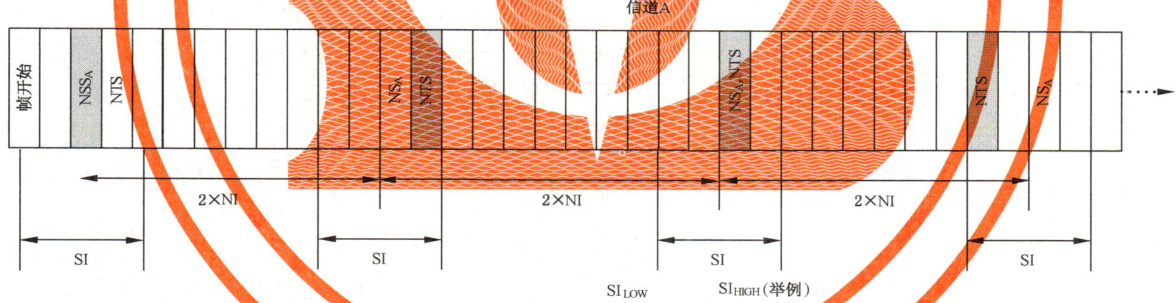

NI　标称增量　(=2 250/报告率)

NSS_A　标称开始时隙　(网络或改变报告率登录)

NS_A　标称时隙　(= $NSS_A + n \times 2 \times NI$), $0 \leqslant n < (0.5 \times Rr)$

SI　选择间隔　(=0.2×NI)

SI_{LOW}　SI 的低限　(= $NS_A - 0.1 \times NI$)

SI_{HIGH}　SI 的高限　(= $NS_A + 0.1 \times NI$)

NTS　标称传输时隙　(从 SI 内的候选时隙里选择)

信道同步公式(注意，如果信道报告频次不同时，则认为各信道不同步)：

$NSS_B = NSS_A + NI$(在下一个“信道 B”的 NTS 实施改变)

注 1：在网络登录阶段出现一次，或者在报告频次变更阶段根据需要出现。

注 2：报告频次变更阶段，$NSS_{CC} = NS_{CC}$，CC 表示在有必要变更报告频次时的当前信道。

图 14　在两个信道中使用同样的报告间隔

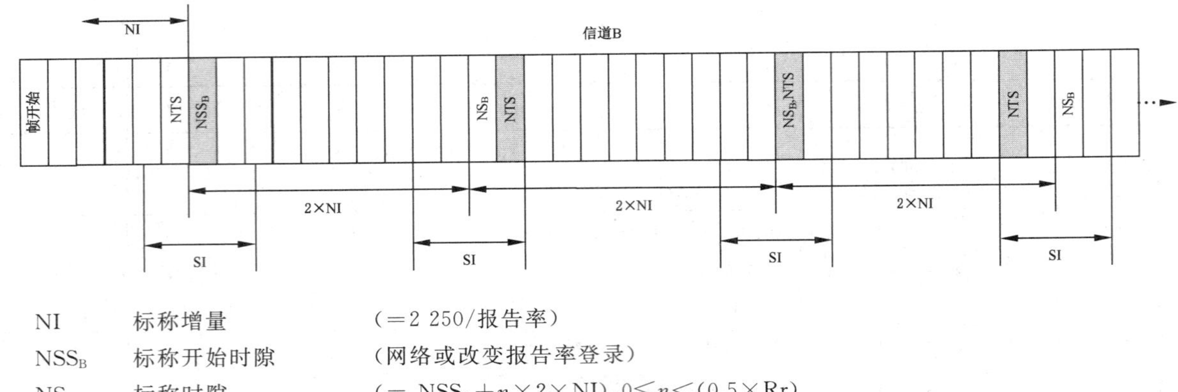

NI	标称增量	(=2 250/报告率)
NSS_B	标称开始时隙	(网络或改变报告率登录)
NS_B	标称时隙	(= $NSS_B+n\times2\times NI$),$0\leqslant n<(0.5\times Rr)$
SI	选择间隔	(=0.2×NI)
NTS	标称传输时隙	(从 SI 内的候选时隙里选择)

图 14(续)

5.5.3.5.2 初始化阶段

5.5.3.5.2.1 概述

初始化阶段采用图 15 给出的流程图来说明。

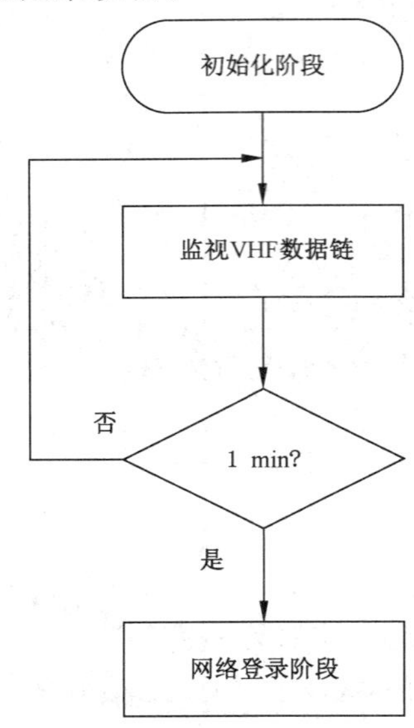

图 15 自主运行初始阶段流程图

5.5.3.5.2.2 监视 VDL

台站在接通电源后,应用 1 min 的时间监视 TDMA 信道,以确定信道的活动状态、其他参与方的身份、当前时隙分配和其他用户的报告位置,以及可能存在的基站。在此期间,应建立起在整个系统中运行的所有参与方的动态目录,以及反映 TDMA 信道活动状态的帧图。

5.5.3.5.2.3 1 min 后网络登录

1 min 之后,台站应登录网络并开始根据其时间安排表进行发射。

5.5.3.5.3 网络登录阶段

5.5.3.5.3.1 概述

网络登录阶段，台站应选择其信息发射的第一个时隙，以便本台对其他参与台站可见。A 类移动台的首次发射应总是专有的位置报告（消息 3），见图 16。

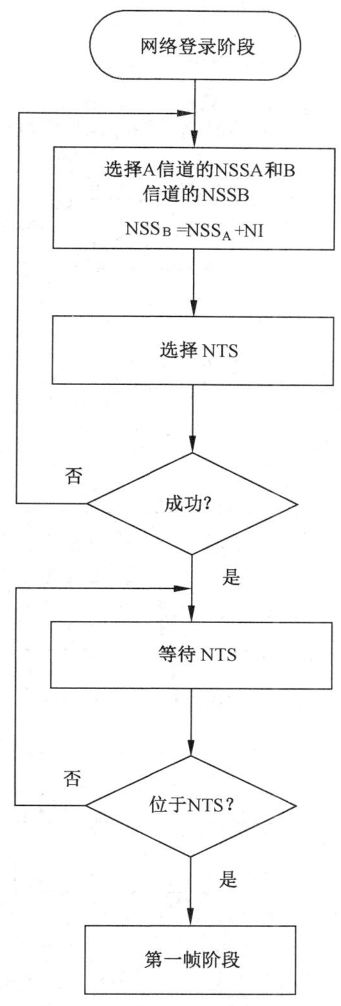

图 16 网络登录流程图

5.5.3.5.3.2 选择 NSS

NSS 应在当前时隙和 NI 时隙前的时隙间随机选择。该时隙作为第一帧阶段选择 NS 的参考。第一个 NS 总是等于 NSS。

5.5.3.5.3.3 选择 NTS

在 SOTDMA 算法中，NTS 应在 SI 中的候选时隙中随机选择。NTS 应标注为“内部分配”，并应在最低超时（TMO_MIN）和最高超时（TMO_MAX）之间随机为其指定一个超时值。

5.5.3.5.3.4 **等待 NTS**

台站应等待，直到 NTS 到来。

5.5.3.5.3.5 **位于 NTS**

当帧图显示 NTS 到来，台站应进入第一帧阶段。

5.5.3.5.3.6 **第一帧阶段**

在持续 1 min 的第一帧阶段期间，台站应连续不断地分配其发射时隙，并采用 ITDMA 按时发射位置报告（消息 3），见图 17。

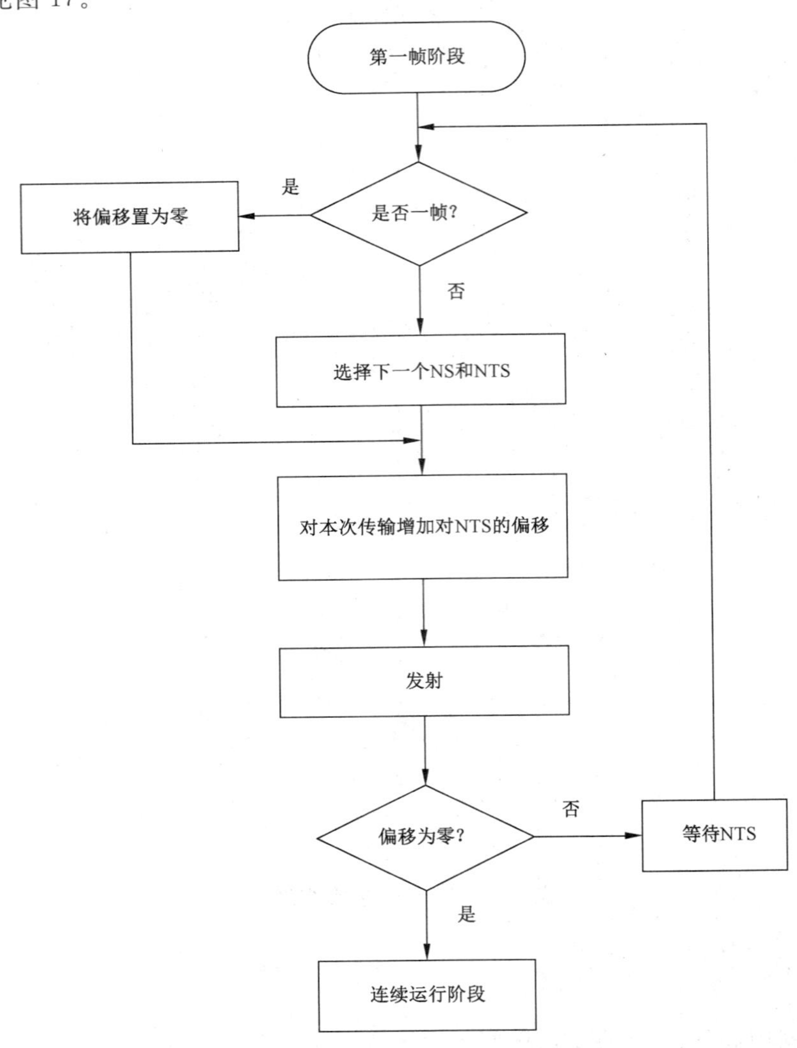

图 17 第一帧工作流程图

5.5.3.5.3.7 一帧后的标称运行

1 min 间隔过去之后,初始发射应已分配完毕,并开始标称运行。

5.5.3.5.3.8 将偏移设为零

当一帧之后的所有分配完成时,最后一次发射的偏移应设置为零,表明不需再进行分配。

5.5.3.5.3.9 选择下一个 NS 和 NTS

在发射之前,应选择下一个 NS。可通过记录到目前为止信道上所进行的发射次数(从 n 到 Rr－1)来完成。NS 的选择应根据表 12 中给出的等式。

NTS 应采用 SOTDMA 算法从 SI 的候选时隙中选择。随后 NTS 应标注为"内部分配"。应计算出相对于下一个 NTS 的偏移并将其保留到下一步。

5.5.3.5.3.10 将偏移加入本次发射

第一帧阶段的所有发射都应采用 ITDMA 接入方式。该结构包含从本次发射至下一次计划进行的发射之间的偏移。此外,发射还设定保持标记,以便接收台站为下一帧分配占用的时隙。

5.5.3.5.3.11 发射

应将按时发射的位置报告加入 ITDMA 分组并在分配的时隙内发射。该时隙的时隙超时应减少 1。

5.5.3.5.3.12 偏移为零

如偏移设为零,则可以认为第一帧阶段已经结束,台站将随即进入连续运行阶段。

5.5.3.5.3.13 等待 NTS

如偏移不为零,则台站还应等待下一个 NTS,并重复该过程。

5.5.3.5.4 连续运行阶段

5.5.3.5.4.1 概述

台站在关闭、进入分配模式之前,或改变报告间隔,应停留在连续运行阶段,见图 18。

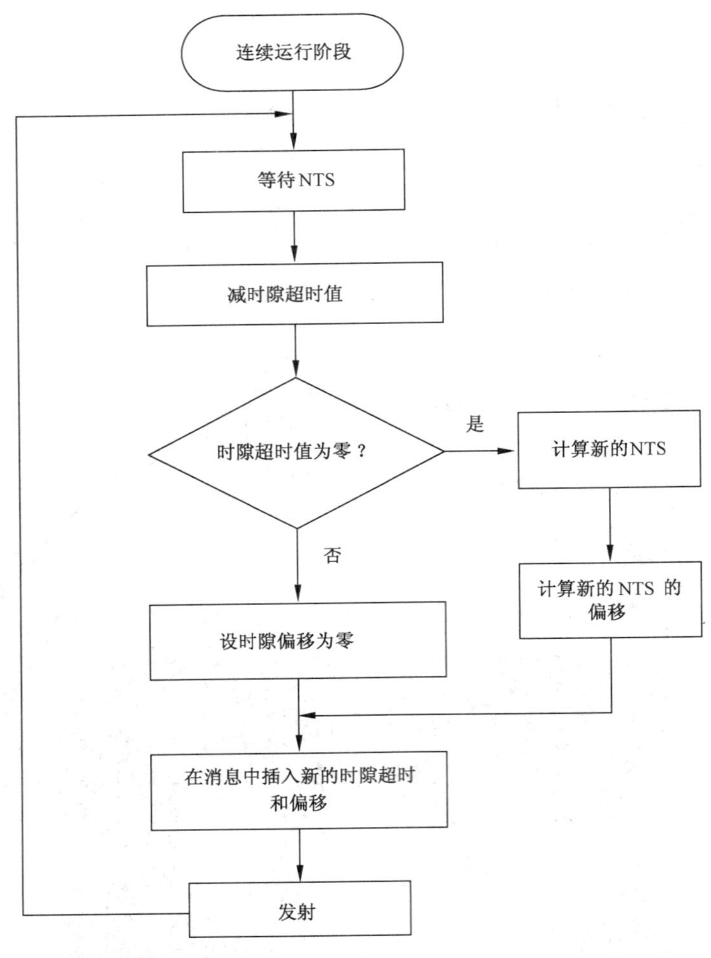

图 18　连续运行流程图

5.5.3.5.4.2　等待 NTS

随后，台站应等待，直到 NTS 到来。

5.5.3.5.4.3　减小时隙超时值

当 NTS 到来时，应对该时隙的 SOTDMA 的超时计数器进行减 1 操作。时隙超时值说明该时隙分配给多少个帧。时隙超时值应始终作为 SOTDMA 发射的一部分。

5.5.3.5.4.4　时隙超时值为零

如时隙超时为零，则应选择一个新的 NTS。应从 NS 相邻的 SI 中搜寻候选时隙，并从中随机选取一个。应计算出相对于当前 NTS 和新的 NTS 的偏移，并将其指定为时隙的偏移值。

时隙偏移值$=\mathrm{NTS}_{新}-\mathrm{NTS}_{当前}+2\ 250$

应从 TMO_MIN 和 TMO_MAX 之间随机选取一个超时值，分配给新的 NTS。

如时隙超时大于零，则时隙偏移值应设为零。

5.5.3.5.4.5　为分组指定超时值和偏移值

应将超时值和时隙偏移值插入 SOTDMA 的通信状态，见 5.5.3.7.3.2。

5.5.3.5.4.6 发射

应将确定了发射时间表的位置报告插入 SOTDMA 分组，并在分配的时隙内进行发射。时隙超时应减少 1。随后，台站应该等待下一个 NTS。

5.5.3.5.5 改变报告间隔

5.5.3.5.5.1 概述

当标称报告间隔要求改变时，台站应进入改变报告间隔阶段，见图 19。在此阶段，台站将重新安排它的周期发射以适应新要求的报告间隔。

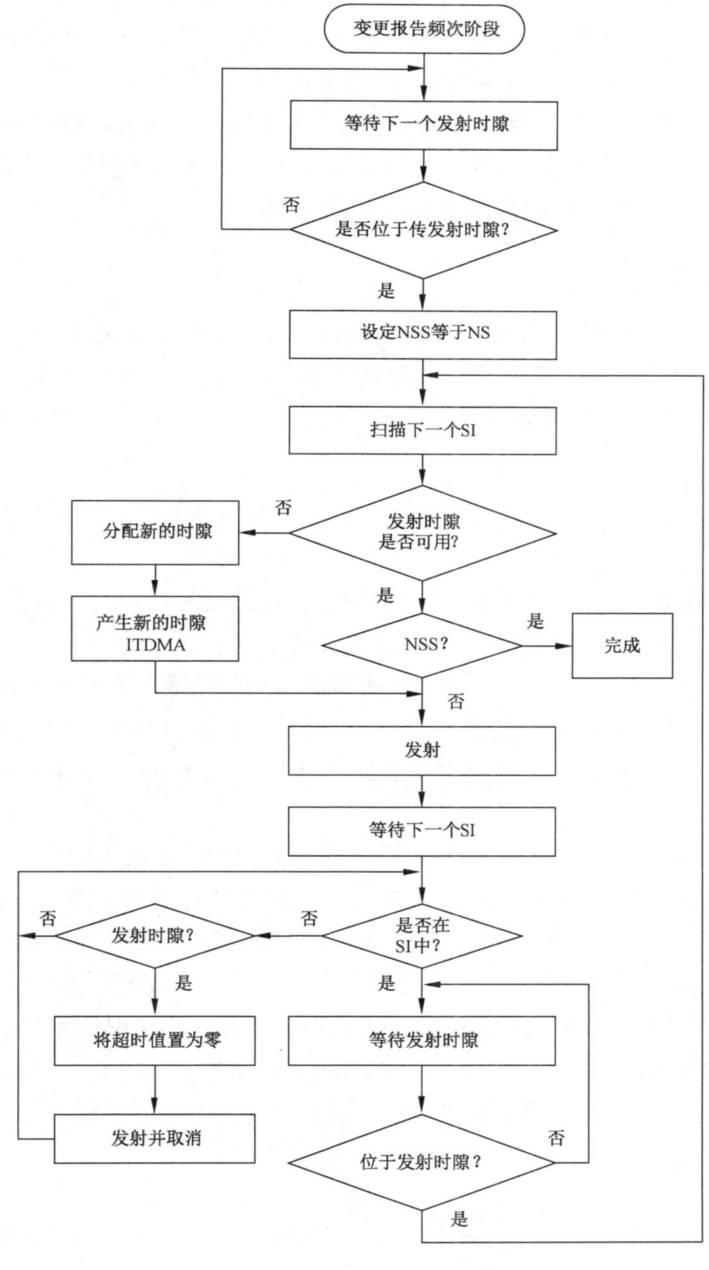

图 19 改变报告间隔流程图

上述步骤应用于持续至少两帧的改变。对于临时改变，改变期间应在 SOTDMA 发射之间插入 ITDMA 发射。

5.5.3.5.5.2 等待下一个发射时隙

在改变其报告间隔之前，台站应等待下一个分配给本台发射所用的时隙。一旦到达这个时隙，应将相应的 NS 设定为新的 NSS。对这个分配给本台发射所用的时隙应加以检测，以确定时隙超时不为零。如为零，则应将时隙超时值设定为 1。

5.5.3.5.5.3 扫描下一个 SI

当采用新的报告间隔时，应推导出新的 NI。台站应以新的 NI 检查下一个 SI 所覆盖的区域。如发现一个分配给本台发射所用的时隙，应对其进行检测，以确定它是否与 NSS 相关联。如果是，则该阶段完成，台站即回复到标称运行状态。如果不是，应保持时隙超时值大于零。

如在 SI 中未发现时隙，则应分配一个时隙，并应计算出当前发射时隙与新分配时隙之间的偏移。当前发射时隙应转化成 ITDMA 方式，并应保留保持标记设为“TRUE”的偏移量。

当前时隙随后应用于周期性消息(如位置报告)的发射。

5.5.3.5.5.4 等待下一个 SI

在等待下一个 SI 的过程中，台站应对帧进行连续扫描，以寻找分配给本台发射所用的时隙。如发现一个时隙，则应将时隙超时设为零。在完成该时隙的发射之后，应将其释放为自由时隙。

在接近下一个 SI 时，台站应开始搜寻分配在 SI 之内的发射时隙。发现后，应重复该过程。

5.5.3.6 分配模式运行

5.5.3.6.1 概述

若移动台在转换区域外，尚未进入转换区域，以自主模式运行的台站可以根据消息 16 或消息 23 定义的具体发射计划控制运行。分配模式在两个信道间交替运行。

以分配模式运行的 B 类“SO”船载移动台与搜救机载台应将其分配模式标志设置成“以分配模式运行的台站”。该分配模式应只对台站发射位置报告产生影响，而不应影响台站的其他运行状态。非 A 类移动台，应按照消息 16 或消息 23 的规定发射位置报告，并且在航向和航速变化时，台站不应改变其报告间隔。

A 类船载 AIS 移动台应遵循同样的规则，除非自主模式要求的报告间隔比消息 16 或消息 23 规定的更短。当运行于分配模式时，A 类船载 AIS 移动台应采用消息 2 代替消息 1 发射位置报告。

如果自主模式要求的报告间隔比消息 16 或消息 23 规定的更短，A 类船载 AIS 移动台应使用自主模式下的报告间隔。如果因自主模式要求的报告间隔比消息 16 或消息 23 规定的更短而进行临时改变，则在改变期间的两个分配发射内插入 ITDMA 发射。如果给出了时隙偏移，则应是相对于所接收分配发射的偏移。分配应有时间限制并按需要由主管机关重新发布。最新接收的分配应继续或覆盖之前的分配。消息 16 为同一台站作出两个分配的情况也应是存在的。两种层次的分配是可能的。

5.5.3.6.2 分配报告间隔

当移动台被分配一个新的 RI 时，应根据 5.5.3.6 规则自主地连续安排其发射时间。改变到新 RI 的过程见 5.4.4。

5.5.3.6.3　**分配发射时隙**

5.5.3.6.3.1　**概述**

基站通过采用分配模式指令消息 16，可为台站分配用于重复发射的准确时隙，见 5.4.6。

5.5.3.6.3.2　**进入分配模式**

在接到分配模式指令消息 16 时，台站应当对指定时隙进行分配并开始在这些时隙中发射。随后台站应连续在那些自主分配的时隙以零超时值和零时隙偏移进行发射，直至这些时隙从发射计划中被取消。零时隙超时和零时隙偏移的发射表明这是该时隙中最后一次发射，并且在该 SI 中不再有进一步的分配。

5.5.3.6.3.3　**在分配模式中运行**

分配时隙应采用 SOTDMA 状态，且超时值设定为分配时隙的超时。所有的分配时隙超时值，应在三到七帧之间。时隙超时值在每一帧都应递减。

5.5.3.6.3.4　**返回自主和连续模式**

当时隙超时值为零时，除非接收到新的分配指令，应停止该分配发射。在这个阶段，台站应返回到自主和连续模式。

只要台站检测到时隙超时值为零的分配时隙，就应启动回复到自主和连续模式。该时隙应用于重新登录网络。台站应从当前时隙的 NI 中的候选时隙中随机选取一个可用时隙，并将其作为 NSS。随后，台站应用所选取时隙替代为 ITDMA 所分配的时隙，并利用它发射相对偏移到新的 NSS。此后过程应该和网络接入阶段相同，见 5.5.3.5.3。

5.5.3.7　**消息结构**

5.5.3.7.1　**概述**

消息作为接入方式一部分，应具备图 20 所示的结构。

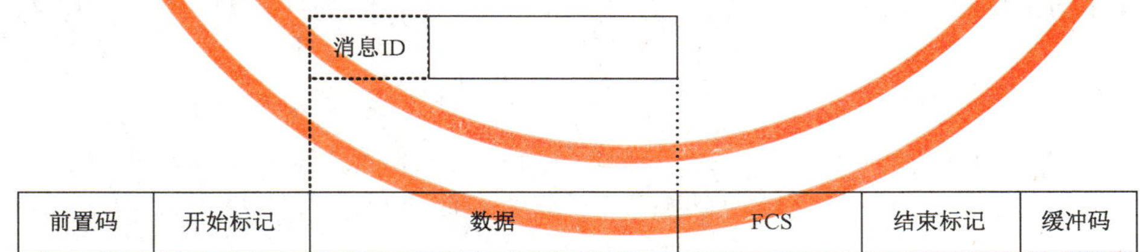

图 20　消息结构图

每个消息都用一个从上到下排列参数的表格来加以说明。每个参数字段的定义都以最高有效位开始。

参数字段包含子字段(如通信状态)用分表定义，表格中将各个子字段自上而下地排列，每个子字段中最高有效位最先出现。

字符串自左向右排列，最高有效位最先出现。所有未使用的字符都应以符号@表示，并应排列在字符串的末端。

在 VHF 数据链路上进行数据输出时，应根据 GB/T 7421 的规定将数据在与每个消息相关的表格中自上而下按 8 比特的字节进行组合。每个字节的输出应以最低有效位开始。在整个输出过程中，数据应符合比特填充,见 5.5.2.2 及 NRZI 编码规则,见 5.6.6。

最后字节中未使用的比特应设为零,以保持字节边界。消息表通用示例见表 13。

表 13 消息表通用示例

参数	符号	比特数	说明
P1	T	6	参数 1
P2	D	1	参数 2
P3	I	1	参数 3
P4	M	27	参数 4
P5	N	2	参数 5
未用	0	3	未用的比特

示例 1:数据的逻辑视图

比特次序	M————L——	M————————	—————————	—————————	——LML000
符号	TTTTTTDI	MMMMMMMMM	MMMMMMMMM	MMMMMMMM	MMMNN000
字节次序	1	2	3	4	5

示例 2:输出到 VHF 数据链路的次序(未考虑比特填充)

比特次序	——L————M	———————M	—————————	—————————	000LML——
符号	IDTTTTTT	MMMMMMMM	MMMMMMMM	MMMMMMMM	000NNMMM
字节次序	1	2	3	4	5

5.5.3.7.2 消息识别码(MSG ID)

MSG ID 长度应为 6 比特,介于 0~63 之间。MSG ID 应对消息类型加以识别。

5.5.3.7.3 SOTDMA 消息结构

5.5.3.7.3.1 概述

SOTDMA 消息结构提供按照 5.5.3.4.5 要求运行所必需的信息,消息结构见图 21。

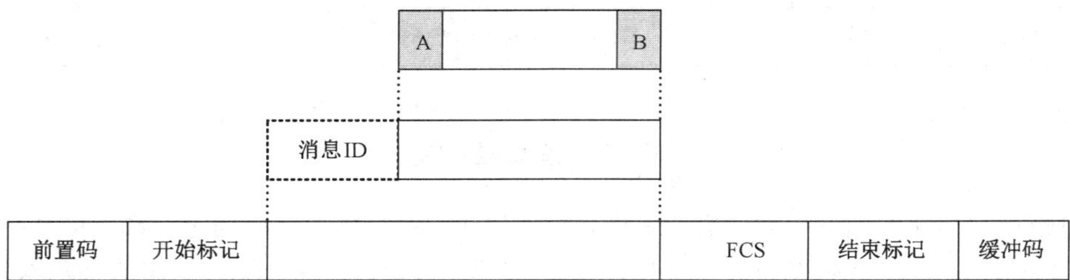

说明:

A ——用户 ID;

B ——通信状态。

图 21 SOTDMA 消息结构图

5.5.3.7.3.2 用户 ID

用户 ID 应为 MMSI(见 4.3),长度为 30 比特,应只使用前九个数字(即最高有效位)。

5.5.3.7.3.3 SOTDMA 通信状态

通信状态提供以下功能:

——包含 SOTDMA 概念中时隙分配算法所使用的信息;

——表示同步状态。

SOTDMA 通信状态结构见表 14。

表 14 SOTDMA 通信状态

参数	比特数	说明
同步状态	2	0:直接获取 UTC,见 5.5.1.2.2; 1:间接获取 UTC,见 5.5.1.2.3; 2:基站同步(见 5.5.1.2.4); 3:与具有最多接收台数量的另一台站同步,或与基站直接同步的另一移动台同步,见 5.5.1.2.4 及 5.5.1.2.5
时隙超时	3	说明在选择新的时隙之前保留的帧: 0:时隙最后一次发射; 1～7:在时隙改变前将保留 1 到 7 帧
子消息	14	子消息取决于当前时隙的超时值,见表 15

SOTDMA 通信状态应仅适用于进行相应发射的信道中的时隙。

5.5.3.7.3.4 子消息

通信状态子消息见表 15。

表 15 SOTDMA 通信状态子消息

时隙超时	子消息	说明
3、5、7	接收到的台站	本台当前接收到的其他台站数量(0～16 383)
2、4、6	时隙号	用于本次发射的时隙号(0～2 249)
1	UTC 时分	如果台站能获取 UTC,应在子消息中指示小时和分钟,小时(0～23)编码为子消息的比特 13～比特 9(比特 13 为 MSB),分钟(0～59)编码为比特 8～比特 2(比特 8 是 MSB),比特 1 和比特 0 未使用
0	时隙偏移	如果时隙超时值为 0,那么时隙偏移,指相对于下一帧期间会发生发射的时隙偏移,如果时隙偏移为 0,则在发射之后该时隙应不再占用

5.5.3.7.4 ITDMA 消息结构

5.5.3.7.4.1 概述

ITDMA 消息结构提供按照 5.5.3.4.2 要求运行所必需的信息。消息结构见图 22。

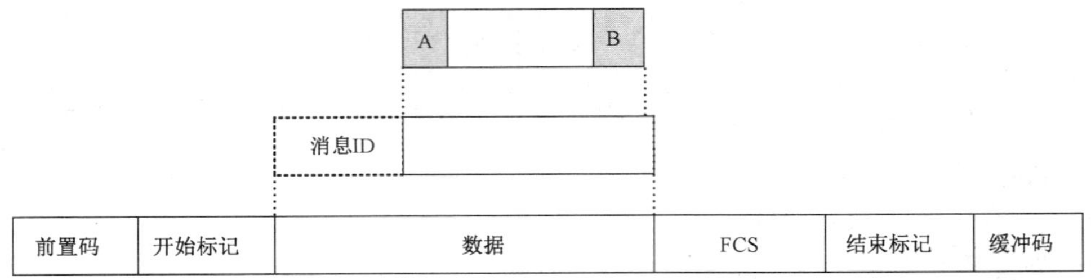

说明：
A ——用户 ID；
B ——通信状态。

图 22 **ITDMA 消息结构图**

5.5.3.7.4.2 用户 ID

用户 ID 应为 MMSI(见 4.3),长度为 30 比特,应只使用前九个数字(即最高有效位)。

5.5.3.7.4.3 ITDMA 通信状态

通信状态提供以下功能：

——包含 ITDMA 概念中时隙分配算法所使用的信息；

——也表示同步状态。

ITDMA 通信状态结构如表 16 所示。

表 16 **ITDMA 通信状态**

参数	比特数	说明
同步状态	2	0:直接获取 UTC,见 5.5.1.2.2; 1:间接获取 UTC,见 5.5.1.2.3; 2:台站同步于基站同步,见 5.5.1.2.4; 3:与具有最多接收台数量的另一台站同步,或与基站直接同步的另一移动台同步,见 5.5.1.2.4 及 5.5.1.2.5
时隙增量	13	到下一个将要使用的时隙的偏移 0:不再发射
时隙数	3	要分配的连续时隙的数量： 0：1 个时隙； 1：2 个时隙； 2：3 个时隙； 3：4 个时隙； 4：5 个时隙； 5：1 个时隙,偏移＝时隙增量 ＋ 8 192； 6：2 个时隙,偏移＝时隙增量 ＋ 8 192； 7：3 个时隙,偏移＝时隙增量 ＋ 8 192； 采用 5～7 是为了消除 RATDMA 广播计划发射间隔多达 6 min 的需要
保持标记	1	如时隙分配要多保留一帧,则保持标记设为 TRUE＝1(见表 10)

ITDMA 通信状态应仅适用于进行相应发射的信道中的时隙。

5.5.3.7.5 RATDMA 消息结构

5.5.3.7.5.1 概述

RATDMA 接入方式可采用由消息 ID 所确定的消息结构,因而可能缺乏统一的结构。

在下述情况下,具有通信状态的消息可采用 RATDMA 发射:

——开始登录网络时,见 5.5.3.4.2.2;

——重发消息时。

5.5.3.7.5.2 开始登录网络时的通信状态应按 5.5.3.4.2.2 和 5.5.3.7.4.3 来设置。

5.5.3.7.5.3 重发信息时的通信状态应按照 5.4.7.4 来设置。

5.5.3.7.6 FATDMA 消息结构

FATDMA 接入方式可采用由消息 ID 所确定的消息结构,因而可能缺乏统一的结构。

具有通信状态的信息可采用 FATDMA 发射,如在重发情况下,通信状态应按 5.4.7.4(也可见 11.3.17)来设置。

5.6 物理层

5.6.1 参数

5.6.1.1 一般要求

物理层负责比特流从信源输出到数据链路的传输任务。表 17～表 19 概述了物理层的性能要求。

发射输出功率另见 5.6.12.1.3。

每一参数的最小值和最大值与其他参数无关。

表 17 物理层参数

符号	参数名称	最小值	最大值
PH.RFR	区域性频率(ITU RR 附录 18 中的频率范围)[a](MHz)	156.025	162.025
PH.CHS	信道间隔(按照 ITU RR 附录 18 及其脚注编码)[a](kHz)	25	25
PH.AIS1	AIS1 (默认信道 1) (2 087)[a] (见 5.6.3.3)(MHz)	161.975	161.975
PH.AIS2	AIS2(默认信道 2) (2 088)[a] (见 5.6.3.3)(MHz)	162.025	162.025
PH.BR	比特率(bps)	9 600	9 600
PH.TS	同步序列(比特)	24	24
PH.TXBT	发射 BT 乘积	～0.4	～0.4
PH.RXBT	接收 BT 乘积	～0.5	～0.5
PH.MI	调制指数	～0.5	～0.5
PH.TXP	发射输出功率(W)	1	12.5
[a] 见 ITU-R M.1084 建议案,附录 4。			

5.6.1.2 常数

物理层常数见表18。

表18 物理层常数

符号	参数名称	数值
PH.DE	数据编码	NRZI
PH.FEC	前向纠错	未使用
PH.IL	交织	未使用
PH.BS	比特扰码	未使用
PH.MOD	调制	GMSK/FM [a]
[a] GMSK/FM:见5.6.3。		

5.6.1.3 传输介质

数据传输应在VHF水上移动频段内进行。除非由消息20或DSC遥控指令的信道管理命令指定，数据传输应默认为AIS1信道和AIS2信道,见11.3.19及6.3.1。

5.6.1.4 双信道运行

根据5.4.2,转发器应能在两个并行的信道上工作。

应采用两个单独的TDMA接收机分别在两个独立的频道上同时接收。使用一个TDMA发射机在两个独立的频道上交替进行TDMA发射。

5.6.2 收发机特性

收发机应按照本章规定的特性工作。TDMA发射机的最低要求见表19,图23中的时间点参数设定见表20。TDMA接收机特性最低要求见表21。

表19 TDMA发射机特性的最低要求

发射机参数	要求值
载波功率误差	±1.5 dB
载波频率误差	±500 Hz
时隙调制抑制	−25 dBc,$\Delta f_c <$ ±10 kHz −70 dBc,±25 kHz$< \Delta f_c <$ ±62.5 kHz
发射机试验序列和调制精度	对于比特0、1,<3 400 Hz; 对于比特2、3,(2 400±480)Hz; 对于比特4……31,(2 400±240)Hz; 对于比特32……199: 比特模式为0101时,(1 740±175)Hz; 比特模式为00001111时,(2 400±240)Hz 。
发射机输出功率-时间特性	掩模内功率如图23所示且各时间设定见表20

表 19（续）

发射机参数	要求值
杂散辐射	−36 dBm，9 kHz～1 GHz −30 dBm，1 GHz～4 GHz
互调衰减（仅基站）	≥40 dB

表 20　图 23 中时间点定义

名称		比特	时间/ms	定义
T_0		0	0	发送时隙起点。在 T_0 之前功率不得比 P_{ss} 超出 −50 dB
T_A		0～6	0～0.625	功率比 P_{ss} 超出 −50 dB
T_B	T_{B1}	6	0.625	功率应在 P_{ss}（同步序列的开始）的 +1.5 dB 或 −3 dB 内
	T_{B2}	8	0.833	功率应在 P_{ss} 的 +1.5 dB 或 −1 dB 内
T_E（包括 1 填充比特）		233	24.271	T_{B2}～T_E 期间功率应在 P_{ss} 的 +1.5 dB 或 −1 dB 内
T_F（包括 1 填充比特）		241	25.104	功率应为 P_{ss} 的 −50 dB 并保持低于此值
T_G		256	26.667	下一发送时间周期的起点

表 21　TDMA 接收机特性的最低要求

接收机参数	要求值
灵敏度	20% PER @ −107 dBm
高输入电平时的差错状况	1% PER @ −77 dBm 1% PER @ −7 dBm
相临信道选择性	20% PER @ 70 dB
同信道选择性	20% PER @ 10 dB
杂散响应抑制	20% PER @ 70 dB
互调响应抑制	20% PER @ 74 dB
杂散辐射	−57dBm (9 kHz ～1 GHz) −47dBm (1 GHz ～4 GHz)
阻塞	20% PER @ 86 dB

5.6.3　调制方案

5.6.3.1　GMSK

5.6.3.1.1　NRZI 编码的数据在调频发射机之前应进行 GMSK 编码。

5.6.3.1.2　用于数据传输的 GMSK 调制器 BT 乘积最大值应为 0.4（最大标称值）。

5.6.3.1.3　用于数据接收的 GMSK 解调器 BT 乘积最大值应为 0.5（最大标称值）。

5.6.3.2 调频

VHF 发射机应根据 GMSK 编码数据进行频率调制。调制指数应为 0.5。

5.6.3.3 频率稳定性

VHF 无线电发射机/接收机的频率稳定性应等于或优于±500 Hz。

5.6.4 数据传输比特率

数据传输比特率应为 9 600 bps，具有$\pm 50\times 10^{-6}$的公差。

5.6.5 同步序列

数据传输应从 24 比特的解调器同步序列(前置码)开始。同步序列数据段应由交替排列的“0”和“1”组成(0101……)。因为使用 NRZI 编码，同步序列可由“1”或“0”开始。

5.6.6 数据编码

数据编码应采用 NRZI 波形。在比特流中遇到“0”时，规定波形电平发生改变。

5.6.7 前向纠错

不采用前向纠错。

5.6.8 交织

不采用交织。

5.6.9 比特扰码

不采用比特扰码。

5.6.10 数据链路检测

数据链路占用及数据检测完全由链路层控制。

5.6.11 发射机瞬态响应

5.6.11.1 概述

RF 发射机的启动、稳定和关闭特性应符合图 23 及表 20 的规定。

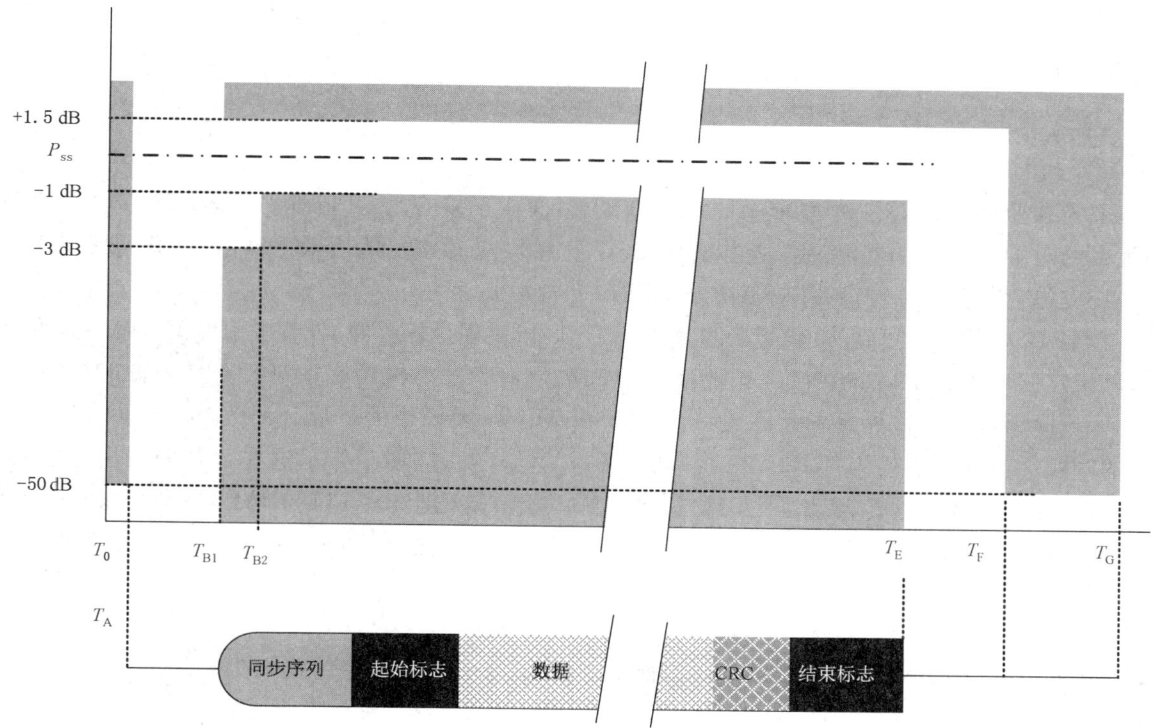

图 23 发射机输出包络-时间特性

5.6.11.2 转换时间

5.6.11.2.1 信道转换时间应小于 25 ms，见图 12。

5.6.11.2.2 从发射状态转换到接收状态，或者反之，所需时间不应超过发射启动或关闭时间。应有可能在信息发射之前或紧随信息发射之后的时隙接收到消息。

5.6.11.2.3 在信道转换过程中，设备不能发射信息。

5.6.11.2.4 不要求设备在相邻的时隙内在另一个 AIS 频道上发射信息。

5.6.11.3 发射机功率

5.6.11.3.1 发射机功率电平由链路层 LME 确定。

5.6.11.3.2 根据某些应用的要求，应规定两种标称功率水平（高功率、低功率）。转发器应默认工作在高标称功率水平。功率水平的改变应当只能被认可的信道管理方式所指定，见 5.4.2.2。

5.6.11.3.3 两种标称功率应分别设置为 1 W 和 12.5 W。误差容限应在±1.5 dB 之内。

5.6.12 关机程序

应提供发射机硬件自动关机程序及指示功能，以防止出现发射机连续发射超过 2 s 的情况。

5.6.13 安全措施

AIS 装置在工作时，不应受到天线端子开路或短路的影响而损坏。

6 通过 DSC 消息进行 AIS 信道管理

6.1 概述

6.1.1 具有接收和处理 DSC 消息能力的 AIS 移动台(A 类要求必须、其他类别可选),应仅以 AIS 信道管理为目的对 DSC 消息作出响应,所有其他 DSC 消息均应忽略。适用的 DSC 扩展代码见 6.1.2 。A 类 AIS应包含一个固定调谐在 70 信道的专用 DSC 接收机。

6.1.2 配备 DSC 的岸台可在 70 信道上只发射 VTS 区域地理坐标呼叫,或者发射专门寻址个别台站的呼叫,以指定区域边界及 AIS 在该区域要使用的区域频道和发射机功率电平。AIS 装置应按照 5.4.2 规定的区域频道和区域边界要求处理建议案 ITU-R M.825 表 5 中的扩展代码为 00、01、09、10、11、12 和 13 的呼叫。不含扩展代码 12 和 13 的寻址个别台站的呼叫,应用于指示这些台站使用指定信道,直到进一步的指令发送至这些台站。主用的和次用的区域信道(建议案 ITU-R M.825 表 5)分别对应于表 72(消息 22)的信道 A 和信道 B。扩展代码 01 使用的值只应为 01 和 12,表示 1 W 或 12.5 W。上述内容适用于 TDMA 发射。

6.1.3 扩展代码 00 不影响 TDMA 信道。

6.1.4 根据 ITU-R M.822 的规定,岸台应保证全部 DSC 的流量限制在 0.075 E。

6.2 时间安排

仅向指定 AIS 区域和频道发出 VTS 区域地理坐标呼叫的岸台,应安排其发射计划,以便途经这些区域的船舶收到足够的通告,从而完成 5.4.2.2~5.4.2.6 的操作。宜采用 15 min 的发射间隔,每次发射应进行两次,两次发射间隔为 500 ms,以保证 AIS 转发器完成接收。

6.3 区域信道指定

6.3.1 为指定区域 AIS 频道,根据建议案 ITU-R M.825 的表 5 应采用扩展代码 09、10 和 11。根据建议案 ITU-R M.1084 的附录 4,每个扩展代码后应跟随规定 AIS 区域信道的两个 DSC 代码(四位数字)。根据 ITU RR 附录 18 的规定,允许将单工 25 kHz 的信道作为区域选择。扩展代码 09 应用于指定区域主信道,扩展代码 10 或 11 应用于指定区域次信道。射频干扰环境标志对 AIS 不适用,应设置为零。区域信道的指定还应考虑 5.4.2.6.2 和 5.4.2.10 的情况。

6.3.2 当要求单信道运行时,只应采用扩展代码 09。对于双信道运行时,或采用扩展代码 10 指明次信道运行于发射和接收两种模式,或采用扩展代码 11 指明次信道仅运行于接收模式。

6.4 区域范围指定

为指定使用 AIS 频率信道的区域范围,应根据建议案 ITU-R M.825 的表 5 采用扩展代码 12 和 13。扩展代码 12 后,应跟随墨卡托投射矩形距离最近 0.1′的东北角的地理坐标地址。扩展代码 13 后面应跟墨卡托投影矩形距离最近的 0.1′的西南角的地理坐标地址。当采用 DSC 指定区域范围时,应假定转换区域范围为默认值(5 nm)。对于询址个别台站的呼叫,可忽略拓展代码 12 和 13,见 6.1.2。

7 远程应用

7.1 概述

远程应用应通过接口至其他设备方式和通过广播接口方式实现。

7.2　通过接口至其他设备方式的远程应用

A 类船载设备应为用作远程通信的设备提供一个双向接口。接口应符合 IEC 61162 系列标准。

远程通信的应用应考虑：

——AIS 远程应用应与 VDL 并行操作。远程操作是非连续工作的。系统设计不是为构造和保持一个大范围的实时交通图像。位置更新以每小时 2 次～4 次(最多)的数量级进行，某些应用仅要求每日更新两次。远程应用几乎不会对通信系统或转发器构成任何负担，且不会干扰正常 VDL 的运行；

——远程操作模式仅基于地理区域的询问。基站应询问 AIS 系统，首先通过地理区域询问，随后通过寻址询问。回复时应只包括 AIS 信息，如船位、静态和航行相关数据；

——远程 AIS 通信系统不在本标准中定义。

示例 1：如果远程通信系统(如 Inmarsat-C)带有 IEC 61162-2 接口，其配置方案，见图 24。

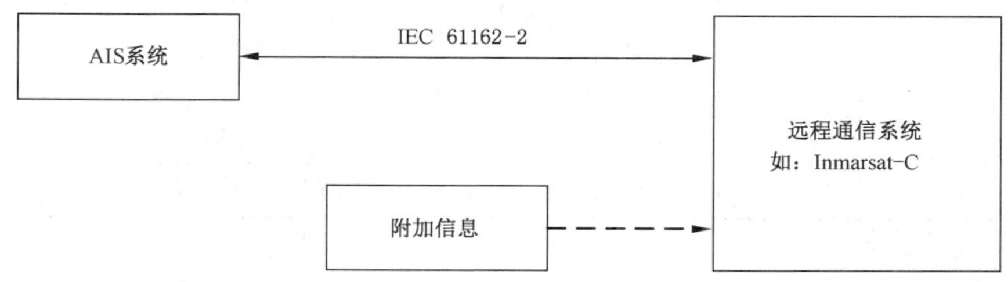

图 24　远程配置方案

示例 2：如果远程通信系统缺少 IEC 61162-2 接口，可采用图 25 所示的配置作为过渡解决方案 。

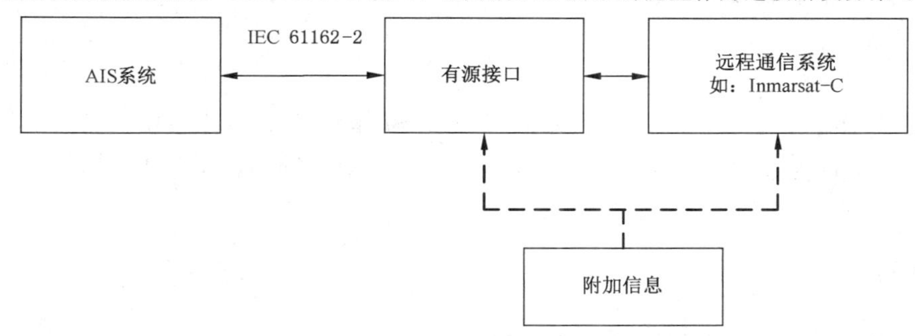

图 25　缺少 IEC 61162-2 接口时的过渡解决方案

7.3　通过广播方式的远程应用

7.3.1　概述

若消息的结构和发射适用于接收系统，远程 AIS 接收系统可以接收远程 AIS 广播消息。

7.3.2　AIS 远程广播消息的分组比特结构

远程 AIS 接收系统需要适当的缓存，以保护 AIS 消息在 AIS 时隙边界的完整性。表 22 给出了改进的分组比特结构，旨在支持轨道高度高达 1 000 km 的卫星接收 AIS 消息。

表 22 用于远程 AIS 消息接收的改进分组比特结构

时隙组成	比特数	注释
斜坡上升	8	标准
同步序列	24	标准
开始标记	8	标准
数据字段	96	将用于其他单时隙 AIS 消息的数据字段 168 比特缩短 72 比特,以支持远程接收系统缓冲
CRC	16	标准
结束标记	8	标准
远程 AIS 接收系统缓冲	96	比特填充=4 比特 同步抖动(移动台)=3 比特 同步抖动(移动/卫星)=1 比特 传播时间延迟差=87 比特 备用=1 比特
总计	256	标准(注意,在 17 ms 发射中只使用 160 比特)

7.3.3 远程 AIS 广播消息

远程 AIS 广播消息(消息 27)的数据字段见表 83。

7.3.4 远程 AIS 广播消息的发射方法

7.3.4.1 概述

远程 AIS 广播消息应通过 AIS A 类台站发射,当前功率设置采用 7.3.4.2～7.3.4.5 规定的发射间隔、接入方案、AIS 岸台限定以及两个独立指定的远程信道(非 AIS1 和 AIS2)。AIS A 类台站应完成远程 AIS 广播的唯一发射功能。

7.3.4.2 发射间隔

远程 AIS 广播消息的标称发射间隔应为 3 min。

7.3.4.3 接入方案

发射远程 AIS 广播消息的接入方案应为 RATDMA。为发射远程 AIS 消息,AIS 应只考虑 AIS VDL 上用于候选时隙排位的两个频率。AIS VDL 只包括信道 A(默认为 AIS1)和信道 B(默认为 AIS2)。为安排远程 AIS 广播消息的 RATDMA 发射计划,在两个独立指定的远程信道进行的远程 AIS 广播不应被认为是 AIS VDL 的一部分。

7.3.4.4 AIS 台站限定

当 AIS A 类台站在 AIS 基站范围内时,远程 AIS 广播消息的发射应由主管机关通过消息 4 来决定。如果 AIS A 类台站没有接收到消息 4,3 min 后应恢复为标称状态。

7.3.4.5 发射远程广播消息

远程 AIS 广播消息应只在两个独立指定的信道而非 AIS 信道(AIS1、AIS2 或区域信道)上发射。

发射应在两信道之间交替进行，以便每个信道每 6 min 使用一次。

8 应用专用消息

8.1 概述

应用专用消息是根据应用定义数据内容的 AIS 消息，如二进制消息 6 和消息 8。数据内容不影响 AIS 的操作，AIS 作为台站之间传递数据内容的一种手段。功能消息的数据结构由一个应用标识符(AI)和随后的应用数据组成。

8.2 二进制消息

二进制消息由三部分组成：

——标准 AIS 架构(消息 ID、转发指示符、信源 ID 以及用于寻址二进制消息的目的 ID)；

——16 比特应用标识符(AI=DAC + FI)，其组成为：

- 10 比特指定区域码(DAC)——基于 MID；
- 6 比特功能标识符(FI)——允许 64 个独特应用专用消息；

——数据内容(可变长度可高达给定的最大值)。

8.3 应用标识符的定义

应用标识符唯一标识消息及其内容。应用标识符为 16 比特的号码，用于定义构成数据内容的比特含义。应用标识符的使用规定见 8.5。

DAC 为 10 比特号码。DAC 的分配为：

——国际 (DAC=1～9)，由国际约定维护，用于全球应用；

——区域 (DAC >10)，由受影响区域的主管机关维护；

——测试 (DAC=0)，用于测试目的。

建议 DAC 2～9 用于标识国际专用消息的后续版本，并且应用专用消息的管理者根据所在国家或地区的 MID 选择 DAC。任何应用专用消息在全球范围使用是未来的趋势。DAC 的选择不对消息可使用的区域进行限制。

FI 是 6 比特长的号码，在 DAC 分配下，用于在某个应用中唯一标识数据内容结构。每个 DAC 可以支持多达 64 个应用。

本标准第 5～7 章中所定义的 AIS 台站的技术特性仅包括 OSI 模式的第一层至第四层，见 5.1；第五层(会话层)、第六层(表示层)及第七层(应用层，包括人机界面)应按照本章规定，以避免应用冲突。

8.4 功能消息定义

每个功能消息由 AI 和应用数据的唯一组合构成。二进制消息数据内容的编解码基于由 AI 值标识的表。国际 AI(IAI)值标识的表应由负责定义国际功能消息(IFM)的国际权威部门维护和发布。区域 AI 表(RAI)的维护和发布、区域功能消息(RFM)的定义应由国家或区域权威部门负责。

表 25 给出了多达十个 IFM，旨在提供支持广播和寻址二进制消息的执行(系统应用)。其内容由 ITU 规定并维护。

8.5 二进制数据结构

8.5.1 概述

二进制数据结构提供了开发广播和寻址二进制消息数据内容结构的通用指南。

8.5.2 应用标识符

8.5.2.1 一般要求

寻址和广播二进制消息应包含一个16比特的应用标识符，其构成见表23。

表23 应用标识符

比特	说明
15～6	指定基于MID的区域码(DAC)。除了0(测试)和1(国际)。尽管长度为10比特，但DAC码等于或高于1 000的保留为将来使用
5～0	功能标识符。其含义由负责指定区域码地区的权威部门来确定

尽管应用标识符允许作为区域应用，但为了国际兼容该应用标识符应具有8.5.2.3规定的特定值。

8.5.2.2 测试应用标识符

具有任意功能标识符(0～63)的测试应用标识符(DAC=0)应用于测试目的，其功能标识符由其自行确定。

8.5.2.3 国际应用标识符

国际应用标识符(DAC=1)应用于相关全球的国际应用。专用国际应用由唯一功能标识符识别，见表24。

表24 国际应用标识符

应用标识符(十进制)		应用标识符(二进制)		说明
DAC	功能标识符	DAC	功能标识符	
001	00	0000 0000 01	00 0000	IFM 0:文本六位ASCII码，见8.8.1
001	01	0000 0000 01	00 0001	废止
001	02	0000 0000 01	00 0010	IFM 2:对具体IFM的查询，见8.8.2
001	03	0000 0000 01	00 0011	IFM 3:能力查询，见8.8.3
001	04	0000 0000 01	00 0100	IFM 4:能力查询应答，见8.8.4
001	05	0000 0000 01	00 0101	IFM 5:对寻址二进制消息的应用确认，见8.8.5
001	06～09	0000 0000 01	—	保留为将来的系统应用
001	10～63	0000 0000 01	—	保留为国际运行应用
注：DAC码的1 000～1 023保留为将来使用。				

8.6 创建功能消息指南

8.6.1 概述

通过功能消息使用时隙应考虑系统电平对VDL负荷产生的影响。

8.6.2 国际功能消息

在创建国际功能消息时应考虑以下方面：

——发布国际功能消息(参见 IMO 和 ITU 文件)；

——有关现行的、后续的或已不用的消息结构的留存和兼容问题；

——正式引入新功能所需的时间周期；

——每个功能消息应具有一个唯一的标识符(AI)；

——可用国际功能标识符的受限数量。

8.6.3 区域功能消息

在创建区域功能消息时应考虑以下方面：

——发布区域和国际功能消息；

——有关现行的、后续的或已不用的消息结构的留存和兼容问题(如 3 bit FI 版本指示符)；

——正式引入新功能所需的时间周期及成本；

——每个功能消息应具有一个唯一的标识符(AI)；

——分配给本地、区域、国家或多国使用的功能标识符的受限数量；

——加密消息的要求。

8.7 起草功能消息的指南

8.7.1 开发功能消息(FM)时应考虑以下方面：

——用于测试和评估目的的消息以确保运行系统的完整性；

——5.5.3.7(消息结构)和 11.3(消息说明)给出的规则；

——对每个数据字段的不可用值、标称值或故障值进行定义；

——对每个数据字段的默认值，应进行定义。

8.7.2 当包含位置信息时，除了纬度和经度，如果适用，应按如下顺序组成数据字段(见 AIS 消息 1 和 5)：

a) 位置准确度；

b) 经度；

c) 纬度；

d) 精度；

e) 电子定位装置的类型；

f) 时间标记。

8.7.3 当发射的是时间和/或数据信息而非用于位置信息的时间标记时，信息应如下定义(见 AIS 消息 4)：

a) UTC 年： 1～9 999；0：UTC 年份不可用，默认(14 比特)；

b) UTC 月： 1～12；0：UTC 月份不可用，默认(4 比特)；

c) UTC 日： 1～31；0：UTC 日期不可用，默认(5 比特)；

d) UTC 时： 0～23；24：UTC 小时不可用，默认(5 比特)；

e) UTC 分： 0～59；60：UTC 分钟不可用，默认(6 比特)；

f) UTC 秒： 0～59；60：UTC 秒不可用，默认(6 比特)。

8.7.4 当发射的是运动方向信息时，信息应定义为对地运动方向，见 AIS 消息 1。

8.7.5 FM的所有数据字段应遵照字节边界的要求,如果需要与字节边界对齐,则应插入空码。

8.7.6 在考虑缓冲和比特填充的情况下,应用应使时隙使用最小化,见第5章有关二进制消息的定义。

8.8 有关国际功能消息系统的定义

8.8.1 IFM 0:采用6比特ASCII码文本

使用AIS台站的应用采用IFM 0在各应用之间传送6比特ASCII文本。文本可用二进制消息6或消息8发送。当使用广播消息8时,参数"确认请求标志"应设置为0。

当长文本串细分时,需使用一个11比特的"文本序列号"。文本序列号被发送应用用于细分文本而被接收应用用于重新集合文本。对各细分的文本序列号应选择连续和始终递增的方式(110,111,112,……)。如果要传送多个文本,应选择文本序列号将细分文本与正确文本串正确地关联起来。

采用消息6的IFM 0,寻址二进制消息,见表25。

表25 采用消息6的IFM 0,寻址二进制消息

参数	比特数	说明
消息ID	6	消息6的标识符;固定为6
转发指示符	2	由转发器使用,表明消息已被转发次数。见5.4.7.2; 0~3;0:默认;3:不再转发
信源ID	30	信源台站的MMSI编号
序列号	2	0~3;见5.3.4.1
目的ID	30	目的台站的MMSI编号
重发标记	1	应根据重复发射设置重发标记: 0:无重复发射,默认; 1:重复发射
备用	1	未使用。应置为零
DAC	10	国际DAC=$1_{10}=0000000001_2$
FI	6	功能标识符=$0_{10}=000000_2$
确认请求标记	1	1:需要应答,寻址二进制消息可选用,但不能用于二进制广播消息; 0:无需应答,寻址二进制消息可选用,且需要二进制广播消息
文本序列号	11	根据应用递增序列编号 全零表示未使用此序列编号
文本字符串	6~906	6比特ASCII码,见表44中的定义。当使用此IFM时,在考虑表27的情况下发射所使用的时隙数应最小化。 对于消息6最大为906
备用位[a]	最大6	不用于数据且应设置为零。为维持字节边界,比特位数应为0、2、4或6
应用数据位的总数	112~1 008	对于消息6最大为920

[a] 当需要一个6比特备用位来满足八位字节边界要求时,该6比特备用位应解释为一个有效的6比特字符(全零为"@"字符)。在此情况下字符个数为1、5、9、13、17、21、25等。

采用消息8的IFM 0,广播二进制消息,见表26。

表 26 采用消息 8 的 IFM 0，广播二进制消息

参数	比特数	说明
消息 ID	6	消息 8 的标识符；固定为 8
转发指示符	2	由转发器使用，表明消息已被转发多少次，见 5.4.7.2； 0～3；0：默认；3：不再转发
信源 ID	30	信源台站的 MMSI 号码
备用	2	未使用。应置为零
DAC	10	国际 DAC＝1_{10}＝0000000001_2
FI	6	功能标识符＝0_{10}＝000000_2
确认请求标记	1	1：需要应答，寻址二进制消息可选用，但不能用于二进制广播消息； 0：无需应答，寻址二进制消息可选用，且需要二进制广播消息
文本序列号	11	根据应用递增序列编号 全零表示未使用此序列编号
文本串	6～936	6 比特 ASCII 码，见表 44 定义。当使用此 IFM 时，在考虑表 27 的情况下发射所使用的时隙数应最小化。 对于消息 6 最大为 936
备用位[a]	最大 6	不用于数据且应置为零。为维持字节边界，比特位数应为 0、2、4 或 6
应用数据位的总数	80～1 008	

[a] 当需要一个 6 比特备用位来满足八位字节边界要求时，该 6 比特备用位应解释为一个有效的 6 比特字符（全零为“@”字符）。在此情况下字符个数为 1、5、9、13、17、21、25 等。

表 27 给出了 6 比特 ASCII 字符的最大估计值，可用于消息 6 和消息 8 的二进制数据参数的应用数据字段。使用的时隙数会受到比特填充处理的影响。

表 27 消息 6 和消息 8 的比特填充

时隙的估计数	基于典型比特填充的 6 比特 ASCII 字符的最大数目	
	寻址二进制消息 6	广播二进制消息 8
1	6	11
2	43	48
3	80	86
4	118	123
5	151	156

注：5——时隙值给出了比特填充条件最坏情况的说明。

8.8.2 IFM 2：对专用 FM 的询问

一种应用针对专用功能消息询问（采用消息 6）另一种应用，应采用 IFM 2，见表 28。

对询问的应用响应，应采用寻址二进制消息应答。

表 28　采用消息 6 的 IFM 2,对具体 FM 询问的消息

参数	比特数	说明
消息 ID	6	消息 6 的标识符;固定为 6
转发指示符	2	由转发器使用,表明消息已被转发多少次,见 5.4.7.2 0～3;0:默认;3:不再转发
信源 ID	30	信源台站的 MMSI 号码
序列编号	2	0～3;见 5.3.4.1
目的 ID	30	目的台站的 MMSI 编号
重发标记	1	应根据重复发射设置重发标记: 0:无重复发射,默认;1:重复发射
备用	1	未使用。应置为零
DAC	10	国际 DAC=1_{10}=0000000001_{2}
FI	6	功能标识符=2_{10}=000010_{2}
请求的 DAC 码	10	IAI、RAI 或测试
请求的 FI 码	6	见有关 FI 参考文件
备用位	64	未使用。应置为零,保留为将来使用
位总数	168	最终消息 6 占用 1 个时隙

8.8.3　IFM 3:能力询问

一种应用针对专用 DAC 应用标识符的有效性询问(采用消息 6)另一种应用,应采用 IFM 3。应对每一个 DAC 分别作出请求,见表 29。IFM 3 仅用于寻址二进制消息的数据内容。

表 29　采用消息 6 的 IFM 3,能力询问消息

参数	比特数	说明
消息 ID	6	消息 6 的标识符;固定为 6
转发指示符	2	由转发器使用,表明消息已被转发多少次,见 5.4.7.2 0～3;0:默认;3:不再转发
信源 ID	30	信源台站的 MMSI 号码
序列编号	2	0～3;见 5.3.4.1
目的 ID	30	目的台站的 MMSI 编号
重发标记	1	应根据重复发射设置重发标记: 0:无重复发射,默认; 1:重复发射
备用	1	未使用。应置为零
DAC	10	国际 DAC=1_{10}=0000000001_{2}
FI	6	功能标识符=3_{10}=000011_{2}
请求的 DAC 码	10	IAI、RAI 或测试

表 29（续）

参数	比特数	说明
备用位	70	未使用。应置为零,保留为将来使用
位总数	168	最终消息 6 占用一个时隙

8.8.4 IFM 4:能力应答

IFM 4 应由一种应用用来应答(采用消息 6)IFM 3 功能消息。应答包含对专用 DAC 的各功能标识符应用的可用状态,见表 30。

应采用寻址二进制消息去应答询问应用。

表 30　采用消息 6 的 IFM 4,能力应答消息

参数	比特数	说明
消息 ID	6	消息 6 的标识符;固定为 6
转发指示符	2	由转发器使用,表明消息已被转发多少次,见 5.4.7.2 0～3;0:默认;3:不再转发
信源 ID	30	信源台站的 MMSI 号码
序列编号	2	0～3;见 5.3.4.1
目的 ID	30	目的台站的 MMSI 编号
重发标记	1	应根据重复发射设置重发标记: 0:无重复发射,默认; 1:重复发射
备用	1	未使用。应置为零
DAC	10	国际 DAC=$1_{10}=0000000001_2$
FI	6	功能标识符=$4_{10}=000100_2$
DAC 码	10	IAI、RAI 或测试
FI 可用性	128	FI 能力表,对每个 FI 都应使用一对两个连续的比特,顺序为 FI0、FI1、……FI63 配对的起始位: 0:FI 不可用(默认); 1:FI 可用。 配对的第二位:保留为将来使用;应置为零
备用	126	未使用。应置为零,保留为将来使用
位总数	352	最终消息 6 占用两个时隙

8.8.5 IFM 5:对寻址二进制消息的应用确认

在请求时,IFM 5 应由一个应用用来确认接收寻址二进制消息。应用不应用于确认二进制广播消息,见表 31。

在请求时,如果询问应用没有收到 IFM 5,应用应假设所寻址 AIS 单元没有连接到 PI。

针对 AIS 台站的任何应用，若“确认请求标志”设置为“0”，则不应响应应。

表 31 采用消息 6 的 IFM 5，应用确认消息

参数	比特数	说明
消息 ID	6	消息 6 的标识符；固定为 6
转发指示符	2	由转发器使用，表明消息已被转发多少次，见 5.4.7.2 0～3；0：默认；3：不再转发
信源 ID	30	信源台站的 MMSI 号码
序列编号	2	0～3；见 5.3.4.1
目的 ID	30	目的台站的 MMSI 编号
重发标记	1	应根据重复发射设置重发标记： 0：无重复发射，默认； 1：重复发射
备用	1	未使用。应置为零
DAC	10	国际 DAC＝1_{10}＝0000000001_2
FI	6	功能标识符＝5_{10}＝000101_2
接收到 FM 的 DAC 码	10	建议作为备用
接收到 FM 的 FI 码	6	
文本序列编号	11	接收到的确认消息的序列编号 0：默认（无序列编号） 1～2 047：接收到的 FM 的序列编号
AI 可用	1	0：接收到但 AI 不可用； 1：AI 可用
AI 应答	3	0：不能响应； 1：接收已确认； 2：随后响应； 3：能够响应但当前禁止； 4～7：保留为将来使用
备用位	49	未使用。应置为零，保留为将来使用
位总数	168	最终消息 6 占用一个时隙

9 发射分组排序

发射分组排序对台站应用层（应用 A 和应用 B）之间通过 PI 在 VDL 上进行信息交换的方法进行了规定，见图 26～图 34。

所发起的应用使用寻址消息为每个发射分组指定一个序列号。序列号可以是 0、1、2 或 3。序列号以及消息类型和目的台站赋予发射唯一的处理标识符。处理标识符传送给接收应用。

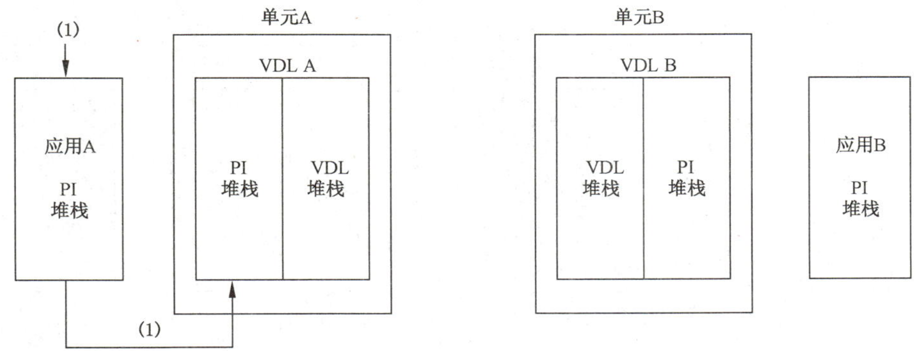

图 26　应用层信息交换 A

步骤一：应用 A 通过 PI 投递序列编号为 0、1、2 和 3 向寻址地址 B 投递四条寻址消息。

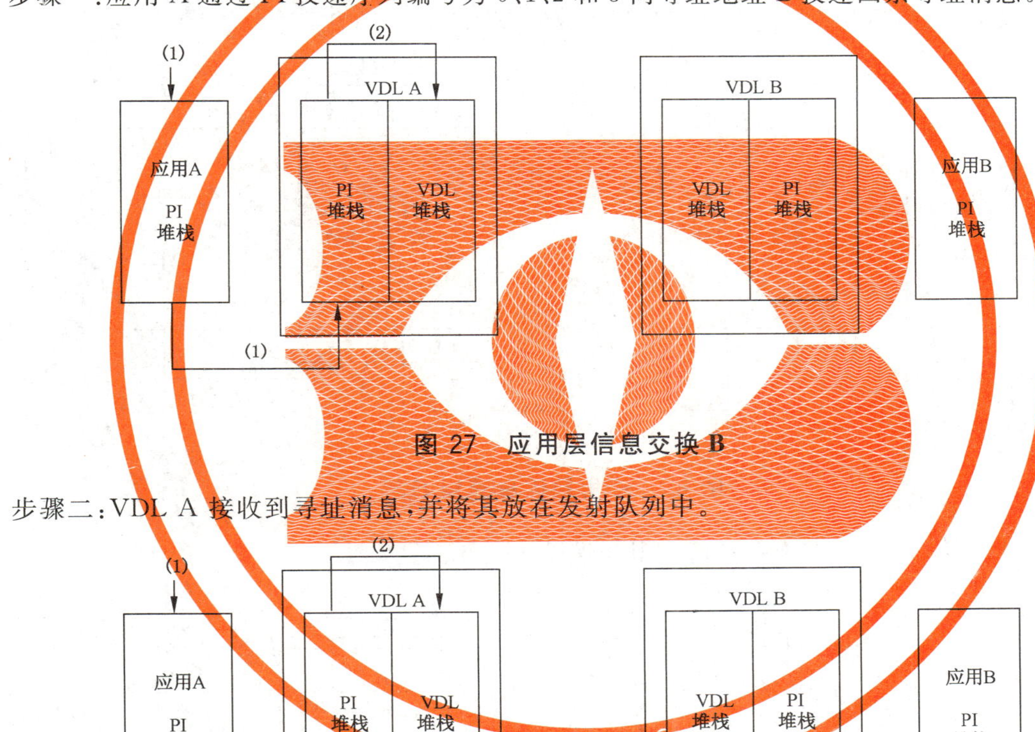

图 27　应用层信息交换 B

步骤二：VDL A 接收到寻址消息，并将其放在发射队列中。

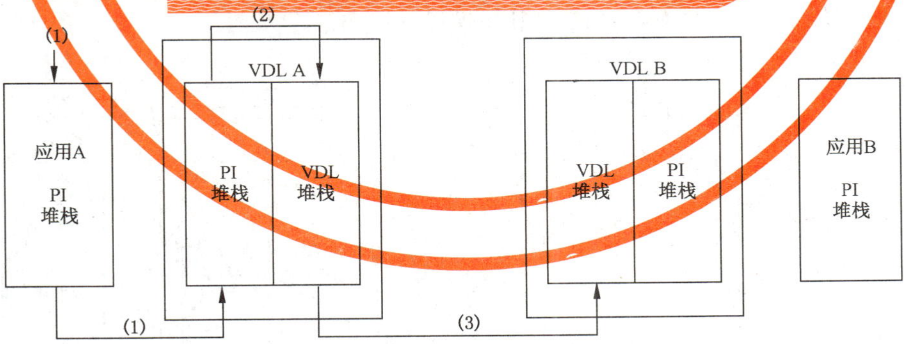

图 28　应用层信息交换 C

步骤三：VDL A 将消息发射给 VDL B，VDL B 只接收序列编号为 0 和 3 的消息。

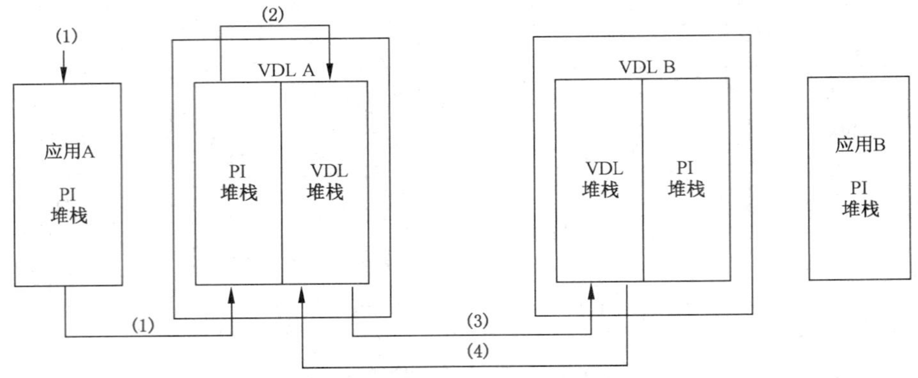

图 29　应用层信息交换 D

步骤四：VDL B 以序列编号 0 和 3 向 VDL A 返回 VDL-ACK 消息。

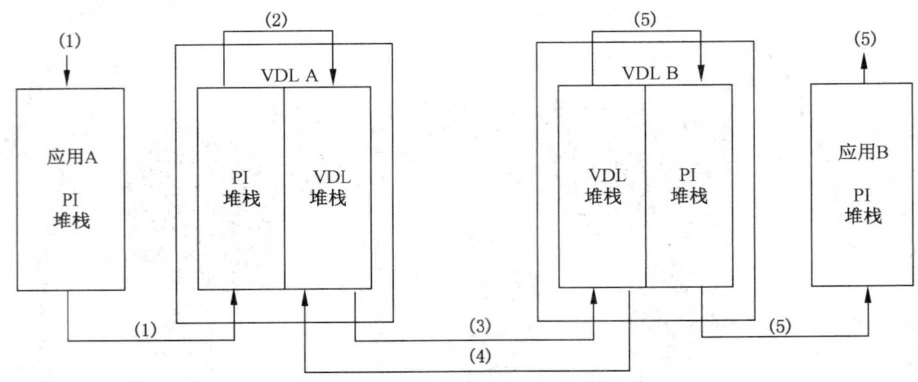

图 30　应用层信息交换 E

步骤五：VDL B 以序列编号 0 和 3 向应用 B 投递寻址消息。

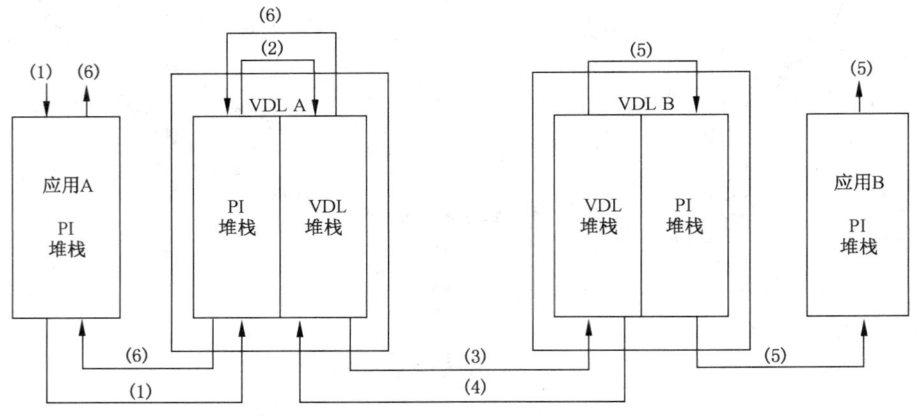

图 31　应用层信息交换 F

步骤六：VDL A 以序列编号 0 和 3 向应用 A 返回 PI-ACK(OK)。

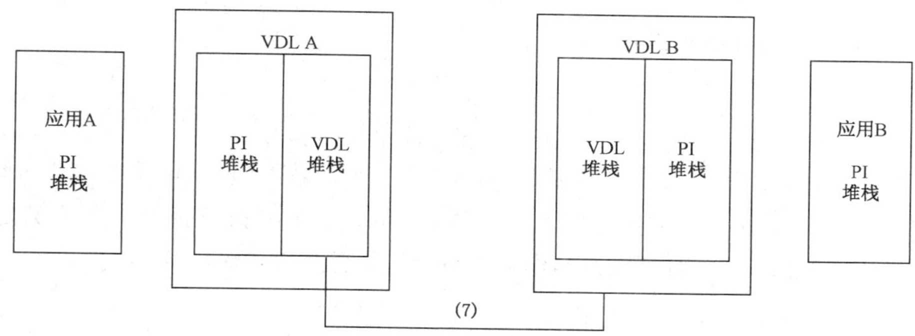

图 32 应用层信息交换 G

步骤七：VDL A 在序列编号 1 和 2 超时，向 VDL B 重发寻址信息。

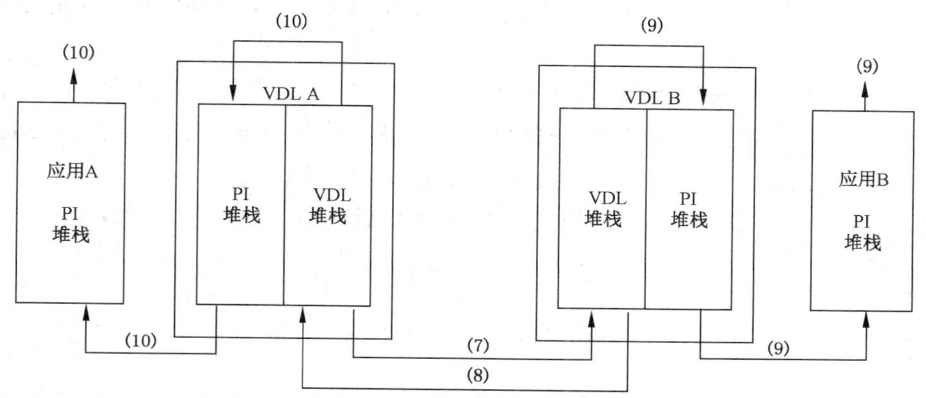

图 33 应用层信息交换 H

步骤八：VDL B 成功接收到消息 2，并以序列编号 2 返回一个 VDL-ACK。

步骤九：VDL B 以序列编号 2 向应用 B 投递 ABM（寻址二进制消息）。

步骤十：VDL A 以序列编号 2 向应用 A 投递 PI-ACK（OK）。

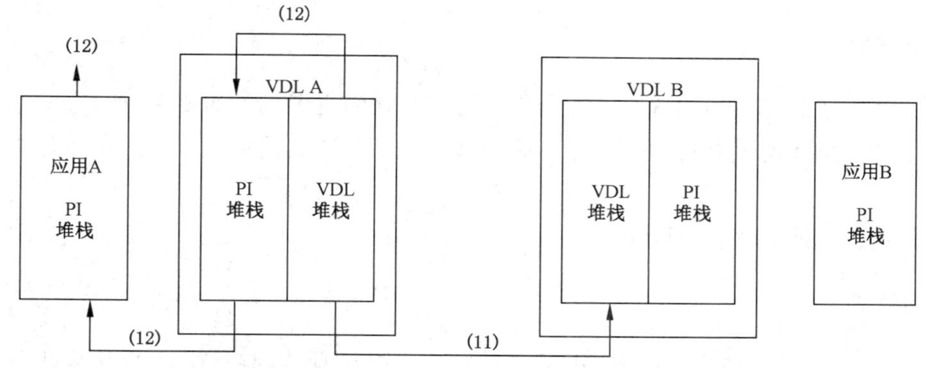

图 34 应用层信息交换 I

步骤十一：VDL A 以序列编号 1 重发消息，但并不从 VDL B 接收 VDL-ACK。这一操作进行两次且投递信息不成功。

步骤十二：VDL A 在以序列编号 1 发射消息失败后，向应用 A 投递一个 PI-ACK（FAIL）。

10 采用 CSTDMA 技术的 B 类 AIS

10.1 定义

采用 CSTDMA 技术的 B 类 AIS(以下简称:B 类 CS),要求 B 类 CS 单元监听 AIS 网络以确定网络是否处于活动空闲,只有在网络空闲时才发送。B 类 CS 单元还需要监听预留消息并满足预留消息的要求。这种工作模式确保 B 类 CS 可交互操作且不会干扰符合第 5 章的设备。

10.2 总体要求

10.2.1 B 类"CS" AIS 的功能

B 类"CS"AIS 台应能与 A 类或其他 B 类 AIS 船载台或工作在 AIS VDL 上的任何其他 AIS 台交互操作并兼容。特别是 B 类"CS"AIS 台接收其他台站和被其他台站接收,不应降低 AIS VDL 的完整性。

由 B 类"CS"AIS 台进行的发射应在同步于 VDL 活动的"时段"中有组织的进行。

B 类"CS" AIS 只有在证实准备发射的时段内,不干扰符合第 5 章设备的发射时才能发送。B 类"CS"AIS 的发射不应超过一个标称的时段(除了以消息 19 响应基站)。

准备只工作在接收模式的 AIS 台,不应当作 B 类 AIS 船载台。

10.2.2 工作模式

10.2.2.1 概述

系统应能工作于下述的几种工作模式,并符合主管机关消息发射的要求,不应转发收到的信息。

10.2.2.2 自主连续模式

自主连续模式是一种在所有地区通过消息 18 发射预定位置报告和通过消息 24 发射静态数据的工作模式。

B 类"CS"AIS 应能在本台发射时段之外的任何时间接收和处理消息。

10.2.2.3 分配模式

在某一区域内"分配"模式的运行,应符合负责通信监管的主管机关的要求,如:

——报告间隔、静默模式和/或收发信机的操作,可由主管机关通过消息 23 使用群组分配远程设置;

——通过消息 20 预留时段,见 11.3.19。

10.2.2.4 询问模式

询问模式是一种"轮询"或受控模式,用于 B 类"CS"AIS 响应来自 A 类 AIS 或基站消息 18 和消息 24 的询问时。B 类"CS"AIS 针对基站通过消息 19 指定发射偏移的询问也应做出应答[3)]。询问模式不考虑由消息 23 定义的静默时段,见 11.3.22。

B 类"CS"AIS 不应询问其他台站。

3) 注意由于消息 19 是一条占用两个事件周期的消息,这就要求在轮询之前使用消息 20 预留各自的时间周期。

10.3 性能要求

10.3.1 组成

B类"CS"AIS应包括：

——一台通信处理器，能运行在VHF海上移动业务频段的某一部分，支持短程VHF应用；

——至少一台发射机和三台接收处理器，两个用于TDMA，一个用于70信道上的DSC。DSC处理可采用10.4.1.2.7所描述的基于时间共享的接收资源。在DSC接收时段之外的两个TDMA接收处理器，应同时在AIS信道A和信道B上独立工作[4)]；

——一种在海上移动频段内进行自动信道切换的方法(用消息22和DSC；消息22应优先)。不应提供人工信道切换；

——一个内部GNSS位置传感器，提供万分之一弧分的分辨率且使用WGS-84基准，见10.3.3。

10.3.2 工作频道

B类"CS"AIS应至少工作在ITU RR附录18规定的161.500 MHz～162.025 MHz中的25 kHz带宽的频道上，并符合ITU-R M.1084建议案附录4。DSC的接收处理应调谐在70信道上。

当要求B类"CS"AIS工作在其范围之外的频段和/或带宽时，应在信道AIS1和AIS2上自动回到只接收模式。

10.3.3 用于位置报告的内部GNSS接收机

B类"CS"AIS应有一个作为位置、COG、SOG信源的内部GNSS接收机。

内部GNSS接收机可进行差分校正，例如通过评估消息17。

如果内部GNSS传感器不起作用，除非基站发出询问，否则B类"CS"AIS不应发送消息18和消息24[5)]。

10.3.4 识别

为了船舶和消息识别，应使用合适的MMSI码。只有MMSI被编程写入后，B类"CS"AIS才能发射。

10.3.5 AIS信息

10.3.5.1 信息内容

B类"CS"AIS提供下列信息，见消息18和表67。

10.3.5.2 静态信息

静态信息内容包括：

——识别码(MMSI)；

——船舶名称；

——船舶类型，默认值为37(游艇)；

——船东ID(可选)；

---

4) 在某些区域，主管部门可能不需要DSC功能。

5) 注意在这种情况下同步处理将不计入距离延迟。

——呼号；
——船舶尺寸和位置参考。

10.3.5.3 动态信息

动态信息内容包括：
——具有精度指示和完整性状态的船舶位置；
——时间(UTC 秒)；
——对地航向(COG)
——对地航速(SOG)；
——真艏向(可选)。

10.3.5.4 配置信息

应提供特定装置中有关配置和选项的信息：
——AIS B 类"CS"AIS 单元；
——键盘/显示设备的最低可用性；
——DSC 70 信道接收机的可用性；
——整个海上频段或 525 kHz 频段上的操作能力；
——处理信道管理消息 22 的能力。

10.3.5.5 与安全相关的短消息

与安全相关短消息的发射，应符合 11.3.13 的规定，并应使用预设内容。
用户应无法改变预设内容。

10.3.5.6 信息报告间隔

在发射时段可用条件下，B 类"CS"AIS 应按以下报告间隔发射位置报告(消息 18)：
——30 s：若 SOG >2 kn；
——3 min：若 SOG ≤2 kn。
通过消息 23 接收到的指令不应考虑报告间隔；不要求小于 5 s 的报告间隔。
除位置报告外且不依赖于位置报告，静态数据子消息 24 A 和消息 24 B 每 6 min 发射一次，见 10.4.4.2。消息 24 B 应在消息 24 A 之后的 1 min 中内发射。

10.3.5.7 发射机关机程序

发射机在正常发射结束 1 s 内不停止其发射的情况下，应具备自动关闭功能。自动关闭过程应独立于操作软件。

10.3.5.8 静态数据输入

使用之前应提供静态数据输入和验证 MMSI 的方法。MMSI 编程写入后，用户应无法修改。

10.4 技术要求

10.4.1 物理层

10.4.1.1 概述

物理层负责将比特流从始发端传输至数据链路。

10.4.1.2 收发机的特性

10.4.1.2.1 概述

通用收发信机的特性应符合表 32 的规定。

表 32 收发信机的特性

符号	参数名称	数值	公差
PH.RFR	区域性频率(ITU RR 附录 18 中的频率范围)[a](MHz) 全频段 156.025～162.025 MHz 也是允许的 见消息 18	161.500 ～ 162.025	—
PH.CHS	信道间隔(按照 ITU RR 附录 18 及其脚注编码)[b](kHz) 信道带宽	25	—
PH.AIS1	AIS1(默认信道 1)(2087)[b](MHz)	161.975	$\pm 3\times10^{-6}$
PH.AIS2	AIS2(默认信道 2)(2088)[b](MHz)	162.025	$\pm 3\times10^{-6}$
PH.BR	比特率(bps)	9 600	$\pm 50\times10^{-6}$
PH.TS	同步序列(比特)	24	—
	GMSK 发射机的 BT 乘积	0.4	
	GMSK 调制指数	0.5	

[a] 见 ITU-R M.1084 建议案的附录 4。

[b] 在某些区域,主管机关可不要求 DSC 功能。

10.4.1.2.2 双信道运行

AIS 应能按照 10.4.3.2 的要求在两个并行的信道上运行。应采用两个 TDMA 接收信道或处理过程分别在两个独立的频道上同时接收信息。应采用一个 TDMA 发射机在两个独立的频道上交替进行 TDMA 发射。

除非由主管机关另行规定,数据发射应默认为 AIS1 和 AIS2,见 10.4.3.2 和 10.4.5。

10.4.1.2.3 带宽

根据 ITU-R M.1084-4 建议案和 ITU RR 的附录 18 的要求,B 类 AIS 应运行在 25 kHz 带宽信道上。

10.4.1.2.4 调制方式

调制方式应为带宽自适应调频高斯滤波最小频移键控(GMSK/FM)。在发射机调频前,NRZI 编码数据应经过 GMSK 编码。

10.4.1.2.5 同步序列

数据发射应从24比特的同步序列(前置码)开始。同步序列数据段应由交替排列的“0”和“1”组成(0101……)。同步序列总是由“0”开始。

10.4.1.2.6 数据编码

数据编码应采用NRZI波形。NRZI波形的特征为在比特流中每遇到“0”电平就发生改变。

不采用前向纠错、交织或比特扰码。

10.4.1.2.7 DSC操作

B类“CS”AIS应能接收DSC信道管理命令。应具备专门的接收处理，或应能基于时间共享，将TDMA接收机重新调谐至70信道，且每个TDMA接收机交替调谐并监控70信道，见10.4.5[6)]。

10.4.1.3 发射机要求

发射机参数见表33。

表33 发射机参数

发射机参数	数值	条件
频率误差	±500 Hz	
载波功率	33 dBm ± 1.5 dB	传导时
调制频谱	−25 dBW −60 dBW	$\Delta f_c <$ ±10 kHz ±25 kHz $< \Delta f_c <$ ±62.5 kHz
调制精度	<3 400 Hz 2 400 ± 480 Hz 2 400 ± 240 Hz 1 740 ± 175 Hz 2 400 ± 240 Hz	比特0,1 比特2,3 比特4 ……31 比特32 ……199: 用于0101…… 比特组合 用于00001111……比特组合
功率对时间的关系特性	发射延迟:2 083 μs 斜坡上升:≤ 313 μs 斜坡下降:≤ 313 μs 发射时长:≤ 23 333 μs	标称的1个时间周期发射
杂散发射	−36 dBm −30 dBm	9 kHz……1 GHz 1 GHz……4 GHz

10.4.1.4 接收机参数

接收机参数见表34。

6) 在某些区域，主管机关可不要求DSC功能。

表 34 接收机参数

接收机参数	数值		
	结果	有用信号	无用信号
灵敏度	20%	−107 dBm −104 dBm,在±500 Hz 偏置时	
高输入电平处的误差	2%	−77 dBm	—
	10%	−7 dBm	—
同信道抑制	20%	−101 dBm	−111 dBm −111 dBm,在±1 kHz 偏置时
邻道选择性	20%	−101 dBm	−31 dBm
杂散响应抑制	20%	−101 dBm	−31 dBm 50 MHz……520 MHz
互调响应抑制	20%	−101 dBm	−36 dBm
阻塞和去敏	20%	−101 dBm	−23 dBm (<5 MHz) −15 dBm (>5 MHz)
杂散发射	−57 dBm −47 dBm	9 kHz……1 GHz 1 GHz……4 GHz	

10.4.2 链路层

10.4.2.1 概述

链路层详细说明如何将数据分组,以完成数据传送过程中的错误检测。链路层分为三个子层。

10.4.2.2 链路子层 1:介质接入控制

10.4.2.2.1 概述

MAC 子层提供准许接入数据发射介质的方法,即 VDL。采用的方法是 TDMA。

10.4.2.2.2 同步

10.4.2.2.2.1 概述

同步应用于确定 CS 时间周期(T_0)的标称开始时刻。

10.4.2.2.2.2 同步模式 1:接收到 B 类 CS 以外的 AIS 台站

如果接收到来自其他符合第 5 章的 AIS 台站的信号,B 类 CS 应将其时间周期同步至计划的位置报告上(应适当考虑由各台站带来的传播延迟)。只要消息类型 1、2、3、4、18 和 19(转发指示符=0)提供位置数据且没有转发,这种情况就适用。

同步抖动不应超过接收位置报告平均值的±3 比特(±312 μs)。平均值应在 60 s 周期上滚动计算。

如果这些 AIS 台站不再被接收,B 类 CS 应保持同步至少 30 s,然后切换回同步模式 2。

作为替代,可允许满足相同要求的其他同步源(可选)。

10.4.2.2.2.3 同步模式 2:只接收到 B 类 CS AIS 台站

在只有 B 类 CS 台站的情况下(没有其他类别的台站可用作同步源),B 类 CS 台站应根据其内部定时确定时段的起始(T_0)。

如果 B 类 CS 单元接收到一个可用作同步源的 AIS 台站(处于同步模式 2),B 类 CS 台站应估计定时并将其下一次发射同步到本台站。

由基站预留的时段应不受影响。

10.4.2.2.3 CS 检测方法

在用于发射的时段标称起始(T_0)之后,AIS B 类 CS 应检测以 833 μs 开始及 1 979 μs 结束的 1 146 μs时间窗口是否正在使用(CS 检测窗口)。

在 CS 检测窗口检测到信号电平大于“CS 检测门限”(10.4.2.2.4)的任何时段上不应发送 B 类“CS”AIS。

CSTDMA 分组发射应在时段的标称起始后的 20 比特(T_A=2 083 μs+T_0)后开始,见图 35。

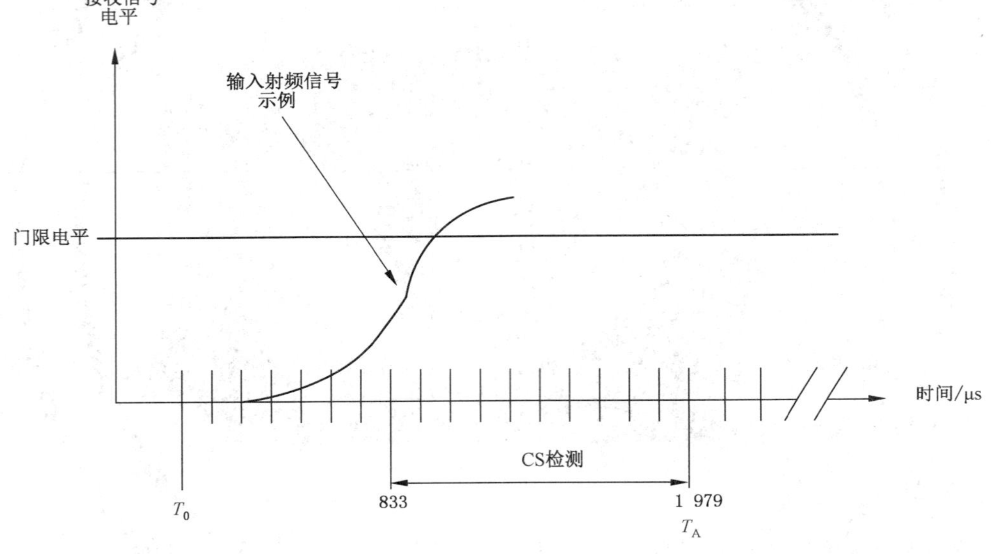

图 35 载波检测定时

10.4.2.2.4 CS 检测门限

CS 检测门限应在 60 s 的滚动周期上分别对每个 Rx 信道进行判定。门限应通过测量最低功率电平(代表背景噪声)加上一个 10 dB 的偏移来算出。最低的 CS 检测门限应为−107 dBm,应跟踪背景噪声,其范围至少为 30 dB(导致最大门限电平为−7 dBm)。[7)]

---

7) 下面的例子符合这一要求:
以>1 kHz 的速率对 RF 信号强度采样,在随后的 20 ms 周期上进行平均并经过 4 s 的时间间隔确定最小周期值。保持 15 个这样时间间隔的历史记录。所有 15 个时间间隔的最小值作为背景电平。在给出的 CS 检测门限上加一个 10 dB 的固定偏置。

10.4.2.2.5 **VDL 接入**

发射机应在载波检测窗口(T_A)之后立即通过开启 RF 功率开始发射。

发射机应在发射单元中发射分组的最后一个比特发射之后关闭(标称发射结束 T_E,假设没有比特填充)。

接入介质的过程见图 36 和表 35。

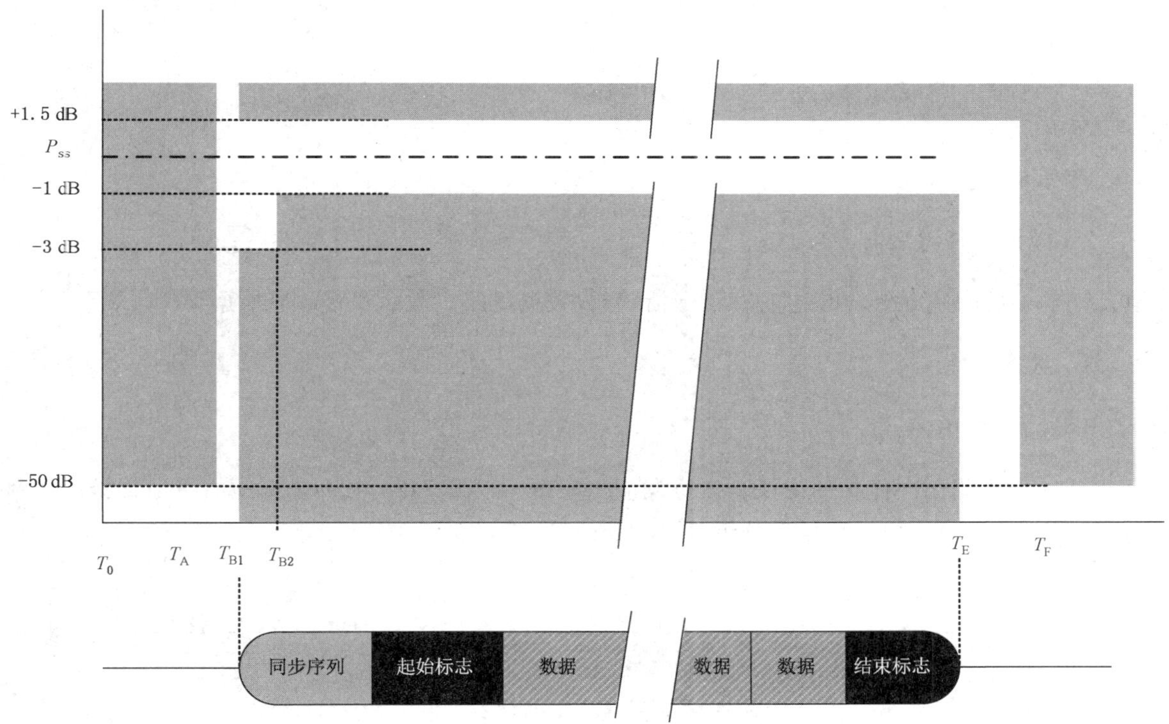

<table>
<tr><th colspan="2">参考</th><th>比特</th><th>时间(ms)</th><th>定义</th></tr>
<tr><td colspan="2">T_0～T_A</td><td>0</td><td>0</td><td>候选发射时段的开始
功率应不得超过 P_{ss}的－50 dB</td></tr>
<tr><td colspan="2">T_A～T_B</td><td>20</td><td>2 083</td><td>斜坡上升的开始</td></tr>
<tr><td rowspan="2">T_B</td><td>T_{B1}</td><td>23</td><td>2 396</td><td>功率应达到 P_{ss}的＋1.5 或－3 dB 范围内</td></tr>
<tr><td>T_{B2}</td><td>25</td><td>2 604</td><td>功率应达到 P_{ss}的＋1.5 或－1 dB 范围内</td></tr>
<tr><td colspan="2">T_E(加 1 个填充位)</td><td>248</td><td>25 833</td><td>功率应继续保持在 P_{ss}的＋1.5 或－1 dB 范围内</td></tr>
<tr><td colspan="2">T_F(加 1 个填充位)</td><td>251</td><td>26 146</td><td>功率应达到稳态 RF 输出功率(P_{ss})的－50 dE 并稳定在该值以下</td></tr>
</table>

图 36 功率与时间掩模

在终止发射(T_E)后直至功率达到零且下一个时段开始(T_G)应没有 RF 调制。

10.4.2.2.6 **VDL 状态**

VDL 状态是基于对一个时段的载波检测的结果,见 10.4.2.2.3。VDL 时段可以是以下状态之一:

——空闲:时段可用且尚未识别,参考 10.4.2.2.3;

——已使用:VDL 已被识别,参考 10.4.2.2.3;

——不可用：如果时段被基站用消息 20 预留且不考虑其范围时，应标识为“不可用”。

标识为“不可用”的时段不应作为本台站使用的候选时段，可在超时后使用。如果没有规定或如消息 20 的规定，超时应为 3 min。

10.4.2.3 链路子层 2：数据链路服务

10.4.2.3.1 概述

DLS 子层为以下操作提供方法：

——数据链路的激活和释放；

——数据传输；

——差错检测与控制。

10.4.2.3.2 数据链路激活与释放

在 MAC 子层的基础上，DLS 应监听、激活、释放数据链路。激活和释放应根据 10.4.2.2.5。

10.4.2.3.3 数据传输

10.4.2.3.3.1 概述

数据传输应采用面向比特的协议。该协议应当根据 GB/T 7421 中所规定的高级数据链路控制规程。除控制字段忽略外，应采用信息分组(I-Packets)，见图 37。

起始缓冲	同步序列	起始标记	数据	FCS	结束标记	结束缓冲

图 37 CS 发射分组

10.4.2.3.3.2 比特填充

比特流受比特填充控制。表明如果输出比特流中出现五个连续 1 时，应插入一个“0”。这种方法适用于除 HDLC 标记的数据比特之外的任何比特(起始标记与结束标记，见图 37)。

10.4.2.3.3.3 分组格式

采用图 37 所示的数据分组发射数据。

分组应自左向右发射。除同步序列外，这一结构应与普通的 HDLC 结构相同。采用同步序列(见 10.4.1.2.5)是为了对 VHF 接收机进行同步。默认分组总长度为 256 比特，相当于 26.7 ms。

10.4.2.3.3.4 起始缓冲

起始缓冲为 23 比特长，见表 35。其组成为：

——CS 延迟 20 比特：

- 接收延迟(同步抖动＋距离延迟)；
- 自身同步抖动(相对于同步源)；
- 斜坡上升(接收的消息)；
- CS 检测窗口；
- 内部处理延迟。

——斜坡上升(本发射机)3 比特。

表 35 起始缓冲

序号	说明	比特	注释
1	接收延迟(同步抖动+距离延迟)	5	A 类:3 比特抖动+ 2 比特(30 nm)距离延迟 基站:1 比特抖动+ 4 比特(60 nm)距离延迟
2	自身同步抖动(相对于同步源)	3	3 比特,根据 10.4.2.2.2
3	斜坡上升(接收的消息)	8	参考第 5 章,检测窗口的起始
4	检测窗口	3	
5	内部处理延迟	1	
6	斜坡上升(本发射机)	3	
合计		23	

10.4.2.3.3.5 同步序列

同步序列应为交替的"0"和"1"组合的比特模式(010101010……)。

在发射标记之前,应先发射 24 比特的前置码。由于通信电路使用 NRZI 模式,这一比特模式应加以修正,见图 38。

a) 修整前

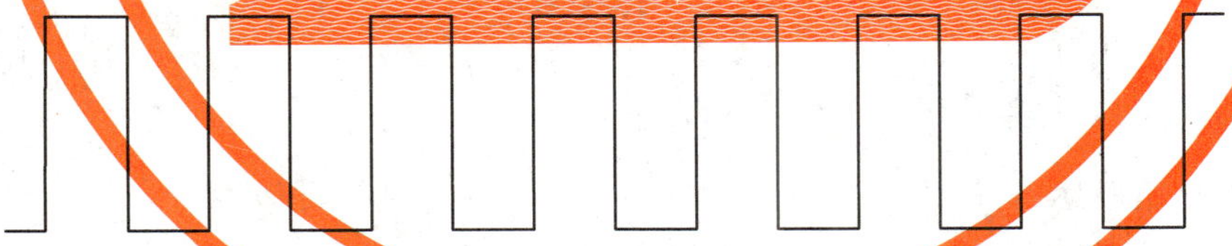

b) 经 NRZI 修正后

图 38 同步序列

10.4.2.3.3.6 起始标记

起始标记应为 8 比特长,由标准 HDLC 标记组成。其作用为检测发射分组的开始。起始标记由一个 8 比特长的比特波形组成:01111110。该标记尽管包含六个连续的"1",但不应受比特填充的影响。

10.4.2.3.3.7 数据

在一个时段发射的默认发射分组中,数据部分最大为 168 比特长。

10.4.2.3.3.8 帧校验序列

根据 GB/T 7421 定义,帧校验序列(FCS)采用循环冗余校验(CRC)16 比特多项式计算校验和。在

CRC 计算开始时应将 CRC 比特预设为“1”。CRC 计算中应只包括数据部分，见图 39。

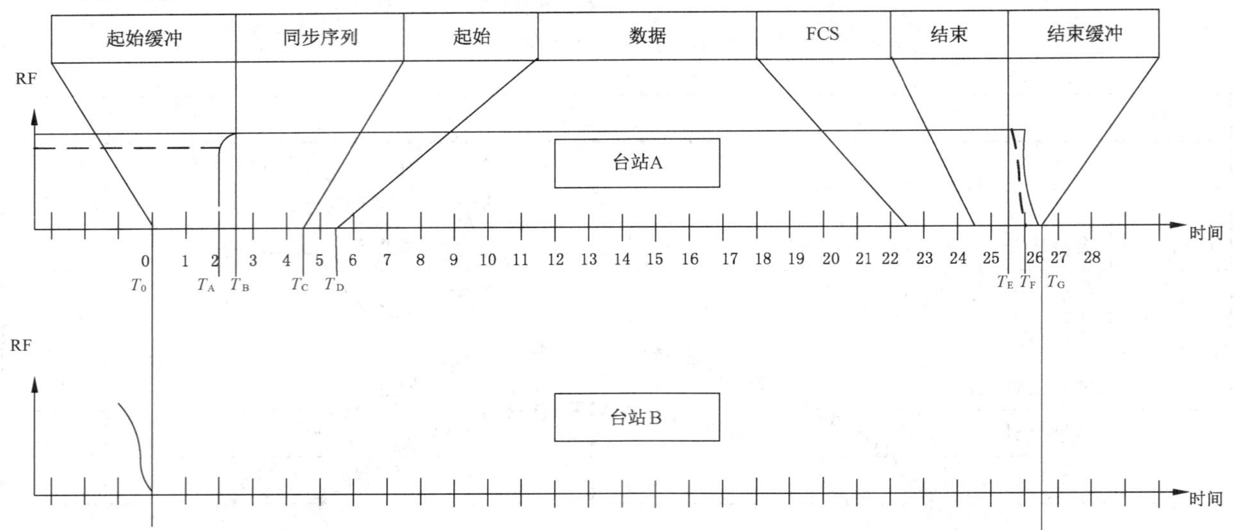

图 39 发射定时

10.4.2.3.3.9 结束标记

结束标记与 10.4.2.3.3.6 所描述的起始标记相同。

10.4.2.3.3.10 结束缓冲

结束缓冲包括：

——比特填充：4 比特；

——斜坡下降：3 比特；

——距离延迟：2 比特。

转发器延迟不适用(不支持双工转发器环境)。

10.4.2.3.4 发射分组概述

数据分组概述见表 36。

表 36 发射分组概述

动作	比特	说明
起始缓冲		
CS 延迟	20	图 39 中的 $T_0 \sim T_A$
斜坡上升	3	图 39 中的 $T_A \sim T_B$
同步序列	24	同步需要
起始标记	8	根据 HDLC(7 Eh)
数据	168	默认值
CRC	16	根据 HDLC
结束标记	8	根据 HDLC(7 Eh)

表 36(续)

动作	比特	说明
结束缓冲		
比特填充	4	
斜坡下降	3	
距离延迟	2	
合计	256	

10.4.2.3.5 发射定时

表 37 和图 39 所示为默认发射分组的定时(一次划分)。

表 37 发射定时

$T(n)$	时间 μs	比特	说明
T_0	0	0	时隙开始;起始缓冲的开始
T_A	2 083	20	发射开始(施加 RF 功率)
T_B	2 396	23	起始缓冲结束;RF 功率和频率的稳定时间,同步序列开始
T_C	4 896	47	起始标记开始
T_D	5 729	55	数据开始
T_E	25 729	247	结束缓冲开始;发射的标称结束(假设 0 比特填充)
T_F	26 042	250	斜坡下降的标称结束(功率达到－50 dBc)
T_G	26 667	256	时段结束,下一个时段开始

10.4.2.3.6 长发射分组

自主发射限制在一个时段。当响应基站消息 19 的询问时,响应可占用两个时段。

10.4.2.3.7 差错检测和控制

差错检测和控制采用 10.4.2.3.3.8 中所描述的 CRC 多项式。

CRC 差错不应导致 B 类 CS 进一步反应。

10.4.2.4 链路子层 3:链路管理实体

10.4.2.4.1 预定发射的接入算法

B 类 CS 应采用 CSTDMA 接入发射周期,并同步于 VDL 上 RF 活动的周期。

接入算法由表 38 给出的参数定义。

表 38 接入参数

术语	说明	值域
报告间隔(RI)	按照 10.3.5.6 的规定	5 s ……10 min
标称发射时间(NTT)	由 RI 定义的发射标称时段	
发射间隔(TI)	发射时段可能的时间间隔,以 NTT 为中心	TI=RI/3 或 10 s,取较小值
后选的周期(CP)	进行发射尝试的时段(时段指示不可用除外)	
TI 中 CP 的数量		10

CSTDMA 算法应遵循以下规则(见图 40):

a) 随机定义 TI 中的 10 个 CP;

b) 根据 10.4.2.2.3,从 TI 中的第一个 CP 开始,对 CS 进行检测,如果 CP 的状态为"未使用"则发射,否则等待下一个 CP;

c) 如果 10 个 CP 都"已使用"就应放弃发射。

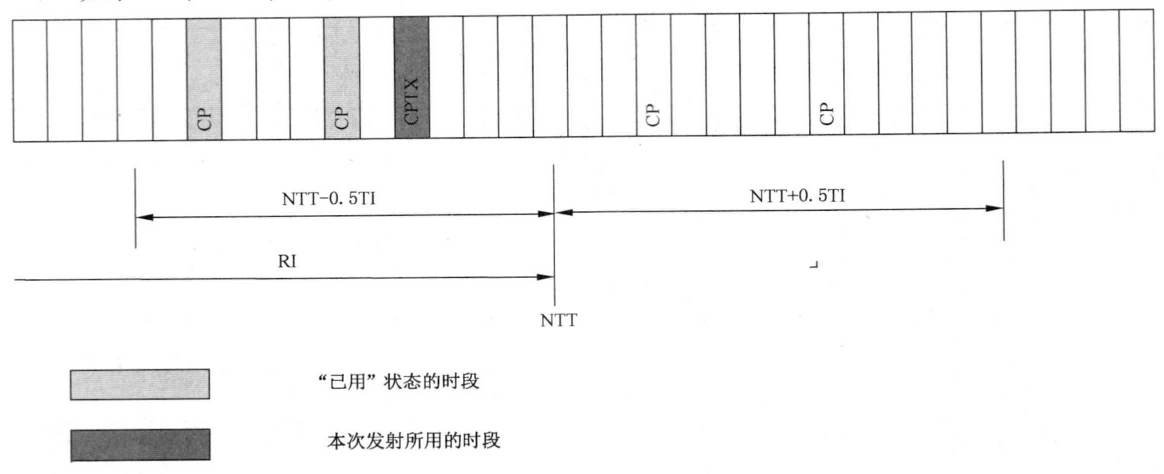

图 40 CSTDMA 接入的举例

10.4.2.4.2 未预定发射的接入算法

除响应基站发出的询问外,未预定发射应通过在要求的 25 s 内分配一个标称发射时间来完成,并应采用 10.4.2.2.3 所描述的接入算法。

如果执行了处理消息 12 的选择,应在同一信道上发送一个确认消息 13 来响应消息 12,如果需要,接入算法可重复多达三次。

10.4.2.4.3 工作模式

10.4.2.4.3.1 概述

应有三种工作模式:

——自主(默认模式);

——分配;

——询问。

10.4.2.4.3.2 自主模式

以自主模式运行的台站应能自行确定其位置报告的发射计划。

10.4.2.4.3.3 分配模式

以分配模式运行的台站应采用主管机关基站所分配的发射计划。分配模式由一条组分配命令(消息 23)发起。

分配模式应影响预设位置报告的发射,除 Tx/Rx 模式和静默时间命令外,还影响静态报告。

如果一个台站收到组分配命令,且属于通过区域和选择参数寻址的群组,台站应进入分配模式并以"分配模式标记"设置为"1"来指示。

为了确定组分配命令是否适用于接收台站,台站应同时对所有选择器字段进行评估。

当给出一个特定的发射操作(Tx/Rx 模式或报告间隔)命令时,移动台应在第一次发射[8]之后4 min～8 min 之间随机选择一个,将其标记为超时。在超时后,台站应返回到自主模式。

当给出一个特定 Rr 的命令时,在接收到消息 23 的时间以及为避免冲突所分配的时间间隔中随机选择一个,AIS 应以分配的 Rr 发送第一个位置报告。

接收到的任何单个分配命令应优先于接收到的任何组分配命令,具体情况如下:

——如果消息 22 是单独寻址的,那么消息 22 的 Tx/Rx 模式字段设置应优先于消息 23;

——如果接收到具有区域设置的消息 22,那么消息 23 的 Tx/Rx 模式字段设置应优先于消息 22。在 Tx/Rx 模式字段,接收台站在消息 23 分配失效后返回到先前 Tx/Rx 模式下的区域运行设置。

当 B 类 CS 台站接收到一条静默时间命令时,应继续安排 NTT 周期,但不应在任何信道上发射消息 18 和消息 24。在静默时间内应响应询问,仍可发射与安全相关的消息。在静默时间之后,应采用静默期间保持的发射计划恢复发射。

在第一个静默时间内,应忽略所接收到的后续静默时间命令。

静默时间命令应覆盖 Rr 命令。

10.4.2.4.3.4 询问模式

台站应自动响应来自 AIS 台站(见表 64)的询问消息(消息 15)。询问模式的运行不应和其他两种模式的运行发生冲突。响应应在接收到询问消息的信道上发射。

如果针对消息 18 和消息 24 的询问,不带有消息 15 中规定的偏移,应采用 10.4.2.4.2 的接入算法在 30 s 内发射响应。如果没有找到空闲的候选时段,那么在 30 s 后应再次尝试发射。

如果基站的询问带有消息 15 给出的偏移,那么在指定的时段发射响应,而不采用 10.4.2.4.2 的接入算法。

如果消息 15 包含对应发射响应时段的偏移,那么只应响应消息 19 的询问[9]。

应忽略在本机响应询问发射之前所接收的同一条消息的询问。

10.4.2.4.4 初始化

电源接通后,台站应对 TDMA 信道监视 1 min 以同步于接收到的 VDL 发射(见 10.4.2.2.2)并确定

8) 由于超时,当需要时可由主管机关重新发布分配。如果消息 23 指定的 6 min 或 10 min 的报告间隔没有被基地台更新,被分配的台站在超时之后应恢复标称的运行并且不使用分配的 Rr。

9) 只可由基地台完成,基地台在询问前用消息 20 预留时段。

CS检测门限电平(见10.4.2.2.4)。第一次自主发射应总是预定的位置报告(消息18),见11.3.17。

10.4.2.4.5 CS接入的通信状态

由于B类"CS"不使用任何通信状态信息,消息18中的通信状态字段应用默认值[10] "1100000000000000110"填充并且通信状态选择器标志字段用"1"填充。

10.4.2.4.6 VDL消息使用

B类CS船载移动AIS设备使用的VDL消息,见第11章及表39。

表39 AIS使用的VDL消息

消息编号	信息名称	参考第11章	接收和处理[a]	本台发射	备注
0	未定义				
1	位置报告(计划的)	11.3.2	可选	否	
2	位置报告(分配的)	11.3.2	可选	否	
3	位置报告(询问时)	11.3.2	可选	否	
4	基站报告	11.3.3	可选	否	
5	静态和航行相关数据	11.3.4	可选	否	
6	寻址二进制消息	11.3.5	否	否	
7	二进制确认	11.3.6	否	否	
8	二进制广播消息	11.3.7	可选	否	
9	标准的SAR航空器位置报告	11.3.8	可选	否	
10	UTC和日期查询	11.3.9	否	否	
11	UTC/日期响应	11.3.3	可选	否	
12	安全相关的寻址消息	11.3.11	可选	否	也可通过消息14发射
13	安全相关的确认	11.3.6	否	可选	如果选择执行处理消息12就应发射
14	安全相关的广播消息	11.3.13	可选	可选	仅以预定义的文本发射,见10.4.3.4.7
15	询问	11.3.14	是	否	B类"CS"应响应消息18和消息24的询问,还应响应基站消息19的询问
16	分配模式命令	11.3.22	否	否	消息23适用于"CS"
17	DGNSS广播二进制消息	11.3.16	可选	否	
18	标准B类设备位置报告	11.3.17	可选	是	B类"CS"AIS应将标志比特143设为"1",以表明为"CS"
19	扩展B类设备位置报告	11.3.18	可选	是	只针对基站询问响应发射
20	数据链路管理消息	11.3.19	是	否	

10) B类CS台默认报告为同步状态3且不报告"接收到的台站数量"。因此它不被用做其他台站的同步源。

表 39（续）

消息编号	信息名称	参考第 11 章	接收和处理[a]	本台发射	备注
21	助航设备报告	11.3.20	可选	否	
22	信道管理消息	11.3.21	是	否	在某些区域，功能的使用可能不同
23	组分配	11.3.22	是	否	
24	B 类“CS”静态数据	11.3.23	可选	是	A 部分和 B 部分
25	单时隙二进制消息	11.3.24	可选	否	
26	具有通信状态的多时隙二进制消息	11.3.25	否	否	
27	远程应用的位置报告	11.3.26	否	否	
28～63	未定义	无	否	否	保留为将来使用

[a] 此表中的“接收和处理”意为对使用者是一种看得见的功能，例如输出到一个接口或一个显示器。对于同步，它需要按照第 4.3.1.1 节接收和内部处理消息；适用于消息 1、消息 2、消息 3、消息 4、消息 18、消息 19。

10.4.2.4.7 安全相关消息的使用，消息 14(可选)

如果执行消息 14 的数据内容，那么数据内容应预先定义且发射不应超过一个时段。表 40 规定了用于消息 14 的最大数据比特数，这是基于所需填充比特理论最大值的假设。

表 40 消息 14 使用的数据比特数

时段数量	最大数据比特数	填充比特	总缓冲比特
1	136	36	56

B 类“CS”AIS 应只接收消息 14 的初始化，每分钟一次，由用户人工输入。不允许自动重复。

消息 14 可优先于消息 18。

10.4.3 网络层

10.4.3.1 概述

网络层应用于：

——建立和维护信道连接；

——消息优先级的分配管理；

——信道之间发射分组的分发；

——解决数据链路阻塞。

10.4.3.2 双信道运行

标称的默认工作模式应为双信道工作模式，在这种模式下，AIS 同时在两个并行的频道上接收。

DSC 处理可采用 10.4.6 所描述的基于时间共享的接收资源。在 DSC 接收时段之外的两个 TDMA 接收处理器，应同时在 AIS 信道 A 和信道 B 上独立工作。

对于周期性重复消息，应在信道 A 和信道 B 之间交替发射。交替过程应不依赖于消息 18 和消息 24。

完整的消息 24 的发射应在信道间交替进行(在转换到另一信道之前所有子消息在同一信道上发射)。

信道接入在两个并行信道上独立执行。

对询问的响应应在初始消息的同一信道上发射。

对于不同于以上描述的非周期性消息的发射，不论消息的类型，应在信道 A 和信道 B 之间交替进行。

10.4.3.3 信道管理

表 41 给出了信道管理的过渡特性，信道管理应按照 5.4.2 进行，以下情况除外：

——信道管理应通过消息 22 或 DSC 命令进行。不应使用其他方法；

——B 类“CS”AIS 只被要求以 25 kHz 带宽的信道间隔工作于 10.3.2 中规定的频段上。如果对频率的要求超出其工作能力，B 类“CS”AIS 应停止发射。

表 41 信道管理过渡特性

区域名称	过渡区标识	步骤	区域 1 信道 A (频率 1)	区域 1 信道 B (频率 2)	区域 1 信道 A (频率 3)	区域 1 信道 B (频率 4)
区域 1		A	1	1		
	过渡区	B	2		2	
区域 2	过渡区	C	2		2	
		D			1	1
注：1——表示以标称报告间隔发射；2——表示以 0.5 个报告间隔发射。						

当进入(步骤 A 至 B)或离开(步骤 C 至 D)过渡区时，B 类“CS”AIS 应先后考虑旧信道和新信道的噪声电平来持续评估 CS 门限。应保持以其计划所要求的 Rr 持续发射(在步骤 B 中以频率 1 和频率 3)。

10.4.3.4 发射分组的分发

主管机关可以通过发射组分配消息 23 对任何一个移动台分配报告间隔。所分配的报告间隔应优先于标称 Rr；不需要低于 5 s 的报告间隔。

在超时之前，B 类 CS 应仅对下一个较短或较长的命令响应一次。

10.4.3.5 数据链路拥塞的解决方案

如 10.4.2.4.1 所述，B 类“CS”AIS 的接入算法确保在用于发射的时段内不会干扰符合第 5 章的台站所进行的发射。不需要也不应使用额外的拥塞解决方案。

10.4.4 传输层

10.4.4.1 概述

传输层应负责：

——将数据转换成大小正确的发射分组；
——数据分组的排序；
——与上层的接口协议。

10.4.4.2 发射分组

发射分组是最终能与外部系统互通的信息的内部表示。数据分组的大小应符合数据传输的规则。

传输层应将准备发射的数据转换成发射分组。

B类"CS"AIS应只发射消息18、消息19和消息24,并可选择发射消息14。

10.4.4.3 数据分组的排序

B类"CS"AIS周期性发射标准位置报告消息18。

周期性发射应采用10.4.2.4.2中描述的接入方案。如果发射尝试因为诸如高信道负荷的原因而失败,就不应重发。不需要另外的排序。

10.4.5 DSC信道管理

10.4.5.1 DSC功能

AIS应能按照第6章的规定执行区域信道指定和区域范围指定;DSC发射(确认或响应)不应广播。

DSC功能应使用专用的DSC接收机或时间共享TDMA信道来实现。DSC功能的主要用途是在AIS1和/或AIS2不可用时接收信道管理消息。

10.4.5.2 DSC时间共享

设备采用时间共享TDMA接收信道实现DSC接收功能,应遵守以下规定。

应选择两个接收处理之一,按照表42给出的时段监视DSC 70信道30 s。这一选择在两个接收处理之间应交换。

如果AIS正在使用这种时间共享方式接收DSC,那么在这个时段内AIS发射应继续执行。为了完成CS算法,AIS接收机的信道切换时间应满足:在每次AIS发射中DSC监视不应中断0.5 s以上[11]。

如果接收到DSC命令,AIS发射可能会相应地延迟。

在配置期间应将这些时段编程写入单元中。除非主管机关规定了一些其他监视计划,否则应使用表43中默认的监视计划。监视计划应在初始配置时编程写入单元中。在DSC监视期间,计划的自主或分配发射以及对询问的响应应继续进行。

通过执行6.1.2中地理坐标呼叫所要求的区域频率和区域边界操作(见5.4.2),AIS设备应能处理消息类型104,该消息类型具有ITU-R M.825建议案表5的00、01、09、10、11、12和13号扩展编码(对该测试,DSC信道管理测试信号编号为1)。

---

11) 在DSC监视期间,由于AIS接收机的时间共享TDMA接收会中断。AIS的固有特性是假设DSC信道管理消息按照ITU-R M.825建议案的要求在两次发射之间以0.5 s间隔复制消息的方式发射。这将保证AIS能在每个DSC监视时段内,在不影响AIS发射性能的情况下至少接收一个DSC信道管理消息。

表 42 DSC 监视时间

UTC 小时过后的分钟数
05:30～05:59
06:30～06:59
20:30～20:59
21:30～21:59
35:30～35:59
36:30～36:59
50:30～50:59
51:30～51:59

11 AIS 消息

11.1 消息类型

表 43 中的消息采用以下各项内容：

a) 消息 ID:5.5.3.7.2 所定义的消息识别码。

b) 名称:消息的名称,见 11.3。

c) 说明:关于消息的简要说明,每个消息的详细说明见 11.3。

d) 优先级:5.4.3.3 所定义的优先级。

e) 接入方案:指示台站如何选择时隙用于消息发射。选择时隙所采用的接入方案并不决定在这些时隙中进行消息发射的类型和通信状态。

f) 通信状态:指定消息中所使用的通信状态。若消息未包含通信状态,则说明不可用,即 N/A。通信状态可用,指示时隙的预期使用。未注明通信状态,指示时隙可立即被使用。

g) M/B:M——由移动台发射、B——由基站发射。

11.2 消息概述

给出了所定义的消息概述见表 43。

表 43 消息概述

消息 ID	名称	说明	优先级	接入方案	通信状态	M/B
1	位置报告	计划的位置报告 (A 类船载移动设备)	1	SOTDMA, RATDMA, ITDMA[a]	SOTDMA	M
2	位置报告	分配的计划位置报告 (A 类船载移动设备)	1	SOTDMA[i]	SOTDMA	M
3	位置报告	专用位置报告, 对询问的响应 (A 类船载移动设备)	1	RATDMA[a]	ITDMA	M

表 43（续）

消息 ID	名称	说明	优先级	接入方案	通信状态	M/B
4	基站报告	基站的位置、UTC、日期和当前时隙编号	1	FATDMA[c,g] RATDMA[b]	SOTDMA	B
5	静态和与航行相关的数据	计划的静态和与航行相关的船舶数据报告（A 类船载移动设备）	4[e]	RATDMA，ITDMA[b]	N/A	M
6	二进制寻址消息	寻址通信的二进制数据	4	RATDMA[j]，FATDMA，ITDMA[b]	N/A	M/B
7	二进制确认	所接收到的寻址二进制数据的确认	1	RATDMA，FATDMA，ITDMA[b]	N/A	M/B
8	二进制广播消息	广播通信的二进制数据	4	RATDMA[j]，FATDMA，ITDMA[b]	N/A	M/B
9	标准 SAR 航空器位置报告	仅以 SAR 运行的机载台站的位置报告	1	SOTDMA，ITDMA[a]	SOTDMA ITDMA	M
10	UTC/日期查询	查询 UTC 时间和日期	3	RATDMA，FATDMA ITDMA[b]	N/A	M/B
11	UTC/日期响应	当前 UTC 时间和日期（如能获取）	3	RATDMA，ITDMA[b]	SOTDMA	M
12	安全相关寻址消息	寻址通信的安全相关数据	2	RATDMA[j]，FATDMA，ITDMA[b]	N/A	M/B
13	安全相关的确认	所接收到寻址安全相关消息的确认	1	RATDMA，FATDMA，ITDMA[b]	N/A	M/B
14	安全相关广播消息	广播通信的安全相关数据	2	RATDMA[j]，FATDMA，ITDMA[b]	N/A	M/B
15	询问	具体消息类型的请求（可导致一个或几个台站多重响应[d]）	3	RATDMA，FATDMA，ITDMA[b]	N/A	M/B
16	分配模式命令	由主管机关通过基站分配特定的报告行为	1	RATDMA，FATDMA	N/A	B
17	DGNSS 广播二进制消息	由基站提供的 DGNSS 修正	2	FATDMA[c]，RATDMA[b]	N/A	B
18	标准 B 类设备位置报告	用以替代消息 1、2、3 的 B 类船载移动设备的标准位置消息[h]	1	SOTDMA，ITDMA[a] CSTDMA	SOTDMA，ITDMA	M

表 43（续）

消息 ID	名称	说明	优先级	接入方案	通信状态	M/B
19	扩展 B 类设备位置报告	B 类船载移动设备的扩展位置消息，包括附加的静态信息[h]	1	ITDMA	N/A	M
20	数据链路管理消息	为基站预留时隙	1	FATDMA[c]，RATDMA	N/A	B
21	助航报告	助航设备的位置和状态报告	1	FATDMA[c]，RATDMA[b]	N/A	M/B
22	信道管理	基站对于信道和收发机模式的管理	1	FATDMA[c]，RATDMA[b]	N/A	B
23	组分配命令	由主管机关通过基站为具体的移动组分配特定的报告行为	1	FATDMA，RATDMA	N/A	B
24	静态数据报告	为 MMSI 分配的附加数据 A 部分：名称； B 部分：静态数据	4	RATDMA，ITDMA，CSTDMA，FATDMA	N/A	M/B
25	单时隙二进制消息	非计划的短二进制数据发射（广播或寻址）	4	RATDMA，ITDMA，CSTDMA，FATDMA	N/A	M/B
26	具有通信状态的多时隙二进制消息	计划的二进制数据发射（广播或寻址）	4	SOTDMA，RATDMA，ITDMA	SOTDMA，ITDMA	M/B
27	远程应用的位置报告	计划的位置报告； （基站覆盖范围以外的 A 类船载移动设备）	1	RATDMA	N/A	M

DGNSS：数字全球导航卫星系统

[a] ITDMA 用于第一帧阶段以及改变 Rr 阶段（见 5.5.3.5.3.4）。SOTDMA 用于连续运行阶段（见 5.5.3.5.3.5）。RATDMA 可用于随时发射附加的位置报告。

[b] 这个消息类型应在 4 s 内广播。RATDMA 接入方案是为该消息类型分配时隙的默认方式（见 5.5.3.4.3.2）。现有 SOTDMA 分配的时隙，可能情况下，应采用 ITDMA 接入方案为该消息分配时隙（仅适用于移动台）。基站可使用现有 FATDMA 分配的时隙为该消息类型的发射分配时隙。

[c] 基站总是运行在分配工作模式，用固定发射计划（FATDMA）周期性发射。“数据链路管理信息”应用于声明基站的固定分配计划（见消息 20）。如需要，RATDMA 可用于发射非周期性广播。

[d] 对 UTC 和日期的询问，应采用消息识别码 10。

[e] 对询问的响应，优先级为 3。

[f] 为满足双信道运行的要求（见 5.4.2），除非消息 22 另作说明，应遵照以下规则：
——对于周期性重复消息，包括初始数据链路接入，发射应在 AIS1 和 AIS2 之间交替进行；
——对于时隙分配声明、对询问的响应、对请求的响应以及确认，应在与初始消息相同的信道上发射；
——对于寻址消息，应采用最后一次收到寻址台站消息所在的信道发射；
——对于上述之外的非周期性消息，不考虑消息类型，其发射应在 AIS1 和 AIS2 之间交替进行。

[g] 关于基站（双信道运行）的建议：鉴于以下原因，基站应在 AIS1 和 AIS2 之间交替进行发射：
——增加链路容量；
——平衡 AIS1 和 AIS2 的信道负载；
——减轻射频干扰的不良影响。

[h] B 类以外的船载移动设备不应发射消息 18 和消息 19。B 类船载移动设备应只用消息 18 和消息 19 发射位置报告和静态数据。

[i] 当用消息 16 分配 Rr 时，接入方案应为 SOTDMA。当使用消息 16 分配发射时隙时，接入方案应为采用 SOTDMA 通信状态的分配运行，见 5.5.3.6.3。

[j] 对于消息 6、消息 8、消息 12 和消息 14，从移动台 RATDMA 发射的每个消息最多 5 个连续时隙，在一帧中总计不超过 20 个时隙，见 5.3.3。

11.3 消息说明

11.3.1 概述

所有要发射的位置应以 WGS84 数据发射。

有些电报指定了字符数据的内容，如船名、目的地、呼号及其他信息。这些字段应采用表 44 所定义的 6 比特 ASCII 码。

表 44　6 比特 ASCII 码表

6 比特 ASCII				标准 ASCII			6 比特 ASCII				标准 ASCII		
字符	十进制	十六进制	二进制	十进制	十六进制	二进制	字符	十进制	十六进制	二进制	十进制	十六进制	二进制
@	0	0x00	00 0000	64	0x40	0100 0000	O	15	0x0F	00 1111	79	0x4F	0100 1111
A	1	0x01	00 0001	65	0x41	0100 0001	P	16	0x10	01 0000	80	0x50	0101 0000
B	2	0x02	00 0010	66	0x42	0100 0010	Q	17	0x11	01 0001	81	0x51	0101 0001
C	3	0x03	00 0011	67	0x43	0100 0011	R	18	0x12	01 0010	82	0x52	0101 0010
D	4	0x04	00 0100	68	0x44	0100 0100	S	19	0x13	01 0011	83	0x53	0101 0011
E	5	0x05	00 0101	69	0x45	0100 0101	T	20	0x14	01 0100	84	0x54	0101 0100
F	6	0x06	00 0110	70	0x46	0100 0110	U	21	0x15	01 0101	85	0x55	0101 0101
G	7	0x07	00 0111	71	0x47	0100 0111	V	22	0x16	01 0110	86	0x56	0101 0110
H	8	0x08	00 1000	72	0x48	0100 1000	W	23	0x17	01 0111	87	0x57	0101 0111
I	9	0x09	00 1001	73	0x49	0100 1001	X	24	0x18	01 1000	88	0x58	0101 1000
J	10	0x0A	00 1010	74	0x4A	0100 1010	Y	25	0x19	01 1001	89	0x59	0101 1001
K	11	0x0B	00 1011	75	0x4B	0100 1011	Z	26	0x1A	01 1010	90	0x5A	0101 1010
L	12	0x0C	00 1100	76	0x4C	0100 1100	[	27	0x1B	01 1011	91	0x5B	0101 1011
M	13	0x0D	00 1101	77	0x4D	0100 1101	\	28	0x1C	01 1100	92	0x5C	0101 1100
N	14	0x0E	00 1110	78	0x4E	0100 1110	]	29	0x1D	01 1101	93	0x5D	0101 1101

表 44（续）

6 比特 ASCII				标准 ASCII			6 比特 ASCII				标准 ASCII		
字符	十进制	十六进制	二进制	十进制	十六进制	二进制	字符	十进制	十六进制	二进制	十进制	十六进制	二进制
^	30	0x1E	01 1110	41	0x5E	0101 1110	/	47	0x2F	10 1111	47	0x2F	0010 1111
_	31	0x1F	01 1111	95	0x5F	0101 1111	0	48	0x30	11 0000	48	0x30	0011 0000
空格	32	0x20	10 0000	32	0x20	0010 0000	1	49	0x31	11 0001	49	0x31	0011 0001
!	33	0x21	10 0001	33	0x21	0010 0001	2	50	0x32	11 0010	50	0x32	0011 0010
“	34	0x22	10 0010	34	0x22	0010 0010	3	51	0x33	11 0011	51	0x33	0011 0011
#	35	0x23	10 0011	35	0x23	0010 0011	4	52	0x34	11 0100	52	0x34	0011 0100
$	36	0x24	10 0100	36	0x24	0010 0100	5	53	0x35	11 0101	53	0x35	0011 0101
%	37	0x25	10 0101	37	0x25	0010 0101	6	54	0x36	11 0110	54	0x36	0011 0110
&	38	0x26	10 0110	38	0x26	0010 0110	7	55	0x37	11 0111	55	0x37	0011 0111
‘	39	0x27	10 0111	39	0x27	0010 0111	8	56	0x38	11 1000	56	0x38	0011 1000
(	40	0x28	10 1000	40	0x28	0010 1000	9	57	0x39	11 1001	57	0x39	0011 1001
)	41	0x29	10 1001	41	0x29	0010 1001	:	58	0x3A	11 1010	58	0x3A	0011 1010
*	42	0x2A	10 1010	42	0x2A	0010 1010	;	59	0x3B	11 1011	59	0x3B	0011 1011
+	43	0x2B	10 1011	43	0x2B	0010 1011	<	60	0x3C	11 1100	60	0x3C	0011 1100
,	44	0x2C	10 1100	44	0x2C	0010 1100	=	61	0x3D	11 1101	61	0x3D	0011 1101
—	45	0x2D	10 1101	45	0x2D	0010 1101	>	62	0x3E	11 1110	62	0x3E	0011 1110
.	46	0x2E	10 1110	46	0x2E	0010 1110	?	63	0x3F	11 1111	63	0x3F	0011 1111

注：除非另作说明，所有字段为二进制，所有数字以十进制表示，负数以 2 的补码来表示。

11.3.2 消息 1、2、3：位置报告

位置报告应由移动台站定期输出，见表 45～表 47。

表 45 消息 1、2、3

参数	比特数	说明
消息 ID	6	消息 1、消息 2 或消息 3 的标识符
转发指示符	2	转发器用来指示一个消息被转发的次数，见 5.4.7.2； 0～3；0：默认；3：不再转发
用户 ID	30	唯一标识符，例如 MMSI 号码
航行状态	4	0：发动机在用；1：锚泊；2：失控；3：操纵受限；4：吃水受限；5：靠泊；6：搁浅；7：捕捞作业；8：靠船帆提供动力；9：为将来 HSC 航行状态修正所保留；10：为将来 WIG 航行状态修正所保留；11～13：保留为将来使用；14：AIS-SART（激活）15：未定义，缺省（AIS-SART 测试时可用）
转向率[a] ROT_{AIS}	8	0～ ＋126：每分钟右转最多 708°或以上 0～－126：每分钟左转最多 708°或以上 在 0～708°之间每分钟旋转的角度值编码为：$ROT_{AIS}=4.733\ SQRT(ROT_{传感器})°/min$ 。式中：$ROT_{传感器}$ 为转向率，由外部转向率指示器（TI）输入。ROT_{AIS} 为舍入后最为接近的整数 ＋127：以每 30 s 超过 5°右转（TI 不可用） －127：以每 30 s 超过 5°左转（TI 不可用） －128（80 h）表示没有转向信息可用（默认值）
对地航速 SOG	10	对地航速，步长为 1/10 节（0～102.2 节） 1 023：不可用； 1 022：102.2 节或以上
位置精度	1	位置精度（PA）标志应根据表 48 确定 1：高（≤10 m，DGNSS 接收机的差分模式）； 0：低（＞10 m，GNSS 接收机或其他电子定位装置的自主模式）；默认为 0
经度	28	以 1/10 000 分表示的经度[±180°，东：正（表示为 2 的补码）；西：负（表示为 2 的补码）；181°，（6 791AC0 h）：不可用，默认]
纬度	27	以 1/10 000 分表示的纬度[±90°，北：正（表示为 2 的补码）；南：负（表示为 2 的补码）；91°，（3 412 140 h）：不可用，默认]
对地航向 COG	12	对地航向，以 1/10°为单位（0～3 599）。 3 600（E10 h）：不可用，默认；不应采用 3 601～4 095
真艏向	9	度数（0～359）（511：不可用，默认）
时间标记	6	UTC 秒，电子定位系统（EPFS）生成报告的时间[0～59；60：不可用，默认；61：定位系统以人工输入方法运行；62：以预计模式（航位推算法）运行；63：定位系统未运行]
特定操作指示符	2	0：不可用，默认； 1：未进行特定操作； 2：进行特定操作 （即：关于内陆水道的区域性通行安排）
备用	3	未使用，应设为 0。保留为将来使用

表 45（续）

参数	比特数	说明
RAIM 标志	1	电子定位设备的 RAIM(接收机自主完整性监测)标志； 0:RAIM 未使用,默认;1:RAIM 使用,见表 48
通信状态	19	见表 47
总的比特数	168	
[a] ROT 数据不应由 COG 信息导出		

表 46 位置报告消息的通信状态

消息识别码	通信状态
1	SOTDMA 通信状态,见 5.5.3.7.3.3
2	SOTDMA 通信状态,见 5.5.3.7.3.3
3	ITDMA 通信状态,见 5.5.3.7.4.3

表 47 位置精度信息的确定

源自 RAIM 的精度状态(对于 95%的定位)[a]	RAIM 标志	差分校正状况[b]	位置精度(PA)的结果值
无 RAIM 处理可用	0	未校正	0:低(>10 m)
期望的 RAIM 误差<10 m	1		1:高(<10 m)
期望的 RAIM 误差>10 m	1		0:低(>10 m)
无 RAIM 处理可用	0	已校正	1:高(<10 m)
期望的 RAIM 误差<10 m	1		1:高(<10 m)
期望的 RAIM 误差>10 m	1		0:低(>10 m)

[a] 连接的 GNSS 接收机通过 IEC 61162-1 的有效 GBS 语句指示 RAIM 处理的有效性;在这种情况下,RAIM 标志应设置为 1。评估 RAIM 信息的门限是 10 m。RAIM 期望误差(ERR_{RAIM})基于 GBS 参数“纬度期望误差($ERR_{LONGITUDE}$)”和“经度期望误差($ERR_{LATITUDE}$)”采用公式计算得出:$ERR_{RAIM} = SQRT(ERR_{LONGITUD}^2 + ERR_{LATITUDE}^2)$。

[b] 从所连接的 GNSS 接收机接收到的 IEC 61162-1 位置语句中的质量指示符表示校正状态。

11.3.3 消息 4:基站报告及消息 11:UTC 和日期响应

在报告位置的同时应报告 UTC 时间和日期,见表 48。基站应使用消息 4 定期发射。移动台仅在响应消息 10 询问时输出消息 11。

消息 11 仅作为 UTC 请求消息(消息 10)的响应时才发射。UTC 和日期响应,应在接收 UTC 请求消息的信道上发射。

表 48 消息 4 和消息 11

参数	比特数	说明
消息 ID	6	消息 4、消息 11 的标识符 4:基站发出的 UTC 和位置报告; 11:移动台发出的 UTC 和位置报告
转发指示符	2	转发器用来指示一个消息被转发的次数,见 5.4.7.2; 0~3;0:默认;3:不再转发
用户 ID	30	MMSI 号码
UTC 年	14	1~9999;0:UTC 年份不可用,默认
UTC 月	4	1~12;0:UTC 月份不可用,默认
UTC 日	5	1~31;0:UTC 日期不可用,默认
UTC 时	5	0~23;24:UTC 小时不可用,默认;不用 25~31
UTC 分	6	0~59;60:UTC 分钟不可用,默认;不用 61~63
UTC 秒	6	0~59;60:UTC 秒不可用,默认;不用 61~63
位置精度	1	位置精度(PA)标志应根据表 48 确定 1:高(≤10 m,DGNSS 接收机的差分模式); 0:低(>10 m,GNSS 接收机或其他电子定位装置的自主模式);默认为 0
经度	28	以 1/10 000 分表示的经度[±180°,东:正(表示为 2 的补码);西:负(表示为 2 的补码);181°,(6 791AC0 h):不可用,默认]
纬度	27	以 1/10 000 分表示的纬度[±90°,北:正(表示为 2 的补码);南:负(表示为 2 的补码);91°,(3 412 140 h):不可用,默认]
电子定位装置的类型	4	采用"位置精度"字段所规定的差分修正 0:未定义(默认);1:全球定位系统(GPS);2:GNSS(GLONASS);3:组合 GPS/GLONASS;4:罗兰 C;5:Chayka;6:综合导航系统;7:测量;8:伽利略;9~14:未使用;15:内部 GNSS
远程广播消息的发射控制	1	0:默认,A 类 AIS 台在 AIS 基站覆盖区内停止消息 27 的发射; 1:要求 A 类台站在 AIS 基站覆盖区内发射消息 27
备用	9	未使用,应设为零,保留为将来使用
RAIM 标志	1	电子定位设备的 RAIM(接收机自主完整性监测)标志; 0:RAIM 未使用,默认;1:RAIM 使用,见表 48
通信状态	19	SOTDMA 通信状态,见 5.5.3.7.3.3
总的比特数	168	

11.3.4 消息 5:船舶静态数据和与航行相关的数据

11.3.4.1 概述

消息 5 应仅由 A 类船载移动设备及 SAR 机载 AIS 台用于报告静态和与航行相关的数据,见表 49。

表 49 消息 5

参数	比特数	说明
消息 ID	6	消息 5 的标识符
转发指示符	2	转发器用于显示消息已被重发的次数,见 5.4.7.2 0～3;0:默认;3:不再转发
用户 ID	30	MMSI 号码
AIS 版本指示符	2	0:符合 ITU-R M.1371-1 建议案的台站; 1:符合 ITU-R M.1371-3 建议案的台站; 2～3:符合未来版本的台站
IMO 号码	30	1～999999999;0:不可用,默认,不适用于 SAR 航空器
呼号	42	7 个 6 比特的 ASCII 字符,"@@@@@@@":不可用,默认
名称	120	最大 20 字符的 6 比特 ASCII,如表 45 的规定 "@@@@@@@@@@@@@@@@@@@@":无,默认。对于 SAR 航空器,应设置为"SAR AITCRAFT NNNNNNN",其中 NNNNNNN 为航空器登记号
船舶及载货类型	8	0:不可用或没有船舶,默认; 1～99:按照 11.3.4.3 的规定; 100～199:保留为区域性使用; 200～255:保留为将来使用。 不适用于 SAR 航空器
总体尺寸/位置参照	30	报告位置的参照点,也指示船舶尺寸(单位 m)(见图 41 和 11.3.4.4) 对于 SAR 航空器,该字段的使用可由负责的主管机关决定。若使用,则表示航空器的最大尺寸。作为默认值 A=B=C=D 置为"0"
电子定位装置类型	4	0:未定义(默认);1:全球定位系统(GPS);2:GNSS(GLONASS);3:组合 GPS/GLONASS;4:罗兰 C;5:Chayka;6:综合导航系统;7:测量;8:伽利略;9～14:未使用;15:内部 GNSS
预计到达时间(ETA)	20	预计到达时间;MMDDHHMM UTC 19～16 位:月,1～12;0:不可用,默认; 15～11 位:日,1～31;0:不可用,默认; 10～6 位:时,0～23;24:不可用,默认; 5～0 位:分,0～59;60:不可用:默认。 对于 SAR 航空器,该字段的使用可由负责的主管机关决定
当前最大静态吃水	8	单位 1/10 m,255:吃水 25.5 m 或更大;0:不可用,默认;根据 IMO 决议 A.851。 不适用于 SAR 航空器,应设置为 0
目的地	120	最大 20 字符的 6 比特 ASCII "@@@@@@@@@@@@@@@@@@@@":不可用 对于 SAR 航空器,该字段的使用可由负责的主管机关决定
数据终端设备(DTE)	1	数据终端设备准备(0:可用,1:不可用,默认),见 11.3.4.2
备用	1	未使用。设为零,保留为将来使用
比特数	424	占两个时隙

消息5应在任何参数发生变化后立即发射。

11.3.4.2 DTE 指示符

DTE 指示符的用途是要指示接收方的某种应用，如设为可用，则发射台站应至少满足配置最小键盘和显示设备的要求。在发射方，外部应用也可通过特定接口设置 DTE 指示符。在接收方，若发射台站可用于通信，DTE 指示符只用于向应用层提供信息。

11.3.4.3 船舶类型

船舶类型见表50。

表50 船舶类型

船舶用于报告其类型的标识符			
标识符号码	特殊船舶		
50	引航船舶		
51	搜救船舶		
52	拖轮		
53	港口供应船舶		
54	载有防污染装置和设备的船舶		
55	执法船舶		
56	备用，用于当地船舶的任务分配		
57	备用，用于当地船舶的任务分配		
58	医疗运输船(如1949年日内瓦公约及附加条款所规定)		
59	非武装冲突的国家船舶和航空器		
其他船舶			
第一位数字[a]	第二位数字[a]	第一位数字[a]	第二位数字[a]
1:保留为将来使用	0:该类型的所有船舶	—	0:捕捞
2:地效应船	1:载有 DG、HS 或 MP，IMO 危险品或污染物分类 X[b]	—	1:拖引
3:见右栏	2:载有 DG、HS 或 MP，IMO 危险品或污染物分类 Y[b]	3:船舶	2:拖引，拖船长度超过 200 m，或宽度超过 25 m
4:高速船	3:载有 DG、HS 或 MP，IMO 危险品或污染物分类 Z[b]	—	3:从事挖泥或水下作业
5:见上	4:载有 DG、HS 或 MP，IMO 危险品或污染物分类 OS[b]	—	4:从事潜水作业
	5:保留为将来使用	—	5:从事军事行动
6:客船	6:保留为将来使用	—	6:帆船航行

表 50(续)

其他船舶			
第一位数字[a]	第二位数字[a]	第一位数字[a]	第二位数字[a]
7:货船	7:保留为将来使用	—	7:游艇
8:油轮	8:保留为将来使用	—	8:保留为将来使用
9:其他类型的船舶	9:无附加信息	—	9:保留为将来使用
注:DG——危险品,HS——有害物质,MP——海洋污染物。			
[a] 应选择合适的第一和第二位数字组成标识符。 [b] 注意反映种类 X、Y、Z 和 OS 的数字 1、2、3 和 4,以前为种类 A、B、C 和 D。			

11.3.4.4 报告位置的参照点和船舶尺寸

报告位置的参照点见图 41。

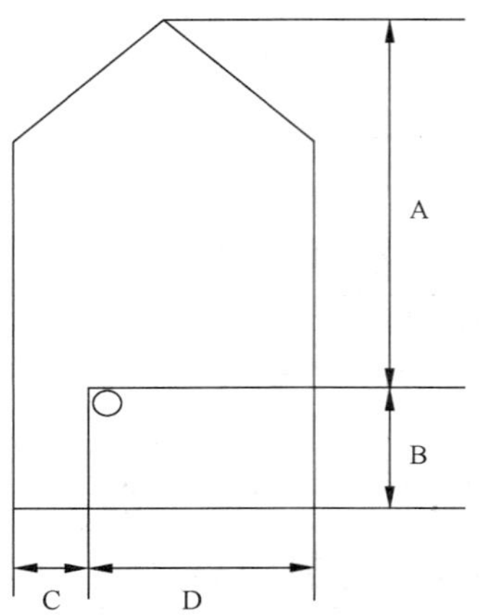

	比特数	比特字段	距离/m
A	9	21～29	0～511 511=511 m 或以上
B	9	12～20	0～511 511=511 m 或以上
C	6	6～11	0～63 63=63 m 或以上
D	6	0～5	0～63 63=63 m 或以上

说明:

尺寸 A 应在所发射的船首方向(船艏向)信息中。

所报告位置的参考点不可用,但船舶尺寸可用时:A=C=0,并且 B≠0,D≠0。

所报告位置的参照点与船舶尺寸均不可用时:A=B=C=D=0(默认)。

在信息表中使用时:A=最高有效的字段 D=最低有效的字段。

图 41 定位天线位置参数图

11.3.5 消息 6:寻址二进制消息

寻址二进制消息的长度应根据二进制数据量而变化。长度应在一到五个时隙内变化。见 8.5.2 中的应用标识符。消息 6 见表 51。

表 51 消息 6

<table>
<tr><th>参数</th><th>比特数</th><th colspan="3">说明</th></tr>
<tr><td>消息 ID</td><td>6</td><td colspan="3">消息 6 的标识符,固定为 6</td></tr>
<tr><td>转发指示符</td><td>2</td><td colspan="3">转发器用于显示消息已被转发的次数。见 5.4.7.2;
0～3;0:默认;3:不再转发</td></tr>
<tr><td>信源 ID</td><td>30</td><td colspan="3">信源台站的 MMSI 号码</td></tr>
<tr><td>序列编号</td><td>2</td><td colspan="3">0～3;见 5.3.4.1</td></tr>
<tr><td>目的 ID</td><td>30</td><td colspan="3">目的台站的 MMSI 号码</td></tr>
<tr><td>重发标志</td><td>1</td><td colspan="3">应根据重发情况设置;0:不重发,默认;1:已重发</td></tr>
<tr><td>备用</td><td>1</td><td colspan="3">未使用。应设为零</td></tr>
<tr><td rowspan="2">二进制数据</td><td rowspan="2">最大 936</td><td>应用标识符</td><td>16 比特</td><td>见 8.5.2</td></tr>
<tr><td>应用数据</td><td>最大 920 比特</td><td>特定应用数据</td></tr>
<tr><td>最大比特数</td><td>最大 1 008</td><td colspan="3">根据子字段信息内容的长度,占 1～5 个时隙。对 B 类 AIS 移动台,消息的长度不超过 2 个时隙</td></tr>
</table>

消息 6 需要附加比特填充。详见传输层,5.3.3。

表 52 给出了使整个消息对应于给定时隙数量的二进制数据字节数(包括应用标识符和应用数据),以便整个消息适合于给出的时隙数。建议在可能的情况下,任何应用通过将其二进制数据字节限制为所给定的数目来减少时隙的使用。

表 52 消息 6 的时隙字节数对应表

时隙数	最大的二进制数据字节数	时隙数	最大的二进制数据字节数
1	8	4	92
2	36	5	117
3	64		

最大的二进制数据字节数考虑了比特填充。

11.3.6 消息 7:寻址二进制确认和消息 13:与安全相关的确认

消息 7 应用于接收到的最多四个消息 6 的确认,见 5.3.4.1,且应在需要确认的编码信息接收到的频道上发射。

消息 13 应用于接收到的最多四个消息 12 的确认,见 5.3.4.1,且应在需要确认的编码信息接收到的频道上发射。

消息 7 和消息 13 的确认消息应仅适用于 VHF 数据链路,见 5.3.4.1 和表 53。有必要使用其他的方法实现消息确认。

表 53　消息 7 和消息 13

参数	比特数	说明
消息 ID	6	消息 7 或消息 13 的标识符 7:二进制确认 13:安全相关的确认
转发指示符	2	转发器用于显示消息已被转发的次数。见 5.4.7.2；0～3;0:默认;3:不再转发
信源 ID	30	本次确认的信源 MMSI 号码
备用	2	未使用。应设为零。保留为将来使用
目的 ID1	30	本次确认的第一个目的台 MMSI 号码
ID1 的序列号	2	需确认的消息的序列号;0～3
目的 ID2	30	本次确认的第二个目的台 MMSI 号码 如无第二个目的台 ID2,则应省略
ID2 的序列号	2	需确认的消息的序列号;0～3;如无 ID2,则应省略
目的 ID3	30	本次确认的第三个目的台 MMSI 号码 如无第三个目的台 ID3,则应省略
ID3 的序列号	2	需确认的消息的序列号;0～3;如无 ID3,则应省略
目的 ID4	30	本次确认的第四个目的台 MMSI 号码 如无第四个目的台 ID4,则应省略
ID4 的序列号	2	需确认的消息的序列号;0～3;如无 ID4,则应省略
比特数	72～168	

11.3.7　消息 8:广播二进制消息

消息 8 的长度应根据二进制数据量而变化。长度应在一到五个时隙内变化。消息 8 见表 54。

表 54　消息 8

参数	比特数	说明		
消息 ID	6	消息 8 的标识符;始终为 8		
转发指示符	2	转发器用于显示消息已被转发的次数。见 5.4.7.2;0～3;0:默认;3:不再转发		
信源 ID	30	信源的 MMSI 号码		
备用	2	未使用。应设为零。保留为将来使用		
二进制数据	最大 968	应用标识符	16 比特	见 8.5.2
		应用数据	最大 952 比特	特定应用数据
最大比特数	最大 1 008	占用 1～5 个时隙 对于 B 类 AIS 移动台,消息长度不超过 2 个时隙		

表 55 给出了使整个消息对应于给定时隙数量的二进制数据字节数(包括应用标识符和应用数据),以便整个消息适合于给出的时隙数。建议在可能的情况下,任何应用通过将其二进制数据字节限制为

所给定的数目来减少时隙的使用。

表 55 消息 8 的时隙字节数对应表

时隙数	最大的二进制数据字节数	时隙数	最大的二进制数据字节数
1	12	4	96
2	40	5	121
3	68		

最大的二进制数据字节数考虑了比特填充。

消息 8 需要附加比特填充。详见传输层,5.3.3。

11.3.8 消息 9:标准 SAR 航空器位置报告

消息 9 应用于参与 SAR 运行的航空器的标准位置报告,见表 56。除 SAR 航空器以外的台站,不应使用消息 9。消息 9 默认的报告间隔为 10 s。

表 56 消息 9

参数	比特数	说明
消息 ID	6	消息 9 的标识符,固定为 9
转发指示符	2	转发器用于显示消息已被转发的次数。见 5.4.7.2; 0～3;0:默认;3:不再转发
用户 ID	30	MMSI 号码
海拔高度 (GNSS)	12	高度[由 GNSS 或大气压力得到(参见下述高度传感器参数)],单位:m (0 m～4 094 m)4 095:不可用,4 094:4 094 m 或该高度以上
对地航速 (SOG)	10	以节为单位的对地航速(0 kn～1 022 kn) 1 023:不可用;1 022:1 022 kn 或以上
位置精度	1	1:高(≤10 m,DGNSS 接收机的差分模式);0:低(>10 m,GNSS 接收机或其他电子定位装置的自主模式);默认为 0 位置精度(PA)标志应根据表 48 确定
经度	28	以 1/10 000 分表示的经度[±180°,东:正(表示为 2 的补码);西:负(表示为 2 的补码);181°,(6 791AC0 h):不可用,默认]
纬度	27	以 1/10 000 分表示的纬度[±90°,北:正(表示为 2 的补码);南:负(表示为 2 的补码);91°,(3 412 140 h):不可用,默认]
对地航向	12	对地航向 1/10°(0～3 599)。 3 600(E10 h):不可用,缺省;不用 3 601～4 095
时间标记	6	UTC 秒,电子定位系统(EPFS)生成报告的时间(0～59;60:不可用,默认;61:定位系统以人工输入方法运行;62:以预计模式(航位推算法)运行;63:定位系统未运行)
高度传感器	1	0:GNSS,1:大气压力源
备用	7	未使用。应设为零,保留为将来使用

表 56（续）

参数	比特数	说明
数据终端设备(DTE)	1	数据终端设备准备(0:可用,1:不可用,默认) 见 11.3.4.2
备用	3	未使用。应设为零。保留为将来使用
分配模式标记	1	0:以自主模式运行的台站,默认; 1:以分配模式运行的台站
RAIM 标志	1	电子定位设备的 RAIM(接收机自动完整监测)标志;0:RAIM 未使用,默认; 1:RAIM使用,见表 49
通信状态选择标志	1	0:SOTDMA 通信状态 1:ITDMA 通信状态
通信状态	19	若通信状态选择标记为 0,为 SOTDMA 通信状态,见 5.4.3.7.3.3; 若通信状态选择标记为 1,则为 ITDMA 通信状态,见 5.4.3.7.4.3
比特数	168	

11.3.9 消息 10:UTC 时间和日期查询

当一个台站向另一个台站查询 UTC 时间和日期时,应使用消息 10,见表 57。

表 57 消息 10

参数	比特数	说明
消息 ID	6	消息 10 的标识符,固定为 10
转发指示符	2	转发器用于显示消息已被转发的次数,见 5.4.7.2; 0～3;0:默认;3:不再转发
信源 ID	30	查询 UTC 台站的 MMSI 号码
备用	2	未使用。应设为零。保留为将来使用
目的 ID	30	接受查询台站的 MMSI 号码
备用	2	未使用。应设为零。保留为将来使用
比特数	72	

11.3.10 消息 11:UTC 时间和日期响应

关于消息 11,见 11.3.3。

11.3.11 消息 12:与寻址安全相关信息

消息 12 的长度能根据安全相关的文本量而变化。长度应在一到五个时隙内变化。见表 58。

表 58 消息 12

参数	比特数	说明
消息 ID	6	消息 12 的标识符,固定为 12
转发指示符	2	转发器用于显示消息已被转发的次数,见 5.4.7.2。 0～3;0:默认;3:不再转发
信源 ID	30	信源台站的 MMSI 号码
序列编号	2	0～3;见 5.3.4.1
目的 ID	30	消息目的台的 MMSI 号码
重发标识	1	根据重发情况设置:0:不重发,默认;1:已重发
备用	1	未使用。应设为零。保留为将来使用
安全相关的文本	最大 936	6 比特 ASCII,见表 46
最大比特数	最大 1 008	根据内容长度不同,占用 1～5 个时隙 对于 B 类 AIS 移动台,消息长度不超过 2 个时隙

消息 12 需要附加比特填充。详见 5.3.3。

表 59 给出了使整个消息对应于给定时隙数量的六位 ASCII 的字符数,以便整个消息适合于给出的时隙数。建议在可能的情况下,任何应用通过将其六位 ASCII 的字符数限制为所给定的数目来减少时隙的使用。

表 59 消息 12 的时隙—字符数对应表

时隙数	最大的六位 ASCII 字符数	时隙数	最大的六位 ASCII 字符数
1	10	4	122
2	48	5	156
3	85		

最大的六位 ASCII 字符数考虑了比特填充。

11.3.12 消息 13:对安全相关消息的确认

关于消息 13,见 11.3.6。

11.3.13 消息 14:与安全相关广播信息

消息 14 的长度能根据安全相关的文本量而变化。长度应在一到五个时隙内变化。见表 60。

表 60 消息 14

参数	比特数	说明
消息 ID	6	消息 14 的识别码,始终为 14
转发指示符	2	转发器用于显示消息已被转发的次数,见 5.4.7.2; 0～3;0:默认;3:不再转发
信源 ID	30	信源台站的 MMSI 号码

表 60（续）

参数	比特数	说明
备用	2	未使用。应设为零。保留为将来使用
安全相关的文本	最大 968	6 比特 ASCII，见表 46
最大比特数	最大 1 008	根据内容长度，占用 1～5 个时隙。 对于 B 类 AIS 移动台，消息长度不超过 2 个时隙

消息 14 需要附加比特填充。详见 5.3.3。

表 61 给出了使整个消息对应于给定时隙数量的六位 ASCII 的字符数，以便整个消息适合于给出的时隙数。建议在可能的情况下，任何应用通过将其六位 ASCII 的字符数限制为所给定的数目来减少时隙的使用。

表 61　消息 14 的时隙—字符数对应表

时隙数	最大的六位 ASCII 字符数	时隙数	最大的六位 ASCII 字符数
1	16	4	128
2	53	5	161
3	90		

最大的六位 ASCII 字符数考虑了比特填充。

AIS-SART 应使用消息 14，安全相关的文本应为：

——“SART ACTIVE”：SART 处于工作模式；

——“SART TEST”：SART 处于测试模式。

11.3.14　消息 15：询问

消息 15 应用于除 UTC 和日期查询以外的其他通过 VHF TDMA（非 DSC）链路的询问，见表 62 和表 63。响应消息应在接收询问消息的信道上发射。

表 62　询问消息的应用关系

询问方/被询问方	A 类	B 类-SO	B 类-CS	SAR 航空器	航标[b]	基站
A 类	3，5	N	N	3，5	N	3，5
B 类 SO	18，19	N	N	18，19	N	18，19
B 类 CS	18，24[a]	N	N	18，24[a]	N	18，19，24[a]
SAR 航空器	9，24[a]	N	N	9	N	9，24[a]
航标[b]	21	N	N	N	N	21
基站	4，24[a]	N	N	4，24[a]	N	4，24[a]

[a] 对消息 24 的询问，应采用 A 部分及取决于自身能力的 B 部分来应答。

[b] 某些航标台站由于其运行状态所限无法做出响应。

若时隙由响应台站自主分配，应将“时隙偏移”参数设置为零。询问移动台站应将“时隙偏移”参数固定设置为零。应答询问的时隙分配应只由基站使用。如果给定“时隙偏移”，则应与本次发射的开始时隙相对应。采用消息 15 应有以下四种可能性：

——一个台站被询问一条消息：应对参数目的 ID1、消息 ID1.1 及时隙偏移 1.1 进行定义。所有其他参数应省略；

——一个台站被询问两条消息：应对参数目的 ID1、消息 ID1.1、时隙偏移 1.1、消息 ID1.2 及时隙偏移 1.2 进行定义。目的 ID2、消息 ID2.1、时隙偏移 2.1 参数应省略；

——第一个台站和第二个台站各被询问一条消息：应对参数目的 ID1、信息 ID1.1、时隙偏移 ID1.1、目的 ID2、信息 ID2.1 及时隙偏移 2.1 进行定义。参数信息 ID1.2、时隙偏移 ID1.2 应设为 0；

——第一个台站被询问两条消息，第二个台站被询问一条消息：所有参数都应进行定义。

表 63　消息 15

参数	比特数	说明
消息 ID	6	消息 15 的标识符，固定为 15
转发指示符	2	转发器用于显示消息已被转发的次数，见 5.4.7.2； 0～3；0：默认；3：不再转发
信源 ID	30	询问台站的 MMSI 号码
备用	2	未使用。应设为零，保留为将来使用
目的 ID1	30	第一个被询问台站的 MMSI 号码
消息 ID1.1	6	来自第一个被询问台站的第一个被请求的消息类型
时隙偏移 1.1	12	来自第一个被询问台站的第一个被请求消息的响应时隙偏移
备用	2	未使用。应设为零。保留为将来使用
消息 ID1.2	6	来自第一个被询问台站的第二个被请求的消息类型
时隙偏移 1.2	12	来自第一个被询问台站的第二个被请求消息的响应时隙偏移
备用	2	未使用。应设为零，保留为将来使用
目的 ID2	30	第二个被询问的台站的 MMSI 号码
消息 ID2.1	6	来自第二个被询问台站的被请求的消息类型
时隙偏移 2.1	12	来自第二个被询问台站的被请求消息的响应时隙偏移
备用	2	未使用。应设为零，保留为将来使用
比特数	88～160	总的比特数，取决于所请求消息的数量

11.3.15　消息 16：分配模式命令

分配命令应由作为控制实体运行的基站发射，见表 64。能给其他台站分配一个与当前使用不同的发射计划。如果给台站分配了计划，台站也将进入分配模式。

能同时对两个台站进行分配。

当接收分配计划时，台站应在第一次发射之后 4 min～8 min 之间随机选择一个，将其标记为超时。

当 A 类船载 AIS 移动台接收到一个分配时，应恢复到分配的 Rr 或结果 Rr（当采用时隙分配时）或自主推导的 Rr（见 5.4.4.2），取其中的较大值。即使 A 类船载 AIS 移动台恢复到较高的自主推导的 Rr，也应指示其处于分配模式（通过采用适当的消息）。

分配设置的限制见表17。

由基站采用发射时隙分配进行的消息16的发射，应考虑将发射引导至已由基站通过FATDMA（消息20）事先保留的时隙。

如果需要继续分配，那么新的分配应在先前分配的最后一帧开始之前发射。

表64 消息16

参数	比特数	说明
消息ID	6	消息的标识符，固定为16
转发指示符	2	转发器用于显示消息已被转发的次数，见5.4.7.2； 0～3；0：默认；3：不再转发
信源ID	30	分配台站的MMSI号码
备用	2	未使用。应设为零，保留为将来使用
目的ID A	30	MMSI号码。目的台站标识符A
时隙偏移A	12	当前时隙相对于第一个分配时隙的偏移[a]
增量A	10	到下一个分配时隙的增量[a]
目的ID B	30	MMSI号码。目的台站标识符B。如只对台站A进行分配，则省略
时隙偏移B	12	当前时隙相对于第一个分配时隙的偏移[a]。如只对台站A进行分配，则省略
增量B	10	到下一个分配时隙的增量[a]。如只对台站A进行分配，则省略
备用	最大4	未使用。应设为零。备用比特数应根据字节边界的需要调整为0或4。保留为将来使用
比特数	96或144	为96比特或144比特

[a] 在为台站分配Rr时，参数“增量”应设为零。为适用于低Rr，参数“时隙偏移”应当理解为在10 min的间隔内的报告次数。

若分配了每10 min的报告次数，应仅使用20～600之间的20的倍数。如果移动台所收到的不是20的倍数但低于600，应采用下一个更高的20的倍数。如果移动台所收到的大于600，应采用600。

若分配了时隙增量，应采用以下增量参数之一的设置：

a) 0：见上面；

b) 1：1 125时隙；

c) 2：375时隙；

d) 3：225时隙；

e) 4：125时隙；

f) 5：75时隙；

g) 6：45时隙；

h) 7：未定义。

如果台站接收到数值7，台站应忽略这一分配。B类AIS移动台不应被分配小于2 s的报告间隔。

11.3.16 消息17：GNSS广播二进制消息

消息17应由与DGNSS参照源相连接的基站发射，并通过配置向接收台提供DGNSS数据，见表65。数据的内容应符合ITU-R M.823的规定，但不包括前置码和奇偶校验的格式编排。

表 65 消息 17

参数	比特数	说明
消息 ID	6	消息 17 的标识符,固定为 17
转发指示符	2	转发器用于显示消息已被转发的次数,见 5.4.7.2; 0~3;0:默认;3:不再转发
信源 ID	30	基站的 MMSI 号码
备用	2	未使用。应设为零,保留为将来使用
经度	18	DGNSS 参照台经度,以 1/10 min 为单位(±180°,东:正;西:负)。如被询问或差分修正服务不可用,经度应设为 181°
纬度	17	DGNSS 参照台纬度方向,以 1/10 min 为单位(±90°,北:正;南:负)。如被询问或差分修正服务不可用,纬度应设为 91°
备用	5	未使用。应设为零,保留为将来使用
数据	0~736	差分修正数据(如下所示)。如被询问或差分修正服务不可用,数据项应保持空(0 比特)。即 DGNSS 数据字设为 0
比特数	80~816	80 比特:假设 N=0;816 比特:假设 N=29(最大值);见表 67

差分修正数据部分应按表 66 进行组织:

表 66 GNSS 差分修正数据的组成

参数	比特数	说明
消息类型	6	ITU-R M.823 建议案
台站 ID	10	ITU-R M.823 建议案,台站标识符
Z 计数	13	以 0.6 s 为单位的时间值(0~3 599.4)
序列编号	3	消息序列编号(0~7 循环)
N	5	紧跟两个字标头之后的 DGNSS 数据字的数量,最多为 29 个
健康状态	3	参照台站的状态是否正常(根据 ITU-R M.823 建议案的规定)
DGNSS 数据字	N×24	DGNSS 消息数据字,不包括奇偶校验
比特数	736	假设 N=29(最大值)
GNSS 差分修正数据说明: ——采用消息 17 将 GNSS 位置差分校正为 DGNSS 位置之前,有必要根据 ITU-R M.823 建议案恢复前置码和奇偶校验; ——当从多个源接收到 DGNSS 差分信息时,应采用来自最近的 DGNSS 参照台的 DGNSS 差分信息,并考虑 DGNSS 参照台的 Z 计数及健康状态; ——当基站在发射消息 17 时,应考虑 DGNSS 服务的年限、更新频次以及结果精度。由于 VDL 信道负荷产生的影响,消息 17 的发射应不必提供 DGNSS 服务所必需的精度。		

11.3.17 消息 18:标准 B 类设备位置报告

消息 18 应仅由 B 类船载移动设备定期自主输出,以代替消息 1、消息 2、消息 3,见表 67。报告间隔应默认为表 2 所给出的值,除非由接收到的消息 16 或消息 23 另行指定,并依赖于当前的对地航速和航行状态标志设置。

表 67 消息 18

参数	比特数	说明
消息 ID	6	消息 18 的标识符,固定为 18
转发指示符	2	转发器用于显示消息已被转发的次数,见 5.4.7.2; 0～3;0:默认;3:不再转发;对"CS"发射时应为 0
用户 ID	30	MMSI 号码
备用	8	未使用,应设为 0。保留为将来使用
对地航速	10	以节为单位的对地航速(0 kn～1 022 kn) 1 023:不可用;1 022:1 022 kn 或以上
位置精度	1	1:高(≤10 m); 0:低(>10 m)。默认为 0。 位置精度(PA)标志应根据表 48 确定
经度	28	以 1/10 000 分表示的经度[±180°,东:正(表示为 2 的补码);西:负(表示为 2 的补码);181°,(6 791AC0 h):不可用,默认]
纬度	27	以 1/10 000 分表示的纬度[±90°,北:正(表示为 2 的补码);南:负(表示为 2 的补码);91°,(3 412 140 h):不可用,默认]
对地航向	12	对地航向 1/10°(0～3 599)。 3 600(E10 h):不可用,缺省;不用 3 601～4 095
真航向	9	度数(0～359)(511:不可用,默认)
时间标记	6	UTC 秒,电子定位系统(EPFS)生成报告的时间[0～59; 60:不可用,默认;61:定位系统以人工输入方法运行;62:以预计模式(航位推算法)运行;63:定位系统未运行]。 "CS"AIS 不使用 61、62 和 63
备用	2	未使用。应设为 0,保留为将来使用
B 类装置标志	1	0:B 类 SOTDMA 装置; 1:B 类 "CS"装置
B 类显示器标志	1	0:显示器不可用;不能显示消息 12 和消息 14; 1:装备有显示消息 12 和消息 14 的集成显示器
B 类 DSC 标志	1	0:未装备 DSC 功能; 1:已装备 DSC 功能(专用或分时共用)
B 类频段标志	1	0:能够超出 525 kHz 水上频段的上限运行; 1:能够超出整个水上频段运行 (与"B 类消息 22 标志"为 0 不相关)
B 类消息 22 标志	1	0:未经消息 22 进行频率管理,仅运行在 AIS1、AIS2 上; 1:经消息 22 进行频率管理
模式标志	1	0:台站工作在自主和连续模式,默认; 1:台站工作在分配模式
RAIM 标志	1	电子定位设备的 RAIM(接收机自动完整监测)标志; 0:RAIM 未使用,默认;1:RAIM 使用,见表 49

表 67（续）

参数	比特数	说明
通信状态选择标志	1	0:SOTDMA 通信状态； 1:ITDMA 通信状态 (对于 B 类“CS”,固定为“1”)
通信状态	19	若通信状态选择标记为 0,为 SOTDMA 通信状态,见 5.4.3.7.3.3 若通信状态选择标记为 1,则为 ITDMA 通信状态,见 5.5.3.7.4.3。 由于 B 类“CS”未采用任何通信状态信息,该字段应用数值 1100000000000000110 填充
比特数	168	占一个时隙

11.3.18 消息 19:扩展 B 类设备位置报告

消息 19 应用于 B 类船载移动设备,见表 68。在 ITDMA 通信状下使用消息 18 分配的两个时隙上,消息 19 每 6 min 发射一次。在船舶尺寸/位置参照点或电子定位设备等参数值变化后,消息 19 应立即发射。

表 68　消息 19

参数	比特数	说明
消息 ID	6	消息 19 的标识符,固定为 19
转发指示符	2	转发器用于显示消息已被转发的次数,见 5.4.7.2; 0～3;0:默认;3:不再转发
用户 ID	30	MMSI 号码
备用	8	未使用。应设为 0,保留为将来使用
对地航速	10	以节为单位的对地航速(0 kn～1 022 kn) 1 023:不可用,1 022:1 022 kn 或以上
位置精度	1	1:高(≤10 m); 0:低(>10 m)。 默认为 0。 位置精度(PA)标志应根据表 48 确定
经度	28	以 1/10 000 分表示的经度[±180°,东:正(表示为 2 的补码);西:负(表示为 2 的补码);181°,(6 791AC0 h):不可用,默认]
纬度	27	以 1/10 000 分表示的纬度[±90°,北:正(表示为 2 的补码);南:负(表示为 2 的补码);91°,(3 412 140 h):不可用,默认]
对地航向	12	对地航向 1/10°(0～3 599)。 3 600(E10 h):不可用,缺省;不用 3 601～4 095
真航向	9	度数(0～359)(511:不可用,默认)
时间标记	6	UTC 秒,电子定位系统(EPFS)生成报告的时间[0～59;60:不可用,默认;61:定位系统以人工输入方法运行;62:以预计模式(航位推算法)运行;63:定位系统未运行]

表 68（续）

参数	比特数	说明
备用	4	未使用。应设为 0。保留为将来使用
名称	120	最大 20 字符的 6 比特 ASCII 码，见表 46 “@@@@@@@@@@@@@@@@@@@@”：不可用，默认
船舶及载货类型	8	0：不可用或没有船舶，默认； 1～99：见 11.3.4.3； 100～199：保留为区域性使用； 200～255：保留为将来使用
船舶尺寸/位置参照	30	报告位置的参照点 也指示 AtoN 尺寸(m)（见图 41 和 11.3.4.4）
电子定位装置类型	4	0：未定义（默认）；1：全球定位系统(GPS)；2：GNSS(GLONASS)；3：组合 GPS/GLONASS；4：罗兰 C；5：Chayka；6：综合导航系统；7：测量；8：伽利略；9～14：未使用；15：内部 GNSS
RAIM 标志	1	电子定位设备的 RAIM（接收机自动完整监测）标志； 0：RAIM 未使用，默认；1：RAIM 使用，见表 49
数据终端设备(DTE)	1	数据终端设备准备（0：可用，1：不可用，默认）。见 11.3.4.2
分配模式标记	1	0：以自主模式运行的台站，默认； 1：以分配模式运行的台站
备用	4	未使用。应设为 0，保留为将来使用
比特数	312	占两个时隙

11.3.19　消息 20：数据链路管理消息

消息 20 应由基站用来预先声明一个或多个基站的固定分配计划(FATDMA)，并应按照需要的频次重复，见表 69。系统能借此为基站提供高水平的完整性。这对于区域内有若干基站位置相邻，而移动台在不同区域间航行的情况特别重要。预留时隙不能由移动台站自主分配。

在 120 nm 之内[12)]的移动台随后应保留用于基站发射的时隙，直到发生超时。每发射一次消息 20，基站应对超时值进行刷新，以使移动台终止为基站保留的时隙，见 5.5.3.1.3。

参数：“时隙偏移数”“时隙数”“超时”“增量”应视为一个单元，如果规定了其中一个参数，同一个单元内的其他参数也应规定。参数“时隙偏移数”应指明从接收到消息 20 的时隙到需保留的第一个时隙之间的偏移。参数“时隙数”应指明开始于第一个要保留时隙数的连续时隙数量。由此规定了一个保留码组。保留码组不应超过五个时隙。参数“增量”应指明各保留码组开始时隙间的时隙数量。“增量”为零表明每帧一个预留码组。建议的增量值为 2、3、5、6、9、10、15、18、25、30、45、50、75、90、125、150、225、250、375、450、750 或 1 125。增量值的使用可保证每帧中的对称时隙保留。消息 20 仅适用于本消息的发射频道。

如果遇到询问且数据链路管理消息不可用，应仅发射时隙偏移数 1、时隙数 1、超时 1 和增量 1。这些字段全被设为“0”。

12）　移动台应接收基站报告（消息 4）以及具有相同基站 ID(MMSI)的数据链路管理消息（消息 20），以便能确定与发射基站的距离。

表 69 消息 20

参数	比特数	说明
消息 ID	6	消息 20 的标识符;固定为 20
转发指示符	2	转发器用于显示消息已被转发的次数,见 5.4.7.2; 0～3;0:默认;3:不再转发
信源 ID	30	基站的 MMSI 号码
备用	2	未使用。应设为零,留做将来使用
时隙偏移数 1	12	保留的时隙偏移数;0:不可用[a]
时隙数 1	4	保留的连续时隙数:1～15;0:不可用[a]
超时 1	3	以分钟(min)为单位的超时值;0:不可用[a]
增量 1	11	重复保留码组 1 的增量;0:不可用[a]
时隙偏移数 2	12	保留的时隙偏移数(可选)
时隙数 2	4	保留的连续时隙数:1～15(可选)
超时 2	3	以分钟(min)为单位的超时值(可选)
增量 2	11	重复保留码组 2 的增量(可选)
时隙偏移数 3	12	保留的时隙偏移数(可选)
时隙数 3	4	保留的连续时隙数:1～15(可选)
超时 3	3	以分钟(min)为单位的超时值(可选)
增量 3	11	重复保留码组 3 的增量(可选)
时隙偏移数 4	12	保留的时隙偏移数(可选)
时隙数 4	4	保留的连续时隙数:1～15(可选)
超时 4	3	以分钟(min)为单位的超时值(可选)
增量 4	11	重复保留码组 4 的增量(可选)
备用	最大 6	未使用。应设为零。备用码占用的比特数可能为 0、2、4 或 6,应根据字节界的需要进行调节。保留为将来使用
比特数	72～160	
[a] 如果遇到询问且数据链路管理消息不可用,应仅发射时隙偏移数 1、时隙数 1、超时 1 和增量 1。这些字段全被设为 0。		

11.3.20 消息 21:助航报告(AtoN)

消息 21 应由助航(AtoN)AIS 台站使用,见表 70。AtoN AIS 台站可安装在助航设备上,或者在 AtoN 台站的功能集成到一个固定台站时,消息 21 可由固定台站发射。消息 21 应通过外部命令或 VHF 数据链路的分配模式命令(消息 16),以每 3 min 一次的 Rr 自主发射。消息 21 占用的时隙不应超过两个。

表 70　消息 21

参数	比特数	说明
消息 ID	6	消息 21 的标识符,固定为 21
转发指示符	2	转发器用于显示消息已被转发的次数,见 5.4.7.2; 0～3;0:默认;3:不再转发
用户 ID	30	MMSI 号码,(见 ITU RR 第 19 条和 ITU-R M.585 建议案)
助航类型	5	0:不可用,默认;参考 IALA 的有关规定。见表 73
助航名称	120	最大 20 字符的 6 比特 ASCII 码,依据表 45 的定义 "@@@@@@@@@@@@@@@@@@@@":不可用,默认 助航名称可由参数"助航扩展名称"扩展
位置精度	1	1:高(≤10 m); 0:低(>10 m)。 默认为 0。 位置精度(PA)标志应根据表 48 确定
经度	28	以 1/10 000 分表示的经度[±180°,东:正(表示为 2 的补码);西:负(表示为 2 的补码);181°,(6 791AC0 h):不可用,默认]
纬度	27	以 1/10 000 分表示的纬度[±90°,北:正(表示为 2 的补码);南:负(表示为 2 的补码);91°,(3 412 140 h):不可用,默认]
尺寸/位置参照	30	报告位置的参照点,也指示 AtoN 尺寸(m)(见图 41 和 11.3.4.4)[a]
电子定位装置类型	4	0:未定义(默认);1:全球定位系统(GPS);2:GNSS(GLONASS);3:组合 GPS/GLONASS;4:罗兰 C;5:Chayka;6:综合导航系统;7:测量;8:伽利略;9～14:未使用;15:内部 GNSS
时间标记	6	UTC 秒,电子定位系统(EPFS)生成报告的时间 [0～59; 60:不可用,默认;61:定位系统以人工输入方法运行;62:以预计模式(航位推算法)运行;63:定位系统未运行]
偏移位置标志	1	仅用于漂浮助航设备 0:准确位置;1:偏移位置
助航状态	8	保留作为助航状态的指示 00000000:默认值
RAIM 标志	1	电子定位设备的 RAIM(接收机自动完整监测)标志 0:RAIM 未使用,默认; 1:RAIM 使用,见表 49
虚拟航标标志	1	0:在指示位置上是真实航标,默认; 1:虚拟航标,非实际存在[b]
分配模式标志	1	0:台站工作在自主和连续模式,默认; 1:台站工作在分配模式
备用	1	未使用。应置为零,保留为将来使用
助航名称扩展	0,6,12,18,24,30,36,……84	两个时隙消息,最多包含 14 个附加的 6 比特 ASCII 码字符,在助航名称需要超过 20 个字符时,可在参数"助航名称"末尾结合使用。在助航名称未超过 20 个字符时,应省略该参数。 仅应发射必需的字符数目,即不应使用 @ 字符

表 70（续）

参数	比特数	说明
备用	0,2,4 或 6	仅在使用“助航名称扩展”参数时才用到。应置为零。应调整备用位的数目以符合字段边界
比特数	272～360	占两个时隙

[a] 当 AtoN 采用图 41 时应符合以下要求：
——固定 AtoN、虚拟 Ato 以及近岸设施，由尺寸 A 确定的方位应指向真北；
——对大于 2 m ×2 m 的浮动设备，航标的尺寸应始终以一个圆来给出，即其尺寸应始终是 A＝B＝C＝D≠0。（这是因为浮动助航设备的方位是不发射的。所报告位置的参考点位于圆心）；
——A＝B＝C＝D＝1 应表明物标（固定或浮动）小于或等于 2 m ×2 m。（所报告位置的参考点位于圆心）；
——浮动的近岸设施是不固定的，例如钻探平台，应将其视为表 73 中的代码 31 类型。浮动近岸设施应具有上述定义的“尺寸/位置参考”参数；对于固定的近岸设施，表 73 中代码 3 类型，应具有上述定义的“尺寸/位置参考”参数。因此，所有近岸 AtoN 和设施都具有同样方式定义的尺寸，实际尺寸包含在消息 21 中。

[b] 当发射虚拟 AtoN 信息时，即虚拟/伪 AtoN 目标标记设为 1 时，尺寸应设为 A＝B＝C＝D＝0（默认值）。当发射“参考点”信息（见表 71）时也同样设定。

消息 21 应在任何参数变化后立即发射。航标的特性和类型见表 71。

关于 AIS 的 AtoN 的注意事项：

——主管航标的国际权威机构，IALA，对航标的定义如下：“一种船舶外部的装置和系统，用于增强船舶和/或船舶交通航行的安全和有效导航。”（IALA 航行指南，1997 年版，第 7 章）；

——IALA 航行指南规定：“一种浮动助航设备，偏离位置而漂浮，或在夜间不亮，本身就可能危及航行。当浮动助航设备位置偏移或故障时，必须给出导航警告。”因此，发射消息 21 的台站，根据监测到的浮动助航设备位置偏移或由主管部门判断其发生故障时，还应能发射安全广播消息（消息 14）。

表 71　AtoN 类型和代码

AtoN 类型	代码	定义
固定航标	0	默认值，未规定 AtoN 类型
固定航标	1	参考点
固定航标	2	雷达信标 RACON
固定航标	3	固定的近岸设施，如石油平台、风电场（注意该代码应标识与 AtoN AIS 台站相当的障碍物）
固定航标	4	备用，保留为将来使用
固定航标	5	灯光，不带扇区扫描
固定航标	6	灯光，带扇区扫描
固定航标	7	前桅灯
固定航标	8	后桅灯
固定航标	9	信标，方位北（N）
固定航标	10	信标，方位东（E）

表 71（续）

AtoN 类型	代码	定义
固定航标	11	信标，方位南(S)
固定航标	12	信标，方位西(W)
固定航标	13	信标，左舷
固定航标	14	信标，右舷
固定航标	15	信标，首选航道左舷
固定航标	16	信标，首选航道右舷
固定航标	17	信标，孤立危险物
固定航标	18	信标，安全水域
固定航标	19	信标，专用标志
浮动航标	20	方位北(N)标志
浮动航标	21	方位东(E)标志
浮动航标	22	方位南(S)标志
浮动航标	23	方位西(W)标志
浮动航标	24	左舷标志
浮动航标	25	右舷标志
浮动航标	26	首先航道左舷
浮动航标	27	首选航道右舷
浮动航标	28	孤立危险物
浮动航标	29	安全水域
浮动航标	30	专用标志
浮动航标	31	灯船/兰比(LANBY：大型自动导航浮标)/钻探平台
表中 AtoN 类型是根据“IALA 海事浮标系统”列出的。 在决定助航设备灯亮或灯灭时有可能会混淆。主管机关希望使用消息 21 的区域/当地字段来表明这一点。		

11.3.21 消息 22：信道管理

消息 22 应由基站(作为广播信息)发射，用以对消息中所指定的地理区域的 VHF 数据链路参数进行控制。消息 22 所指定的地理区域应符合 5.4.2 的规定。另外，消息 22 也可由基站(作为寻址信息)用于命令单独的 AIS 移动台站采用指定的 VDL 参数，见表 72。如果基站被询问且没有执行信道管理，应发射不可用和/或国际默认设置，见 5.4.2 。

表 72 消息 22

参数	比特数	说明
消息 ID	6	消息 22 的标识符，固定为 22
转发指示符	2	转发器用于显示消息已被转发的次数。见 5.4.7.2； 0～3；0：默认；3：不再转发
台站 ID	30	基站的 MMSI 号码

表 72（续）

参数	比特数	说明
备用	2	未使用。应设为零。保留为将来使用
信道 A	12	信道号，根据建议案 ITU-R M.1084，附录 4
信道 B	12	信道号，根据建议案 ITU-R M.1084，附录 4
收/发模式	4	0：TxA/TxB，RxA/RxB(默认)； 1：TxA，RxA/RxB； 2：TxB，RxA/RxB； 3～15：未使用。 当由 Tx/Rx 模式命令 1 或命令 2 暂停双信道发射时，应采用余下的发射信道维持所需的报告间隔
功率	1	0：高(默认)；1：低
经度 1[或被寻址台站 ID1 的 18 个最高有效位(MSB)]	18	分配适用地区的经度；右上角(东北)；以 1/10 min 为单位，或者被寻址台站 ID1 的 18 个最高有效位(MSB)，(±180°，东：正；西：负)。181°不可用
纬度 1[或被寻址台站 ID1 的 12 个最低有效位(LSB)]	17	分配适用地区的纬度；右上角(东北)；以 1/10 min 为单位，或者被寻址台站 ID1 的 12 个最低有效位(LSB)，后跟 5 个 0 比特（±90°，北：正；南：负）。91°不可用
经度 2[或被寻址台站 ID2 的 18 个最高有效位(MSB)]	18	分配适用地区的经度；左下角(西南)；以 1/10 min 为单位，或者被寻址台站 ID2 的 18 个最高有效位(MSB)，(±180°，东：正；西：负)
纬度 2[或被寻址台站 ID2 的 12 个最低有效位(LSB)]	17	分配适用地区的纬度；左下角(西南)；以 1/10 min 为单位，或者被寻址台站 ID2 的 12 个最低有效位(LSB)，后跟 5 个 0 比特（±90°，北：正；南：负）
寻址或广播消息标志	1	0：广播地理区域消息，默认；1：寻址消息(独立台站)
信道 A 带宽	1	0：默认(由信道号指定)； 1：备用(以前在 ITU-R M.1371-1 中为 12.5 kHz 带宽)
信道 B 带宽	1	0：默认(由信道号指定)； 1：备用(以前在 ITU-R M.1371-1 中为 12.5 kHz 带宽)
过渡区大小	3	以海里为单位，由参数值加一计算得出。默认参数为 4，即 5 nm 。见 5.4.2.6
备用	23	未使用。应设为零，保留为将来使用
比特数	168	

11.3.22 消息 23：组分配命令

消息 23 应由作为控制实体运行的基站发射，见 10.4.2.4.3.3 及 11.3.21 和表 73。消息 23 应适用于在规定区域内通过“船舶和载货类型”或“台站类型”选择的移动台。接收台应对所有选择器字段同时考虑。组分配命令控制移动台的下列运行参数：

——发射/接收模式；

——报告间隔，见表 74；

——静默时间。

表 73 消息 23

参数	比特数	说明
消息 ID	6	消息 23 的标识符;固定为 23
转发指示符	2	转发器用于显示消息已被转发的次数。 0～3;0:默认;3:不再转发
信源 ID	30	分配台站的 MMSI 号码
备用	2	应置为零
经度 1	18	组分配适用地区的经度;右上角(东北);以 1/10 min 为单位(±180°,东:正,西:负)
纬度 1	17	组分配适用地区的纬度;右上角(东北);以 1/10 min 为单位(±90°,北:正,南:负)
经度 2	18	组分配适用地区的经度;左下角(西南);以 1/10 min 为单位(±180°,东:正,西:负)
纬度 2	17	组分配适用地区的纬度;左下角(西南);以 1/10 min 为单位(±90°,北:正,南:负)
台站类型	4	0:移动台的所有类型(默认);1:仅为 A 类移动台;2:B 类移动台的所有类型;3:SAR机载移动台;4:仅为 B 类"SO";5:仅为 B 类"CS"船载移动台;6:内陆水道;7～9:区域性用途;10～15:供将来使用
船舶类型和载货类型	8	0:所有类型(默认); 1……99: 见表 52; 100……199:保留为区域性使用; 200……255:保留为将来使用
备用	22	未使用。应置为零,保留为将来使用
Tx/Rx 模式	2	该参数命令相关台站为下列模式之一: 0:TxA/TxB,RxA/RxB(默认);1:TxA,RxA/RxB;2:TxB,RxA/RxB;3:保留为将来使用
报告间隔	4	该参数命令相关台站按表 75 所给的报告间隔
静默时间	4	0:无静默时间的命令,默认;1～15:1 min～15 min 的静默时间
备用	6	未使用。应置为零,保留为将来使用
比特数	160	占用一个时段

表 74 用于消息 23 的报告间隔设置

报告间隔字段的设置	消息 23 的报告间隔
0	自主模式给定
1	10 min
2	6 min
3	3 min

表 74（续）

报告间隔字段的设置	消息 23 的报告间隔
4	1 min
5	30 s
6	15 s
7	10 s
8	5 s
9	下一个更短的报告间隔
10	下一个更长的报告间隔
11	2 s(不适用于 B 类“CS”)
12～15	保留为将来使用
注：当由 Tx/Rx 模式命令 1 或命令 2 暂停双信道发射时，应采用余下的发射信道维持所需的报告间隔。	

11.3.23 消息 24：静态数据报告

消息 24 的 A 部分和 B 部分可由 AIS 台用于将名称与 MMSI 关联，见表 75 和表 76。

消息 24 的 A 部分和 B 部分应由 B 类“CS”船载移动设备使用。消息 24 由两部分组成。消息 24B 应在消息 24A 之后的 1 min 内发射。

在通过消息 24 询问 B 类“CS”时，其响应应包括 A 部分和 B 部分。

表 75 消息 24 的 A 部分

参数	比特数	说明
消息 ID	6	消息 24 的标识符；固定为 24
转发指示符	2	转发器用于显示消息已被转发的次数。 0～3；0：默认；3：不再转发
用户 ID	30	MMSI 号码
部分编号	2	消息部分编号的标识符；对于 A 部分固定为 0
名称	120	MMSI 注册船舶的名称。最长 20 字符的 6 比特 ASCII 码，@@@@@@@@@@@@@@@@@@@@：不可用，默认。对于 SAR 航空器，应置为“SAR AIRCRAFT NNNNNNN”，其中 NNNNNNN 为航空器注册号
比特数	160	占用一个时段

表 76 消息 24 的 B 部分

参数	比特数	说明
消息 ID	6	消息 24 的标识符；固定为 24
转发指示符	2	转发器用于显示消息已被转发的次数。 0～3；0：默认；3：不再转发

表 76（续）

参数	比特数	说明
用户 ID	30	MMSI 号码
部分编号	2	消息部分编号的标识符；对于 B 部分固定为 1
船舶类型和载货类型	8	0：不可用或没有船舶，默认； 1～99：见 11.3.4.3； 100～199：保留为区域性使用； 200～255：保留为将来使用。 不适用于 SAR 航空器
供应商 ID	42	由制造商定义的装置唯一识别码（可选；“@@@@@@@”：不可用，默认），见表 77
呼号	42	MMSI 注册船舶的呼号。7×6 比特 ASCII 字符，“@@@@@@@”：不可用，默认
船舶尺寸/位置参考。或者，对未注册的子船，用母船的 MMSI	30	以米为单位的船舶尺寸和所报告位置的参考点，见图 41 和 11.3.4.4。或者，对未注册的子船，采用与其关联母船的 MMSI。对于 SAR 航空器，可由负责的主管机关决定。如果使用，应指明航空器的最大尺寸。作为默认值应为 A=B=C=D 设定为“0”
备用	6	
比特数	168	占用一个时段

表 77　供应商 ID 字段

比特	信息	说明
(MSB) 41 ……24 (18 比特)	制造商 ID	制造商 ID 比特表示制造商的助记码，由三个 6 比特 ASCII 字符组成
23 ……20 (4 比特)	设备模型编码	设备模型编码比特表示模型的二进制编码。第一个制造模型编码使用“1”，在出现新的模型时代码递增。在达到“15”之后，代码恢复为“1”。“0”不使用
19 ……0 (LSB) (20 比特)	设备序列号	设备序列号表示制造商可追溯的序列号。当序列号仅由数字组成时，应使用二进制编码，如果包含图形，制造商可定义编码方法。编码方法应在手册中说明

11.3.24　消息 25：单时隙二进制信息

消息 25 主要用于简短且非经常性的数据发射，见表 78。单时隙二进制消息根据其内容的编码方法及广播或寻址的目的地标记，最多可容纳 128 个数据比特。长度不应超过一个时隙。见 8.5.2 中的应用标识符。

消息 25 不会通过消息 7 或消息 13 来确认。

表 78　消息 25

参数	比特数	说明		
消息 ID	6	消息 25 的标识符;固定为 25		
转发指示符	2	转发器用于显示消息已被转发的次数,见 5.4.7.2; 0～3;0:默认;3:不再转发		
信源 ID	30	信源台站的 MMSI 号码		
目的地指示符	1	0:广播(不使用目的 ID 字段); 1:寻址(目的 ID 的 MMSI 号码使用 30 个数据比特),见表 80		
二进制 数据标记	1	0:无固定结构的二进制数据(不使用应用标识符比特); 1:采用 16 比特应用标识符定义的编码二进制数据		
目的 ID	0/30	如果目的地指示符:0(广播);目的 ID 不需要数据比特; 如果目的地指示符:1;目的 MMSI 码使用 30 比特		
二进制数据	广播 最大 128	应用标识符(如果使用)	16 比特	见 8.5.2
	寻址 最大 98	应用二进制数据	广播最大 112 比特 寻址最大 82 比特	应用专用数据
最大比特数	最大 168	根据子字段消息内容的长度要求占用多达 1 个时隙		

表 79 给出了用于设置目的地指示符和编码方法标记的二进制数据比特的最大数,且消息 25 不超过一个时隙。

表 79　消息 25 二进制数据最大比特数

目的地指示符	编码方法	二进制数据(最大比特数)
0	0	128
0	1	112
1	0	98
1	1	82

11.3.25　消息 26:包含通信状态的多时隙二进制消息

消息 26 的主要目的是通过应用 SOTDMA 或 ITDMA 接入方案计划二进制数据发射,见表 30。消息 26 依据对内容的编码方法,以及广播或寻址的目的地指示,可容纳最多 1 004 个数据比特(使用五个时隙)。见 8.5.2 的应用标识符。

消息 26 不会通过消息 7 或消息 13 来确认。

表 80 消息 26

<table>
<tr><th>参数</th><th>比特数</th><th colspan="3">说明</th></tr>
<tr><td>消息 ID</td><td>6</td><td colspan="3">消息 26 的标识符;固定为 26</td></tr>
<tr><td>转发指示符</td><td>2</td><td colspan="3">转发器用于显示消息已被转发的次数,见 5.4.7.2;
0～3;0:默认;3:不再转发</td></tr>
<tr><td>信源 ID</td><td>30</td><td colspan="3">信源台站的 MMSI 号码</td></tr>
<tr><td>目的地指示符</td><td>1</td><td colspan="3">0:广播(不使用目的 ID 字段);
1:寻址(目的 ID 使用 30 个数据比特的 MMSI)</td></tr>
<tr><td>二进制数据标记</td><td>1</td><td colspan="3">0:无固定结构的二进制数据(不使用应用标识符比特);
1:采用 16 比特应用标识符定义的编码二进制数据</td></tr>
<tr><td>目的 ID</td><td>0/30</td><td colspan="3">如果目的地指示符:0(广播);目的 ID 不需要数据比特;
如果目的地指示符:1;目的地 MMSI 号码使用 30 比特</td></tr>
<tr><td rowspan="2">二进制数据</td><td rowspan="2">广播最大 108
寻址最大 78</td><td>应用标识符(如果使用)</td><td>16 比特</td><td>见 8.5.2</td></tr>
<tr><td>应用二进制数据</td><td>广播最大 92 比特
寻址最大 62 比特</td><td>应用专用数据</td></tr>
<tr><td>通过第二时隙增加的二进制数据</td><td>224</td><td colspan="3">允许 32 比特的比特填充</td></tr>
<tr><td>通过第三时隙增加的二进制数据</td><td>224</td><td colspan="3">允许 32 比特的比特填充</td></tr>
<tr><td>通过第四时隙增加的二进制数据</td><td>224</td><td colspan="3">允许 32 比特的比特填充</td></tr>
<tr><td>通过第五时隙增加的二进制数据</td><td>224</td><td colspan="3">允许 32 比特的比特填充</td></tr>
<tr><td>通信状态选择器标记</td><td>1</td><td colspan="3">0:随后是 SOTDMA 通信状态;
1:随后是 ITDMA 通信状态</td></tr>
<tr><td>通信状态</td><td>19</td><td colspan="3">若通信状态选择器标记设置为 0,则为 SOTDMA 通信状态,见 5.4.3.7.3.2;
若通信状态选择器标记设置为 1,则为 ITDMA 通信状态,见 5.4.3.7.3.3</td></tr>
<tr><td>最大比特数</td><td>最大 1 064</td><td colspan="3">根据子字段消息内容的长度占用 1～5 个时隙</td></tr>
</table>

表 81 给出了设置目的地指示符和编码方法标记的二进制数据比特的最大数量。因此,消息 26 不超过标明的时隙数。

表 81 消息 26 二进制数据最大比特数

目的地指示符	二进制数据标记	二进制数据(最大比特数)				
		1 时隙	2 时隙	3 时隙	4 时隙	5 时隙
0	0	108	332	556	780	1 004
0	1	92	316	540	764	988
1	0	78	302	526	750	974
1	1	62	286	510	734	958

11.3.26 消息 27:远程 AIS 广播信息

消息 27 主要用于装备 AIS A 类船舶的远程探测(典型地通过卫星),见表 82。消息 27 具有与消息 1、消息 2 和消息 3 类似的内容,但比特总数已被压缩,以便允许由远程探测增加的发射延迟。远程应用详见第 7 章。

表 82 消息 27

参数	比特数	说明
消息 ID	6	消息 27 的标识符;固定为 27
转发指示符	2	固定为 3
用户 ID	30	MMSI 号码
位置精度	1	按消息 1 的规定
RAIM 标记	1	按消息 1 的规定
航行状态	4	按消息 1 的规定
经度	18	经度以 1/10 min 为单位(±180°,东:正,西:负)
纬度	17	纬度以 1/10 min 为单位(±90°,北:正,南:负)
SOG	6	节(0～62);63:不可用,默认
COG	9	度(0～359);511:不可用,默认
当前 GNSS 位置状态	1	0:位置为当前 GNSS 位置;1:报告的位置不是当前 GNSS 位置,默认
备用	1	置为零,保护字节边界
比特数	96	
注:消息 27 中没有时间标记。当接收到消息 27 时,接收系统会提供时间标记。		

12 对使用脉冲发射台站的要求

12.1 概述

针对具有有限范围并运行于低数据量 VDL 的单元,本章对其数据如何格式化和发射进行了规定。脉冲发射行为将提高接收概率并符合如 AIS SART 单元的要求。

脉冲发射的特征总体符合第 5 章,只需在以下内容稍作修改:

——收发机特性;

——发射机瞬态响应;

——同步精度;

——信道接入方案;

——用户 ID(唯一标识符)。

12.2 收发机特性

收发机的参数设置如表 83 所示。

表 83　收发机的参数设置

符号	参数名称	设置
PH.AIS1	信道 1(默认信道 1)	161.975 MHz
PH.AIS2	信道 2(默认信道 2)	162.025 MHz
PH.BR	比特率	9 600 bps
PH.TS	同步序列	24 比特
PH.TST	发射机设置时间(发射功率在最终值的 20%内。频率稳定在最终值的±1 kHz)。制造商测试并公布的发射功率	≤ 1.0 ms
	斜坡下降时间	≤ 832 μs
	发射持续时间	≤ 26.6 ms
	发射机输出功率	标称 1W 的 EIRP

此外,物理层 AIS 台站的内容应符合表 84 和表 85 给出的数值。

表 84　收发机要求设置的物理层内容

符号	参数名称	值
PH.DE	数据编码	NRZI
PH.FEC	前向纠错	未使用
PH.IL	交织	未使用
PH.BS	比特扰码	未使用
PH.MOD	调制	带宽适配的 GMSK

表 85　收发机物理层调制参数

符号	名称	值
PH.TXBT	发射 BT 乘积	0.4
PH.MI	调制指数	0.5

12.3　发射机要求

表 86 中规定的技术特性应适用于发射机。

表 86　发射机特性的最低要求

发射机参数	要求
载波功率	标称辐射功率 1 W
载波频率误差	±500 Hz(标称)+1 000 Hz(极端)
时隙调制掩模	−20 dBc,$\Delta f_c > \pm 10$ kHz −40 dBc,$\pm 25\ \text{kHz} < \Delta f_c < \pm 62.5$ kHz 见第 12 章

表 86（续）

发射机参数	要求
发射机测试序列和调制精度	对于比特 0,1(标称和极端)：小于 3 400 Hz； 对于比特 2,3(标称和极端)：2 400 Hz±480 Hz； 对于比特 4……31(标称、2 400+480 Hz 极端)：2 400 Hz±40 Hz； 对于比特 32……199： 比特模式为 01011，740 Hz±175 Hz(标称，1 740 Hz+350 Hz 极端)； 比特模式为 00001111，2 400 Hz±240 Hz(标称，2 400 Hz+350 Hz 极端
发射机输出功率-时间	图 2 中所示的掩模内功率和表 20 给出的定时
杂散辐射	最大 25 μW 108 MHz～137 MHz、156 MHz～161.5 MHz 和 1 525 MHz～1 610 MHz

上述规定的辐射掩模信息如图 42 所示。

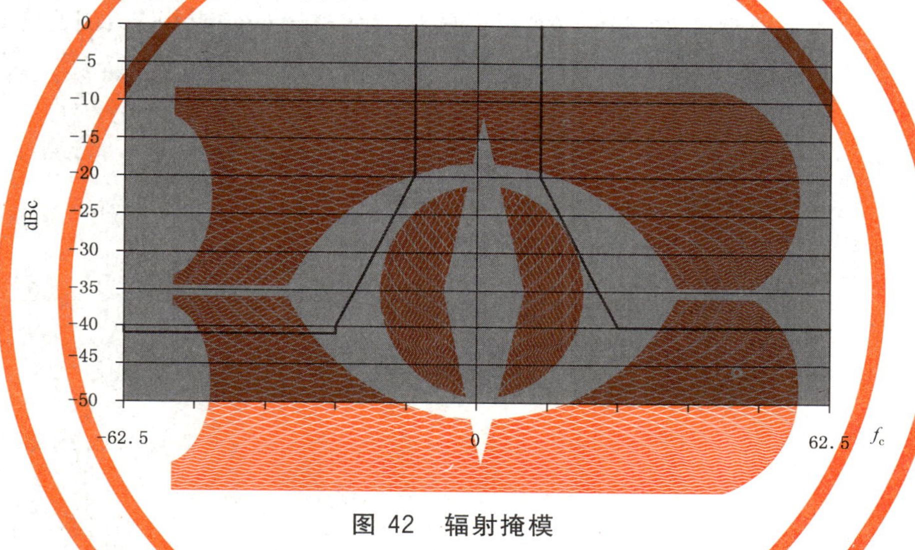

图 42　辐射掩模

12.4　同步精度

在 UTC 直接同步期间，AIS 台站的发射定时误差，包括抖动，应为±3 比特（±312 μs）。

12.5　信道接入方案

AIS 台站应基于第一脉冲的第一个时隙的随机选择，自主运行并确定其消息的发射计划。应参照脉冲的第一个时隙确定另外七个时隙。一个脉冲的发射时隙之间的增量应为 75 个时隙并且发射应在 AIS1 和 AIS2 之间交替进行。AIS 台站在一个八消息脉冲内发射消息每分钟不超过一次。

在工作模式下，AIS 台站应使用第一个脉冲中具有通信状态的消息。在第一个脉冲内通信状态应设置时隙超时为 7。其后，时隙超时应根据 SOTDMA 规则递减。选择过程中所有时隙均视为候选。当出现超时，到下一个八脉冲的偏置应在 60 s±6 s 之间随机选择。

在第一个脉冲后，后续的发射可发射任何消息，但应在第一脉冲保留的时隙上发射。

在测试模式下，仅有的第一个脉冲中，具有通信状态的消息应设置时隙超时为 0，且子消息也为 0。

在每个脉冲中，所有消息的通信状态的时隙超时值应相同。

消息应在 AIS1 和 AIS2 之间交替发射。

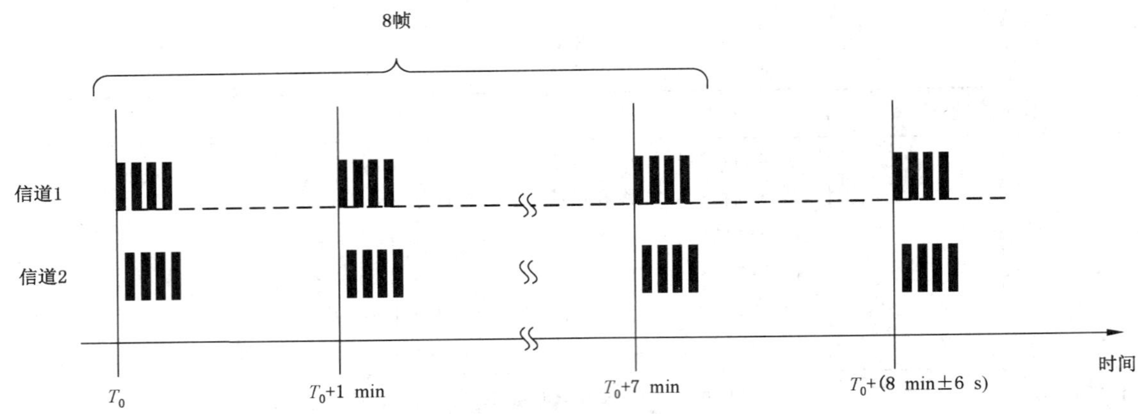

图 43 工作模式中的脉冲发射

12.6 用户 ID(唯一标识符)

用户 ID 应具有唯一的模式,如 AIS-SART,用户 ID 为 970xxyyyy(其中 xx:制造商 ID 01～99,00 保留为测试目的;yyyy:序列号 0 000～9 999)。

ICS 43.140
T 80

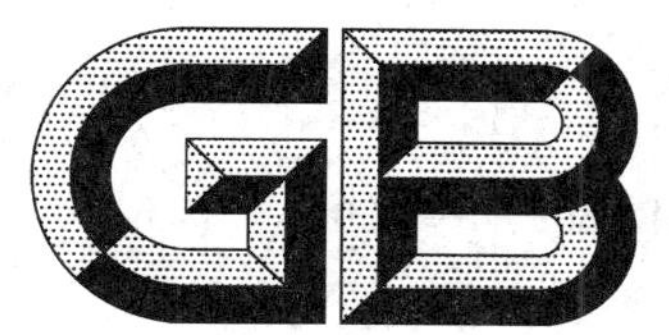

中华人民共和国国家标准

GB 20074—2017
代替 GB 20074—2006

摩托车和轻便摩托车外部凸出物

External projections for motorcycles and mopeds

2017-11-01 发布　　2018-01-01 实施

中华人民共和国国家质量监督检验检疫总局
中国国家标准化管理委员会　发布

前　言

本标准的全部技术内容为强制性。

本标准按照 GB/T 1.1—2009 给出的规则起草。

本标准代替 GB 20074—2006《摩托车和轻便摩托车外部凸出物》，与 GB 20074—2006 相比主要技术变化如下：

——修改了标准的适用范围；

——修改了规范性引用文件；

——删除了原标准的 3.1～3.5，3.7～3.9 的定义；

——增加了"接触角 α、杆件、板件、R 点、第 1 类部件、第 2 类部件"的定义(见 3.3～3.7)；

——删除了原标准第 4 章的内容；

——将原附录 A 的 A.1 调整为本标准的第 4 章，并进行了修订；

——将原标准附录 A 的 A.2、A.4、A.5 调整为本标准的 5.1，明确为两轮摩托车外部凸出物的要求，并增加了技术要求；

——修改了原标准 A.3.2 试验程序(见 A.3 试验规程)；

——修改了原标准 A.3.1.2 的内容(见 A.2 试验条件)；

——增加了"5.2　三轮摩托车外部凸出物的技术要求"；

——对图 A.1 进行了更改(见图 1)；

——对图 A.2 所示的测量器具的尺寸要求进行了完善(见图 A.1)；

——原标准中 A.2.4 调整为 5.2.1.2，并明确了技术要求；

——增加了图 2 和图 4；

——删除了原标准中的 A.2.5；

——删除了原标准附录 B 的内容；

——对标准章条结构、技术要求等进行了全面的调整和修订。

本标准由中华人民共和国工业和信息化部提出并归口。

本标准负责起草单位：国家摩托车质量监督检验中心、天津摩托车技术中心。

本标准参加起草单位：广州天马集团天马摩托车有限公司、广州番禺豪剑摩托车工业有限公司、洛阳北方企业集团有限公司、中国嘉陵工业股份有限公司、中国质量认证中心、常州豪爵铃木摩托车有限公司。

本标准主要起草人：范润利、艾焕章、田生威、冷传刚、艾东斌、陈光毓、周兴华、叶秀玲、雒林平、罗小波、高君、贺阳。

摩托车和轻便摩托车外部凸出物

1 范围

本标准规定了摩托车和轻便摩托车外部凸出物的分类标准、一般要求、特殊要求和分类试验方法。

本标准适用于摩托车和轻便摩托车(以下简称摩托车)。

2 规范性引用文件

下列文件对于本文件的应用是必不可少的。凡是注日期的引用文件,仅注日期的版本适用于本文件。凡是不注日期的引用文件,其最新版本(包括所有的修改单)适用于本文件。

GB 11566 乘用车外部凸出物

3 术语和定义

下列定义和术语适用于本文件。

3.1

后围板 rear cab bulkhead

位于驾驶室外表面后部最远的部分。

3.2

接触角 contact angle

α

通过图 A.1 所示的试验装置和摩托车的第 1 接触点并垂直于摩托车纵向中心平面的平面,与通过第 2 接触点和试验装置轴线的平面之间的夹角。

3.3

杆件 stem

有相对不变外径的圆形或近似圆形的凸出物或部件,包括螺栓和螺钉头,且有可以接触到的自由端。

3.4

板件 plate

凸出物或部件的外廓具有明显的四个边,外形平整、方正,且材料厚度不超过 10 mm。

3.5

R 点 R point

制造商根据三维坐标系统建立的,用于规定每个座位位置的设计点。

3.6

第 1 类部件 group 1 parts

与图 A.1 所示的试验装置在移动过程中轻擦的部件。

3.7

第 2 类部件 group 2 parts

与图 A.1 所示的试验装置在移动过程中发生碰撞的部件。

4 凸出物的分类标准

4.1 按图1所示的方法，利用图A.1所示的试验装置对外部凸出部件进行分类。

4.2 将试验装置按A.3所述的方法沿摩托车移动，测量凸出物的接触角 α。

4.3 当接触角 α 的角度为 $0° \leqslant \alpha < 45°$ 时为第1类部件；当 $45° \leqslant \alpha \leqslant 90°$ 时为第2类部件。

4.4 对于已经获得型式认证的后视镜及其组件不受本标准的限制，无需再进行分类。

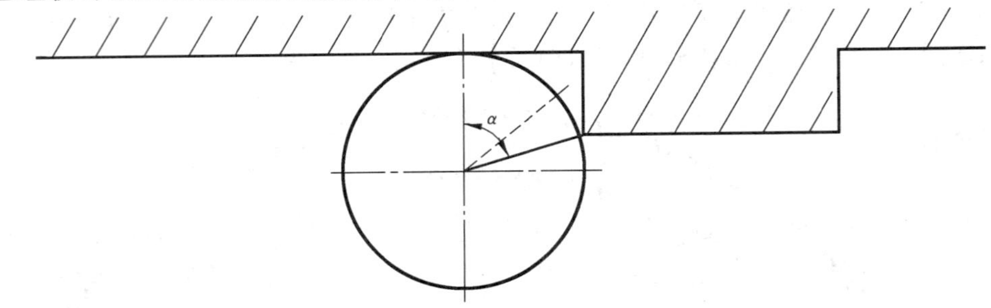

图1 测试装置与凸出部件接触角示意图

5 技术要求

5.1 两轮摩托车外部凸出物的技术要求

5.1.1 一般技术要求

5.1.1.1 摩托车外部不得有任何朝向外侧的尖锐部件。由于这些部件的形状、尺寸、方位角及其硬度等因素，在摩托车与行人发生碰撞或刮蹭等交通事故时，可能会造成对行人或驾驶员的身体损伤。

5.1.1.2 在道路上使用时，对于可能会触及他人身体的部件的设计应符合5.1.2的要求。

5.1.1.3 用邵氏硬度小于A60(HA)的软橡胶、塑料制造的或被这些材料覆盖的外部凸出物，则视为满足5.1.2的要求。

5.1.1.4 如果两轮摩托车上装有用于封闭或部分封闭驾驶员、乘客或摩托车零部件的面板，那么车辆制造企业可以选择该摩托车是特殊封闭部分还是整车外部凸出物满足GB 11566的要求。如果仅仅是封闭部分满足GB 11566的要求，那么其余部分的外部凸出物应满足5.1.2的要求。同时企业必须在相应的技术文件中对于该部分的适用标准进行明确说明。

5.1.2 特殊技术要求

5.1.2.1 对第1类部件的曲率半径要求

5.1.2.1.1 板件：

——板件各角的曲率半径应不小于3.0 mm；

——板件边缘的曲率半径应不小于0.5 mm。

5.1.2.1.2 杆件：

——杆件或类似部件的直径应不小于10 mm；

——杆件端部的曲率半径应不小于2.0 mm。

5.1.2.2 **对第2类部件的曲率半径要求**

5.1.2.2.1 板件：

板件的边缘和角的曲率半径应不小于2.0 mm。

5.1.2.2.2 杆件：

——如果杆件或类似部件的直径小于20 mm，那么杆的长度应不大于其直径的二分之一；

——如果直径不小于20 mm，杆端部边缘的曲率半径应不小于2.0 mm。

5.1.2.3 **后座脚踏板**

应对后座脚踏板收起和伸开两种状态分别进行测量（对于检测装置在移动过程碰触时能自由收回、弯曲、折叠等的后座脚踏板除外），且均应满足5.1.2.1或5.1.2.2的规定。

5.1.2.4 **后边货架**

对于安装有后边货架的摩托车，应对后边货架收起和伸开两种状态分别进行测量，且均应满足5.1.2.1或5.1.2.2的规定。

5.1.2.5 **导流罩挡风玻璃**

5.1.2.5.1 导流罩挡风玻璃及其他为保护仪表盘或前照灯装置的前凸起设计上边缘的曲率半径应不小于2 mm，或者用符合5.1.1.3规定的防护材料对其边缘进行包裹。

5.1.2.5.2 上边缘是指与水平平面成45°的两个平面切点之间的部分，如图2所示。

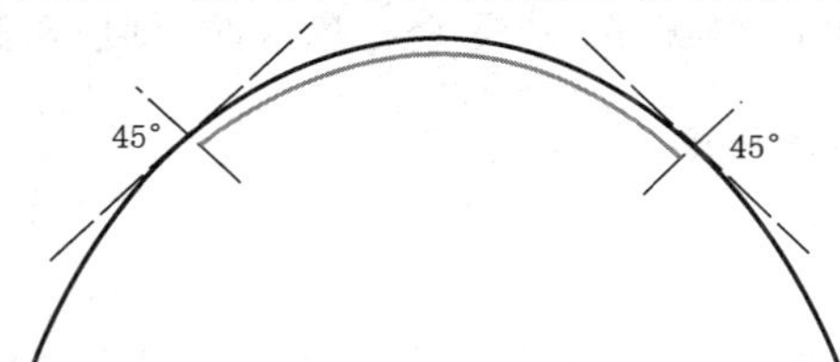

图2 挡风玻璃上端测量区域示意图

5.1.2.5.3 如果上边缘采用弧形设计，那么其半径不得大于0.7倍的挡风玻璃或导流罩上边缘的厚度。

5.1.2.5.4 其他用于保护仪表盘或前照灯的类似于导流罩或挡风玻璃的装置，如果其从前照灯或仪表盘上表面测量，凸起的高度不大于50 mm时，则不适用于5.1.2.1和5.1.2.2的规定。

5.1.2.6 **离合器和制动器操纵杆**

离合器和制动器操纵杆的端部应为曲率半径不小于7 mm的球形。操纵杆手持部分外边缘的曲率半径应不小于2 mm。检查时操纵杆应在非工作位置。

5.1.2.7 **前挡泥板**

5.1.2.7.1 前挡泥板前缘是指与车辆纵向中心平面成45°夹角的两个垂直平面与挡泥板前缘形成的两个切点之间的部分。

5.1.2.7.2 前挡泥板的前缘或安装在挡泥板上的任何部件的曲率半径应不小于2 mm。

5.1.2.7.3 如果前挡泥板前缘采用了弧形设计，那么其半径不得大于0.7倍的挡泥板前缘的厚度。

5.1.2.8 **油箱及油箱盖**

5.1.2.8.1 油箱上表面的任何连接件应平滑或近似球形。油箱盖后端凸出油箱表面垂直高度应不大于

15 mm。如果油箱盖的凸出高度大于 15 mm，则应采取防护措施进行处理，如图 3 所示在加油口颈部加装保护装置。

5.1.2.8.2　如果油箱盖安装在驾驶员的后方或安装在驾驶员座位水平面位置以下，则无要求。

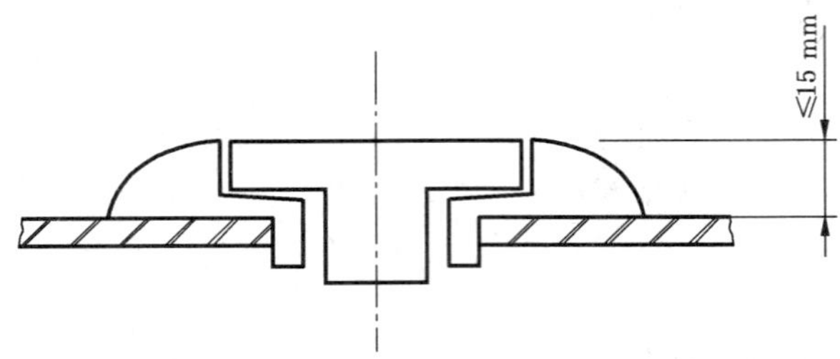

图 3　燃油箱盖防护装置结构示意图

5.1.2.9　点火钥匙

除了在车辆运行期间无需插入点火开关、可以折叠或与周围表面平齐、位于驾驶员座位水平面下方以及不在驾驶员前方的点火钥匙外，其他类型的点火钥匙应有由橡胶或塑料制成的钝缘保护帽。

5.1.2.10　测试装置接触不到的部件

对于在通常情况下测试装置接触不到的摩托车上朝向外侧以及凸出的部件，如果在发生碰撞的情况下，可能存在对行人造成身体损伤或撕裂伤害等潜在风险时，则应对其进行倒钝处理。

5.2　三轮摩托车外部凸出物的技术要求

5.2.1　一般要求

5.2.1.1　摩托车外部不得有任何朝向外侧的尖锐部件。由于这些部件的形状、尺寸、方位角及其硬度等原因，在摩托车与行人发生碰撞或刮蹭等交通事故时，可能会造成对行人或驾驶员的身体损伤。

5.2.1.2　边三轮摩托车应满足 5.1 的要求。但图 4 所示的主车与边斗之间的联结空间部分则不适用。如果边三轮摩托车在拆掉边斗后，主车可以正常使用，那么主车应满足 5.1 的要求。

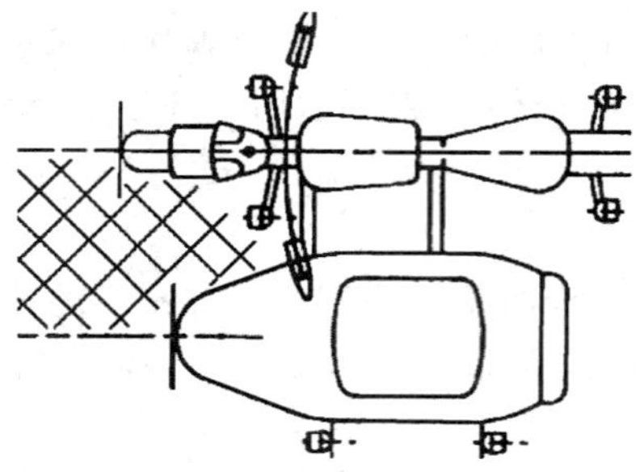

图 4　边三轮摩托车俯视示意图

5.2.2　特殊要求

5.2.2.1　正三轮摩托车外部凸出物应满足 GB 11566 的要求。

5.2.2.2　对于能够明确看到摩托车前叉、车轮、保险杠、挡泥板、导流罩、行李箱等部件的正三轮摩托车，制造企业可以选择该摩托车是满足 GB 11566 的要求，还是满足 5.1 的要求，制造厂应在相应的技术文件中进行说明。如果摩托车上装有用于封闭或部分封闭驾驶员、乘客、货物或某些特殊零部件的结构或板件,例如顶棚、顶棚支柱、车门、门把手、挡风玻璃、货车箱盖、载货平台或货箱等,那么这些部件则应满足 GB 11566 的要求。

5.2.2.3 对于载货用正三轮摩托车,位于后围板后方,或无后围板时位于通过距离最后面座位 R 点 500 mm点的横向垂直面后部的所有能够接触到的边缘,如果凸出高度不小于 1.5 mm ,则应进行倒钝处理。

5.2.2.4 一致性检查时,应拆除号牌,号牌安装空间或平面均应符合要求。

6 标准的实施

对于新认证车型,自本标准发布实施之日起实施。对于在生产车型,自本标准发布实施之日起一年后实施。

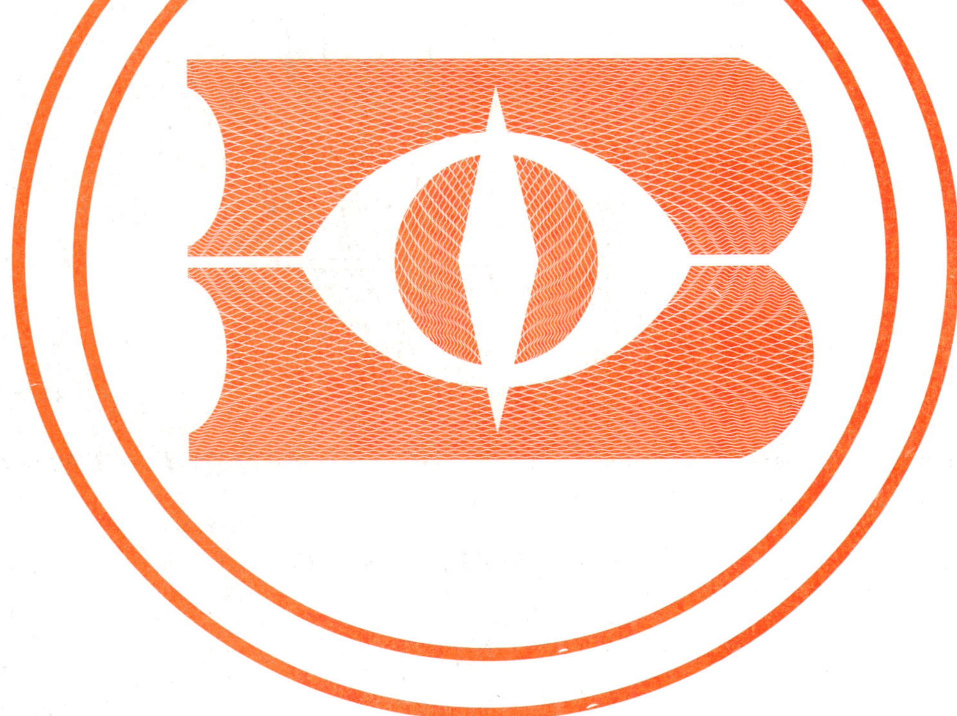

附 录 A
（规范性附录）
外部凸出物的分类试验方法

A.1 试验装置

试验装置的结构及尺寸如图 A.1 所示。

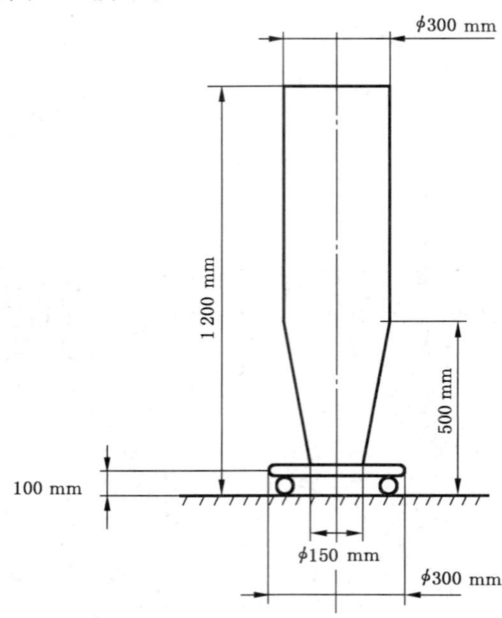

注：如果测试装置的最低部分（高度为 100 mm 以下）会直接与摩托车接触，为确保测试装置在整个测试过程中与摩托车完全接触，可以将该部分的直径减小至 150 mm。

图 A.1 测试装置结构示意图

A.2 试验条件

A.2.1 试验摩托车应垂直放置于地面上，两轮着地，且其转向装置应可在其正常范围内自由活动。测试用场地地面应平整、清洁，确保测试装置在整个测试过程中保持垂直，且与摩托车纵向中心平面平行。对于装有脚起动杆和侧停车支架的摩托车，脚起动杆和侧停车支架应处于收起状态。

A.2.2 受试摩托车的轮胎规格和气压应符合企业技术文件的规定。

A.2.3 驾驶员应以正常的驾驶姿势骑乘在摩托车上，且应不妨碍转向装置自由活动。

A.2.4 驾驶员的身高为 1.75 m±0.05 m，驾驶员及其装备的总质量为 75 kg±5 kg。

A.3 试验规程

A.3.1 试验装置应分别在摩托车两侧从前向后平稳移动。如果在测试过程中试验装置碰触到转向手把或安装在转向手把上的其他部件，则应将转向手把旋转到转向轮锁止位置。试验过程中试验装置必须保持与摩托车或驾驶员接触(见图 A.2)。

A.3.2 摩托车前端应为第一测试接触点,测试装置移动的终止点为摩托车最后端的纵向垂直平面。试验装置应沿着摩托车与驾驶员形成的外廓外表面从前向后移动,试验装置向内侧移动的速度不得超过向后移动的速度。

A.3.3 如果驾驶员的手或脚接触到试验装置时,那么手或脚应移开。如果其他相关支架(例如后座脚踏板)在碰触到试验装置后能够自由转动、折叠、弯曲或收缩,则按其过渡位置进行试验。

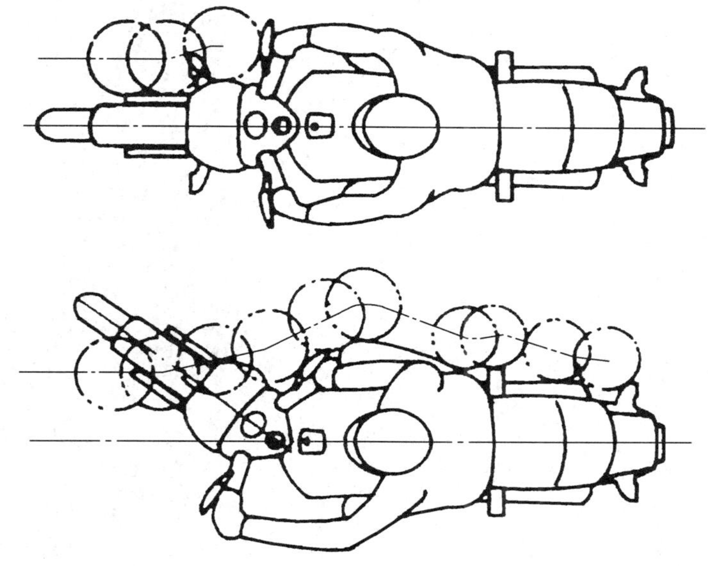

图 A.2 测试装置运行区域示意图

ICS 23.100.60
J 20

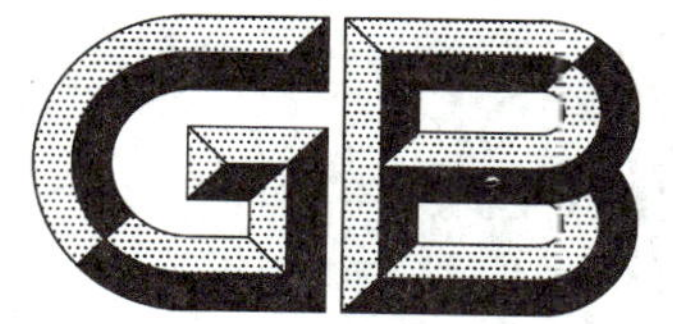

中华人民共和国国家标准

GB/T 20080—2017
代替 GB/T 20080—2006

液压滤芯技术条件

General specification for hydraulic filters element

2017-05-12 发布　　　　2017-12-01 实施

中华人民共和国国家质量监督检验检疫总局
中国国家标准化管理委员会　发布

前　言

本标准按照 GB/T 1.1—2009 给出的规则起草。

本标准代替 GB/T 20080—2006《液压滤芯技术条件》，与 GB/T 20080—2006 相比，主要技术变化如下：

——增加了 GB/T 1800.2—2009，删除了 GB/T 1804—2000 和 GB/T 20079(见第 2 章)；

——删除了初始冒泡压力、滤芯结构完整性、清洁滤芯压降、滤芯极限压降、旁通阀开启压降和波距的定义(见第 3 章)；

——修改了滤芯额定流量定义，删除了过滤精度和过滤材料的限制，且其不作为出厂检验项目(见 3.1 和表 2)；

——增加了过滤比定义，将标准中原有的过滤精度修改为过滤比(见 3.4)；

——增加了“其他滤芯”分类(见 4.1 和 4.2)；

——修改了过滤比所对应的颗粒尺寸[μm(c)]，改为宜在 4、6、10、14、20、25 中选取。删除了“40”和“当颗粒尺寸大于 40 μm(c)时，由制造商自行确定”(见 5.1.1)；

——删除了 GB/T 20080—2006 中旁通阀的相关内容；

——修改了“压扁强度”，改为“抗压溃(破裂)强度”(见 5.1.6.1)；

——增加了 200 L/min 和 320 L/min 两个滤芯额定流量等级(见 5.1.10)；

——删除了 GB/T 20080—2006 中的 5.2.1、5.2.3、5.2.5，将其中的 5.1、5.2.4、5.3 合并为本标准的 5.1(见 5.1)；

——修改了滤芯高度尺寸偏差“符合 GB/T 1804—2000 中 js16 的规定”，改为“符合 GB/T 1800.2—2009 中轴的极限偏差 js16 的规定”(见 5.2.9)；

——修改了“压降流量特性试验”的执行标准，改为 GB/T 17486(见 6.5)；

——修改了表 2 中的项目和名称，进行了重新编辑(见 7.1)；

——增加了包装要求中的“额定流量”项目(见 8.2)。

本标准由中国机械工业联合会提出。

本标准由全国液压气动标准化技术委员会(SAC/TC 3)归口。

本标准负责起草单位：新乡市平菲液压有限公司。

本标准参加起草单位：航空工业过滤产品质量监督检测中心、北京化工大学、黎明液压有限公司、新乡平原航空技术工程有限公司、中国船舶重工集团公司第七〇七研究所。

本标准主要起草人：吕寄中、吕宏楠、李方俊、叶萍、魏峰、陈建萍、吴志中、陈美汝、郑远。

本标准所代替标准的历次版本发布情况为：

——GB/T 20080—2006。

液压滤芯技术条件

1 范围

本标准规定了液压滤芯(以下简称滤芯)的通用技术条件,以及试验、检验、标志、包装和贮存的要求。

本标准适用于以液压油液为工作介质的滤芯。

2 规范性引用文件

下列文件对于本文件的应用是必不可少的。凡是注日期的引用文件,仅注日期的版本适用于本文件。凡是不注日期的引用文件,其最新版本(包括所有的修改单)适用于本文件。

GB/T 1184—1996 形状和位置公差 未注公差值

GB/T 1800.2—2009 产品几何技术规范(GPS) 极限与配合 标准公差等级和孔、轴极限偏差表

GB/T 14041.1 液压滤芯 第1部分:结构完整性验证和初始冒泡点的确定

GB/T 14041.2 液压滤芯 第2部分:材料与液体相容性检验方法

GB/T 14041.3 液压滤芯 第3部分:抗压溃(破裂)特性检验方法

GB/T 14041.4 液压滤芯额定轴向载荷检验方法

GB/T 17446 流体传动系统及元件 词汇

GB/T 17486 液压过滤器 压降流量特性的评定

GB/T 17488 液压滤芯 利用颗粒污染物测定抗流动疲劳特性

GB/T 18853 液压传动过滤器 评定滤芯过滤性能的多次通过方法

3 术语和定义

GB/T 17446 界定的以及下列术语和定义适用于本文件。

3.1

滤芯额定流量 filter element rated flow

在规定的油液运动黏度(一般为 32 mm^2/s)和规定压降下洁净滤芯所能通过的流量。

3.2

滤芯压降 filter element pressure drop

油液通过滤芯时,滤芯上游、下游之间的压力差。

3.3

滤芯压降流量特性 filter element characteristics of pressure drop versus flow

滤芯压降随流量变化的特性曲线。

3.4

过滤比 filtration ratio

滤芯上、下游油液单位体积中大于某一给定尺寸 x(c)的污染物颗粒数之比,用 $\beta_{x(c)}$ 表示。按下列公式计算:

$$\beta_{x(c)} = N_u / N_d$$

式中：

N_u ——滤芯上游油液单位体积中所含大于 x(c)微米的颗粒数；

N_d ——滤芯下游油液单位体积中所含大于 x(c)微米的颗粒数。

4 分类

4.1 按安装位置分类：

a) 吸油滤芯：安装在油箱内吸油口或吸油过滤器中的滤芯；

b) 回油滤芯：安装在油箱内回油口或回油过滤器中的滤芯；

c) 压力管路滤芯：安装在压力管路过滤器中的滤芯；

d) 其他滤芯：具有综合性能的滤芯，如吸回油滤芯。

4.2 按所用的滤材分类：

a) 玻璃纤维滤芯：过滤材料为玻璃纤维滤材；

b) 纸质滤芯：过滤材料为植物纤维滤纸；

c) 金属网滤芯：过滤材料为金属丝编织网；

d) 其他滤芯：包括化学纤维滤芯、金属纤维毡滤芯、烧结粉末滤芯、高分子材料滤芯等。

5 技术要求

5.1 性能参数

5.1.1 过滤比

滤芯过滤比应符合产品技术文件的规定。过滤比所对应的颗粒尺寸[μm(c)]宜在 4、6、10、14、20、25 中选取。

5.1.2 纳垢容量

滤芯额定流量下，纳垢容量应符合产品技术文件的规定。

5.1.3 结构完整性

滤芯的初始冒泡点应符合产品技术文件的规定。

5.1.4 材料与液体相容性

滤芯选用材料应符合有关材料标准或技术文件的规定，与工作介质相容。

5.1.5 压降流量特性

滤芯压降流量特性应符合产品技术文件的规定。

5.1.6 结构强度

5.1.6.1 抗压溃(破裂)强度

滤芯在承受产品技术文件规定的压溃(破裂)值时，应不产生变形和损伤。

5.1.6.2 **轴向强度**

滤芯在承受产品技术文件规定的轴向载荷时，应不产生变形和损伤。

5.1.7 **流动疲劳特性**

在规定的流量和压降条件下，滤芯的流动疲劳循环次数应符合产品技术文件的规定。

5.1.8 **洁净滤芯压降**

洁净滤芯压降应符合产品技术文件的规定。若未规定，应符合表1的规定。

表1 洁净滤芯压降

滤芯类型	洁净滤芯压降 MPa
压力管路滤芯	≤0.10
回油滤芯	≤0.05
吸油滤芯	≤0.01

5.1.9 **滤芯极限压降**

滤芯极限压降应符合产品技术文件的规定。

5.1.10 **滤芯额定流量**

滤芯额定流量(L/min)宜在16、25、40、63、100、160、200、250、320、400、630、800、1 000中选取，当额定流量大于1 000 L/min时，由制造商自行确定。

5.2 **设计和制造**

5.2.1 滤芯应按照产品图样和产品技术文件的规定制造，其技术要求应符合本标准的规定。

5.2.2 滤芯的金属零件表面应具备防锈蚀能力，表面镀(涂)层应完整、致密、美观。

5.2.3 端盖应清除毛刺、飞边和焊瘤，焊缝应牢固、并修整平滑。端盖在安装使用过程中不应发生永久性变形、破裂或损坏。

5.2.4 骨架应清除毛刺、飞边和焊瘤，毛面应背离滤材。

5.2.5 密封件应无明显破损，确保在安装、使用过程中无油液泄漏。

5.2.6 生产环境的洁净等级应满足产品生产工艺要求，滤芯宜采用塑料袋封装，应保证在运输、贮存期间清洁和干燥。

5.2.7 过滤材料的缺陷可采用不影响外观质量的树脂或其他材料进行修补，修补面积应不超过过滤面积的5%。

5.2.8 圆筒折波式滤芯折波应平行于中轴线，波距均匀，折波数应符合产品图样和专用技术文件的规定，折波数允许偏差为±4%。

5.2.9 滤芯高度尺寸偏差应符合GB/T 1800.2—2009中轴的极限偏差js16的规定。

5.2.10 滤芯中心线对端面的垂直度偏差应符合GB/T 1184—1996中L级的规定。

6 试验要求

6.1 滤芯过滤比试验

应按照 GB/T 18853 的规定进行。

6.2 滤芯纳垢容量试验

应按照 GB/T 18853 的规定进行。

6.3 滤芯结构完整性试验

应按照 GB/T 14041.1 的规定进行。

6.4 滤芯材料与液体相容性试验

应按照 GB/T 14041.2 的规定进行。

6.5 滤芯压降流量特性试验

应按照 GB/T 17486 的规定进行。

6.6 滤芯结构强度试验

应按照 GB/T 14041.3 和 GB/T 14041.4 的规定进行。

6.7 滤芯流动疲劳特性试验

应按照 GB/T 17488 的规定进行。

6.8 洁净滤芯压降试验

6.8.1 试验装置应符合 GB/T 17486 的规定。

6.8.2 选择合适的过滤器壳体，调节试验流量，以滤芯额定流量通过过滤器壳体，记录相应的压降。

6.8.3 将洁净滤芯安装在过滤器壳体中。调节试验流量，以滤芯额定流量通过过滤器，记录相应的压降。

6.8.4 安装洁净滤芯的过滤器压降与过滤器壳体压降之差即为洁净滤芯压降，其值应符合 5.1.8 的要求。

6.9 滤芯极限压降试验

6.9.1 试验装置应符合 GB/T 18853 的规定。

6.9.2 按照 GB/T 18853 进行过滤器性能试验，达到滤芯极限压降时，应保证被试滤芯的过滤性能和结构强度。

7 检验要求

7.1 出厂检验

7.1.1 检验的项目、方法和技术要求按表 2 规定。

7.1.2 抽检项目和必检项目应按产品技术文件规定。

表2　滤芯检验项目表

检验项目	出厂检验	型式检验	试验方法	技术要求
外观尺寸	√	√	卡尺、目视等	5.2
过滤比	×	√	6.1	5.1.1
纳垢容量	×	√	6.2	5.1.2
结构完整性	√	√	6.3	5.1.3
材料与液体相容性	×	√	6.4	5.1.4
压降流量特性	×	√	6.5	5.1.5
抗压溃(破裂)强度	×	√	6.6	5.1.6.1
轴向强度	×	√	6.6	5.1.6.2
流动疲劳特性	×	√	6.7	5.1.7
洁净滤芯压降	×	√	6.8	5.1.8
滤芯极限压降	×	√	6.9	5.1.9
注：√表示进行检验，×表示不进行检验。				

7.2　型式检验

检验的项目、方法和技术要求应按表2规定进行。凡属下列情况之一者，应进行型式检验：

a)　新产品或老产品转厂生产的试制定型鉴定；

b)　结构、材料、工艺有较大改变，影响产品性能时；

c)　出厂检验结果与上次型式检验结果有较大差异时；

d)　用户和国家质量监督检验机构提出进行型式检验要求时。

8　标志、包装、储存

8.1　在滤芯的适当位置应有永久性标识，包括：

——制造商标记；

——产品型号；

——出厂编号。

8.2　在包装盒上应标明制造商名称、产品名称、产品型号、过滤比、额定流量和出厂编号等。

8.3　每支滤芯应附有质检员签章的产品合格证。

8.4　每支滤芯应用防潮材料包装好后再装入包装盒内。必要时应加防潮剂。

8.5　滤芯的出厂包装应保证在正常的运输中不致损坏。

8.6　滤芯包装箱外表面应标明以下内容：

——制造商名称及厂址；

——产品名称与型号；

——出厂日期；

——产品数量；

——"防潮""小心轻放"等字样或图形标识。

8.7　滤芯应存放在干燥和通风的仓库内，不得与酸类及容易引起锈蚀的物品和化学药品存放在一起。

在正常情况下，自出厂之日起，应保证在12个月内不锈蚀、霉变和脱胶。

9 标注说明(引用本标准)

决定遵循本标准时，建议制造商在试验报告、产品样本和销售文件中采用以下说明："液压滤芯符合GB/T 20080—2017《液压滤芯技术条件》"。

ICS 35.040
L 71

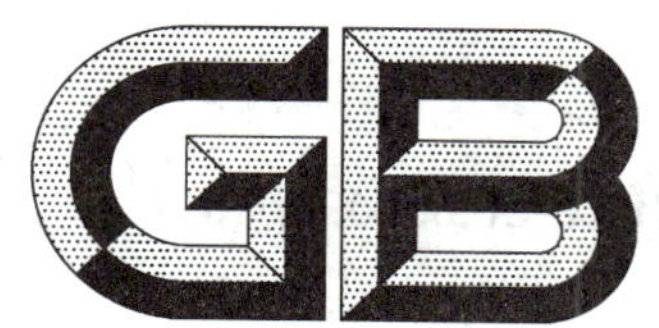

中华人民共和国国家标准

GB/T 20090.13—2017

信息技术　先进音视频编码
第13部分：视频工具集

Information technology—Advanced coding of audio and video—
Part 13: Video tool library

2017-12-29 发布　　2018-07-01 实施

中华人民共和国国家质量监督检验检疫总局
中国国家标准化管理委员会　发布

前　言

GB/T 20090《信息技术　先进音视频编码》分为以下14个部分：

——第1部分：系统；

——第2部分：视频；

——第3部分：音频；

——第4部分：符合性测试；

——第5部分：参考软件；

——第6部分：面向数字版权管理的可信解码器与访问协议；

——第7部分：面向交互应用的视频编解码；

——第8部分：在IP网络上传输AVS；

——第9部分：AVS文件格式；

——第10部分：移动语音和音频；

——第11部分：同步文本；

——第12部分：综合场景；

——第13部分：视频工具集；

——第16部分：广播电视视频。

本部分为GB/T 20090的第13部分。

本部分按照GB/T 1.1—2009给出的规则起草。

本部分由全国信息技术标准化技术委员会(SAC/TC 28)提出并归口。

本部分起草单位：浙江大学、北京大学、中国科学院大学、北京工业大学、中关村视听产业技术创新联盟。

本部分主要起草人：虞露、齐洪钢、丁丹丹、殷海兵、段立娟、席涛、黄铁军、高文。

信息技术　先进音视频编码 第13部分：视频工具集

1　范围

GB/T 20090的本部分根据GB/T 20090.2—2013定义了每个视频压缩算法对应的视频工具，并且给出了一个使用视频工具构建解码器的实例（参见附录A）。

本部分适用于但不限于下述领域：数字地面电视广播、有线电视、交互存储媒体、直播卫星视频业务、宽带视频业务、多媒体邮件、分组网络的多媒体业务、实时通信业务、远程视频监控等应用。

2　规范性引用文件

下列文件对于本文件的应用是必不可少的。凡是注日期的引用文件，仅注日期的版本适用于本文件。凡是不注日期的引用文件，其最新版本（包括所有的修改单）适用于本文件。

GB/T 20090.2—2013　信息技术　先进音视频编码　第2部分：视频

3　术语和定义

下列术语和定义适用于本文件。

3.1

视频工具　video tool

一种以输入、输出行为为特征的处理单元。

3.2

视频工具集　video tool library

视频工具的集合。

3.3

视频工具网络　video tool network

由视频工具连接构成的网络。

3.4

AVS视频工具集　AVS video tool library

包含了GB/T 20090.2—2013中每个压缩算法对应的视频工具的集合。

4　解析过程

符合本部分解码器的输入为工具编号，符合本部分解码器的输出为视频工具。每个工具编号唯一对应一个视频工具，其对应关系由第6章定义。

视频工具的实现应符合本部分第6章对视频工具的定义。

符合本部分的编码器所输出的编号应符合本部分对视频工具编号的约束。

5　工具的描述方法

本部分定义的视频工具的描述应包括以下7个要素（见表1～表4）：

- 工具编号

视频工具在工具集中的序号。

- 助记符

帮助用户记忆的视频工具名称。

- 功能简述

对视频工具的功能的简单描述。

- 支持的档次

视频工具所支持的档次。

- 输入信号

视频工具的输入信号的描述应包括:每个输入信号的名称,每个输入信号的含义,每个输入信号的位宽,每个输入信号的取值范围。

如果输入信号为一串有顺序的数据,则应指明该顺序,并指明该串数据的个数。

- 输出信号

视频工具的输出信号的描述应包括:每个输出信号的名称,每个输出信号的含义,每个输出信号的位宽,每个输出信号的取值范围。

如果输出信号为一串有顺序的数据,则应指明该顺序,并指明该串数据的个数。

- 功能描述

视频工具所实现功能的步骤及对应的操作。

表 1 工具的基本描述方法

项目名称	内容
工具编号	
助记符	
功能简述	
支持的档次	

表 2 工具的输入信号描述方法

名称	含义	位宽	取值范围

表 3 工具的输出信号描述方法

名称	含义	位宽	取值范围

表 4 工具的功能描述方法

步骤	操作

6 视频工具

6.1 工具编号与助记符

工具编号与助记符对应关系见表 5。

表 5 工具编号和助记符的对应关系

工具编号	助记符
1	Algo_Parser_AVSJZ（视频码流语法解析）
2	Algo_IQ_AVSJZ（反量化）
3	Algo_IT8x8_2d_AVSJZ（反变换）
4	Algo_Intra_LUMA_ModePrediction_AVSJZ（亮度帧内模式预测）
5	Algo_ Intra_Luma_Prediction_AVSJZ（亮度帧内预测）
6	Algo_ Intra_Chroma_Prediction_AVSJZ（色度帧内预测）
7	Algo_MV_Prediction_AVSJZ（运动矢量预测）
8	Algo_P_Skip_AVSJZ（ P_Skip 模式下运动矢量导出）
9	Algo_B_Skip_Direct_AVSJZ（ B_Skip 及 B_Direct 模式下运动矢量导出）
10	Algo_B_Sym_AVSJZ（对称模式下运动矢量导出）
11	Mgnt_Buffer_AVSJZ（时间预测信息缓存）
12	Algo_MVReconstruct_AVSJZ（运动矢量重建）
13	Algo_Interp_HalfandQuarterPel_LUMA_AVSJZ（亮度块插值）
14	Algo_MBReconstruct_AVSJZ（宏块重构）
15	Algo_Interp_HalfandQuarterPel_CHROMA_AVSJZ（色度块插值）
16	Mgnt_InterPred_Addr_Luma（参考块读地址生成）
17	Mgnt_WriteInBuffer_LUMA_AVSJZ（当前块写地址生成）
18	Mgnt_Current_Frame_Buffer_AVSJZ（当前帧缓存）
19	Algo_Intra_Luma_Addr_LeftTop_AVSJZ（ intra 亮度预测值获取）
20	Algo_IS_ZigzaOrAlternative（逆扫描）
21	Mgnt_DPB_LUMA（参考帧缓存）
22	Algo_ Reconstruct（重建）
23	Mgnt_IntraPred_LUMA_Addr（ intra 亮度预测像素的存在判断）

6.2 GB/T 20090.2—2013 基准档次的工具

6.2.1 视频码流语法解析

视频码流语法解析工具见表 6～表 9。

表 6 视频码流语法解析工具的基本描述

项目	内容
工具编号	1
助记符	Algo_Parser_AVSJZ
功能简述	从码流中解析出语法元素
支持的档次	GB/T 20090.2—2013 基准档次

表 7 视频码流语法解析工具的输入信号

名称	含义	位宽	取值范围
Bits	视频码流，见 GB/T 20090.2—2013,3.3	1 bit	

表 8 视频码流语法解析工具的输出信号

名称	含义	位宽	取值范围
BTYPE_Y	在 Y 分量中,控制信号及当前帧的量化参数, [11]:是否到下一帧 [10]:当前块是否是帧内预测 [9]:当前块是否是帧间预测 [5:0]:当前帧的量化参数	12 bit	
INTRA_INFO_Y	在 Y 分量中, [0]: pred _ mode _ flag，见 GB/T 20090.2—2013,7.2.5 pred_mode_flag 语法元素 [2:1] :intra _ luma _ pred _ mode,对应 GB/T 20090.2—2013,7.2.5 intra_luma_pred_mode 语法元素	3 bit	
Block_Y	在 Y 分量中,逆扫描后的残差系数,对应 GB/T 20090.2—2013,9.6.2 二维量化系数矩阵 Quant-CoeffMatrix 中的元素 w_{ij}	13 bit	

表 8（续）

名称	含义	位宽	取值范围
BTYPE_U	在 U 分量中，控制信号及当前帧的量化参数， [11]：是否到下一帧 [10]：当前块是否是帧内预测 [9]：当前块是否是帧间预测 [5：0]：当前帧的量化参数	12 bit	
INTRA_INFO_U	在 U 分量中， [0]： pred_mode_flag，见 GB/T 20090.2—2013，7.2.5 pred_mode_flag 语法元素 [2：1] ：intra_luma_pred_mode，对应 GB/T 20090.2—2013，7.2.5 intra_luma_pred_mode 语法元素	3 bit	
Block_U	在 U 分量中，逆扫描后的残差系数，对应 GB/T 20090.2—2013，9.6.2 二维量化系数矩阵 Quant-CoeffMatrix 中的元素 w_{ij}	13 bit	
BTYPE_V	在 V 分量中，控制信号及当前帧的量化参数， [11]：是否到下一帧 [10]：当前块是否是帧内预测 [9]：当前块是否是帧间预测 [5：0]：当前帧的量化参数	12 bit	
INTRA_INFO_V	在 V 分量中， [0]： pred_mode_flag，见 GB/T 20090.2—2013，7.2.5 pred_mode_flag 语法元素 [2：1] ：intra_luma_pred_mode，对应 GB/T 20090.2—2013，7.2.5 intra_luma_pred_mode 语法元素	3 bit	
Block_V	在 V 分量中，逆扫描后的残差系数，对应 GB/T 20090.2—2013，9.6.2 二维量化系数矩阵 Quant-CoeffMatrix 中的元素 w_{ij}	13 bit	

表 8（续）

名称	含义	位宽	取值范围
MBTYPE	宏块类型，见 GB/T 20090.2—2013，9.4.1	32 bit	
Is_P_Skip	当前块是否是 P_Skip 类型， 0：当前块不是 P_Skip 类型 1：当前块是 P_Skip 类型	1 bit	
Is_B_Skip	当前块是否是 B_Skip 类型， 0：当前块不是 B_Skip 类型 1：当前块是 B_Skip 类型	1 bit	
Is_B_Direct	当前块是否是 B_Direct 类型， 0：当前块不是 B_Direc 类型 1：当前块是 B_Direct 类型	1 bit	
Is_B_Sym	当前块是否是 B_Sym 类型， 0：当前块不是 B_Sym 类型 1：当前块是 B_Sym 类型	1 bit	
Is_B_Fwd	当前块是否是 B_Fwd 类型， 0：当前块不是 B_Fwd 类型 1：当前块是 B_Fwd 类型	1 bit	
Is_B_Bck	当前块是否是 B_Bck 类型， 0：当前块不是 B_Bck 类型 1：当前块是 B_Bck 类型	1 bit	
IsIntraMb	当前块是否是 Intra 类型， 0：当前块不是 Intra 类型 1：当前块是 Intra 类型	1 bit	
MVD	运动矢量差，见 GB/T 20090.2—2013，7.2.5 mv_diff_x 和 mv_diff_y 语法元素	32 bit	
WIDTH	以 16 个像素为单位的图像宽度	16 bit	
HEIGHT	以 16 个像素为单位的图像高度	16 bit	
Location	当前宏块的地址，从 0 开始按照从左至右、从上至下的顺序计数	32 bit	
Picture_distance	图像距离，对应 GB/T 20090.2—2013，7.2.3.1 picture_ distance 语法元素	32 bit	

表 8（续）

名称	含义	位宽	取值范围
Ref_Index	当前块的参考索引值，对应 GB/T 20090.2—2013，7.2.5 mb_ reference_index 语法元素	32 bit	
Ref	当前块的预测方向， 0：前向预测， 1：后向预测， 2：双向预测	32 bit	
PartSZ	以像素为单位，当前块的大小	32 bit	
Img_Imgtr_last_P	参考索引值为 0 的前向参考帧的 picture _ distance 语法元素	32 bit	
Img_Imgtr_last_prev_P	参考索引值为 1 的前向参考帧的 picture _ distance 语法元素	32 bit	
Img_Imgtr_next_P	参考索引值为 0 的后向参考帧的 picture _ distance 语法元素	32 bit	

表 9　视频码流语法解析工具的功能描述

步骤	操作
1	根据 GB/T 20090.2—2013，7.1 的语法描述，解析出码流中的语法元素

6.2.2　反量化

反量化工具见表 10～表 13。

表 10　反量化工具的基本描述

项目	内容
工具编号	2
助记符	Algo_IQ_AVSJZ
功能简述	对 8x8 的亮度块或色度块进行反量化
支持的档次	GB/T 20090.2—2013 基准档次

表 11 反量化工具的输入信号

名称	含义	位宽	取值范围
IQ_IN	逆扫描后的残差系数，对应 GB/T 20090.2—2013，9.6.2 二维量化系数矩阵 QuantCoeffMatrix 中的元素 w_{ij}	13 bit	
BTYPE_Y	控制信号及当前帧的量化参数， [11]：是否到下一帧 [10]：当前块是否是帧内预测 [9]：当前块是否是帧间预测 [5:0]：当前帧的量化参数	12 bit	

表 12 反量化工具的输出信号

名称	含义	位宽	取值范围
反量化后的残差系数，对应 GB/T 20090.2—2013，9.8 变换系数矩阵 CoeffMatrix 中的元素	14 bit		

表 13 反量化工具的功能描述

步骤	操作
1	见 GB/T 20090.2—2013，9.7

6.2.3 反变换

反变换工具见表 14～表 17。

表 14 反变换工具的基本描述

项目	内容
工具编号	3
助记符	Algo_IT8x8_2d_AVSJZ
功能简述	将 8x8 变换系数矩阵转换为 8x8 残差样值矩阵
支持的档次	GB/T 20090.2—2013 基准档次

表 15　反变换工具的输入信号

名称	含义	位宽	取值范围
IT_IN	反量化后的残差系数，对应 GB/T 20090.2—2013.9.8 变换系数矩阵 CoeffMatrix 中的元素 w_{ij}	14 bit	

表 16　反变换工具的输出信号

名称	含义	位宽	取值范围
Res	反变换工具输出的 8x8 残差样值矩阵，对应 GB/T 20090.2—2013.9.8 中所描述的残差样值矩阵 ResidueMatrix 的元素 r_{ij}	9 bit	

表 17　反变换工具的功能描述

步骤	操作
1	见 GB/T 20090.2—2013，9.8

6.2.4　亮度帧内模式预测

亮度帧内模式预测工具见表 18～表 21。

表 18　亮度帧内模式预测工具的基本描述

项目	内容
工具编号	4
助记符	Algo_IntraModePred_LUMA_AVSJZ
功能简述	根据相邻块对 8x8 亮度块进行模式预测
支持的档次	GB/T 20090.2—2013 基准档次

表 19　亮度帧内模式预测工具的输入信号

名称	含义	位宽	取值范围
BTYPE_Y	控制信号及当前帧的量化参数， [11]：是否到下一帧 [10]：当前块是否是帧内预测 [9]：当前块是否是帧间预测 [5：0]：当前帧的量化参数	12 bit	

表 19（续）

名称	含义	位宽	取值范围
A	当前块的左边 8x8 块地址，从 0 开始按照从左至右、从上至下的顺序计数	10 bit	
B	当前块的上边 8x8 块地址，从 0 开始按照从左至右、从上至下的顺序计数	10 bit	
INTRA_INFO	模式预测相关参数，包含 3 bit， [0]：pred_mode_flag，对应 GB/T 20090.2—2013，7.2.5 pred_mode_flag 语法元素 [2：1]：intra_luma_pred_mode，对应 GB/T 20090.2—2013，7.2.5 intra_luma_pred_mode 语法元素	3 bit	

表 20　亮度帧内模式预测工具的输出信号

名称	含义	位宽	取值范围
IntraLumaPredMode	当前块的帧内预测模式， 0：Intra_8x8_Vertical 1：Intra_8x8_Horizontal 2：Intra_8x8_DC 3：Intra_8x8_Down_Left 4：Intra_8x8_Down_Right	3 bit	

表 21　亮度帧内模式预测工具的功能描述

步骤	操作
1	见 GB/T 20090.2—2013，9.4.4

6.2.5　亮度帧内预测

亮度帧内预测工具见表 22～表 25。

表 22　亮度帧内预测工具的基本描述

项目	内容
工具编号	5
助记符	Algo_IntraPred_LUMA_8x8_AVSJZ
功能简述	根据预测模式对 8x8 亮度块进行帧内预测
支持的档次	GB/T 20090.2—2013 基准档次

表 23　亮度帧内预测工具的输入信号

名称	含义	位宽	取值范围
RecData	当前块的参考块，块中的值按照从左至右、从上至下的顺序输入	9 bit	
BTYPE_Y	控制信号及当前帧的量化参数： [11]：是否到下一帧 [10]：当前块是否是帧内预测 [9]：当前块是否是帧间预测 [5：0]：当前帧的量化参数	12 bit	
AVAIL	当前块的上边块、左边块和左上边像素点的可用性。块'不可用'指该块不存在，或者尚未解码；否则该块'可用'， [0]：当前块的左边块的可用性 [1]：当前块的上边块的可用性 [2]：当前块的左上边像素点的可用性	1 bit	
IntraLumaPredMode	当前块的帧内预测模式，见 GB/T 20090.2—2013，9.4.4， 0：Intra_8x8_Vertical 1：Intra_8x8_Horizontal 2：Intra_8x8_DC 3：Intra_8x8_Down_Left 4：Intra_8x8_Down_Right	3 bit	

表 24　亮度帧内预测工具的输出信号

名称	含义	位宽	取值范围
IntraPred_Y	当前块的帧内预测值，每个块中的值按照从左至右、从上至下的顺序输出	9 bit	

表 25　亮度帧内预测工具的功能描述

步骤	操作
1	见 GB/T 20090.2—2013 中 9.9.3

6.2.6　色度帧内预测

色度帧内预测工具见表 26～表 29。

表 26　色度帧内预测工具的基本描述

项目	内容
工具编号	6
助记符	Algo_IntraPred_CHROMA_8x8_AVSJZ
功能简述	根据预测模式对 8x8 色度块进行帧内预测
支持的档次	GB/T 20090.2—2013 基准档次

表 27　色度帧内预测工具的输入信号

名称	含义	位宽	取值范围
RecData_UV	当前块的参考块中元素，按照块中从左至右、从上至下的顺序输入	9 bit	
BTYPE_UV	控制信号及当前帧的量化参数， [11]：是否到下一帧 [10]：当前块是否是帧内预测 [9]：当前块是否是帧间预测 [5:0]：当前帧的量化参数	12 bit	
AVAIL_UV	当前块的上边、左边和左上边的可用性，块'不可用'指该块不存在，或者尚未解码；否则该块'可用'， [0]：当前块的左边块的可用性 [1]：当前块的上边块的可用性 [2]：当前块的左上边像素点的可用性	1 bit	
IntraChromaPredMode	当前块的帧内预测模式，见 GB/T 20090.2—2013，9.4.4， 0：Intra_Chroma_DC 1：Intra_Chroma_Horizontal 2：Intra_Chroma_Vertical 3：Intra_Chroma_Plane	3 bit	

表 28　色度帧内预测工具的输出信号

名称	含义	位宽	取值范围
IntraPred_UV	当前块的帧内预测值，每个块中的值按照从左至右、从上至下的顺序输出	9 bit	

表 29　色度帧内预测工具的功能描述

步骤	操作
1	见 GB/T 20090.2—2013，9.9.4

6.2.7　运动矢量预测

运动矢量预测工具见表 30～表 33。

表 30　运动矢量预测工具的基本描述

项目	内容
工具编号	7
助记符	Algo_MV_Prediction_AVSJZ
功能简述	运动矢量预测工具首先读取与当前块类型相关的语法元素，然后根据 GB/T 20090.2—2013，9.4.2 标准得到块类型，根据块类型求得运动矢量，并输出
支持的档次	GB/T 20090.2—2013 基准档次

表 31　运动矢量预测工具的输入信号

名称	含义	位宽	取值范围
MbTypeP	运动矢量预测的控制信号， 0：下一个处理单元是帧，帧类型是 I 帧 1：下一个处理单元是帧，帧类型是 P 帧 2：下一个处理单元是帧，帧类型是 B 帧 3：下一个处理单元是宏块	2 bit	
Block_Available_Up	当前块的上边块的可用性，块‘不可用’指该块不存在，或者尚未解码；否则该块‘可用’	1 bit	

表 31（续）

名称	含义	位宽	取值范围
Block_Available_Left	当前块的左边块的可用性，块‘不可用’指该块不存在，或者尚未解码；否则该块‘可用’	1 bit	
Block_Available _Upleft	当前块的左上边块的可用性，块‘不可用’指该块不存在，或者尚未解码；否则该块‘可用’	1 bit	
Block_Available_Upright	当前块的右上边块的可用性，块‘不可用’指该块不存在，或者尚未解码；否则该块‘可用’	1 bit	
Ref_Frame	当前块的参考索引值，对应 GB/T 20090.2—2013，7.2.5 mb_reference _index 语法元素	32 bit	
RefFr_L	当前块的左边块的参考索引值	32 bit	
RefFr_U	当前块的上边块的参考索引值	32 bit	
RefFr_UR	当前块的右上边块的参考索引值	32 bit	
RefFr_UL	当前块的左上边块的参考索引值	32 bit	
Tmp_Mv_L	当前块的左边块的运动矢量	32 bit	
Tmp_Mv_U	当前块的上边块的运动矢量	32 bit	
Tmp_Mv_UL	当前块的左上边块的运动矢量	32 bit	
Tmp_Mv_UR	当前块的右上边块的运动矢量	32 bit	
Block_X	当前块在其所在宏块中位置的横坐标	32 bit	
Block_Y	当前块在其所在宏块中位置的纵坐标	32 bit	
PartSZ	以像素为单位，当前块的大小	32 bit	
Ref	运动矢量的预测方向	32 bit	
Picture_Distance	图像距离，对应 GB/T 20090.2—2013，7.2.3.1 picture_ distance 语法元素	32 bit	

表 31（续）

名称	含义	位宽	取值范围
Img_Imgtr_last_P	参考索引值为 0 的前向参考帧的 picture_distance 语法元素	32 bit	
Img_Imgtr_last_prev_P	参考索引值为 1 的前向参考帧的 picture_distance 语法元素	32 bit	
Img_Imgtr_next_P	参考索引值为 0 的后向参考帧的 picture_distance 语法元素	32 bit	
P_Skip_Do_MVP	当前块是 P_Skip 类型时，是否做运动矢量预测， 0：不需要运动矢量预测 1：需要运动矢量预测 见 GB/T 20090.2—2013，9.10.1	32 bit	
B_Skip_Do_MVP	当前块是 B_Skip 类型时，是否做运动矢量预测， 0：不需要运动矢量预测 1：需要运动矢量预测 见 GB/T 20090.2—2013，9.10.1	32 bit	
P_Skip_MV	当前块是 P_Skip 类型且不做运动矢量预测时，当前块的运动矢量。见 GB/T 20090.2—2013，9.10.1	32 bit	
B_Skip_Mv_Fwd_X	当前块是 B_Skip 类型且不做运动矢量预测时，当前块的前向运动矢量的横坐标。见 GB/T 20090.2—2013，9.10.1	32 bit	
B_Skip_Mv_Fwd_Y	当前块是 B_Skip 类型且不做运动矢量预测时，当前块的前向运动矢量的纵坐标。见 GB/T 20090.2—2013，9.10.1	32 bit	
B_Skip_Mv_Bck_X	当前块是 B_Skip 类型且不做运动矢量预测时，当前块的后向运动矢量的横坐标。见 GB/T 20090.2—2013，9.10.1	32 bit	

表 31（续）

名称	含义	位宽	取值范围
B_Skip_Mv_Bck_Y	当前块是 B_Skip 类型且不做运动矢量预测时，当前块的后向运动矢量的纵坐标。见 GB/T 20090.2—2013，9.10.1	32 bit	
Is_P_Skip	当前块是否是 P_Skip 类型， 0：当前块不是 P_Skip 类型 1：当前块是 P_Skip 类型	1 bit	
Is_B_Skip	当前块是否是 B_Skip 类型 0：当前块不是 B_Skip 类型 1：当前块是 B_Skip 类型	1 bit	
Is_B_Direct	当前块是否是 B_Direct 类型， 0：当前块不是 B_Direc 类型 1：当前块是 B_Direct 类型	1 bit	
Is_B_Sym	当前块是否是 B_Sym 类型， 0：当前块不是 B_Sym 类型 1：当前块是 B_Sym 类型	1 bit	
Is_B_Fwd	当前块是否是 B_Fwd 类型， 0：当前块不是 B_Fwd 类型 1：当前块是 B_Fwd 类型	1 bit	
Is_B_Bck	当前块是否是 B_Bck 类型， 0：当前块不是 B_Bck 类型 1：当前块是 B_Bck 类型	1 bit	
IsIntraMb	当前块是否是 Intra 类型， 0：当前块不是 Intra 类型 1：当前块是 Intra 类型	1 bit	

表 32　运动矢量预测工具的输出信号

名称	含义	位宽	取值范围
Pmv	当前块的运动矢量的预测值	32 bit	

表 33　运动矢量预测工具的功能描述

步骤	操作
1	见 GB/T 20090.2—2013，9.4.6

6.2.8 P_Skip 模式下运动矢量导出

P_Skip 模式下运动矢量导出工具见表 34～表 37。

表 34 P_Skip 模式下运动矢量导出工具的基本描述

项目	内容
工具编号	8
助记符	Algo_P_Skip_AVSJZ
功能简述	P_Skip 模式下的运动矢量导出工具首先读取与当前宏块类型相关的语法元素，然后根据 GB/T 20090.2—2013，9.4.2 标准得到宏块类型，根据宏块类型求得运动矢量，并输出
支持的档次	GB/T 20090.2—2013 基准档次

表 35 P_Skip 模式下运动矢量导出工具的输入信号

名称	含义	位宽	取值范围
MbTypeP	运动矢量预测的控制信号， 0：下一个处理单元是帧，帧类型是 I 帧 1：下一个处理单元是帧，帧类型是 P 帧 2：下一个处理单元是帧，帧类型是 B 帧 3：下一个处理单元是宏块	2 bit	
Mb_Available_Up	当前块是 P_Skip 类型时，当前块的上边宏块的可用性，宏块‘不可用’指该宏块不存在，或者尚未解码；否则该宏块‘可用’	1 bit	
Mb_Available_Left	当前块是 P_Skip 类型时，当前块的左边宏块的可用性，宏块‘不可用’指该宏块不存在，或者尚未解码；否则该宏块‘可用’	1 bit	
RefFr_L	当前块是 P_Skip 类型时，当前块的左边块参考索引值	32 bit	
RefFr_U	当前块是 P_Skip 类型时，当前块的上边块参考索引值	32 bit	
Tmp_Mv_L	当前块是 P_Skip 类型时，当前块的左边块运动矢量	32 bit	

表 35（续）

名称	含义	位宽	取值范围
Tmp_Mv_U	当前块是 P_Skip 类型时，当前块的上边块运动矢量	32 bit	
Is_P_Skip	当前块是否是 P_Skip 类型， 0：当前块不是 P_Skip 类型 1：当前块是 P_Skip 类型	1 bit	
Is_B_Skip	当前块是否是 B_Skip 类型 0：当前块不是 B_Skip 类型 1：当前块是 B_Skip 类型	1 bit	
Is_B_Direct	当前块是否是 B_Direct 类型， 0：当前块不是 B_Direc 类型 1：当前块是 B_Direct 类型	1 bit	
Is_B_Sym	当前块是否是 B_Sym 类型， 0：当前块不是 B_Sym 类型 1：当前块是 B_Sym 类型	1 bit	
Is_B_Fwd	当前块是否是 B_Fwd 类型， 0：当前块不是 B_Fwd 类型 1：当前块是 B_Fwd 类型	1 bit	
Is_B_Bck	当前块是否是 B_Bck 类型， 0：当前块不是 B_Bck 类型 1：当前块是 B_Bck 类型	1 bit	
IsIntraMb	当前块是否是 Intra 类型， 0：当前块不是 Intra 类型 1：当前块是 Intra 类型	1 bit	

表 36　P_Skip 模式下运动矢量导出工具的输出信号

名称	含义	位宽	取值范围
Mv_P_Skip	当前块是 P_Skip 类型时，不做运动矢量预测时的该块的运动矢量	32 bit	
Do_Mvp	当前块是 P_Skip 类型时，是否做运动矢量预测的标识， 0：不需要运动矢量预测 1：需要运动矢量预测	1 bit	

表 37　P_Skip 模式下运动矢量导出工具的功能描述

步骤	操作
1	见 GB/T 20090.2—2013,9.10

6.2.9　B_Skip 及 B_Direct 模式下运动矢量导出

B_Skip 及 B_Direct 模式下运动矢量导工具出见表 38～表 41。

表 38　B_Skip 及 B_Direct 模式下运动矢量导出工具的基本描述

项目	内容
工具编号	9
助记符	Algo_B_Skip_Direct_AVSJZ
功能简述	B_Skip 及 B_Dierect 模式下的运动矢量导出工具首先读取与当前宏块类型相关的语法元素，然后根据 GB/T 20090.2—2013,9.4.2 标准得到宏块类型，根据宏块类型求得运动矢量，并输出
支持的档次	GB/T 20090.2—2013 基准档次

表 39　B_Skip 及 B_Direct 模式下运动矢量导出工具的输入信号

名称	含义	位宽	取值范围
MbTypeP	运动矢量预测的控制信号， 0:下一个处理单元是帧，帧类型是 I 帧 1:下一个处理单元是帧，帧类型是 P 帧 2:下一个处理单元是帧，帧类型是 B 帧 3:下一个处理单元是宏块	2 bit	
RefFrArr	当前块是 B_Skip 或 B_Direct 类型时，后向参考图像中与当前块的左上角样本位置对应的块的参考索引值	32 bit	
Img_Mv_X	当前块是 B_Skip 或 B_Direct 类型时，后向参考图像中与当前块的左上角样本位置对应的块的运动矢量的横坐标	32 bit	
Img_Mv_Y	当前块是 B_Skip 或 B_Direct 类型时，后向参考图像中与当前块的左上角样本位置对应的块的运动矢量的纵坐标	32 bit	

表 39（续）

名称	含义	位宽	取值范围
Is_P_Skip	当前块是否是 P_Skip 类型， 0：当前块不是 P_Skip 类型 1：当前块是 P_Skip 类型	1 bit	
Is_B_Skip	当前块是否是 B_Skip 类型 0：当前块不是 B_Skip 类型 1：当前块是 B_Skip 类型	1 bit	
Is_B_Direct	当前块是否是 B_Direct 类型， 0：当前块不是 B_Direc 类型 1：当前块是 B_Direct 类型	1 bit	
Is_B_Sym	当前块是否是 B_Sym 类型， 0：当前块不是 B_Sym 类型 1：当前块是 B_Sym 类型	1 bit	
Is_B_Fwd	当前块是否是 B_Fwd 类型， 0：当前块不是 B_Fwd 类型 1：当前块是 B_Fwd 类型	1 bit	
Is_B_Bck	当前块是否是 B_Bck 类型， 0：当前块不是 B_Bck 类型 1：当前块是 B_Bck 类型	1 bit	
IsIntraMb	当前块是否是 Intra 类型， 0：当前块不是 Intra 类型 1：当前块是 Intra 类型	1 bit	
Picture_Distance	当前帧的 picture_ distance 语法元素	32 bit	
Img_Imgtr_Last_P	参考索引值为 0 的前向参考帧的 picture_ distance 语法元素	32 bit	
Img_Imgtr_Next_P	参考索引值为 0 的后向参考帧的 picture_ distance 语法元素	32 bit	

表 40　B_Skip 及 B_Direct 模式下运动矢量导出工具的输出信号

名称	含义	位宽	取值范围
B_Skip_Do_MVP	当前块是 B_Skip 或 B_Direct 类型时，是否做运动矢量预测的标识 0：不需要运动矢量预测 1：需要运动矢量预测	1 bit	

表 40（续）

名称	含义	位宽	取值范围
B_Skip_Mv_Fwd_X	当前块是 B_Skip 或 B_Direct 类型时，不做运动矢量预测时前向运动矢量的横坐标	32 bit	
B_Skip_Mv_Fwd_Y	当前块是 B_Skip 或 B_Direct 类型时，不做运动矢量预测时前向运动矢量的纵坐标	32 bit	
B_Skip_Mv_Bck_X	当前块是 B_Skip 或 B_Direct 类型时，不做运动矢量预测时后向运动矢量的横坐标	32 bit	
B_Skip_Mv_Bck_Y	当前块是 B_Skip 或 B_Direct 类型时，不做运动矢量预测时后向运动矢量的纵坐标	32 bit	

表 41　B_Skip 及 B_Direct 模式下运动矢量导出工具的功能描述

步骤	操作
1	见 GB/T 20090.2—2013，9.10

6.2.10　对称模式下运动矢量导出

对称模式下运动矢量导出工具见表 42～表 45。

表 42　对称模式下运动矢量导出工具的基本描述

项目	内容
工具编号	10
助记符	Algo_B_Sym_AVSJZ
功能简述	对称模式下的运动矢量导出工具首先读取与当前宏块类型相关的语法元素，然后根据 GB/T 20090.2—2013，9.4.2 标准得到宏块类型，根据宏块类型求得运动矢量，并输出
支持的档次	GB/T 20090.2—2013 基准档次

表 43　对称模式下运动矢量导出工具的输入信号

名称	含义	位宽	取值范围
Img_Fw_Mv	当前块是 B_Sym 类型时，当前块的前向运动矢量	32 bit	

表 43（续）

名称	含义	位宽	取值范围
MbTypeP	运动矢量预测的控制信号， 0：下一个处理单元是帧，帧类型是 I 帧 1：下一个处理单元是帧，帧类型是 P 帧 2：下一个处理单元是帧，帧类型是 B 帧 3：下一个处理单元是宏块	2 bit	
Is_P_Skip	当前块是否是 P_Skip 类型， 0：当前块不是 P_Skip 类型 1：当前块是 P_Skip 类型	1 bit	
Is_B_Skip	当前块是否是 B_Skip 类型 0：当前块不是 B_Skip 类型 1：当前块是 B_Skip 类型	1 bit	
Is_B_Direct	当前块是否是 B_Direct 类型， 0：当前块不是 B_Direc 类型 1：当前块是 B_Direct 类型	1 bit	
Is_B_Sym	当前块是否是 B_Sym 类型， 0：当前块不是 B_Sym 类型 1：当前块是 B_Sym 类型	1 bit	
Is_B_Fwd	当前块是否是 B_Fwd 类型， 0：当前块不是 B_Fwd 类型 1：当前块是 B_Fwd 类型	1 bit	
Is_B_Bck	当前块是否是 B_Bck 类型， 0：当前块不是 B_Bck 类型 1：当前块是 B_Bck 类型	1 bit	
IsIntraMb	当前块是否是 Intra 类型， 0：当前块不是 Intra 类型 1：当前块是 Intra 类型	1 bit	
Picture_Distance	当前帧的 picture_distance 语法元素	32 bit	
Img_Imgtr_last_P	参考索引值为 0 的前向参考帧的 picture_distance 语法元素	32 bit	
Img_Imgtr_next_P	参考索引值为 0 的后向参考帧的 picture_distance 语法元素	32 bit	

表 44　对称模式下运动矢量导出工具的输出信号

名称	含义	位宽	取值范围
Mv_Pred_Bck	当前块是 B_Sym 类型时，当前块的后向运动矢量	32 bit	

表 45　对称模式下运动矢量导出工具的功能描述

步骤	操作
1	见 GB/T 20090.2—2013,9.10

6.2.11　时间预测信息缓存

时间预测信息缓存工具见表 46～表 49。

表 46　时间预测信息缓存工具的基本描述

项目	内容
工具编号	11
助记符	Mgnt_Buffer_AVSJZ
功能简述	存储当前图像的参考索引值和运动矢量。在运动矢量预测时，读取邻近块的参考索引值和运动矢量；在得出当前块的参考索引值和运动矢量后，将其保存在缓存中
支持的档次	GB/T 20090.2—2013 基准档次

表 47　时间预测信息缓存工具的输入信号

名称	含义	位宽	取值范围
Is_P_Skip	当前块是否是 P_Skip 类型， 0：当前块不是 P_Skip 类型 1：当前块是 P_Skip 类型	1 bit	
Is_B_Skip	当前块是否是 B_Skip 类型 0：当前块不是 B_Skip 类型 1：当前块是 B_Skip 类型	1 bit	
Is_B_Direct	当前块是否是 B_Direct 类型， 0：当前块不是 B_Direc 类型 1：当前块是 B_Direct 类型	1 bit	
Is_B_Sym	当前块是否是 B_Sym 类型， 0：当前块不是 B_Sym 类型 1：当前块是 B_Sym 类型	1 bit	

表 47（续）

名称	含义	位宽	取值范围
Is_B_Fwd	当前块是否是 B_Fwd 类型， 0:当前块不是 B_Fwd 类型 1:当前块是 B_Fwd 类型	1 bit	
Is_B_Bck	当前块是否是 B_Bck 类型， 0:当前块不是 B_Bck 类型 1:当前块是 B_Bck 类型	1 bit	
IsIntraMb	当前块是否是 Intra 类型， 0:当前块不是 Intra 类型 1:当前块是 Intra 类型	1 bit	
MbType	当前宏块的宏块类型，见 GB/T 20090.2—2013,9.4.2	32 bit	
Location	当前宏块的位置，从 0 开始按照从左至右、从上至下的顺序计数	32 bit	
Part_SZ	以像素为单位，当前块的大小	32 bit	
Ref_Frame	当前块的参考索引值，对应 GB/T 20090.2—2013，7.2.5 mb_reference _index 语法元素	32 bit	
Ref	当前块的预测方向， 0:前向预测 1:后向预测 2:双向预测	2 bit	
Mv	当前块的运动矢量	32 bit	

表 48　时间预测信息缓存工具的输出信号

名称	含义	位宽	取值范围
Block_Available_Up	当前块的上边块的可用性。块‘不可用’指该块不存在，或者尚未解码；否则该块‘可用’	1 bit	
Block_Available_Left	当前块的左边块的可用性。块‘不可用’指该块不存在，或者尚未解码；否则该块‘可用’	1 bit	
Block_Available_Upleft	当前块的左上边块的可用性。块‘不可用’指该块不存在，或者尚未解码；否则该块‘可用’	1 bit	

表 48（续）

名称	含义	位宽	取值范围
Block_Available_Upright	当前块的右上边块的可用性。块'不可用'指该块不存在，或者尚未解码；否则该块'可用'	1 bit	
Ref_Frame	当前块的参考索引值	32 bit	
RefFr_L	当前块的左边块的参考索引值	32 bit	
RefFr_U	当前块的上边块的参考索引值	32 bit	
RefFr_UR	当前块的右上边块的参考索引值	32 bit	
RefFr_UL	当前块的左上边块的参考索引值	32 bit	
Tmp_Mv_L	当前块的左边块的运动矢量	32 bit	
Tmp_Mv_U	当前块的上边块的运动矢量	32 bit	
Tmp_Mv_UL	当前块的左上边块的运动矢量	32 bit	
Tmp_Mv_UR	当前块的右上边块的运动矢量	32 bit	
Block_X	当前块在其所在宏块中位置的 X 坐标	32 bit	
Block_Y	当前块在其所在宏块中位置的 Y 坐标	32 bit	
PartSZ	以像素为单位，当前块的大小	32 bit	
ReF	当前块的预测方向， 0：前向预测， 1：后向预测， 2：双向预测	2 bit	
Mb_available_up	P_Skip 模式下，当前块的上边宏块的可用性，宏块'不可用'指该宏块不存在，或者尚未解码；否则该宏块'可用'	1 bit	
Mb_available_left	P_Skip 模式下，当前块的左边宏块的可用性，宏块'不可用'指该宏块不存在，或者尚未解码；否则该宏块'可用'	1 bit	

表 48（续）

名称	含义	位宽	取值范围
RefFrArr	B_Skip 或 B_Direct 模式下，后向参考图像中与当前块的左上角样本位置对应的块的参考索引值	32 bit	
Bck_Mv_X	B_Skip 或 B_Direct 模式下，后向参考图像中与当前块的左上角样本位置对应的块的运动矢量的横坐标	32 bit	
Bck_Mv_Y	B_Skip 或 B_Direct 模式下，后向参考图像中与当前块的左上角样本位置对应的块的运动矢量的纵坐标	32 bit	
Location	以 16×16 像素为单位，当前宏块在当前帧中的横坐标和纵坐标	32 bit	
MbTypeP	运动矢量预测的控制信号， 0：下一个处理单元是帧，帧类型是 I 帧 1：下一个处理单元是帧，帧类型是 P 帧 2：下一个处理单元是帧，帧类型是 B 帧 3：下一个处理单元是宏块	2 bit	

表 49　时间预测信息缓存工具的功能描述

步骤	操作
1	根据输入，得到当前图像的像素宽度和高度；转第 2 步
2	根据输入，得到当前块的像素宽度和高度、当前块所在宏块的宏块号、当前块的运动矢量预测方式；转第 3 步
3	获取当前块的左边块、上边块、左上边块、右上边块的可用性、参考索引值、运动矢量，并输出；转第 4 步
4	得到当前块的运动矢量，并保存在运动矢量缓存中；转第 5 步
5	判断是否结束运动矢量重建；如果结束，转第 1 步；如果没有结束，转第 2 步

6.2.12 运动矢量重建

运动矢量重建工具见表 50～表 53。

表 50 运动矢量重建工具的基本描述

项目	内　　容
工具编号	12
助记符	Algo_MVReconstruct_AVSJZ
功能简述	读取运动矢量预测值和运动矢量差，计算出实际运动矢量值
支持的档次	GB/T 20090.2—2013 基准档次

表 51 运动矢量重建工具的输入信号

名称	含义	位宽	取值范围
Mv_Pred	运动矢量预测值	32 bit	
Mv_Pred_Bck	B_Sym 模式下，当前块的后向运动矢量	32 bit	
Mvd	运动矢量差，见 GB/T 20090.2—2013，7.2.5 mv_diff_x 和 mv_diff_y 语法元素	32 bit	

表 52 运动矢量重建工具的输出信号

名称	含义	位宽	取值范围
Img_Fw_Mv	B_Sym 模式下，当前块的前向运动矢量	32 bit	
Mv	当前块的前向运动矢量或后向运动矢量	32 bit	

表 53 运动矢量重建工具的功能描述

步骤	操　　作
1	见 GB/T 20090.2—2013，9.4.6.3

6.2.13 亮度块插值

亮度块插值工具见表 54～表 57。

表 54　亮度块插值工具的基本描述

项目	内　　容
工具编号	13
助记符	Algo_Interp_HalfandQuarterPel_LUMA_AVSJZ
功能简述	根据分像素点坐标,利用距离其最近的四个整像素点的像素值进行插值得到当前分像素值
支持的档次	GB/T 20090.2—2013 基准档次

表 55　亮度块插值工具的输入信号

名称	含　　义	位宽	取值范围
MV	当前块的运动矢量	32 bit	
PartSZ	以像素为单位,当前块的大小	32 bit	
RD	当前块的参考图像块中的元素,按照块中从左至右、从上至下的顺序输入	32 bit	

表 56　亮度块插值工具的输出信号

名称	含　　义	位宽	取值范围
INTERP	经插值得到的亮度块中的像素,按照块中从左至右、从上至下的顺序输出	32 bit	

表 57　亮度块插值工具的功能描述

步骤	操　　作
1	见 GB/T 20090.2—2013,9.10.2.2

6.2.14　宏块重构

宏块重构工具见表 58～表 61。

表 58　宏块重构工具的基本描述

项目	内　　容
工具编号	14
助记符	Algo_MBReconstruct_AVSJZ
功能简述	得到当前宏块的每一个块的预测值,根据每个块的位置,重构当前宏块
支持的档次	GB/T 20090.2—2013 基准档次

表 59　宏块重构工具的输入信号

名称	含　　义	位宽	取值范围
Is_P_Skip	当前块是否是 P_Skip 类型， 0：当前块不是 P_Skip 类型 1：当前块是 P_Skip 类型	1 bit	
Is_B_Skip	当前块是否是 B_Skip 类型 0：当前块不是 B_Skip 类型 1：当前块是 B_Skip 类型	1 bit	
Is_B_Direct	当前块是否是 B_Direct 类型， 0：当前块不是 B_Direc 类型 1：当前块是 B_Direct 类型	1 bit	
Is_B_Sym	当前块是否是 B_Sym 类型， 0：当前块不是 B_Sym 类型 1：当前块是 B_Sym 类型	1 bit	
Is_B_Fwd	当前块是否是 B_Fwd 类型， 0：当前块不是 B_Fwd 类型 1：当前块是 B_Fwd 类型	1 bit	
Is_B_Bck	当前块是否是 B_Bck 类型， 0：当前块不是 B_Bck 类型 1：当前块是 B_Bck 类型	1 bit	
IsIntraMb	当前块是否是 Intra 类型， 0：当前块不是 Intra 类型 1：当前块是 Intra 类型	1 bit	
INTERP	经插值得到的亮度块中的像素，按照块中从左至右、从上至下的顺序输出	32 bit	

表 60　宏块重构工具的输出信号

名称	含　　义	位宽	取值范围
MBPred	经插值得到的当前宏块中每个 8x8 块的像素，按照块中从左至右、从上至下的顺序输出	32 bit	

表 61　宏块重构工具的功能描述

步骤	操　　作
1	根据当前块的大小，以及宏块中已重构的部分，判断当前块在宏块中的位置。转第 2 步
2	将当前块赋值到第 1 步所得到的位置。若宏块未重构完成，则转第 1 步；若宏块重构完成，转第 3 步
3	按照宏块中从左至右、从上至下的顺序输出所有 8x8 块，每个 8x8 块中的像素按照块中从左至右、从上至下的顺序输出。转第 1 步

6.2.15 色度块插值

色度块插值工具见表 62～表 65。

表 62 色度块插值工具的基本描述

项目	内　　容
工具编号	15
助记符	Algo_Interp_HalfandQuarterPel_CHROMA_AVSJZ
功能简述	根据读取的分像素点坐标，利用距离其最近的四个整像素点像素值用内插法计算得到当前分像素值
支持的档次	GB/T 20090.2—2013 基准档次

表 63 色度块插值工具的输入信号

名称	含　　义	位宽	取值范围
MV	当前块的运动矢量	32 bit	
PartSZ	以像素为单位，当前块的大小	32 bit	
RD	当前块的参考图像块中的元素，按照块中从左至右、从上至下的顺序输入	32 bit	

表 64 色度块插值工具的输出信号

名称	含　　义	位宽	取值范围
INTERP	经插值得到的色度块中的元素，按照块中从左至右、从上至下的顺序输出	32 bit	

表 65 色度块插值工具的功能描述

步骤	操　　作
1	见 GB/T 20090.2—2013，9.10.2.3

6.2.16 参考块读地址生成

参考块读地址生成工具见表 66～表 69。

表 66 参考块读地址生成工具的基本描述

项目	内　　容
工具编号	16
助记符	Mgnt_InterPred_Addr_Luma
功能简述	根据当前块的位置和运动矢量，得到参考块的位置
支持的档次	GB/T 20090.2—2013 基准档次

表 67 参考块读地址生成工具的输入信号

名称	含 义	位宽	取值范围
MV	当前块的运动矢量	32 bit	
PartSZ	以像素为单位,当前块的大小	32 bit	
Locaticn	当前宏块的地址,从 0 开始按照从左至右、从上至下的顺序计数	32 bit	
Is_P_Skip	当前块是否是 P_Skip 类型, 0:当前块不是 P_Skip 类型 1:当前块是 P_Skip 类型	1 bit	
Is_B_Skip	当前块是否是 B_Skip 类型 0:当前块不是 B_Skip 类型 1:当前块是 B_Skip 类型	1 bit	
Is_B_Direct	当前块是否是 B_Direct 类型, 0:当前块不是 B_Direc 类型 1:当前块是 B_Direct 类型	1 bit	
Is_B_Sym	当前块是否是 B_Sym 类型, 0:当前块不是 B_Sym 类型 1:当前块是 B_Sym 类型	1 bit	
Is_B_Fwd	当前块是否是 B_Fwd 类型, 0:当前块不是 B_Fwd 类型 1:当前块是 B_Fwd 类型	1 bit	
Is_B_Eck	当前块是否是 B_Bck 类型, 0:当前块不是 B_Bck 类型 1:当前块是 B_Bck 类型	1 bit	
IsIntraMb	当前块是否是 Intra 类型, 0:当前块不是 Intra 类型 1:当前块是 Intra 类型	1 bit	

表 68 参考块读地址生成工具的输出信号

名称	含 义	位宽	取值范围
Read_Addr	以像素为单位,参考块在参考帧中位置	32 bit	
Is_Bidirection	当前块预测方式是否双向预测, 0:当前块不是双向预测 1:当前块是双向预测	1 bit	

表 69 参考块读地址生成工具的功能描述

步骤	操 作
1	根据当前块的位置和它的运动矢量,计算出参考块在参考帧中的位置;根据当前块类型,判断它的预测方式是否是双向预测

6.2.17 当前块写地址生成

当前块写地址生成工具见表70～表73。

表70 当前块写地址生成工具的基本描述

项目	内容
工具编号	17
助记符	Mgnt_WriteInBuffer_LUMA_AVSJZ
功能简述	根据工具中的计数器,得到当前块在它所在帧中的写地址
支持的档次	GB/T 20090.2—2013 基准档次

表71 当前块写地址生成工具的输入信号

名称	含义	位宽	取值范围
BTYPE	控制信号及当前帧的量化参数, [11]:是否到下一帧 [10]:当前块是否是帧内预测 [9]:当前块是否是帧间预测 [5:0]:当前帧的量化参数	12 bit	
RecData	重建图像块中的元素,每个块中的元素按照从左至右、从上至下的顺序输出	9 bit	

表72 当前块写地址生成工具的输出信号

名称	含义	位宽	取值范围
WA	当前块要写入缓存的像素的地址	24 bit	
WD	写入帧缓存的像素数据,每个块中按照从左至右、从上至下的顺序输入	9 bit	

表73 当前块写地址生成工具的功能描述

步骤	操作
1	根据工具中的计数器,得到当前块在它所在帧中的写地址
2	输出写地址和像素数据,计数器以1递增。如果未发送完成,转第1步;如果发送完成,计数器归0,转第1步

6.2.18 当前帧缓存

当前帧缓存工具见表74～表77。

表 74　当前帧缓存工具的基本描述

项目	内　　容
工具编号	18
助记符	Mgnt_Current_Frame_Buffer_AVSJZ
功能简述	根据当前帧类型，判断当前块保存还是输出显示
支持的档次	GB/T 20090.2—2013 基准档次

表 75　当前帧缓存工具的输入信号

名称	含　　义	位宽	取值范围
BTYPE	控制信号及当前帧的量化参数， [11]:是否到下一帧 [10]:当前块是否是帧内预测 [9]:当前块是否是帧间预测 [5:0]:当前帧的量化参数	12 bit	
PicType	下一帧的帧类型， 0:下一帧是 I 帧 1:下一帧是 P 帧 2:下一帧是 B 帧	2 bit	
RecData	重建图像块中的元素，每个块中的元素按照从左至右、从上至下的顺序输出	9 bit	

表 76　当前帧缓存工具的输出信号

输出信号			
名称	含　　义	位宽	取值范围
Pixel_Y	显示图像块中的元素，每个块中的元素按照从左至右、从上至下的顺序输出	9 bit	

表 77　当前帧缓存工具的功能描述

功能描述	
步骤	操　　作
1	根据当前帧类型，判断是否保存还是输出当前块像素数据。如果是 B 帧，则输出；如果是 I 帧、P 帧，则保存当前块，并输出上一帧对应位置的图像块的数据

6.2.19　intra 亮度预测值获取

intra 亮度预测值获取工具见表 78～表 81。

表 78 intra 亮度预测值获取工具的基本描述

项目	内　　容
工具编号	19
助记符	Algo_Intra_Luma_Addr_LeftTop_AVSJZ
功能简述	计算当前块的上边块和左边块的地址，用于帧内预测
支持的档次	GB/T 20090.2—2013 基准档次

表 79 intra 亮度预测值获取工具的输入信号

名称	含　　义	位宽	取值范围
BTYPE	控制信号及当前帧的量化参数， [11]:是否到下一帧 [10]:当前块是否是帧内预测 [9]:当前块是否是帧间预测 [5:0]:当前帧的量化参数	12 bit	

表 80 intra 亮度预测值获取工具的输出信号

名称	含　　义	位宽	取值范围
A	当前 8x8 块的左边 8x8 块地址	10 bit	
B	当前 8x8 块的上边 8x8 块地址	10 bit	

表 81 intra 亮度预测值获取工具的功能描述

步骤	操　　作
1	对当前块中每个 8x8 块，计算它的上边 8x8 块和左边 8x8 块地址

6.2.20 逆扫描

逆扫描工具见表 82～表 85。

表 82 逆扫描工具的基本描述

项目	内　　容
工具编号	20
助记符	Algo_IS_ZigzaOrAlternative_AVSJZ
功能简述	将二维量化系数矩阵通过 zig-zag 扫描或域扫描转换为二维变换系数矩阵
支持的档次	GB/T 20090.2—2013 基准档次

表 83 逆扫描工具的输入信号

名称	含义	位宽	取值范围
IS_IN	二维量化系数矩阵，对应 GB/T 20090.2—2013，9.5.3 数组 Quant_CoeffArray 中的元素	13 bit	
BTYPE_Y	控制信号及当前帧的量化参数， [11]：是否到下一帧 [10]：当前块是否是帧内预测 [9]：当前块是否是帧间预测 [5:0]：当前帧的量化参数	12 bit	

表 84 逆扫描工具的输出信号

名称	含义	位宽	取值范围
IS_OUT	二维变换系数矩阵，对应 GB/T 20090.2—2013，9.5.3 QuantCoeffMatrix 中的元素	13 bit	

表 85 逆扫描工具的功能描述

步骤	操作
1	见 GB/T 20090.2—2013，9.5.3

6.2.21 参考帧缓存

参考帧缓存工具见表 86～表 89。

表 86 参考帧缓存工具的基本描述

项目	内容
工具编号	21
助记符	Mgnt_DPB_LUMA_AVSJZ
功能简述	将像素数据写入到帧缓存中，并根据需求读出所需的数据
支持的档次	GB/T 20090.2—2013 基准档次

表 87 参考帧缓存工具的输入信号

名称	含 义	位宽	取值范围
WA	当前块要写入缓存的像素的地址	24 bit	
WD	写入帧缓存的像素数据，每个块中按照从左至右、从上至下的顺序输入	9 bit	
Refidx	当前块的参考索引值，对应 GB/T 20090.2—2013，7.2.5 mb_reference _index 语法元素	32 bit	
RA_INTER	当前块为帧间预测模式时，预测块中每个像素的地址	12 bit	
BTYPE	控制信号及当前帧的量化参数， [11]：是否到下一帧 [10]：当前块是否是帧内预测 [9]：当前块是否是帧间预测 [5:0]：当前帧的量化参数	12 bit	
PicType	下一帧的帧类型， 0：下一帧是 I 帧 1：下一帧是 P 帧 2：下一帧是 B 帧	2 bit	
Is_BiDirection	当前块是否是双向预测， 1：双向预测 0：单向预测	1 bit	

表 88 参考帧缓存工具的输出信号

名称	含 义	位宽	取值范围
RD_Inter	所读出的参考块中的像素，按照块中从左至右、从上至下的顺序输出	32 bit	

表 89 参考帧缓存工具的功能描述

步骤	操 作
1	根据 PicType，得到当前帧的帧类型
2	根据 WA、WD，开始对当前帧进行写数据，同时根据 RA_INTER，读取当前块的参考块的数据
3	判断是否完成对当前帧数据的写入。如果，则跳到第 4 步；如果没完成，则跳到第 2 步
4	显示当前帧，如果显示结束，则跳到第 1 步

6.2.22 重建

重建工具见表 90～表 93。

表 90 重建工具的基本描述

项目	内容
工具编号	22
助记符	Algo_ Reconstruct_AVSJZ
功能简述	该模块将预测块和残差块求和
支持的档次	GB/T 20090.2—2013 基准档次

表 91 重建工具的输入信号

名称	含义	位宽	取值范围
PRED_INTER	当前块为帧间预测模式时，预测块中的元素，每个块中的元素按照从左至右、从上至下的顺序输入	9 bit	
PRED_INTRA	当前块为帧内预测模式时，预测块中的元素，每个块中的元素按照从左至右、从上至下的顺序输入	9 bit	
Res	残差块中的元素，每个块中的元素按照从左至右、从上至下的顺序输入	9 bit	
BTYPE	控制信号及当前帧的量化参数， [11]:是否到下一帧 [10]:当前块是否是帧内预测 [9]:当前块是否是帧间预测 [5:0]:当前帧的量化参数	12 bit	

表 92 重建工具的输出信号

名称	含义	位宽	取值范围
RecData	重建图像块中的元素，每个块中的元素按照从左至右、从上至下的顺序输出	9 bit	

表 93 重建工具的功能描述

步骤	操作
1	见 GB/T 20090.2—2013,9.11

6.2.23 intra 亮度预测值的存在判断

intra 亮度预测值的存在判断工具见表 94～表 97。

表 94　intra 亮度预测值的存在判断工具的基本描述

项目	内　　容
工具编号	23
助记符	Mgnt_IntraPred_LUMA_Addr_AVSJZ
功能简述	判断宏块的上侧、左侧是否有预测数据可以得到
支持的档次	GB/T 20090.2—2013 基准档次

表 95　intra 亮度预测值的存在判断工具的输入信号

名称	含　　义	位宽	取值范围
BTYPE	控制信号及当前帧的量化参数， [11]:是否到下一帧 [10]:当前块是否是帧内预测 [9]:当前块是否是帧间预测 [5：0]:当前帧的量化参数	12 bit	

表 96　intra 亮度预测值的存在判断工具的输出信号

名称	含　　义	位宽	取值范围
AVAIL	当前块的上边块、左边块和左上边像素点的可用性。块'不可用'指该块不存在，或者尚未解码；否则该块'可用'， [0]:当前块的左边块的可用性 [1]:当前块的上边块的可用性 [2]:当前块的左上边像素点的可用性	1 bit	

表 97　intra 亮度预测值的存在判断工具的功能描述

步骤	操　　作
1	根据上侧、左侧、左上侧像素的可用性，判断宏块的上侧、左侧是否有预测数据可以得到

附　录　A
（资料性附录）
使用视频工具构建解码器的实例

本附录给出了一个使用本部分定义的视频工具构建解码器的实例，该解码器支持 GB/T 20090.2—2013 基准档次的解码。使用本部分所定义的视频工具构建得到的解码器见图 A.1。

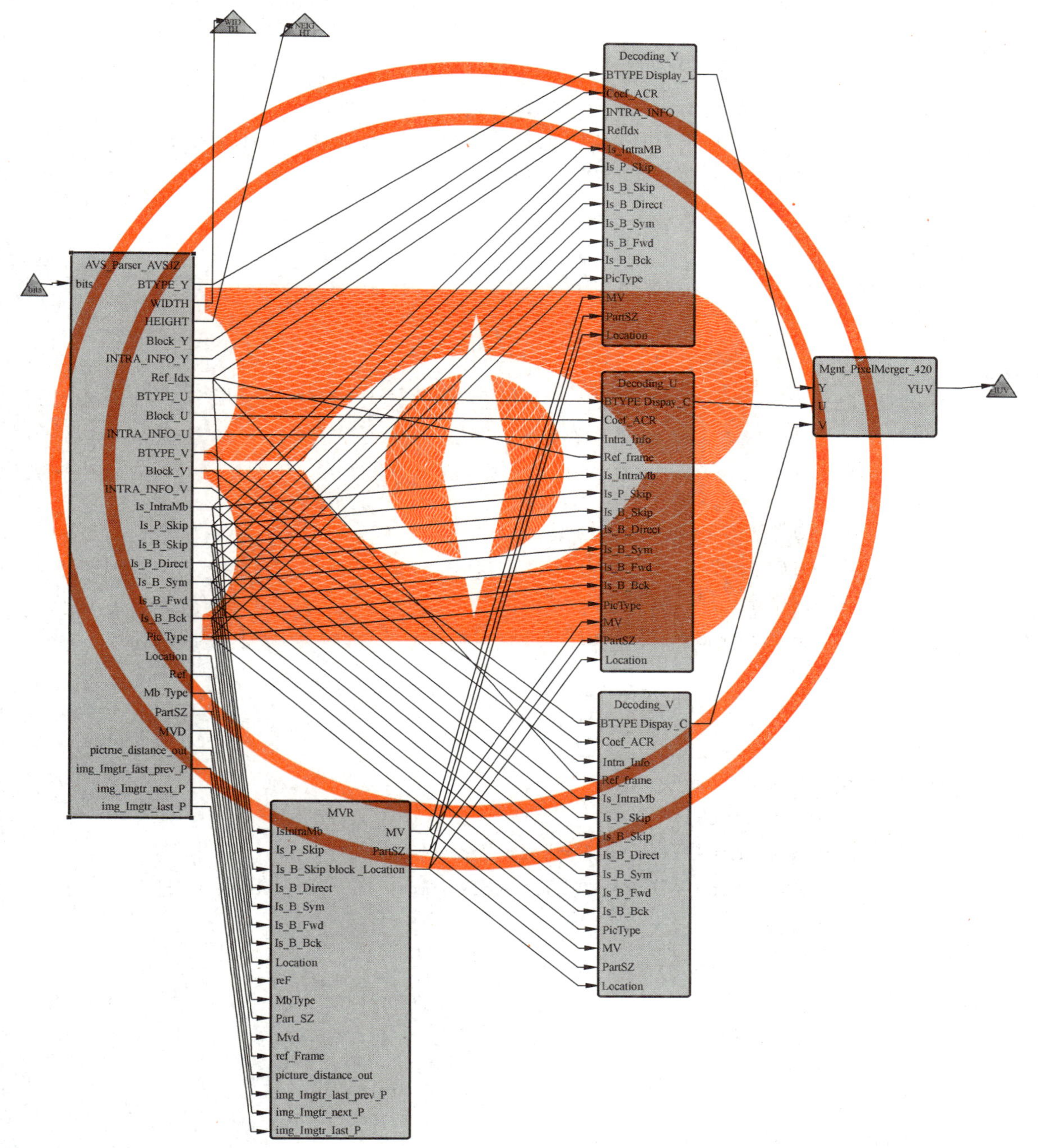

图 A.1　使用本部分所定义的视频工具构建得到一个解码器 AVS_Decoder

图 A.1 展示了一个使用本部分所定义的视频工具构建得到的一个解码器 AVS Decoder。AVS_

Decoder 是一个工具网络，它由四个工具网络及两个视频工具连接而成，这四个工具网络分别是 Decoding_Y、Decoding_U、Decoding_V、MVR，两个视频工具分别是 AVS_Parser_AVSJZ、Mgnt_PixMerge_420。其中，AVS_Parser_AVSJZ 对视频码流进行语法解析，MVR 用于提取 P 帧和 B 帧每个块的运动矢量，Decoding_Y、Decoding_U、Decoding_V 分别对语法解析后的 Y 分量、U 分量、V 分量进行解码，得到 Y、U、V 三个分量的重建视频序列，Mgnt_PixMerge_420 将三个通道的图像合并。AVS_Decoder 网络的工具连接关系描述用 XML 描述如下。

```
<? xml version = "1.0" encoding = "UTF-8"?>
<XDF name = "AVS Decoder">
    <Port kind = "Input" name = "bits">
        <Type name = "uint">
            <Entry kind = "Expr" name = "size">
                <Expr kind = "Literal" literal-kind = "Integer" value = "8"/>
            </Entry>
        </Type>
    </Port>
    <Port kind = "Output" name = "WIDTH">
        <Type name = "int">
            <Entry kind = "Expr" name = "size">
                <Expr kind = "Literal" literal-kind = "Integer" value = "16"/>
            </Entry>
        </Type>
    </Port>
    <Port kind = "Output" name = "HEIGHT">
        <Type name = "int">
            <Entry kind = "Expr" name = "size">
                <Expr kind = "Literal" literal-kind = "Integer" value = "16"/>
            </Entry>
        </Type>
    </Port>
    <Port kind = "Output" name = "YUV">
        <Type name = "uint">
            <Entry kind = "Expr" name = "size">
                <Expr kind = "Literal" literal-kind = "Integer" value = "8"/>
            </Entry>
        </Type>
    </Port>
    <Instance id = "Decoding_Y">
        <Class name = "configurations.decoders.avs.Decoding_Y"/>
    </Instance>
    <Instance id = "AVS_Parser_AVSJZ">
        <Class name = "configurations.decoders.avs.P.Parser_New"/>
    </Instance>
    <Instance id = "Mgnt_PixelMerger_420">
```

```
        〈Class name = "avs.Mgnt_PixelMerger_420"/〉
    〈/Instance〉
    〈Instance id = "Decoding_U"〉
        〈Class name = "configurations.decoders.avs.Decoding_C"/〉
    〈/Instance〉
    〈Instance id = "Decoding_V"〉
        〈Class name = "configurations.decoders.avs.Decoding_C"/〉
    〈/Instance〉
    〈Instance id = "MVR"〉
        〈Class name = "configurations.decoders.avs.P.MVR"/〉
    〈/Instance〉
    〈Connection dst = "Decoding_Y" dst-port = "BTYPE"src = "AVS_Parser_AVSJZ"
src-port = "BTYPE_Y"/〉
    〈Connection dst = "" dst-port = "YUV"src = "Mgnt_PixelMerger_420" src-port = "YUV"/〉
    〈Connection dst = "" dst-port = "WIDTH"src = "AVS_Parser_AVSJZ" src-port = "WIDTH"/〉
    〈Connection dst = "" dst-port = "HEIGHT"src = "AVS_Parser_AVSJZ" src-port = "HEIGHT"/〉
    〈Connection dst = "AVS_Parser_AVSJZ" dst-port = "bits"src = "" src-port = "bits"/〉
    〈Connection dst = "Decoding_Y" dst-port = "Coef_ACR"
        src = "AVS_Parser_AVSJZ" src-port = "Block_Y"/〉
    〈Connection dst = "Decoding_Y" dst-port = "INTRA_INFO"
        src = "AVS_Parser_AVSJZ" src-port = "INTRA_INFO_Y"/〉
    〈Connectiondst = "Mgnt_PixelMerger_420" dst-port = "Y" src = "Decoding_Y"
src-port = "Display_L"/〉
    〈Connection dst = "Decoding_Y" dst-port = "RefIdx"
        src = "AVS_Parser_AVSJZ"src-port = "Ref_Idx"/〉
    〈Connection dst = "Decoding_U" dst-port = "BTYPE"src = "AVS_Parser_AVSJZ"
src-port = "BTYPE_U"/〉
    〈Connectiondst = "Decoding_U" dst-port = "Coef_ACR"
        src = "AVS_Parser_AVSJZ" src-port = "Block_U"/〉
    〈Connection dst = "Decoding_U" dst-port = "Intra_Info"
        src = "AVS_Parser_AVSJZ" src-port = "INTRA_INFO_U"/〉
    〈Connection dst = "Decoding_U" dst-port = "Ref_frame"
        src = "AVS_Parser_AVSJZ" src-port = "Ref_Idx"/〉
    〈Connection dst = "Mgnt_PixelMerger_420" dst-port = "U" src = "Decoding_U"
src-port = "Dispay_C"/〉
    〈Connection dst = "Decoding_V" dst-port = "BTYPE" src = "AVS_Parser_AVSJZ"
src-port = "BTYPE_V"/〉
    〈Connection dst = "Decoding_V" dst-port = "Coef_ACR"
        src = "AVS_Parser_AVSJZ" src-port = "Block_V"/〉
    〈Connection dst = "Decoding_V" dst-port = "Intra_Info"
        src = "AVS_Parser_AVSJZ" src-port = "INTRA_INFO_V"/〉
    〈Connection dst = "Decoding_V" dst-port = "Ref_frame"
        src = "AVS_Parser_AVSJZ" src-port = "Ref_Idx"/〉
```

```
〈Connection dst = "Mgnt_PixelMerger_420" dst-port = "V" src = "Decoding_V"
src-port = "Dispay_C"/〉
    〈Connection dst = "Decoding_Y" dst-port = "Is_IntraMB"
        src = "AVS_Parser_AVSJZ" src-port = "Is_IntraMb"/〉
    〈Connection dst = "Decoding_Y" dst-port = "Is_P_Skip"
        src = "AVS_Parser_AVSJZ" src-port = "Is_P_Skip"/〉
    〈Connection dst = "Decoding_Y" dst-port = "Is_B_Skip"
        src = "AVS_Parser_AVSJZ" src-port = "Is_B_Skip"/〉
    〈Connection dst = "Decoding_Y" dst-port = "Is_B_Direct"
        src = "AVS_Parser_AVSJZ" src-port = "Is_B_Direct"/〉
    〈Connection dst = "Decoding_Y" dst-port = "Is_B_Sym"
        src = "AVS_Parser_AVSJZ" src-port = "Is_B_Sym"/〉
    〈Connection dst = "Decoding_Y" dst-port = "Is_B_Fwd"
        src = "AVS_Parser_AVSJZ" src-port = "Is_B_Fwd"/〉
    〈Connection dst = "Decoding_Y" dst-port = "Is_B_Bck"
        src = "AVS_Parser_AVSJZ" src-port = "Is_B_Bck"/〉
    〈Connection dst = "Decoding_U" dst-port = "Is_IntraMb"
        src = "AVS_Parser_AVSJZ" src-port = "Is_IntraMb"/〉
    〈Connection dst = "Decoding_U" dst-port = "Is_P_Skip"
        src = "AVS_Parser_AVSJZ" src-port = "Is_P_Skip"/〉
    〈Connection dst = "Decoding_U" dst-port = "Is_B_Skip"
        src = "AVS_Parser_AVSJZ" src-port = "Is_B_Skip"/〉
    〈Connection dst = "Decoding_U" dst-port = "Is_B_Direct"
        src = "AVS_Parser_AVSJZ" src-port = "Is_B_Direct"/〉
    〈Connection dst = "Decoding_U" dst-port = "Is_B_Sym"
        src = "AVS_Parser_AVSJZ" src-port = "Is_B_Sym"/〉
    〈Connection dst = "Decoding_U" dst-port = "Is_B_Fwd"
        src = "AVS_Parser_AVSJZ" src-port = "Is_B_Fwd"/〉
    〈Connection dst = "Decoding_U" dst-port = "Is_B_Bck"
        src = "AVS_Parser_AVSJZ" src-port = "Is_B_Bck"/〉
    〈Connection dst = "Decoding_V" dst-port = "Is_IntraMb"
        src = "AVS_Parser_AVSJZ" src-port = "Is_IntraMb"/〉
    〈Connection dst = "Decoding_V" dst-port = "Is_P_Skip"
        src = "AVS_Parser_AVSJZ" src-port = "Is_P_Skip"/〉
    〈Connection dst = "Decoding_V" dst-port = "Is_B_Skip"
        src = "AVS_Parser_AVSJZ" src-port = "Is_B_Skip"/〉
    〈Connection dst = "Decoding_V" dst-port = "Is_B_Direct"
        src = "AVS_Parser_AVSJZ" src-port = "Is_B_Direct"/〉
    〈Connection dst = "Decoding_V" dst-port = "Is_B_Sym"
        src = "AVS_Parser_AVSJZ" src-port = "Is_B_Sym"/〉
    〈Connection dst = "Decoding_V" dst-port = "Is_B_Fwd"
        src = "AVS_Parser_AVSJZ" src-port = "Is_B_Fwd"/〉
    〈Connection dst = "Decoding_V" dst-port = "Is_B_Bck"
```

```
    src = "AVS_Parser_AVSJZ" src-port = "Is_B_Bck"/〉
〈Connection dst = "Decoding_Y" dst-port = "PicType"
    src = "AVS_Parser_AVSJZ" src-port = "PicType"/〉
〈Connection dst = "Decoding_U" dst-port = "PicType"
    src = "AVS_Parser_AVSJZ" src-port = "PicType"/〉
〈Connection dst = "Decoding_V" dst-port = "PicType"
    src = "AVS_Parser_AVSJZ" src-port = "PicType"/〉
〈Connection dst = "Decoding_Y" dst-port = "MV" src = "MVR" src-port = "MV"/〉
〈Connection dst = "Decoding_Y" dst-port = "PartSZ" src = "MVR" src-port = "PartSZ"/〉
〈Connection dst = "Decoding_Y" dst-port = "Location" src = "MVR" src-port = "Block_Location"/〉
〈Connection dst = "Decoding_U" dst-port = "MV" src = "MVR" src-port = "MV"/〉
〈Connection dst = "Decoding_U" dst-port = "PartSZ" src = "MVR" src-port = "PartSZ"/〉
〈Connection dst = "Decoding_U" dst-port = "Location" src = "MVR" src-port = "Block_Location"/〉
〈Connection dst = "Decoding_V" dst-port = "MV" src = "MVR" src-port = "MV"/〉
〈Connection dst = "Decoding_V" dst-port = "PartSZ" src = "MVR" src-port = "PartSZ"/〉
〈Connection dst = "Decoding_V" dst-port = "Location" src = "MVR" src-port = "Block_Location"/〉
〈Connection dst = "MVR" dst-port = "IsIntraMb" src = "AVS_Parser_AVSJZ" src-port = "Is_IntraMb"/〉
〈Connection dst = "MVR" dst-port = "Is_P_Skip" src = "AVS_Parser_AVSJZ" src-port = "Is_P_Skip"/〉
〈Connection dst = "MVR" dst-port = "Is_B_Skip" src = "AVS_Parser_AVSJZ" src-port = "Is_B_Skip"/〉
〈Connection dst = "MVR" dst-port = "Is_B_Direct" src = "AVS_Parser_AVSJZ" src-port = "Is_B_Direct"/〉
〈Connection dst = "MVR" dst-port = "Is_B_Sym" src = "AVS_Parser_AVSJZ" src-port = "Is_B_Sym"/〉
〈Connection dst = "MVR" dst-port = "Is_B_Fwd" src = "AVS_Parser_AVSJZ" src-port = "Is_B_Fwd"/〉
〈Connection dst = "MVR" dst-port = "Is_B_Bck" src = "AVS_Parser_AVSJZ" src-port = "Is_B_Bck"/〉
〈Connection dst = "MVR" dst-port = "Location" src = "AVS_Parser_AVSJZ" src-port = "Location"/〉
〈Connection dst = "MVR" dst-port = "reF" src = "AVS_Parser_AVSJZ" src-port = "Ref"/〉
〈Connection dst = "MVR" dst-port = "MbType" src = "AVS_Parser_AVSJZ" src-port = "MbType"/〉
〈Connection dst = "MVR" dst-port = "Part_SZ" src = "AVS_Parser_AVSJZ" src-port = "PartSZ"/〉
〈Connection dst = "MVR" dst-port = "Mvd" src = "AVS_Parser_AVSJZ" src-port = "MVD"/〉
〈Connection dst = "MVR" dst-port = "ref_Frame" src = "AVS_Parser_AVSJZ" src-port = "Ref_Idx"/〉
```

```
<Connection dst = "MVR" dst-port = "picture_distance_out"
    src = "AVS_Parser_AVSJZ" src-port = "picture_distance_out"/>
<Connection dst = "MVR" dst-port = "img_Imgtr_last_prev_P"
    src = "AVS_Parser_AVSJZ" src-port = "img_Imgtr_last_prev_P"/>
<Connection dst = "MVR" dst-port = "img_Imgtr_next_P"
    src = "AVS_Parser_AVSJZ" src-port = "img_Imgtr_next_P"/>
<Connection dst = "MVR" dst-port = "img_Imgtr_last_P"
    src = "AVS_Parser_AVSJZ" src-port = "img_Imgtr_last_P"/>
</XDF>
```

图 A.2 展示了一个使用本部分所定义的视频工具构建得到的 Decoding_Y 网络。

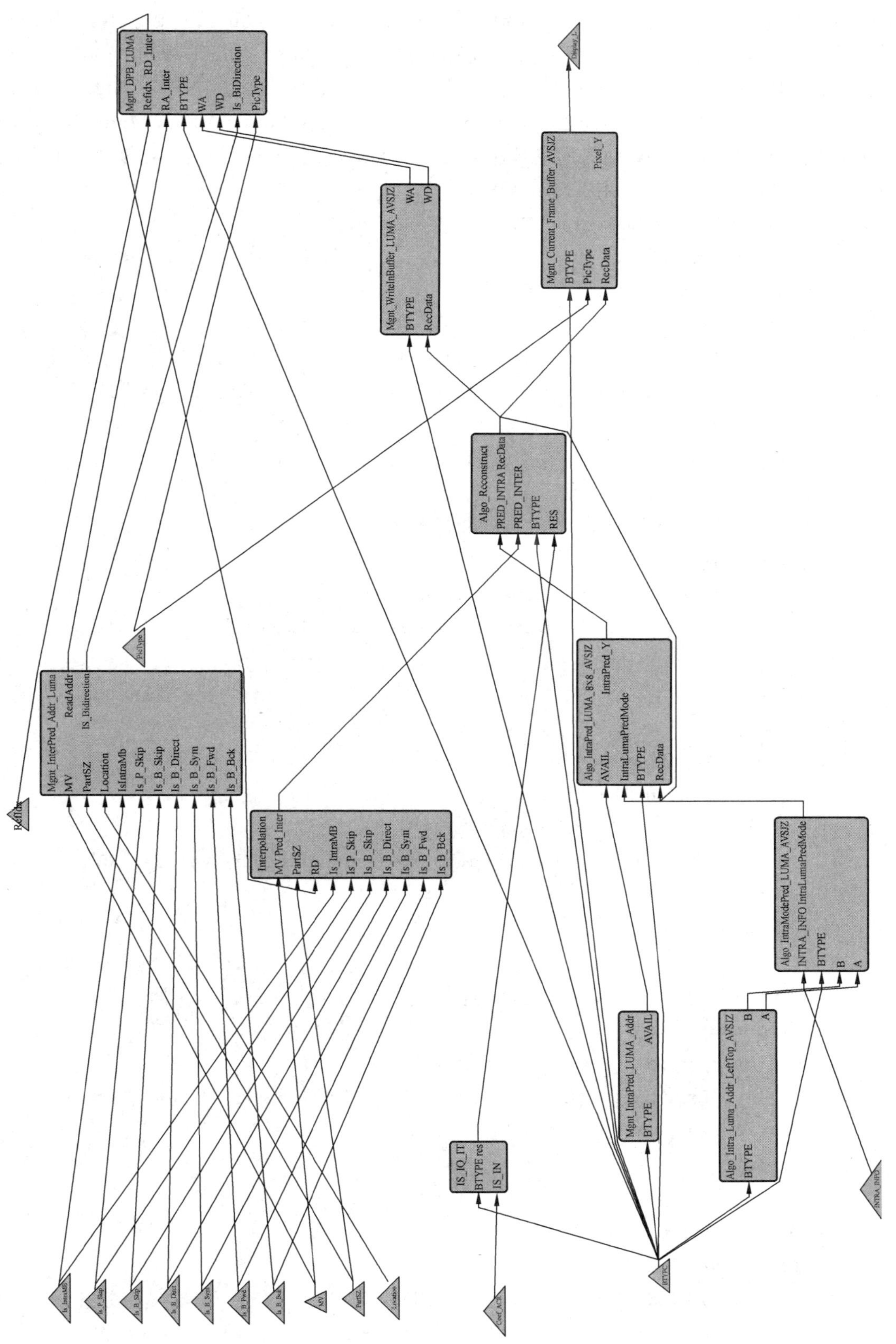

图 A.2 使用本部分所定义的视频工具构建得到 Decoding_Y 工具网络

Decoding_Y 工具网络包括两个网络,分别是 IS_IQ_IT、Interpolation,以及 9 个工具,分别是 Mgnt_InterPred_Addr_Luma、Mgnt_IntraPred_LUMA_Addr、Algo_Intra_Luma_Addr_LeftTop_AVSJZ、Algo_IntraModePred_LUMA_ AVSJZ、Algo_IntraPred_LUMA_8x8_AVSJZ、Algo_Reconstruct、Mgnt_Current_Frame_Buffer_AVSJZ、Mgnt_WriteInBuffer_LUMA_AVSJZ、Mgnt_DPB_LUMA。Decoding_U 网络与 Decoding_V 网络的工具连接关系与 Decoding_Y 网络相似,本实例不再重复给出。Decoding_Y 网络的工具连接关系用 XML 描述如下。

```
〈? xml version = "1.0" encoding = "UTF-8"?〉
〈XDF name = "Decoding_Y"〉
    〈Port kind = "Input" name = "RefIdx"〉
        〈Type name = "int"〉
            〈Entry kind = "Expr" name = "size"〉
                〈Expr kind = "Literal" literal-kind = "Integer" value = "32"/〉
            〈/Entry〉
        〈/Type〉
    〈/Port〉
    〈Port kind = "Input" name = "Is_IntraMB"〉
        〈Type name = "int"〉
            〈Entry kind = "Expr" name = "size"〉
                〈Expr kind = "Literal" literal-kind = "Integer" value = "32"/〉
            〈/Entry〉
        〈/Type〉
    〈/Port〉
    〈Port kind = "Input" name = "Is_P_Skip"〉
        〈Type name = "int"〉
            〈Entry kind = "Expr" name = "size"〉
                〈Expr kind = "Literal" literal-kind = "Integer" value = "32"/〉
            〈/Entry〉
        〈/Type〉
    〈/Port〉
    〈Port kind = "Input" name = "Is_B_Skip"〉
        〈Type name = "int"〉
            〈Entry kind = "Expr" name = "size"〉
                〈Expr kind = "Literal" literal-kind = "Integer" value = "32"/〉
            〈/Entry〉
        〈/Type〉
    〈/Port〉
    〈Port kind = "Input" name = "PicType"〉
        〈Type name = "int"〉
            〈Entry kind = "Expr" name = "size"〉
                〈Expr kind = "Literal" literal-kind = "Integer" value = "32"/〉
            〈/Entry〉
        〈/Type〉
    〈/Port〉
```

```
<Port kind="Input" name="Is_B_Direct">
    <Type name="int">
        <Entry kind="Expr" name="size">
            <Expr kind="Literal" literal-kind="Integer" value="32"/>
        </Entry>
    </Type>
</Port>
<Port kind="Input" name="Is_B_Sym">
    <Type name="int">
        <Entry kind="Expr" name="size">
            <Expr kind="Literal" literal-kind="Integer" value="32"/>
        </Entry>
    </Type>
</Port>
<Port kind="Input" name="Is_B_Fwd">
    <Type name="int">
        <Entry kind="Expr" name="size">
            <Expr kind="Literal" literal-kind="Integer" value="32"/>
        </Entry>
    </Type>
</Port>
<Port kind="Input" name="Is_B_Bck">
    <Type name="int">
        <Entry kind="Expr" name="size">
            <Expr kind="Literal" literal-kind="Integer" value="32"/>
        </Entry>
    </Type>
</Port>
<Port kind="Input" name="MV">
    <Type name="int">
        <Entry kind="Expr" name="size">
            <Expr kind="Literal" literal-kind="Integer" value="32"/>
        </Entry>
    </Type>
</Port>
<Port kind="Input" name="PartSZ">
    <Type name="int">
        <Entry kind="Expr" name="size">
            <Expr kind="Literal" literal-kind="Integer" value="32"/>
        </Entry>
    </Type>
</Port>
<Port kind="Input" name="Location">
```

```
        <Type name = "int">
            <Entry kind = "Expr" name = "size">
                <Expr kind = "Literal" literal-kind = "Integer" value = "32"/>
            </Entry>
        </Type>
    </Port>
    <Port kind = "Input" name = "Coef_ACR">
        <Type name = "int">
            <Entry kind = "Expr" name = "size">
                <Expr kind = "Literal" literal-kind = "Integer" value = "32"/>
            </Entry>
        </Type>
    </Port>
    <Port kind = "Input" name = "BTYPE">
        <Type name = "int">
            <Entry kind = "Expr" name = "size">
                <Expr kind = "Literal" literal-kind = "Integer" value = "32"/>
            </Entry>
        </Type>
    </Port>
    <Port kind = "Input" name = "INTRA_INFO">
        <Type name = "int">
            <Entry kind = "Expr" name = "size">
                <Expr kind = "Literal" literal-kind = "Integer" value = "32"/>
            </Entry>
        </Type>
    </Port>
    <Port kind = "Output" name = "Display_L">
        <Type name = "int">
            <Entry kind = "Expr" name = "size">
                <Expr kind = "Literal" literal-kind = "Integer" value = "32"/>
            </Entry>
        </Type>
    </Port>
    <Instance id = "IS_IQ_IT">
        <Class name = "configurations.decoders.avs.ISIQIT"/>
    </Instance>
    <Instance id = "Algo_IntraModePred_LUMA_AVSJZ">
        <Class name = "avs.decode.intra.Algo_IntraModePred_LUMA_AVSJZ"/>
    </Instance>
    <Instance id = "Algo_Intra_Luma_Addr_LeftTop_AVSJZ">
        <Class name = "avs.decode.intra.Algo_Intra_Luma_Addr_LeftTop_AVSJZ"/>
    </Instance>
```

```
〈Instance id = "Mgnt_IntraPred_LUMA_Addr"〉
    〈Class name = "avs.decode.intra.Mgnt_IntraPred_LUMA_Addr"/〉
〈/Instance〉
〈Instance id = "Algo_IntraPred_LUMA_8x8_AVSJZ"〉
    〈Class name = "avs.decode.intra.Algo_IntraPred_LUMA_8x8_AVSJZ"/〉
〈/Instance〉
〈Instance id = "Interpolation"〉
    〈Class name = "configurations.decoders.avs.P.Interplotion"/〉
〈/Instance〉
〈Instance id = "Mgnt_InterPred_Addr_Luma"〉
    〈Class name = "avs.P.Mgnt_InterPred_Luma"/〉
〈/Instance〉
〈Instance id = "Mgnt_DPB_LUMA"〉
    〈Class name = "avs.P.Mgnt_DPB_LUMA"/〉
〈/Instance〉
〈Instance id = "Mgnt_WriteInBuffer_LUMA_AVSJZ"〉
    〈Class name = "avs.P.Mgnt_Reconstruct_LUMA_Addr"/〉
〈/Instance〉
〈Instance id = "Mgnt_Current_Frame_Buffer_AVSJZ"〉
    〈Class name = "avs.P.Mgnt_Frame_Buffer_Luma"/〉
〈/Instance〉
〈Instance id = "Algo_ Reconstruct"〉
    〈Class name = "configurations.decoders.avs.Algo_ Reconstruct_AVSJZ"/〉
〈/Instance〉
〈Connection dst = "IS_IQ_IT" dst-port = "BTYPE" src = "" src-port = "BTYPE"/〉
〈Connection dst = "IS_IQ_IT" dst-port = "IS_IN" src = "" src-port = "Coef_ACR"/〉
〈Connection dst = "Algo_IntraModePred_LUMA_AVSJZ"
    dst-port = "INTRA_INFO" src = "" src-port = "INTRA_INFO"/〉
〈Connection dst = "Algo_IntraModePred_LUMA_AVSJZ" dst-port = "BTYPE"
    src = "" src-port = "BTYPE"/〉
〈Connection dst = "Algo_Intra_Luma_Addr_LeftTop_AVSJZ"
    dst-port = "BTYPE" src = "" src-port = "BTYPE"/〉
〈Connection dst = "Algo_IntraModePred_LUMA_AVSJZ" dst-port = "B"
    src = "Algo_Intra_Luma_Addr_LeftTop_AVSJZ" src-port = "B"/〉
〈Connection dst = "Algo_IntraModePred_LUMA_AVSJZ" dst-port = "A"
    src = "Algo_Intra_Luma_Addr_LeftTop_AVSJZ" src-port = "A"/〉
〈Connection dst = "Mgnt_IntraPred_LUMA_Addr" dst-port = "BTYPE" src = "" src-port = "
BTYPE"/〉
〈Connection dst = "Algo_IntraPred_LUMA_8x8_AVSJZ" dst-port = "AVAIL"
    src = "Mgnt_IntraPred_LUMA_Addr" src-port = "AVAIL"/〉
〈Connection dst = "Algo_IntraPred_LUMA_8x8_AVSJZ"
    dst-port = "IntraLumaPredMode" src = "Algo_IntraModePred_LUMA_AVSJZ" src-port = "
IntraLumaPredMode"/〉
```

```
<Connection dst = "Interpolation" dst-port = "MV" src = "" src-port = "MV"/>
<Connection dst = "Interpolation" dst-port = "PartSZ" src = "" src-port = "PartSZ"/>
<Connection dst = "Mgnt_InterPred_Addr_Luma" dst-port = "MV" src = "" src-port = "MV"/>
<Connection dst = "Mgnt_InterPred_Addr_Luma" dst-port = "PartSZ" src = "" src-port = "
PartSZ"/>
<Connection dst = "Mgnt_InterPred_Addr_Luma" dst-port = "Location"
src = "" src-port = "Location"/>
<Connection dst = "Mgnt_DPB_LUMA" dst-port = "Refidx" src = "" src-port = "RefIdx"/>
<Connection dst = "Interpolation" dst-port = "RD" src = "Mgnt_DPB_LUMA" src-port = "RD_
Inter"/>
<Connection dst = "Mgnt_DPB_LUMA" dst-port = "RA_Inter"
    src = "Mgnt_InterPred_Addr_Luma" src-port = "ReadAddr"/>
<Connection dst = "Mgnt_DPB_LUMA" dst-port = "BTYPE" src = "" src-port = "BTYPE"/>
<Connection dst = "Algo_IntraPred_LUMA_8 × 8_AVSJZ" dst-port = "BTYPE"
    src = "" src-port = "BTYPE"/>
<Connection dst = "Mgnt_WriteInBuffer_LUMA_AVSJZ" dst-port = "BTYPE"
    src = "" src-port = "BTYPE"/>
<Connection dst = "Mgnt_DPB_LUMA" dst-port = "WA"
    src = "Mgnt_WriteInBuffer_LUMA_AVSJZ" src-port = "WA"/>
<Connection dst = "Mgnt_DPB_LUMA" dst-port = "WD"
    src = "Mgnt_WriteInBuffer_LUMA_AVSJZ" src-port = "WD"/>
<Connection dst = "Interpolation" dst-port = "Is_IntraMB" src = "" src-port = "Is_In-
traMB"/>
<Connection dst = "Interpolation" dst-port = "Is_P_Skip" src = "" src-port = "Is_P_
Skip"/>
<Connection dst = "Interpolation" dst-port = "Is_B_Skip" src = "" src-port = "Is_B_
Skip"/>
<Connection dst = "Interpolation" dst-port = "Is_B_Direct" src = "" src-port = "Is_B_
Direct"/>
<Connection dst = "Interpolation" dst-port = "Is_B_Sym" src = "" src-port = "Is_B_
Sym"/>
<Connection dst = "Interpolation" dst-port = "Is_B_Fwd" src = "" src-port = "Is_B_
Fwd"/>
<Connection dst = "Interpolation" dst-port = "Is_B_Bck" src = "" src-port = "Is_B_
Bck"/>
<Connection dst = "Mgnt_InterPred_Addr_Luma" dst-port = "IsIntraMb"
    src = "" src-port = "Is_IntraMB"/>
<Connection dst = "Mgnt_InterPred_Addr_Luma" dst-port = "Is_P_Skip"
    src = "" src-port = "Is_P_Skip"/>
<Connection dst = "Mgnt_InterPred_Addr_Luma" dst-port = "Is_B_Skip"
    src = "" src-port = "Is_B_Skip"/>
<Connection dst = "Mgnt_InterPred_Addr_Luma" dst-port = "Is_B_Direct"
    src = "" src-port = "Is_B_Direct"/>
```

```
〈Connection dst = "Mgnt_InterPred_Addr_Luma" dst-port = "Is_B_Sym"
    src = "" src-port = "Is_B_Sym"/〉
〈Connection dst = "Mgnt_InterPred_Addr_Luma" dst-port = "Is_B_Fwd"
    src = "" src-port = "Is_B_Fwd"/〉
〈Connection dst = "Mgnt_InterPred_Addr_Luma" dst-port = "Is_B_Bck"
    src = "" src-port = "Is_B_Bck"/〉
〈Connection dst = "Mgnt_DPB_LUMA" dst-port = "Is_BiDirection"
    src = "Mgnt_InterPred_Addr_Luma" src-port = "Is_Bidirection"/〉
〈Connection dst = "Mgnt_DPB_LUMA" dst-port = "PicType" src = "" src-port = "PicType"/〉
〈Connection dst = "" dst-port = "Display_L"
    src = "Mgnt_Current_Frame_Buffer_AVSJZ" src-port = "Pixel_Y"/〉
〈Connection dst = "Mgnt_Current_Frame_Buffer_AVSJZ" dst-port = "BTYPE"
    src = "" src-port = "BTYPE"/〉
〈Connection dst = "Mgnt_Current_Frame_Buffer_AVSJZ" dst-port = "PicType"
    src = "" src-port = "PicType"/〉
〈Connection dst = "Algo_Reconstruct" dst-port = "PRED_INTRA"
    src = "Algo_IntraPred_LUMA_8x8_AVSJZ" src-port = "IntraPred_Y"/〉
〈Connection dst = "Algo_Reconstruct" dst-port = "PRED_INTER"
    src = "Interpolation" src-port = "Pred_Inter"/〉
〈Connection dst = "Algo_Reconstruct" dst-port = "BTYPE" src = "" src-port = "BTYPE"/〉
〈Connection dst = "Algo_Reconstruct" dst-port = "RES" src = "IS_IQ_IT" src-port = "res"/〉
〈Connection dst = "Mgnt_Current_Frame_Buffer_AVSJZ" dst-port = "RecData"
    src = "Algo_Reconstruct" src-port = "RecData"/〉
〈Connection dst = "Mgnt_WriteInBuffer_LUMA_AVSJZ" dst-port = "RecData"
    src = "Algo_Reconstruct" src-port = "RecData"/〉
〈Connection dst = "Algo_IntraPred_LUMA_8x8_AVSJZ" dst-port = "RecData"
    src = "Algo_Reconstruct" src-port = "RecData"/〉
〈/XDF〉
```

图 A.3 展示了一个使用本部分所定义的视频工具构建得到的 IS_IQ_IT 工具网络。它包括 3 个视频工具，分别是 Algo_IS_ZigzagOrAlternative、Algo_IQ_AVSJZ、Algo_IT8x8_2d_AVSJZ。Algo_IS_ZigzagOrAlternative 实现了逆扫描功能；Algo_IQ_AVSJZ 实现了反量化功能；Algo_IT8x8_2d_AVSJZ 实现了反变换功能。

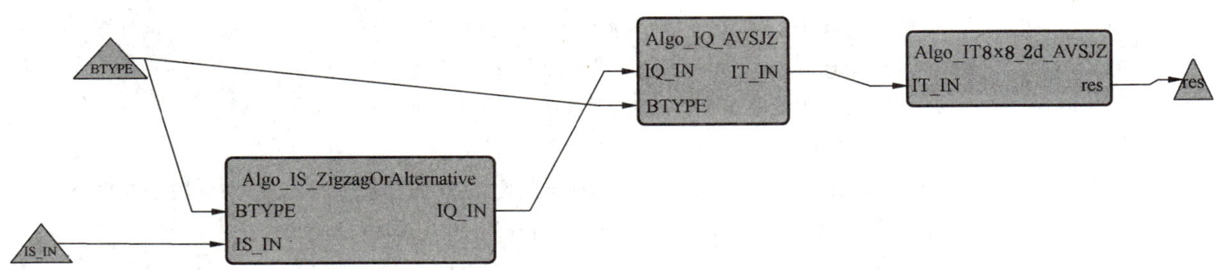

图 A.3 使用本部分所定义的视频工具构建得到 IS_IQ_IT 工具网络

图 A.3 中 IS_IQ_IT 网络的工具连接关系用 XML 描述如下。

```
<? xml version = "1.0" encoding = "UTF-8"?>
<XDF name = "IS_IQ_IT">
    <Port kind = "Input" name = "BTYPE">
        <Type name = "int">
            <Entry kind = "Expr" name = "size">
                <Expr kind = "Literal" literal-kind = "Integer" value = "32"/>
            </Entry>
        </Type>
    </Port>
    <Port kind = "Input" name = "IS_IN">
        <Type name = "int">
            <Entry kind = "Expr" name = "size">
                <Expr kind = "Literal" literal-kind = "Integer" value = "32"/>
            </Entry>
        </Type>
    </Port>
    <Port kind = "Output" name = "res">
        <Type name = "int">
            <Entry kind = "Expr" name = "size">
                <Expr kind = "Literal" literal-kind = "Integer" value = "32"/>
            </Entry>
        </Type>
    </Port>
    <Instance id = "Algo_IS_ZigzagOrAlternative">
        <Class name = "avs.decode.intra.Algo_IS_ZigzagOrAlternative_AVSJZ"/>
    </Instance>
    <Instance id = "Algo_IQ_AVSJZ">
        <Class name = "avs.decode.intra.Algo_IQ_AVSJZ"/>
    </Instance>
    <Instance id = "Algo_IT8×8_2d_AVSJZ">
        <Class name = "configurations.decoders.avs.Algo_IT2D"/>
    </Instance>
    <Connectiondst = "Algo_IQ_AVSJZ" dst-port = "IQ_IN"
        src = "Algo_IS_ZigzagOrAlternative" src-port = "IQ_IN"/>
    <Connectiondst = "Algo_IT8×8_2d_AVSJZ" dst-port = "IT_IN"
        src = "Algo_IQ_AVSJZ" src-port = "IT_IN"/>
    <Connection dst = "Algo_IQ_AVSJZ" dst-port = "BTYPE" src = "" src-port = "BTYPE"/>
    <Connection dst = "Algo_IS_ZigzagOrAlternative" dst-port = "BTYPE"
        src = "" src-port = "BTYPE"/>
    <Connectiondst = "Algo_IS_ZigzagOrAlternative" dst-port = "IS_IN"
        src = "" src-port = "IS_IN"/>
    <Connection dst = "" dst-port = "res" src = "Algo_IT8×8_2d_AVSJZ" src-port = "res"/>
```

```
</XDF>
```

图 A.4 展示了一个使用本部分所定义的视频工具构建得到的 Interpolation 工具网络。它包括 2 个视频工具，分别是 Algo_Interp_HalfandQuarterPel_AVSJZ、Algo_BlockReconstruct_AVSJZ。

Algo_Interp_HalfandQuarterPel_AVSJZ 实现了像素块插值功能；Algo_BlockReconstruct_AVSJZ 实现了宏块重建功能。

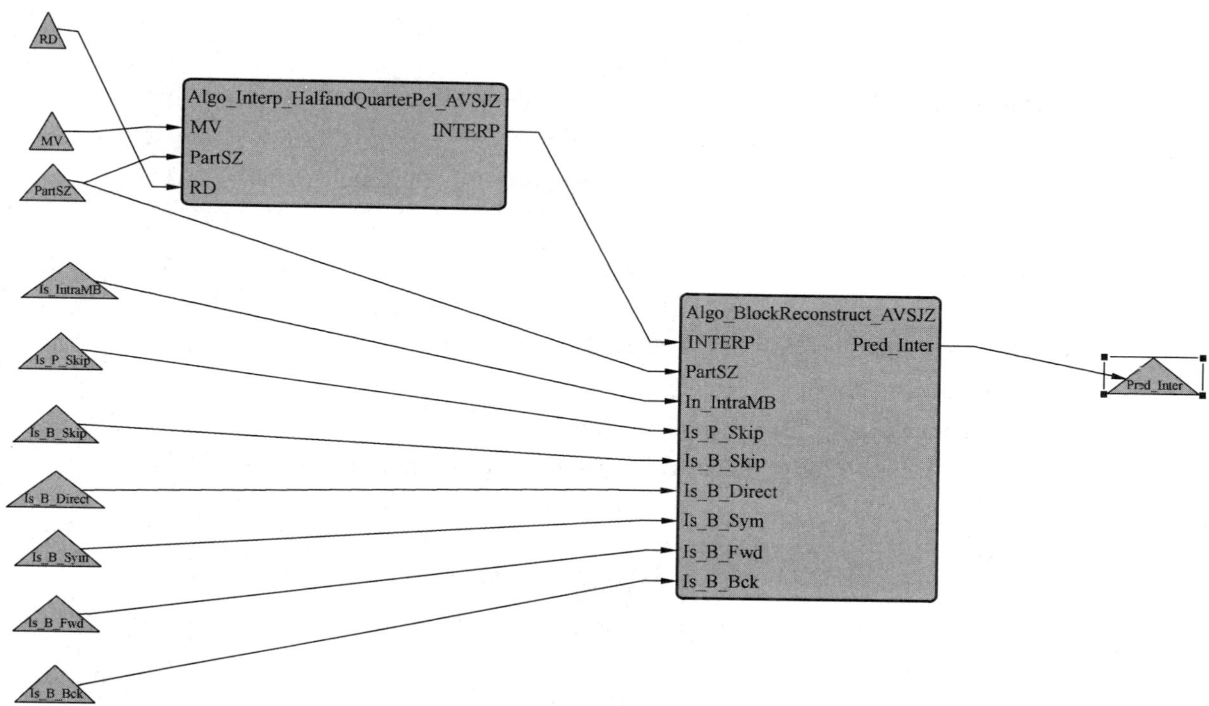

图 A.4 使用本部分所定义的视频工具构建得到 Interpolation 工具网络

图 A.4 中 Interpolation 网络的工具连接关系用 XML 描述如下。

```
<? xml version = "1.0" encoding = "UTF-8"?>
<XDF name = "Interpolation">
    <Port kind = "Input" name = "RD">
        <Type name = "int">
            <Entry kind = "Expr" name = "size">
                <Expr kind = "Literal" literal-kind = "Integer" value = "32"/>
            </Entry>
        </Type>
    </Port>
    <Port kind = "Input" name = "MV">
        <Type name = "int">
            <Entry kind = "Expr" name = "size">
                <Expr kind = "Literal" literal-kind = "Integer" value = "32"/>
            </Entry>
        </Type>
    </Port>
    <Port kind = "Input" name = "PartSZ">
```

```
        <Type name="int">
            <Entry kind="Expr" name="size">
                <Expr kind="Literal" literal-kind="Integer" value="32"/>
            </Entry>
        </Type>
    </Port>
    <Port kind="Input" name="Is_IntraMB">
        <Type name="int">
            <Entry kind="Expr" name="size">
                <Expr kind="Literal" literal-kind="Integer" value="32"/>
            </Entry>
        </Type>
    </Port>
    <Port kind="Input" name="Is_P_Skip">
        <Type name="int">
            <Entry kind="Expr" name="size">
                <Expr kind="Literal" literal-kind="Integer" value="32"/>
            </Entry>
        </Type>
    </Port>
    <Port kind="Input" name="Is_B_Skip">
        <Type name="int">
            <Entry kind="Expr" name="size">
                <Expr kind="Literal" literal-kind="Integer" value="32"/>
            </Entry>
        </Type>
    </Port>
    <Port kind="Input" name="Is_B_Direct">
        <Type name="int">
            <Entry kind="Expr" name="size">
                <Expr kind="Literal" literal-kind="Integer" value="32"/>
            </Entry>
        </Type>
    </Port>
    <Port kind="Input" name="Is_B_Sym">
        <Type name="int">
            <Entry kind="Expr" name="size">
                <Expr kind="Literal" literal-kind="Integer" value="32"/>
            </Entry>
        </Type>
    </Port>
    <Port kind="Input" name="Is_B_Fwd">
        <Type name="int">
```

```
        〈Entry kind = "Expr" name = "size"〉
            〈Expr kind = "Literal" literal-kind = "Integer" value = "32"/〉
        〈/Entry〉
    〈/Type〉
〈/Port〉
〈Port kind = "Input" name = "Is_B_Bck"〉
    〈Type name = "int"〉
        〈Entry kind = "Expr" name = "size"〉
            〈Expr kind = "Literal" literal-kind = "Integer" value = "32"/〉
        〈/Entry〉
    〈/Type〉
〈/Port〉
〈Port kind = "Output" name = "Pred_Inter"〉
    〈Type name = "int"〉
        〈Entry kind = "Expr" name = "size"〉
            〈Expr kind = "Literal" literal-kind = "Integer" value = "32"/〉
        〈/Entry〉
    〈/Type〉
〈/Port〉
〈Instance id = "Algo_Interp_HalfandQuarterPel_AVSJZ"〉
    〈Class name = "avs.P.Algo_Interp_HalfandQuarterPel_AVSJZ"/〉
〈/Instance〉
〈Instance id = "Algo_BlockReconstruct_AVSJZ"〉
    〈Class name = "configurations.decoders.avs.P.Algo_BlockReconstruct_AVSJZ"/〉
〈/Instance〉
〈Connection dst = "Algo_Interp_HalfandQuarterPel_AVSJZ" dst-port = "MV"
    src = "" src-port = "MV"/〉
〈Connection dst = "Algo_Interp_HalfandQuarterPel_AVSJZ"
    dst-port = "PartSZ" src = "" src-port = "PartSZ"/〉
〈Connection dst = "Algo_Interp_HalfandQuarterPel_AVSJZ" dst-port = "RD"
    src = "" src-port = "RD"/〉
〈Connection dst = "Algo_BlockReconstruct_AVSJZ" dst-port = "INTERP"
    src = "Algo_Interp_HalfandQuarterPel_AVSJZ" src-port = "INTERP"/〉
〈Connection dst = "Algo_BlockReconstruct_AVSJZ" dst-port = "PartSZ"
    src = "" src-port = "PartSZ"/〉
〈Connection dst = "Algo_BlockReconstruct_AVSJZ" dst-port = "Is_IntraMB"
    src = "" src-port = "Is_IntraMB"/〉
〈Connection dst = "Algo_BlockReconstruct_AVSJZ" dst-port = "Is_P_Skip"
    src = "" src-port = "Is_P_Skip"/〉
〈Connection dst = "Algo_BlockReconstruct_AVSJZ" dst-port = "Is_B_Skip"
    src = "" src-port = "Is_B_Skip"/〉
〈Connection dst = "Algo_BlockReconstruct_AVSJZ" dst-port = "Is_B_Direct"
    src = "" src-port = "Is_B_Direct"/〉
```

```
    〈Connection dst = "Algo_BlockReconstruct_AVSJZ" dst-port = "Is_B_Sym"
      src = "" src-port = "Is_B_Sym"/〉
    〈Connection dst = "Algo_BlockReconstruct_AVSJZ" dst-port = "Is_B_Fwd"
        src = "" src-port = "Is_B_Fwd"/〉
    〈Connection dst = "Algo_BlockReconstruct_AVSJZ" dst-port = "Is_B_Bck"
        src = "" src-port = "Is_B_Bck"/〉
    〈Connection dst = "" dst-port = "Pred_Inter"
        src = "Algo_BlockReconstruct_AVSJZ" src-port = "Pred_Inter"/〉
〈/XDF〉
```

ICS 27.200
J 73

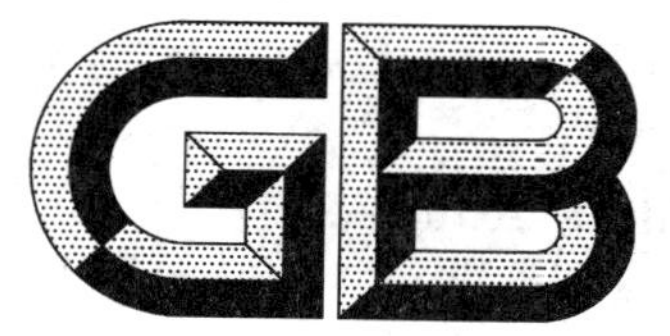

中华人民共和国国家标准

GB/T 20108—2017
代替 GB/T 20108—2006

低温单元式空调机

Low temperature unitary air conditioner

2017-07-12 发布　　2018-02-01 实施

中华人民共和国国家质量监督检验检疫总局
中国国家标准化管理委员会　发布

前　言

本标准按照 GB/T 1.1—2009 给出的规则起草。

本标准代替 GB/T 20108—2006《低温单元式空调机》。与 GB/T 20108—2006 相比主要变化如下：

——增加了制冷量、制冷消耗功率、全年能效比(AEER)、送风量、标准风量、冷风比的定义(见 3.2、3.3、3.5、3.6、3.7、3.8)；

——删除了低温工况的术语定义；

——修改了型式分类(见 4.1、4.2)；

——修改了基本参数(见 4.3.1、4.3.2)；

——增加了风量、凝露及凝结水排除、全年能效比(AEER)的试验工况和试验要求(见 4.3.3、5.3.7、5.3.8、5.3.13、6.3.11)；

——增加了水压降、全年能效比、冷风比要求及限值(见 5.3.12、5.3.13、5.3.14)；

——修改了一般要求和安全要求(见 5.1、5.2)；

——增加仪器仪表的型式及准确度、试验工况参数的读数允差(见 6.1.4、6.1.5、6.1.6、6.1.7)；

——修改了试验要求(见 6.2)；

——删除了能效比和最低负荷工况及其对应的试验要求；

——修改了出厂检验和抽样检验要求(见 7.1、7.2)；

——修改了标志、包装、运输及贮存要求(见 8.1、8.2、8.3)；

——修改了附录 A 中低温单元式空调机型号表示方法(见附录 A)；

——增加部分城市温度分布系数(见附录 B)。

本标准由中国机械工业联合会提出。

本标准由全国冷冻空调设备标准化技术委员会(SAC/TC 238)归口。

本标准主要起草单位：广东申菱环境系统股份有限公司、合肥通用机械研究院、马鞍山市博浪热能科技有限公司。

本标准参加起草单位：浙江汇杰制冷设备有限公司、合肥通用机电产品检测院有限公司。

本标准主要起草人：潘展华、谢宝刚、汪吉平、张学伟、蒋梦杰、张晓艳、张煜晨。

本标准所代替标准的历次版本发布情况为：

——GB/T 20108—2006。

低温单元式空调机

1 范围

本标准规定了低温单元式空调机(以下简称“低温空调机”)的术语和定义、型式、型号和基本参数、要求、试验方法、检验规则、标志、包装、运输和贮存。

本标准适用于名义制冷量大于或等于7 000 W、用于工艺性环境、进风温度范围在5 ℃～18 ℃的低温单元式空调机。

2 规范性引用文件

下列文件对于本文件的应用是必不可少的。凡是注日期的引用文件,仅注日期的版本适用于本文件。凡是不注日期的引用文件,其最新版本(包括所有的修改单)适用于本文件。

GB/T 191 包装储运图示标志

GB/T 2828.1 计数抽样检验程序 第1部分:按接收质量限(AQL)检索的逐批检验抽样计划

GB/T 6388 运输包装收发货标志

GB/T 13306 标牌

GB/T 17758—2010 单元式空气调节机

GB 25130 单元式空气调节机 安全要求

JB/T 7249 制冷设备 术语

3 术语和定义

JB/T 7249中界定的以及下列术语和定义适用于本文件。

3.1

低温单元式空调机 low temperature unitary air conditioner

用于进风温度在5 ℃～18 ℃之间向封闭空间内提供处理空气的设备。它主要包括制冷系统以及空气循环和空气过滤装置,还可以包括加热、加湿装置。

3.2

制冷量 cooling capacity

在规定的制冷能力试验下,低温空调机单位时间内从封闭空间、房间或区域除去的热量总和。

注:制冷量的单位为瓦(W)。

3.3

制冷消耗功率 cooling power input

在规定的制冷能力试验下,低温空调机运行时所消耗的功率。

注:制冷消耗功率的单位为瓦(W)。

3.4

制冷能效比(EER) energy efficiency ratio;EER

在规定的制冷能力试验下,低温空调机制冷量与制冷消耗功率之比。

注:制冷能效比的值用W/W表示。

3.5

全年能效比(AEER)　annual energy efficiency ratio;AEER

低温空调机进行全年制冷时从室内除去的热量总和与消耗的电量总和之比。

注:全年能效比的值用 W/W 表示。

3.6

送风量　discharge airflow

在规定的风量试验条件下,低温空调机单位时间内向封闭空间、房间或区域送入的空气量。

注:送风量的单位为立方米每小时(m^3/h)。

3.7

标准风量　standard airflow

将送风量换算成大气压力为 101.325 kPa、温度为 20 ℃、密度为 1.204 kg/m^3 标准条件下的风量。

注:标准风量的单位为立方米每小时(m^3/h)。

3.8

冷风比　cold wind ratio

在规定的制冷量试验条件下,空调机的总制冷量与每小时的送风量之比。

注:冷风比的单位为 $W/(m^3/h)$。

4 型式、型号和基本参数

4.1 型式

4.1.1 低温空调机按冷凝器的冷却方式分为:水冷式、风冷式。

4.1.2 低温空调机按结构型式分为:整体式、分体式。

4.1.3 低温空调机按送风型式分为:风管式、直吹式。

4.2 型号

低温空调机的型号表示方法可参照附录 A,亦可由制造商自行确定,但型号中应体现本标准名义工况下低温空调机的制冷量。

4.3 基本参数

4.3.1 低温空调机的电源为额定电压 220 V 单相或 380 V 三相交流电,额定频率 50 Hz。

4.3.2 低温空调机在下列条件下应能正常工作:

——风冷式:风冷式低温空调机工作的室外环境温度为－15 ℃～＋45 ℃。

——水冷式:制冷运行时,水冷式低温空调机冷凝器的进水温度为 7 ℃～34 ℃。

4.3.3 低温空调机的试验工况分别按表 1、表 2 和表 3 的规定。

表 1　名义试验工况

试验条件	室内侧入口空气状态		室外侧状态				
			风冷式(进风)		水冷式冷凝器进水温度和流量状态		
	干球温度 ℃	湿球温度 ℃	干球温度 ℃	湿球温度 ℃	进水温度 ℃	单位名义制冷量流量 $m^3/(h \cdot kW)$	污垢系数 $(m^2 \cdot ℃)/kW$
名义工况	12	10	35	24[a]	30	0.215	0.043

[a] 适用于湿球温度影响室外侧换热的装置(利用水的潜热作为室外侧换热器的热源装置)。

表 2　其他试验工况

单位为摄氏度

试验条件	室内侧入口空气状态		室外侧状态			
			风冷式(进风侧)		水冷式	
	干球温度	湿球温度	干球温度	湿球温度	进水温度	出水温度
最大运行工况	20	15	43	—	34	—[b]
融霜工况	8	7	20	15 以下[a]	—[b]	21
低温工况	5	4	21	15[a]	—[b]	21
凝露、凝结水排除能力	18	16	27	24[a]	—[b]	27
风量[c]	20	16	—	—	—	—

[a] 适用于湿球温度影响室外侧换热的装置(利用水的潜热作为室外侧换热器的热源装置)。

[b] 采用名义制冷试验条件确定的水量。

[c] 风量测量时机外静压的波动应在测定时间内稳定在规定静压的±5%以内,但是规定静压小于 98 Pa 时应取±3 Pa。

表 3　全年能效比试验工况

单位为摄氏度

项　　目			全年制冷工况(用于计算 AEER)				
			A	B	C	D	E
室内机回风侧	干球温度		12	12	12	12	12
	湿球温度		10	10	10	10	10
室外机环境条件	风冷式	入口干球温度	35	25	15	5	−5
	水冷式	冷却水进口温度	30	25	18	10	10
		冷却水出口温度	—[a]	通过水流量自动控制装置调节			

[a] A 工况采用名义制冷试验条件确定的水量。

5　要求

5.1　一般要求

5.1.1　低温空调机应符合本标准的要求,并按规定程序批准的图样和技术文件制造。

5.1.2　低温空调机的黑色金属件表面应进行防锈蚀处理。

5.1.3　电镀件表面应光滑、色泽均匀,不得有剥落、针孔,不应有明显的花斑和划伤等缺陷。

5.1.4　涂漆件表面不应有明显的气泡、流痕、漏涂、底漆外露及不应有的皱纹和其他损伤。

5.1.5　装饰性塑料件表面应平整、色泽均匀,不应有裂痕、气泡和明显缩孔等缺陷,塑料件应耐老化。

5.1.6　低温空调机各零部件的安装应牢固可靠,管路与零部件不应有相互摩擦和碰撞。

5.1.7　低温空调机的保温层应有良好的保温性能,并且无毒、无异味且有自熄性能。

5.1.8　制冷系统零部件的材料应耐低温,且能在制冷剂、润滑油及其混合物的作用下不产生劣化且保证整机正常工作。

5.2 安全要求

低温空调机的安全要求应符合 GB 25130 的规定。

5.3 性能要求

5.3.1 制冷系统密封性能

制冷系统各部分应密封良好,无制冷剂泄漏。

5.3.2 运转

在进行运转试验时,低温空调机的电流、电压、输人功率等参数应符合设计要求。

5.3.3 制冷量

低温空调机实测制冷量不应小于名义制冷量的 95%。

5.3.4 制冷消耗功率

低温空调机实测制冷消耗功率不应大于名义制冷消耗功率的 110%。

5.3.5 最大运行

低温空调机在进行最大运行试验时要求如下:

a) 在进行最大运行试验时,机组应能正常运行,各部件不应损坏;
b) 在最大运行工况运行过程中,过载保护器不应跳开;
c) 当低温空调机停机 3 min 后,再启动连续运行 1 h,但在启动运行的最初 5 min 内允许过载保护器跳开,其后不允许动作:在运行的最初 5 min 内过载保护器不复位时,在停机不超过 30 min 复位的,应连续运行 1 h;
d) 对于手动复位的过载保护器,在最初的 5 min 内跳开的,并应在跳开 10 min 后使其强行复位,应能够再连续运行 1 h。

5.3.6 低温运行

低温空调机在 10 min 的启动期间后 4 h 运行中安全装置不应跳开,蒸发器室内侧迎风表面的结霜面积不应大于蒸发器迎风面积的 50%。

注 1:低温空调机运行期间,允许防冻结的可自动复位装置动作。

注 2:蒸发器迎风表面结霜面积目视不易看出时,可通过风量(风量下降不超过初始风量的 25%)进行判断。

5.3.7 凝露

在进行凝露试验时,低温空调机室内箱体外表面不应有凝露水滴下,室内送风不应带有水滴。

5.3.8 凝结水排除能力

低温空调机室内机应具有排除凝结水的能力,不应有水从低温空调机中溢出或吹出。

5.3.9 融霜

在进行融霜试验时,融霜所需时间不应超过试验总时间的 20%。在除霜周期中,室内机的送风温度高于 18 ℃的持续时间不应超过 1 min。

5.3.10 噪声

低温空调机的噪声值(声压级)应不高于表 4 规定的限值。

表 4 噪声限值(声压级)

名义制冷(热)量/W	室内机(包括整体式)		室外机
	接风管	不接风管	
≥7 000～15 000	67 dB(A)	65 dB(A)	68 dB(A)
>15 000～30 000	70 dB(A)	68 dB(A)	69 dB(A)
>30 000～50 000	73 dB(A)	—	71 dB(A)
> 50 000	按供货合同要求		按供货合同要求

5.3.11 机外静压

现场不接风管的直吹式低温空调机,机外静压为 0 Pa;接风管的低温空调机,机外静压按表 5 的规定。

表 5 机外静压限定值

名义制冷量/W	最小机外静压
≥7 000～15 000	50 Pa
>15 000～30 000	75 Pa
>30 000～50 000	100 Pa
>50 000	120 Pa

5.3.12 水压压降

采用水冷冷凝器的低温空调机在规定的各试验工况下运行时,水压压降按照实际压降数值标称。

5.3.13 全年能效比

低温空调机的全年能效比应不低于明示值的 95%,且同时不低于表 6 的限值。

表 6 低温空调机全年能效比限值

型 式	全年能效比限值
风冷式	2.3
水冷式	2.6

5.3.14 冷风比

低温空调机在规定的各试验工况下运行时,其冷风比均应在表 7 规定的限值范围之内。

表 7 冷风比的限值范围

项目	限值范围
冷风比	2.5 W/(m^3/h)～3.5 W/(m^3/h)

6 试验方法

6.1 试验条件

6.1.1 制冷量试验及性能系数试验的试验装置，按 GB/T 17758—2010 中附录 A 的规定。

6.1.2 试验工况见表 1、表 2 和表 3。

6.1.3 试验用仪器仪表应经法定计量部门检验合格，并在有效期内。

6.1.4 试验用仪器仪表的型式及准确度应符合表 8 的规定。

表 8 仪器仪表的型式及准确度

类别	型式	准确度
温度测量仪表	水银玻璃温度计、电阻温度计、热电偶	空气温度 ±0.1 ℃ 水温 ±0.1 ℃ 制冷剂温度 ±1.0 ℃
流量测量仪表	记录式、指示式、积算式	测量流量的±1.0%
制冷剂压力测量仪表	压力表、变送器	测量压力的±2.0%
空气压力测量仪表	气压表、气压变送器	静压差 ±2.45 Pa
电量测量仪表	指示式	0.5 级
	积算式	1.0 级
质量测量仪表	—	测定质量的±1.0%
转速仪表	机械式、电子式	测定转速的±1.0%
气压测量仪表(大气压力)	气压表、气压变送器	大气压读数的±0.1%
时间测量仪表	秒表	测定经过时间的±0.2%
噪声测量仪[a]	声级计	—

[a] 噪声测量应使用Ⅰ型或Ⅰ型以上的声级计。

6.1.5 进行制冷量试验(名义制冷、最大运行、凝露、低温运行)时，试验工况参数的读数允差应符合表 9 的规定。

表 9 试验工况参数读数允差

单位为摄氏度

项目	室内侧(入口空气状态)		室外侧状态			
			风冷式(入口空气状态)		水冷式(进、出水温度状态)	
	干球温度	湿球温度	干球温度	湿球温度	进水温度	出水温度
最大变动幅度	±1.0	±0.5	±1.0	±0.5	±0.5	±0.5
平均变动幅度	±0.3	±0.2	±0.3	±0.2	±0.3	±0.3

6.1.6 进行融霜试验时，试验工况参数的读数允差应符合表10的规定。

表10 融霜工况参数的读数允差

单位为摄氏度

项目	室内侧空气状态	室外侧空气状态	
	干球温度	干球温度	湿球温度
最大变动幅度	±2.5	±5.0	±2.5
平均变动幅度	±1.5	±1.5	±1.0

6.1.7 进行风量试验时，试验工况参数的读数允差应符合表11的规定。

表11 风量试验工况参数的读数允差

单位为摄氏度

项目	室内侧空气状态	
	干球温度	湿球温度
最大变动幅度	±3.0	±2.0
平均变动幅度	±2.0	±1.0

6.2 试验要求

6.2.1 所有试验应按铭牌上的额定电压和额定频率进行。

6.2.2 所有试验(除风量试验以外)，要求保出风静压测试。

6.2.3 试验时，应连接所有辅助元件(包括进风百叶窗和工厂制造的管路及附件)，并且符合制造厂安装要求。

6.2.4 分体式低温空调机室内机组与室外机组的连接应按制造厂提供全部管长，或制冷量小于或等于14 000 W的低温空调机连接管长为5.0 m、大于14 000 W的低温空调机连接管长为7.5 m进行试验(按较长者进行)。连接管在室外部分的长度不应小于3.0 m，室内部分的隔热和安装要求按产品使用说明书进行。

6.3 试验方法

6.3.1 制冷系统密封性能试验

低温空调机的制冷系统在正常制冷剂充灌量下，采用下述灵敏度的制冷剂检漏仪进行检验：

——当制冷量小于或等于28 000 W时，灵敏度为：1×10^{-6} Pa·m^3/s；

——当制冷量大于28 000 W时，灵敏度为：1×10^{-5} Pa·m^3/s。

6.3.2 运转试验

低温空调机应在接近名义制冷工况的条件下连续运行，分别测量低温空调机的输入功率，运转电流和进、出风温度。检查安全保护装置的灵敏度和可靠性，检验温度、电器等控制元件的动作是否正常。

6.3.3 制冷量试验

按表1规定的制冷工况和GB/T 17758—2010附录A规定的方法进行试验。

6.3.4 制冷消耗功率试验

在按6.3.3测定制冷量的同时，测量低温空调机的输入功率和运转电流。

6.3.5 最大运行试验

在额定频率和额定电压下，按表 2 规定的最大运行工况运行稳定后连续运行 1 h；然后停机 3 min（此时电压上升不超过 3%），再启动运行 1 h。

6.3.6 低温运行试验

在不违反制造厂规定下，将低温空调机室内机的温度控制器、风机速度、风门和导向隔栅调到最易使蒸发器结冰和结霜的状态，达到表 2 规定的低温运行制冷工况运行稳定后进行下列试验：

a） 空气流通试验：低温空调机启动并运行 4 h。

b） 滴水试验：将室内机回风口遮住完全阻止空气流通后运行 6 h，使蒸发器盘管风路被霜完全阻塞，停机后去除遮盖物至冰霜完全融化，再使风机以最高速度运行 5 min。

6.3.7 室内机凝露试验

在不违反制造厂规定下，将低温空调机室内机的温度控制器、风机速度、风门和导向隔栅调到最易凝水状态进行制冷运行，达到表 2 规定的凝露试验工况后，连续运行 4 h。

6.3.8 凝结水排除能力试验

将低温空调机的温度控制器、风机速度、风门和导向隔栅调到最易凝水状态，在接水盘注满水即达到排水口流水后，按表 2 规定的凝露试验工况运行，当接水盘的水位稳定后，再连续运行 4 h。

6.3.9 融霜试验

将装有自动融霜装置的低温空调机的温度控制器、风机速度（分体式室内风机低速、室外风机高速）、风门和导向隔栅调到最易使室内侧换热器结霜的状态，按表 2 规定的融霜试验工况运行稳定后，连续运行两个完整的融霜周期或连续运行 3 h（试验总时间从首次融霜周期结束时开始），3 h 后首次出现融霜周期结束为止，应取其长者。

6.3.10 噪声试验

在额定频率和额定电压下，按 GB/T 17758—2010 附录 D 测量低温空调机噪声，噪声限值应满足表 4 的规定。

6.3.11 全年能效比性能试验

6.3.11.1 全年能效比的测试

低温空调机在表 3 规定的工况下，分别测试 A、B、C、D、E 5 个工况点的制冷性能，包括制冷量、制冷消耗功率和能效比。

参照附录 B，确定每个工况点所代表的温度区间在全年温度分布比例，即温度分布系数 T_a、T_b、T_c、T_d 和 T_e。本标准采用南京的温度分布系数，如表 12 所示。

表 12 温度分布系数

温度分布系数	T_a	T_b	T_c	T_d	T_e
数值	7.7%	29.8%	26.9%	27.6%	7.9%

6.3.11.2 全年能效比的计算

低温空调机的全年能效比按式(1)计算：

$$AEER = T_a \times EERa + T_b \times EERb + T_c \times EERc + T_d \times EERd + T_e \times EERe \quad \cdots\cdots(1)$$

式中：

AEER ——低温空调机的全年能效比；

EERa～EERe——在表3中A～E工况条件下的能效比；

$T_a \sim T_e$ ——A～E工况温度分布系数，其数值按表12的规定。

7 检验规则

7.1 出厂检验

每台低温空调机均应做出厂检验，检验项目按表13的规定。

7.2 抽样检验

7.2.1 应从出厂检验合格的产品中抽样，检验项目和试验方法按表13的规定。

7.2.2 抽样检验的工况按表1和表3规定。

7.2.3 抽样方法按GB/T 2828.1进行，逐批检验的抽检项目、批量、抽样方案、检查水平及合格质量等由制造厂质检部门自行确定。

7.3 型式检验

7.3.1 新产品或定型产品作重大改进，第一台产品应做型式检验，检验项目按表13的规定。

7.3.2 型式检验时间不应少于试验方法中规定的时间，运行时如有故障在故障排除后应重新检验。

表13 检验项目

<table>
<tr><th>序号</th><th>检验项目</th><th>出厂检验</th><th>抽样检验</th><th>型式检验</th><th>要求</th><th>试验方法</th></tr>
<tr><td>1</td><td>一般检查</td><td rowspan="8">√</td><td rowspan="12">√</td><td rowspan="14">√</td><td>5.1</td><td rowspan="3">视检</td></tr>
<tr><td>2</td><td>标志</td><td>8.1</td></tr>
<tr><td>3</td><td>包装</td><td>8.2</td></tr>
<tr><td>4</td><td>介电强度[a]</td><td rowspan="3">GB 25130</td><td rowspan="3">GB 25130</td></tr>
<tr><td>5</td><td>泄漏电流[a]</td></tr>
<tr><td>6</td><td>接触电阻</td></tr>
<tr><td>7</td><td>制冷系统密封性能</td><td>5.3.1</td><td>6.3.1</td></tr>
<tr><td>8</td><td>运转</td><td>5.3.2</td><td>6.3.2</td></tr>
<tr><td>9</td><td>制冷量</td><td rowspan="6">—</td><td>5.3.3</td><td>6.3.3</td></tr>
<tr><td>10</td><td>制冷消耗功率</td><td>5.3.4</td><td>6.3.4</td></tr>
<tr><td>11</td><td>噪声</td><td>5.3.10</td><td>6.3.10</td></tr>
<tr><td>12</td><td>全年能效比</td><td>5.3.13</td><td>6.3.11</td></tr>
<tr><td>13</td><td>最大运行</td><td rowspan="2">—</td><td>5.3.5</td><td>6.3.5</td></tr>
<tr><td>14</td><td>低温工况</td><td>5.3.6</td><td>6.3.6</td></tr>
</table>

表 13（续）

序号	检验项目	出厂检验	抽样检验	型式检验	要求	试验方法
15	凝露	—	—	√	5.3.7	6.3.7
16	凝结水排除能力				5.3.8	6.3.8
17	融霜				5.3.9	6.3.9
18	防水				GB 25130	GB 25130
19	堵转					
20	机械安全					
21	发热					
22	防触电保护					
注：“√”为需检项目，“—”为不检项目。						
[a] 该项目进行出厂检验时，可在常温状态下进行试验，进行型式检验和抽样检验时，应在环境干球温度 12 ℃和湿球温度 10 ℃下进行试验。						

8 标志、包装、运输和贮存

8.1 标志

8.1.1 每台低温空调机应在明显部位固定永久性铭牌，铭牌应符合 GB/T 13306 的规定，铭牌上至少应标示下列内容：

——制造厂的名称；

——产品型号和名称；

——主要技术性能参数(名义制冷量、制冷剂代号及其充注量、名义全年能效比、电压、电流、频率、相数、总功率和质量)；

——产品出厂编号；

——制造年月。

8.1.2 低温空调机上应有标明运行状态的标志，如通风机旋转方向的箭头、指示仪表和控制按钮的标记等。

8.1.3 每台低温空调机应有下列随机文件：

a) 产品合格证，内容至少包括：

——产品型号和名称；

——产品出厂编号；

——检验员签字或印章；

——检验日期。

b) 产品说明书，内容至少包括：

——产品型号和名称、适用范围、执行标准、接风管型低温空调机的空气动力特性曲线和噪声；

——产品的结构示意图、制冷系统图、电路图及接线图；

——备件目录和必要的易损零件图；

——安装说明和要求；

——使用说明、维修和保养注意事项；

——部分城市温度分布系数表。

c） 装箱单。

8.2 包装

8.2.1 低温空调机在包装前应进行清洁处理。制冷量小于 40 000 W 的低温空调机应充注额定量制冷剂；制冷量大于或等于 40 000 W 的低温空调机可充入额定量的制冷剂，也可充入干燥氮气，压力可控制在 0.03 MPa～0.1 MPa 范围内。各部件应清洁、干燥、易锈部件应涂防锈剂。

8.2.2 低温空调机应外套塑料袋或防潮纸并应固定在箱内，以免运输中受潮和发生机械损伤。

8.2.3 低温空调机包装箱上至少应有下列标志：

——制造单位名称；

——产品型号和名称；

——净质量、毛质量；

——外形尺寸；

——“小心轻放”、“向上”、“怕湿”和堆放层数等。有关包装、储运标志应符合 GB/T 6388 和 GB/T 191 的有关规定。

8.3 运输和贮存

8.3.1 低温空调机在运输和贮存过程中不应有碰撞、倾斜或受雨雪淋袭。

8.3.2 低温空调机应贮存在干燥通风良好的仓库中。

附 录 A
（资料性附录）
低温单元式空调机型号表示方法

A.1 型号表示方法

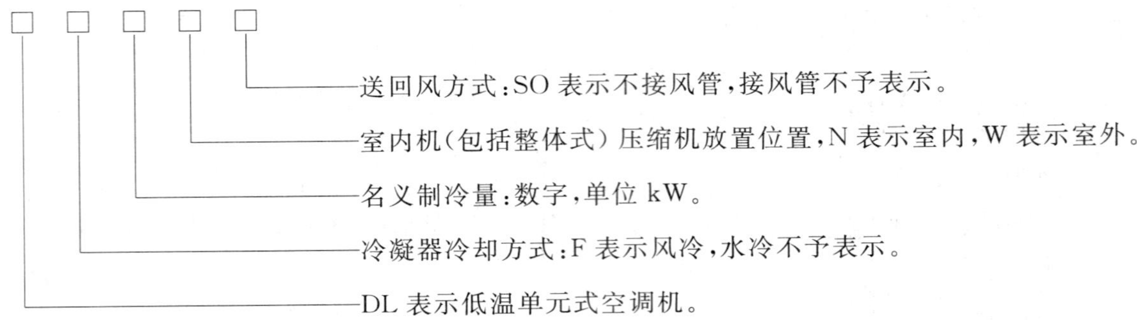

A.2 型号示例

示例 1：名义制冷量为 20 kW，水冷型，接风管的低温单元式空调机型号可表示为：DL20。

示例 2：名义制冷量为 12 kW，压缩机置于室内侧，风冷型，不接风管的低温单元式空调机型号可表示为：DLF12NSO。

附　录　B
（资料性附录）
部分城市温度分布系数

温度分布系数是当地干球温度在所设区间的小时数占全年小时数的百分比。部分城市的温度分布系数如表 B.1 所示。

表 B.1　温度分布系数

温度分布系数	T_a	T_b	T_c	T_d	T_e
城市	温度区间/℃				
	≥30	≥20,<30	≥10,<20	≥0,<10	<0
兰州	3.3%	20.5%	30.1%	25.7%	20.4%
贵阳	0.8%	33.1%	37.3%	28.2%	0.6%
石家庄	9.3%	27.2%	24.5%	24.9%	14.2%
哈尔滨	2.2%	19.1%	22.7%	18.7%	37.4%
长春	0.6%	19.1%	24.8%	18.5%	37.1%
沈阳	4.1%	22.2%	23.5%	21.6%	28.7%
呼和浩特	3.6%	19.8%	26.0%	18.5%	32.1%
西宁	0.7%	8.6%	29.5%	28.7%	32.5%
银川	1.6%	20.9%	28.1%	22.7%	26.7%
太原	1.4%	23.9%	28.2%	25.9%	20.5%
成都	3.7%	33.0%	39.4%	23.5%	0.4%
拉萨	0.0%	8.6%	41.2%	34.5%	15.6%
乌鲁木齐	4.0%	22.8%	22.4%	17.1%	33.7%
昆明	0.0%	21.9%	52.5%	23.9%	1.7%
合肥	8.2%	34.3%	27.3%	28.0%	2.3%
北京	7.2%	28.1%	23.1%	21.0%	20.6%
福州	8.7%	44.7%	36.2%	10.4%	0.0%
广州	12.7%	54.0%	28.3%	5.1%	0.0%
桂林	7.0%	42.7%	32.4%	17.9%	0.0%
南宁	12.3%	54.4%	29.0%	4.3%	0.0%
海口	12.8%	63.2%	22.4%	1.6%	0.0%
郑州	6.9%	29.6%	25.5%	23.0%	15.0%
武汉	12.8%	33.1%	27.8%	25.0%	1.3%
长沙	11.5%	33.3%	27.1%	26.2%	1.9%
南京	7.7%	29.8%	26.9%	27.6%	7.9%
南昌	12.9%	34.9%	27.3%	24.1%	0.8%

表 B.1（续）

温度分布系数	T_a	T_b	T_c	T_d	T_e
城市	温度区间/℃				
	≥30	≥20,<30	≥10,<20	≥0,<10	<0
济南	10.8%	28.4%	24.8%	27.0%	9.0%
西安	6.0%	27.8%	28.8%	26.7%	10.8%
天津	6.6%	26.9%	24.6%	23.8%	18.0%
上海	8.4%	34.1%	28.8%	26.6%	2.1%
杭州	6.0%	37.3%	28.8%	26.6%	1.3%
重庆	9.4%	32.4%	40.5%	17.7%	0.0%
注：数据来源于中国气象局气象信息中心气象资料室和清华大学建筑技术科学系编著的《中国建筑热环境分析专用气象数据集》。该数据集以全国 270 个地面气象站从 1971 年到 2003 年共 30 年的实测气象数据为基础。					

ICS 29.080.30
K 15

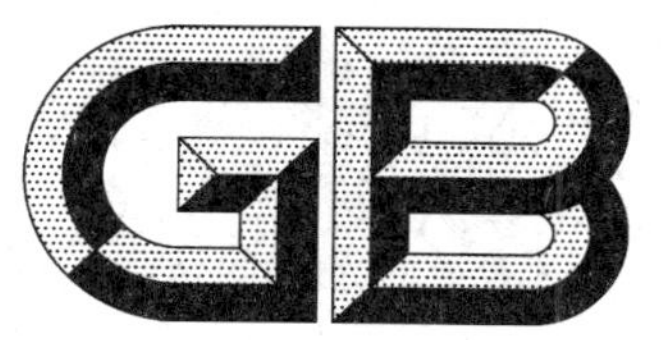

中华人民共和国国家标准

GB/T 20111.4—2017

电气绝缘系统　热评定规程
第4部分：评定和分级电气绝缘系统试验方法的选用导则

Electrical insulation systems—Procedures for thermal evaluation—Part 4: Selection of the appropriate test method for evaluation and classification of electrical insulation systems

(IEC/TR 61857-2:2015 Electrical insulation systems—Procedures for thermal evaluation—Part 2: Selection of the appropriate test method for evaluation and classification of electrical insulation systems, MOD)

2017-12-29 发布　　2018-07-01 实施

中华人民共和国国家质量监督检验检疫总局
中国国家标准化管理委员会　发布

前　言

GB/T 20111《电气绝缘系统　热评定规程》分为以下部分：

——第1部分：总要求 低压；

——第2部分：通用模型的热评定要求　散绕绕组应用；

——第3部分：包封线圈模型的热评定要求　散绕绕组电气绝缘系统(EIS)；

——第4部分：评定和分级电气绝缘系统试验方法的选用导则。

本部分为GB/T 20111的第4部分。

本部分按照GB/T 1.1—2009给出的规则起草。

本部分使用重新起草法修改采用IEC/TR 61857-2:2015《电气绝缘系统　热评定规程　第2部分：选择适当的测试方法评定和分级电气绝缘系统》。

本部分与IEC/TR 61857-2:2015的技术差异及其原因如下：

——范围中增加了"注释"(见第1章)；

——关于规范性引用文件，本部分做了具有技术性差异的调整，以适应我国的技术条件，调整的情况集中反映在第2章"规范性引用文件"中，具体调整如下：

- 用等同采用国际标准的GB/T 17948.1代替了IEC 60034-18-21；
- 用等同采用国际标准的GB/T 17948.3代替了IEC 60034-18-31；
- 用等同采用国际标准的GB/T 20111.1代替了IEC 61857-1；
- 用等同采用国际标准的GB/T 20111.2代替了IEC 61857-21；
- 用等同采用国际标准的GB/T 20111.3代替了IEC 61857-22；
- 用等同采用国际标准的GB/T 20112代替了IEC 60505；
- 用等同采用国际标准的GB/T 20139.1代替了IEC 61858-1；
- 用等同采用国际标准的GB/T 20139.2代替了IEC 61858-2；
- 用等同采用国际标准的GB/T 22566代替了IEC 62068；
- 用等同采用国际标准的GB/T 22578.1代替了IEC/TS 62332-1；
- 用等同采用国际标准的GB/T 22578.2代替了IEC/TS 62332-2；
- 用等同采用国际标准的GB/T 23642代替了IEC/TS 61934；
- 用等同采用国际标准的GB/T 26170代替了IEC/TS 62101；
- 增加引用了IEC/TS 62332-3。

——按照IEC/TR 61857-2:2015对该术语的表述及在标准全文的理解上，将术语"测试/试验模型"修改为"试验模型"(见3.2)、"封装设备"修改为"封装"(见3.4)；

——将第5章题目修改为"选择测试应力"(见第5章)；

——修改了第6章的内容，将表1至表4中的评估性能类型、测试参数修改为测试应力、试验对象/评估目的，较IEC/TR 61857-2:2015相比，对标准的可操作性更有利。删除了表1中有关正在制定的两个测试方法标准的表述部分(见第6章)。

本部分由中国电器工业协会提出。

本部分由全国电气绝缘材料与绝缘系统评定标准化技术委员会(SAC/TC 301)归口。

本部分起草单位：嘉兴市新大陆机电有限公司、机械工业北京电工技术经济研究所、佛山市顺德区质量技术监督标准与编码所、东方电气集团东方电机有限公司、南京汽轮电机长风新能源股份有限公司、苏州太湖电工新材料股份有限公司、上海电器科学研究院、哈尔滨理工大学、3M中国有限公司。

本部分主要起草人：吴化军、刘亚丽、陈昊、田建忠、崔鹤松、梁智明、徐厚朝、郭宁、张生德、吴斌、漆临生、周到、杨坤霞、赵超、赵晓纯、庄猛、夏智峰。

电气绝缘系统　热评定规程
第4部分:评定和分级电气绝缘系统
试验方法的选用导则

1　范围

GB/T 20111的本部分规定了评定和分级电气绝缘系统试验方法的选用导则。规定了评定和分级电气绝缘系统标准的选用导则,也规定了单因子或多因子应力作用下评定已建立绝缘系统标准的选用导则。

本部分适用于IEC标准运行电压范围内的电工产品使用的已建立的或拟建立的电气绝缘系统。

注:电工产品的结构和预期运行条件是选择合适的试验方法的基础。

2　规范性引用文件

下列文件对于本文件的应用是必不可少的。凡是注日期的引用文件,仅注日期的版本适用于本文件。凡是不注日期的引用文件,其最新版本(包括所有的修改单)适用于本文件。

GB/T 17948.1　旋转电机绝缘结构功能性评定　散绕绕组试验规程　热评定与分级(GB/T 17948.1—2000,IEC 60034-18-21:1992,IDT)

GB/T 17948.3　旋转电机绝缘结构功能性评定　成型绕组试验规程　50 MVA、15 kV及以下电机绝缘结构热评定和分级(GB/T 17948.3—2006,IEC 60034-18-31:1992,IDT)

GB/T 20111.1　电气绝缘系统 热评定规程　第1部分:通用要求　低压(GB/T 20111.1—2015,IEC 61857-1:2008,IDT)

GB/T 20111.2　电气绝缘系统　热评定规程　第2部分:通用模型的特殊要求　散绕绕组应用(GB/T 20111.2—2016,IEC 61857-21:2009,IDT)

GB/T 20111.3　电气绝缘系统　热评定规程　第3部分:包封线圈模型的热殊要求　散绕绕组电气绝缘系统(EIS)(GB/T 20111.3—2016,IEC 61857-22:2008,IDT)

GB/T 20112　电气绝缘系统的评定与鉴别(GB/T 20112—2015,IEC 60505:2011,IDT)

GB/T 20139.1　电气绝缘系统　已确定等级的电气绝缘系统(EIS)组分调整的热评定　第1部分:散绕绕组EIS(GB/T 20139.1—2016,IEC 61858-1:2014,IDT)

GB/T 20139.2　电气绝缘系统　已确定等级的电气绝缘系统(EIS)组分调整的热评定　第2部分:成型绕组EIS(GB/T 20139.2—2017,IEC 61858-2:2014,IDT)

GB/T 22566　电气绝缘材料和系统　重复电压冲击下电老化评定的通用方法(GB/T 22566—2017,IEC 62068:2013,IDT)

GB/T 22578.1　电气绝缘系统(EIS)液体和固体组件的热评定　第1部分:通用要求(GB/T 22578.1—2017,IEC/TS 62332-1:2011,IDT)

GB/T 22578.2　电气绝缘系统(EIS)液体和固体组件的热评定　第2部分:简化试验(GB/T 22578.2—2017,IEC/TS 62332-2:2014,IDT)

GB/T 23642　电气绝缘材料和系统　瞬时上升和重复冲击电压条件下的局部放电(PD)电气测量(GB/T 23642—2017,IEC/TS 61934:2011,IDT)

GB/T 26170　电气绝缘系统　热、电综合应力快速评定(GB/T 26170—2010,IEC/TS 62101:

2005,IDT)

IEC/TS 62332-3　电气绝缘系统(EIS)　液体和固体组件的热评定　第3部分:密封压缩机(Electrical insulation systems (EIS)—Thermal evaluation of combined liquid and solid components—Part 3: Hermetic motor-compressors)

3　术语和定义

下列术语和定义适用于本文件。

3.1

成品　completed product

产品组件或者样机。

注:如旋转电机的定子或转子部分,变压器线圈或者电磁线圈或类似设计的可用产品。

3.2

试验模型　lab model

由所有必要的电气绝缘材料构成,且采用预期用于成品制造工艺制作的试品。

3.3

旋转电机　rotating machinery

电动机或者发电机。

3.4

封装　encapsulated

为了确保电工设备安全运行,将其嵌入到树脂中的过程。

注:其中树脂的作用为保证电工设备安全运行所需的完整组件,和/或填充线圈绕组和可能在接地电位上的金属部件间的空隙,和/或一旦移除模型外壳能提供电气绝缘的外部保护。

4　总则

4.1　评定目的

评定电气绝缘系统的设计和开发的最根本方面是定义评定目的。

若评定目的是建立产品制造中使用的电气绝缘系统的热分级,那么选择测试方法是对电气绝缘系统的热分解特性进行评定。

若评定目的不仅是评定热分级,也包括与应用相关的其他方面,如处理工艺、设计和制造工艺,那么选择的试验方法应包括特定的多因子评定。

表1～表4列出了试验方法。

4.2　试品

为评定成品中采用的电气绝缘系统的性能,试品可以为如下两种形式:

a)　成品:

——成品可以是发电机和电动机;

——成品也可以是没有运动部件的电磁线圈或变压器。

b)　试验模型:模型可以是预产品组件或者试验室规模模型。

在选择适当的测试方法时,除基本信息外,还应包括如下列出的预期运行电压:

——低电压:运行电压通常低于或等于交流600 V;

——中压或高压:运行电压为交流600 V及以上;成型绕组除外,其设计与运行电压不可分。

4.3 测试应力

测试应力为 GB/T 20112 规定的如下四种与电气绝缘系统评定有关的应力：

——热应力；

——电应力；

——环境应力；

——机械应力。

选择适当的测试方法应包含特殊要求涉及到的测试应力。

5 选择测试应力

若评定和分级一个成品中使用的电气绝缘系统，应主要关注单因子应力或多因子应力的作用引起的电气绝缘系统的分级和破坏。该评定和热分级不适用于评定实际应用中可能导致产品损坏的其他应力。

若评定和分级一个成品中使用的电气绝缘系统，兼顾有处理工艺、设计和/或制造工艺，那么评定不仅只有热分解，且评定和热分级应在多因子应力作用下进行。

6 评定和分级电气绝缘系统的测试方法

表 1 列出了空气中热应力下评定电气绝缘系统使用的标准。表 1 中每个测试方法所涉及的试品可为成品或试验模型。除非另有说明，否则特定测试方法限定使用一种类型的试品。

表 2 列出了修改一种已建立的电气绝缘系统的标准。

表 3 列出了评定特殊环境下使用的电气绝缘系统的标准。

表 4 列出了评定新材料、新工序、替代设计和其他方面的标准，该评定在长期热老化开始前进行。

表 1 空气中热应力下评定电气绝缘系统的标准

测试方法	测试应力	试验对象	通用实例
GB/T 20111.1 和 GB/T 20111.2	热应力	预期运行于低电压下的商业产品所采用的散绕绕组	额定电压下运行的线圈、电动机、变压器和发电机。多数测试电压为交流 600 V。本测试方法最大的测试/运行电压为交流 1 kV
GB/T 20111.1 和 GB/T 20111.3	热应力	预期运行于低电压下的商业产品所采用的低压封装成型绕组	额定电压下运行的封装线圈、电动机、变压器和发电机。多数测试电压为交流 600 V。本测试方法不适用于电力/配电变压器采用的浇注线圈
GB/T 17948.1	热应力	所有运行电压下的大型旋转电机的散绕线圈中采用的圆形线	额定电压下运行的电动机和发电机。多数测试电压为交流 600 V。本测试方法最大的测试/运行电压为交流 1 kV
GB/T 17948.3	热应力	所有运行电压下的大型旋转电机的成型线圈中采用的绕组线/导体	有效寿命内的旋转电机。最大测试电压为 15 kV、运行电压为 6.9 kV。应以结构和预期运行电压为基础，对成品电机或电动机进行评定
GB/T 26170	热-电联合应力	电气绝缘系统(EIS)	额定电压下运行的包封线圈、电动机、变压器和发电机。多数测试电压为交流 600 V。本测试方法不适用于含有浇注线圈的电力/配电变压器

注： 除非另外规定，否则对于表 1 中的测试方法低电压均为交流 600 V。

表 2　修改已建立电气绝缘系统的标准

测试方法	测试应力	试验对象	通用实例
GB/T 21039.1	热应力	修改已建立的采用散绕绕组的电气绝缘系统(EIS)	额定电压下运行的线圈、电动机、变压器和发电机。电压限值不随测试方法的调整或改变而变化
GB/T 21039.2	热应力	修改已建立的采用成型绕组的电气绝缘系统(EIS)	额定电压下运行的电动机和发电机。电压限值不随测试方法的调整或改变而变化

表 3　评定特殊环境下使用的电气绝缘系统的标准

测试方法	测试应力	评定目的	通用实例
GB/T 22578.1	热应力和环境相容性	采用通用方法评定含有液体和固体组件电气绝缘系统(EIS)	液浸式变压器
GB/T 22578.2	热应力和环境相容性	采用简化方法评定含有液体和固体组件电气绝缘系统(EIS)	液浸式变压器
IEC/TS 62332-3	热应力和环境相容性	评定特殊换将下使用的含有液体和固体组件电气绝缘系统(EIS)	电动机、压缩机和制冷机

表 4　长期热老化开始前评定电气绝缘材料和系统的标准

测试方法	测试应力	评定目的	通用实例
GB/T 22566	电应力	评定重复脉冲下电气绝缘材料与系统的耐电老化	不限制测试或运行电压。该电压由试品的设计和制造工艺决定
GB/T 23642	电应力	评定瞬时上升和重复冲击电压条件下电气绝缘材料和系统的局部放电(PD)	不限制测试或运行电压。该电压由试品的设计和制造工艺决定

ICS 77.140.65
H 49

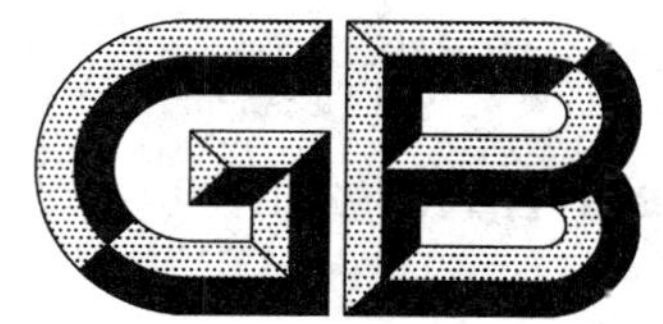

中华人民共和国国家标准

GB/T 20118—2017
代替 GB/T 20118—2006

钢丝绳通用技术条件

Steel wire ropes for general purposes

(ISO 2408:2017,Steel wire ropes—Requirements,NEQ)

2017-12-29 发布　　　　2018-09-01 实施

中华人民共和国国家质量监督检验检疫总局
中国国家标准化管理委员会　发布

前 言

本标准按照 GB/T 1.1—2009 给出的规则起草。

本标准代替 GB/T 20118—2006《一般用途钢丝绳》，与 GB/T 20118—2006 相比较，主要变化如下：

——标准名称变更；

——调整了部分钢丝绳结构直径范围；

——增加了钢丝绳术语和定义要求及主要术语的定义；

——增加了 11 个结构类别的钢丝绳；

——表 4 增加了 1370、1470 制绳钢丝抗拉强度级，表 5 取消了 1670、1870 两个钢丝绳级；

——增加了复合芯(CC)和固态聚合物芯(SPC)及技术要求；

——删除了钢丝绳和股的捻距倍数要求；

——修改了钢丝绳接头之间最小距离要求；

——钢丝绳制造的技术要求中增加了钢丝绳结构和钢丝绳级技术要求；

——增加了异型股钢丝绳和单股钢丝绳直径允许偏差和不圆度允许偏差技术要求；

——表 8 中增加了 11 个钢丝绳类别的参考重量系数和最小破断拉力系数，增加了 4 个钢丝绳类别的金属股芯钢丝绳最小破断拉力系数；

——扩大钢丝公称直径范围为 0.15 mm$\leqslant d <$4.80 mm；

——修改了表 13 低值钢丝根数的计算数据，删除了表 13 中 100％检验的低值钢丝根数要求，并给出了未列入表中的其他结构钢丝绳低值钢丝根数的计算方法；

——修改了游标卡尺的最小分度值的要求；

——增加了钢丝绳绳芯、涂油、结构、表面质量检验项目的要求；

——增加了计算实测破断拉力方法；

——增加了钢丝绳安全、使用和维护要求；

——调整了部分钢丝绳结构钢丝绳级。

本标准使用重新起草法参考 ISO 2408:2017《钢丝绳　要求》编制，与 ISO 2408:2017 的一致性程度为非等效。

本标准由中国钢铁工业协会提出。

本标准由全国钢标准化技术委员会(SAC/TC 183)归口。

本标准起草单位：贵州钢绳股份有限公司、江苏芸裕金属制品有限公司、冶金工业信息标准研究院、江苏赛福天钢索股份有限公司、江苏神王集团钢缆有限公司、建峰索具有限公司、南通松诚实业有限公司。

本标准主要起草人：黄忠渠、王小刚、贺孝宇、任翠英、王玲君、薛建军、杨岳民、李伦友、黄玮颉、林柱英、汪小竹、黄建明、余绍洪、崔志强、蔡红、程焱。

本标准所代替标准的历次版本的发布情况为：

——GB/T 1102—1974；

——GB/T 8918—1988、GB/T 8918—1996；

——GB/T 20118—2006。

钢丝绳通用技术条件

1 范围

本标准规定了直径不大于 60 mm 钢丝绳的术语和定义、分类、标记、订货内容、材料、技术要求、检验、试验、验收方法、包装、标志及质量证明书，钢丝绳安全、使用和维护。

本标准适用于光面和镀层碳素钢丝制造的各种结构钢丝绳的通用技术条件。

2 规范性引用文件

下列文件对于本文件的应用是必不可少的。凡是注日期的引用文件，仅注日期的版本适用于本文件。凡是不注日期的引用文件，其最新版本（包括所有的修改单）适用于本文件。

GB/T 228.1 金属材料 拉伸试验 第 1 部分：室温试验方法

GB/T 238 金属材料 线材 反复弯曲试验方法

GB/T 239.1 金属材料 线材 第 1 部分：单向扭转试验方法

GB/T 1839 钢产品镀锌层质量试验方法

GB/T 2104 钢丝绳包装、标志及质量证明书的一般规定

GB/T 8358 钢丝绳 实际破断拉力测定方法

GB/T 8706 钢丝绳 术语、标记和分类

GB/T 21965 钢丝绳 验收及缺陷术语

GB/T 29086 钢丝绳 安全使用和维护

YB/T 081 冶金技术标准的数值修约与检测数据的判定

YB/T 4452 钢丝绳纤维芯

YB/T 5343 制绳用圆钢丝

NB/SH/T 0387 钢丝绳用润滑脂

3 术语和定义

GB/T 8706 界定的以及下列术语和定义适用于本文件。

3.1

钢丝绳的捻距 rope lay length

单股钢丝绳的外层钢丝、多股钢丝绳的外层股围绕钢丝绳轴线旋转一周（或一个螺旋）且平行于钢丝绳轴线的对应两点间的距离（见图 1）。

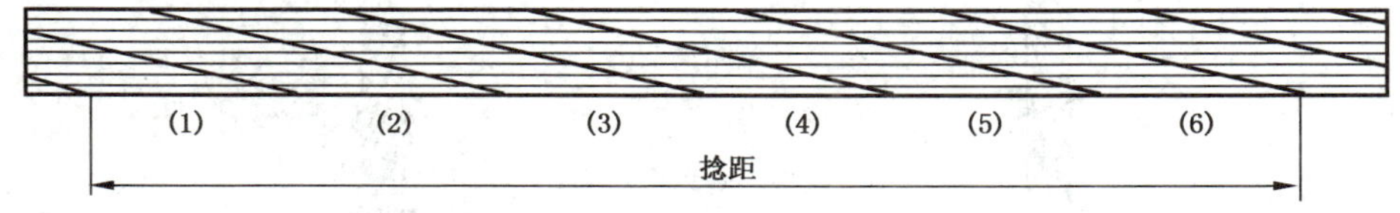

说明：

（ ）：股的编号

图 1 捻距（6 股钢丝绳的情况）

3.2

钢丝绳的捻向　lay direction of rope

外层钢丝在单捻钢丝绳中或外层股在多股钢丝绳中沿钢丝绳轴线的捻制方向，即右捻(Z)或左捻(S)(见图2)。

右捻(Z)　　左捻(S)

图2　钢丝绳中股的捻向

3.3

钢丝绳的捻制类型和方向　direction and type of lay

3.3.1

交互捻(sZ　zS)ordinary lay

钢丝绳的捻向和外层股的捻向相反。分为右交互捻(sZ)和左交互捻(zS)两种(见图3)。

注：第一个小写字母表示股的捻向，第二个大写字母表示钢丝绳的捻向。

右交互捻(sZ)

左交互捻(zS)

图3　交互捻

3.3.2

同向捻　(zZ　sS)lang lay

钢丝绳的捻向和外层股的捻向相同。分为右同向捻(zZ)和左同向捻(sS)两种(见图4)。

注：第一个小写字母表示股的捻向，第二个大写字母表示钢丝绳的捻向。

右同向捻(zZ)

左同向捻(sS)

图4　同向捻

4 分类

钢丝绳按 GB/T 8706 所给体系分类。单层股钢丝绳（即单层圆股和异形股钢丝绳）见表 1，阻旋转圆股钢丝绳见表 2，单股钢丝绳见表 3。

表 1 单层股钢丝绳

类别（不含绳芯）	钢丝绳			外层股			
	股数	外层股数	股层数	钢丝数	外层钢丝数	钢丝层数	股捻制类型
4×19	4	4	1	15～26	7～12	2～3	平行捻
4×36	4	4	1	29～57	12～18	3～4	平行捻
6×7	6	6	1	5～9	4～8	1	单捻
6×12	6	6	1	12	12	1	单捻
6×15	6	6	1	15	15	1	单捻
6×19	6	6	1	15～26	7～12	2～3	平行捻
6×24	6	6	1	24	12～16	2～3	平行捻
6×36	6	6	1	29～57	12～18	3～4	平行捻
6×19M	6	6	1	12～19	9～12	2	多工序点接触
6×24M	6	6	1	24	12～16	2	多工序点接触
6×37M	6	6	1	27～37	16～18	3	多工序点接触
6×61M	6	6	1	45～61	18～24	4	多工序点接触
8×19M	8	8	1	12～19	9～12	2	多工序点接触
8×37M	8	8	1	27～37	16～18	3	多工序点接触
8×7	8	8	1	5～9	4～8	1	单捻
8×19	8	8	1	15～26	7～12	2～3	平行捻
8×36	8	8	1	29～57	12～18	3～4	平行捻
异形股钢丝绳							
6×V 7	6	6	1	7～9	7～9	1	单捻
6×V 19	6	6	1	21～24	10～14	2	多工序点接触/平行捻
6×V 37	6	6	1	27～33	15～18	2	多工序点接触/平行捻
6×V8	6	6	1	8～9	8～9	1	单捻
6×V25	6	6	1	15～31	9～18	2	平行捻
4×V39	4	4	1	39～48	15～18	3	多工序复合捻

注 1：对于 6×V8 和 6×V25 三角股钢丝绳，其股芯是独立三角形股芯，所有股芯钢丝记为一根。当用 1×7-3、3×2-3或 6/等股芯时，其股芯钢丝根数计算到钢丝绳股结构中。

注 2：6×29F 结构钢丝绳归为 6×36 类。

表 2 阻旋转圆股钢丝绳

类别	钢丝绳			外层股			
	股数（芯除外）	外层股数	股的层数	钢丝数	外层钢丝数	钢丝层数	股捻制类型
2 次捻制							
23×7	21～27	15～18	2	5～9	4～8	1	单捻
18×7	17～18	10～12	2	5～9	4～8	1	单捻
18×19	17～18	10～12	2	15～26	7～12	2～3	平行捻
18×19M	17～18	10～12	2	12～19	9～12	2	多工序点接触
35(W)×7	27～40	15～18	3	5～9	4～8	1	单捻
35(W)×19	27～40	15～18	3	15～26	7～12	2～3	平行捻
3 次捻制							
34(M)×7	34～36	17～18	3	5～9	4～8	1	单捻
注：4 股钢丝绳也可设计为阻旋转钢丝绳。							

表 3 单股钢丝绳

类别	钢丝数	外层钢丝数	钢丝层数
1×7	5～9	4～8	1
1×19	17～37	11～16	2～3
1×37	34～59	17～22	3～4
1×61	57～85	23～28	4～5

5 标记

钢丝绳的标记按 GB/T 8706 的规定；股的结构排例由中心向外层进行标记。

钢丝绳标记示例见图 5。

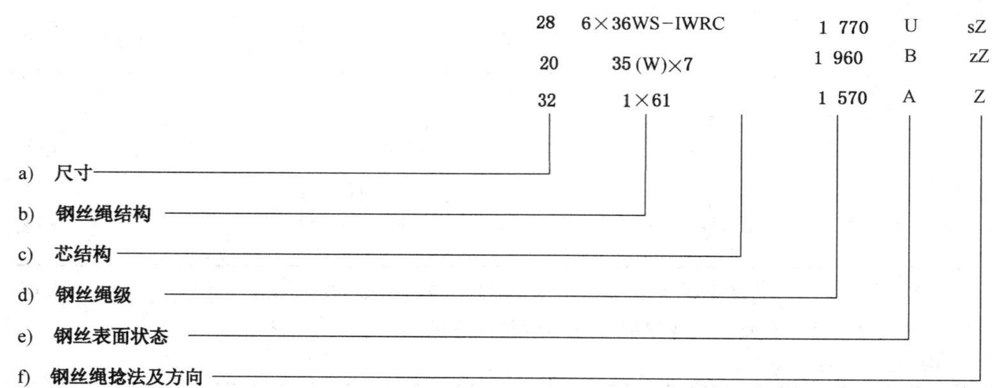

图 5 钢丝绳标记示例

6 订货内容

钢丝绳按本标准订货的合同应包括以下主要内容：

a) 本标准的编号；
b) 产品名称；
c) 结构(标记代号)；
d) 公称直径；
e) 钢丝绳级别；
f) 绳芯的类型；
g) 捻制方向及类型；
h) 表面状态(光面或镀层)；
i) 数量(长度、卷数、重量)；
j) 润滑要求(绳、股涂油脂情况及油脂品种)；
k) 用途；
l) 其他特定要求。

7 材料

7.1 制绳用钢丝

7.1.1 制绳前用钢丝(包括中心钢丝、填充钢丝、绳芯钢丝)技术要求应符合 YB/T 5343 中一般用途钢丝的规定。钢丝表面状态和公称抗拉强度级应符合表 4 规定。

表 4 钢丝表面状态与公称抗拉强度级

表面状态	公称抗拉强度/(N/mm²)				
光面和 B 级镀层	1 370、1 470	1 570、1 670	1 770、1 870	1 960	2 160
AB 级镀层	1 370、1 470	1 570、1 670	1 770、1 870	1 960	2 160
A 级镀层	1 370、1 470	1 570、1 670	1 770、1 870	1 960	—

7.1.2 钢丝绳抗拉强度级对应的制绳前用钢丝的抗拉强度级范围应符合表 5 的规定。但同一钢丝层中相同直径的所有钢丝应具有相同抗拉强度级和镀层级。

表 5 钢丝绳级用制绳钢丝抗拉强度级

钢丝绳级	钢丝公称抗拉强度级范围/(N/mm²)
1 570	1 370～1 770
1 770	1 570～1 960
1 960	1 770～2 160
2 160	1 960～2 160
注：钢丝绳最小破断拉力值是根据钢丝绳级而不是单根钢丝的抗拉强度级计算的。	

7.2 芯(C)

钢丝绳的芯通常采用纤维芯或钢芯，但也可以采用其他类型的芯如混合芯和固态聚合物芯。应是下列类型中的一种。

7.2.1 纤维芯(FC)

由天然纤维(NFC)剑麻和黄麻或合成纤维(SFC)及其他符合要求的纤维制成。除需方另有要求，纤维芯应涂覆防腐、防锈、润滑油脂，但要求无油的钢丝绳用芯除外。

直径大于或等于 8 mm 单层股钢丝绳的纤维绳芯应至少经过两次捻制(即由纤维制成股，再由股捻制成绳)。

7.2.2 钢芯(WC)

由独立的钢丝绳(IWRC)或钢丝股(WSC)组成的芯。

注 1：钢芯外层也可以包覆纤维和固态聚合物。

注 2：直径大于 12 mm 的单层多股钢丝绳绳芯通常为独立的钢丝绳，除需方另有要求。

7.2.3 复合芯(CC)

由钢丝和纤维或钢丝和固态聚合物复合捻制的钢丝绳芯。

7.2.4 固态聚合物芯(SPC)

由圆形或带有沟槽的圆形固态聚合物材料制成的芯，其内部可能还包含有钢丝或纤维。

7.2.5 其他要求

买方可以规定其他类型的芯。

7.3 钢丝绳润滑脂

钢丝绳用润滑脂应符合 NB/SH/T 0387 或其他有关技术要求的规定。

8 技术要求

8.1 股的捻制

8.1.1 股中钢丝应捻制均匀、紧密 。不应存在有 GB/T 21965 标准中的制造缺陷。

8.1.2 用相同公称直径钢丝捻制成的股，其中心钢丝应适当加大。同一股中相邻钢丝之间应有较均匀的缝隙。

8.2 钢丝绳的捻制

8.2.1 钢丝绳应捻制均匀、紧密和不松散(阻旋转钢丝绳除外)。在展开和无负荷情况下，钢丝绳不应呈波浪状。钢丝绳内钢丝不应有交错、折弯和断丝，不应有崎变的股等缺陷，但允许有因捻制用工艺装备、变形工卡具压紧造成的钢丝轻微压扁现象存在。

8.2.2 在同一条钢丝绳中，捻距不应有明显差别。

8.2.3 钢丝绳制造时股中同一层相同直径钢丝应为同一钢丝公称抗拉强度，不同直径钢丝允许采用相同或符合表 5 规定的钢丝抗拉强度级范围的要求，但应保证钢丝绳最小破断拉力和钢丝最小破断拉力总和符合表 A.1～表 A.32 的规定。

8.2.4 钢丝绳的绳芯尺寸应具有足够的支撑作用,以使外层包捻的各股捻制均匀。各相邻外股之间应有较均匀的缝隙。

8.3 钢丝接头

钢丝绳中钢丝的接头应尽量减少。直径大于 0.40 mm 的钢丝应用对焊连接,直径小于和等于 0.4 mm的钢丝用对焊连接或插接和拧合连接。对于多股钢丝绳,每股中钢丝接头之间最小距离不得少于钢丝绳直径的 18 倍。对于单股钢丝绳,任一钢丝层接头之间最小距离不得少于该钢丝层绳直径的 36 倍。

8.4 钢丝绳的涂油

除非需方另有要求,至少所有的股应进行涂油。钢丝绳应均匀地涂敷防锈、润滑油脂。其表面不应有未涂上油脂的地方。

8.5 钢丝绳的表面质量

钢丝绳表面不应存在 GB/T 21965 中的制造缺陷。

8.6 钢丝绳结构

钢丝绳结构可采用表 A.1～表 A.32 中的结构之一,也可由制造商规定的其他结构钢丝绳。在买方只规定钢丝绳类别的情况下,钢丝绳结构应由制造商根据要求确定。通常买方应规定钢丝绳的结构或类别。

8.7 钢丝绳级

8.7.1 钢丝绳级是用数值表示的钢丝绳破断拉力水平。如:1 770。

8.7.2 钢丝绳级应符合表 A.1～表 A.32 的规定。经买方与制造商协商也可以提供满足要求的钢丝绳。

8.8 钢丝表面状态

镀层钢丝制造的钢丝绳,可以使用 A 级、AB 级、B 级钢丝,但同一层内相同直径的钢丝镀层级别应相同。镀层钢丝绳内的钢丝应全部具有镀层,包括金属钢芯的钢丝。钢丝绳的镀层级别由外层股中的外层钢丝镀层级别确定。

8.9 钢丝绳捻法

多股钢丝绳应是 a)～d)之一,单股钢丝绳应是 e)～f)之一。钢丝绳的捻法应由需方确定。

a) 右交互捻(sZ);

b) 左交互捻(zS);

c) 右同向捻(zZ);

d) 左同向捻(sS);

e) 右捻(Z);

f) 左捻(S)。

异形股钢丝绳应为同向捻(4×V39 类别应为交互捻)。阻旋转类别的钢丝绳内层绳捻法由供方确定。4×19、4×36、6×24M、6×37M、6×61M、6×12、6×15、6×24、8×37M、等类别应为交互捻。

8.10 公称直径

公称直径是钢丝绳名义直径,应由供需双方在签订合同时确定。

8.10.1　实测直径

钢丝绳实测直径是按 9.1.1 规定的方法测得的直径。

8.10.2　直径允许偏差和不圆度

钢丝绳直径和不圆度应符合表 6 的规定。

表 6　钢丝绳直径允许偏差和不圆度

钢丝绳类型	钢丝绳公称直径 D/mm	允许偏差/%		不圆度　不大于/% D	
		钢芯或纤维芯的钢丝绳	股含纤维芯的钢丝绳	钢芯或纤维芯的钢丝绳	股含纤维芯的钢丝绳
圆股钢丝绳	$0.6\leqslant D<4$	+8 0	—	7	—
	$4\leqslant D<6$	+7 0	+9 0	6	8
	$6\leqslant D<8$	+6 0	+8 0	5	7
	$D\geqslant 8$	+5 0	+7 0	4	6
异形股钢丝绳	$D\geqslant 18$	+6 0	+6 0	4	4
单股钢丝绳	$D\geqslant 0.6$	+4 0	—	3	—

8.11　长度及其允许偏差

钢丝绳应按订货长度供货，用 m 表示，应符合表 7 的规定。

表 7　长度允许偏差

单位为米

长度 L_0	允许偏差
$L_0\leqslant 400$	$0\sim+5\%L_0$
$400<L_0\leqslant 1\,000$	$0\sim+20$
$L_0>1\,000$	$0\sim+2\%L_0$

8.12　参考重量

钢丝绳的参考重量，用 kg/100 m 表示，并按式(1)计算：

$$M=WD^2 \qquad (1)$$

式中：

M ——钢丝绳单位长度的参考重量，单位为千克每一百米(kg/100 m)；

D ——钢丝绳的公称直径，单位为毫米(mm)；

W ——钢丝绳未涂油的某一结构类别钢丝绳公称长度参考重量系数，单位为千克每一百米平方毫米[kg/(100 m · mm²)]，K 值见表 8 给出的系数 ；

W_1 ——是纤维绳芯钢丝绳的单位长度参考重量系数；

W_2——是独立钢绳芯(IWRC)钢丝绳的单位长度参考重量系数；
W_3——是钢丝股芯(WSC)钢丝绳的单位长度参考重量系数。

表 8 钢丝绳参考重量系数和最小破断拉力系数

钢丝绳类型	钢丝绳类别	天然纤维芯钢丝绳		钢芯钢丝绳			
		重量系数 W_1	最小破断拉力系数 K_1	重量系数		最小破断拉力系数	
				W_2	W_3	K_2	K_3
单层钢丝绳	6×7	0.351	0.332	0.387	0.396	0.359	0.338
	6×12	0.251	0.209				
	6×15	0.200	0.180				
	6×19	0.380	0.330	0.418		0.356	
	6×24	0.331	0.291				
	6×36	0.380	0.330	0.418		0.356	
	6×19M	0.351	0.307	0.400	0.381	0.332	0.362
	6×24M	0.318	0.280				
	6×37M	0.346	0.295	0.400	0.381	0.319	0.346
	6×61M	0.361	0.283	0.398		0.306	
	8×19M 8×37M	0.356	0.261	0.420		0.310	
	8×7	0.327	0.291	0.391	0.464	0.359	0.404
	8×19	0.357	0.293	0.435		0.346	
	8×36	0.357	0.293	0.435		0.346	
	4×19 4×36	0.410	0.360				
异形股钢丝绳	6×V7	0.412	0375	0.437		0.398	
	6×V19 6×V37	0.405	0.360	0.429		0.382	
	6×V8	0.410	0.362				
	6×V25	0.410	0.351				
	4×V39	0.410	0.360				
阻旋转钢丝绳	23×7			0.470		0.360	
	18×7 18×19	0.390	0.310		0.430		0.328
	35(W)×7 35(W)×19				0.460		0.360[a] 0.350[b]
	34(M)×7	0.400	0.308		0.430		0.318
单股钢丝绳	1×7				0.522		0.540
	1×19				0.507		0.530
	1×37				0.501		0.512
	1×61				0.487		0.510

表 8（续）

钢丝绳类型	钢丝绳类别	天然纤维芯钢丝绳		钢芯钢丝绳			
		重量系数 W_1	最小破断拉力系数 K_1	重量系数		最小破断拉力系数	
				W_2	W_3	K_2	K_3
6×V 21FC、6×V 24FC 结构钢丝绳的重量系数和最小破断拉力系数，应分别比表中所例的数据小 8%。6×V 30 结构钢丝绳的最小破断拉力系数，应比表中所例数据小 10%。6×V37S 结构钢丝绳的重量系数和最小破断拉力系数，应分别比表中所例的数据大 3%。 合成纤维芯的钢丝绳单位长度重量系数比表中所列 W1 的数据小 2.5%。 复合芯和固态聚合物芯钢丝绳最小破断拉力系数 K1 与天然纤维芯钢丝绳相同，重量系数比天然纤维芯钢丝绳数据大 3.5%。							
注：重量系数仅作参考。							
[a] 小于或等于 1 960 级钢丝绳。 [b] 大于 1 960 级钢丝绳但小于或等于 2 160 级钢丝绳。							

8.13 钢丝绳破断拉力

钢丝绳破断拉力的测定值应不低于表 A.1～表 A.32 的规定或供需双方协议的数值。钢丝绳最小破断拉力，用 kN 表示，并按式(2)计算：

$$F_0 = KD^2R_0/1\ 000 \qquad \cdots\cdots(2)$$

式中：

F_0——钢丝绳最小破断拉力，单位为千牛(kN)；

D ——是钢丝绳公称直径，单位为毫米(mm)；

R_0——是钢丝绳级；

K ——是给定某一类别钢丝绳的最小破断拉力系数，K 值见表 8；

K_1——是纤维绳芯钢丝绳的最小破断拉力系数；

K_2——是独立的钢丝绳芯的最小破断拉力钢丝绳系数；

K_3——是以钢丝股为绳芯的钢丝绳的最小破断拉力系数。

8.14 拆股钢丝的要求

8.14.1 实测直径

钢丝实测直径应符合 YB/T 5343 的有关规定。允许有不超过 3%的测量钢丝超出 YB/T 5343 有关规定，但不能超出该规定允许偏差的 50%。异形股钢丝绳拆股钢丝的实测直径不作考核。

制造商应向顾客提供钢丝绳用钢丝的公称直径和公称抗拉强度。

8.14.2 抗拉强度

圆股钢丝绳拆股钢丝实测抗拉强度应不低于表 9 中甲栏的规定。异形股钢丝绳拆股钢丝实测抗拉强度值应不低于表 9 中乙栏的规定。

8.14.3 钢丝的扭转

圆股钢丝绳钢丝的最小扭转次数，应符合表 10 的规定。异形股钢丝绳钢丝的最小扭转次数允许在表 10 的基础上降低 1 次。

表 9　抗拉强度的允许值

公称抗拉强度/(N/mm²)		1 370	1 570	1 770	1 960	2 160
最低抗拉强度/(N/mm²)	甲	1 320	1 520	1 720	1 910	2 110
	乙	—	1 492	1 682	1 862	—
	丙	—	1 413	1 593	1 764	—
注：采用其他公称抗拉强度时，甲栏为该公称抗拉强度降 50 N/mm²，乙栏为该公称抗拉强度降 5%，丙栏为该公称抗拉强度降 10%(修约成整数)。						

8.14.4　钢丝的弯曲

钢丝的最小弯曲次数，应符合表 11 的规定。

8.14.5　钢丝的打结拉伸

直径小于 0.50 mm 的钢丝，扭转和反复弯曲试验由钢丝打结拉伸试验代替，试验钢丝数中，至少 95%的钢丝打结拉力应不小于该钢丝公称抗拉强度 50%的拉力。

8.14.6　钢丝的镀层

8.14.6.1　级别

镀层级别分为三个级别：B 级、AB 级和 A 级。

8.14.6.2　镀层重量

钢丝镀层重量应符合表 12 的规定。如果镀层重量不符合本标准规定，而其他性能符合光面钢丝绳要求时，则可按光面钢丝绳交货。

8.14.7　其他要求

其他抗拉强度级钢丝最小扭转次数和最小弯曲次数按表 10 和表 11 相邻较高抗拉强度考核。

8.14.8　允许的低值钢丝根数

8.14.8.1　对于圆股钢丝绳，允许有少量根数钢丝的抗拉强度值低于表 9 中甲栏而不低于丙栏的规定，允许有少量根数钢丝的扭转次数在表 10 的基础上降低 20%。对于异形股钢丝绳，允许有少量根数钢丝的抗拉强度值低于表 9 中乙栏而不低于丙栏的规定，允许有少量根数钢丝的扭转次数在表 10 的基础上降低 30%。允许有少量根数钢丝的弯曲次数在表 11 的基础上降低 20%。这种低值钢丝允许根数不应超出表 13 的规定（修约成整数）。

8.14.8.2　钢丝实测直径、打结拉伸、镀层重量所计算的低值钢丝数(修约成整数)，不足一根时，分别允许有一根。

8.14.8.3　当同一根钢丝有多项低值时，只按一根计算。

8.14.9　中间规格钢丝绳

中间规格钢丝绳拆股钢丝性能的要求按本标准考核。

8.15　其他

8.15.1　需方对以上条款有特殊要求时，由供需双方协商。

8.15.2　所有数值修约按 YB/T 081 的规定。

表 10 钢丝最小扭转次数

钢丝公称直径	试验钳口标距	光面和B级					AB级					A级				
		公称抗拉强度级别/(N/mm²)														
mm		1 370	1 470 1 570	1 670 1 770	1 870 1 960	2 160	1 370	1 470 1 570	1 670 1 770	1 870	1 960 2 160	1 370	1 470 1 570	1 670 1 770	1 870	1 960 2 160
0.50≤d<1.00	100 d	29	26	24	21	19	26	23	21	19	19	20	18	16	14	14
1.00≤d<1.30		28	25	22	20	17	25	22	20	18	18	18	16	14	13	13
1.30≤d<1.80		27	24	21	19	16	24	21	20	17	17	17	15	14	12	12
1.80≤d<2.30		26	23	20	18	15	23	20	19	16	16	15	14	12	10	10
2.30≤d<3.00		25	22	19	16	14	22	20	18	15	15	14	12	9	8	8
3.00≤d<3.50		24	21	18	15	13	21	19	17	14	14	12	10	8	6	6
3.50≤d<3.70		22	20	16	14	11	20	17	15	13	13	10	8	6	5	5
3.70≤d<4.00		21	19	15	12	10	18	16	14	12	12	9	8	5	4	4
4.00≤d<4.20		20	18	14	11	8	17	15	14	11	11	8	6	5	3	3
4.20≤d<4.40		18	16	14	9	—	15	14	12	9	—	8	6	4	3	—
4.40≤d<4.60		17	15	12	8	—	14	13	10	8	—	6	5	4	3	—
4.60≤d<4.80		15	14	10	7	—	13	12	8	5	—	6	5	4	3	—

表 11　钢丝最小反复弯曲次数

钢丝公称直径	弯曲半径	光面和B级					AB级				A级				
		公称抗拉强度/(N/mm²)													
mm		1 370	1 470 1 570	1 670 1 770	1 870 1 960	2 160	1 370	1 470 1 570	1 670 1 770	1 870 1 960、2 160	1 370	1 470 1 570	1 670 1 770	1 870	1 960 2 160
0.50≤d<0.55	1.75	15	14	14	13	12	14	13	12	11	12	11	10	9	9
0.55≤d<0.60		14	14	13	11	10	13	12	11	10	10	9	8	7	7
0.60≤d<0.65		13	12	11	10	9	11	10	9	8	8	7	6	5	5
0.65≤d<0.70		11	10	10	9	8	10	9	8	7	7	6	5	4	4
0.70≤d<0.75	2.50	16	15	14	14	13	15	14	14	13	13	12	11	10	10
0.75≤d<0.80		15	14	14	13	12	14	14	13	12	12	11	10	9	9
0.80≤d<0.85		14	13	12	11	10	13	12	11	10	11	9	9	8	8
0.85≤d<0.90		14	13	12	11	9	12	11	10	9	10	9	8	7	7
0.90≤d<0.95		12	11	10	9	8	11	10	9	8	9	8	7	6	6
0.95≤d<1.00		11	11	10	9	7	10	9	8	7	9	8	6	5	5
1.00≤d<1.10	3.75	16	15	14	14	14	16	15	14	14	14	13	13	11	11
1.10≤d<1.20		14	14	13	12	13	15	14	14	13	14	11	12	10	10
1.20≤d<1.30		13	12	11	10	12	14	14	13	12	12	9	10	8	8
1.30≤d<1.40		12	11	10	9	10	13	12	11	10	10	8	8	6	6
1.40≤d<1.50		11	10	9	8	8	11	10	9	8	8	7	6	5	5
1.50≤d<1.60	5.00	14	13	12	11	11	14	13	12	11	11	10	9	8	8
1.60≤d<1.70		13	12	11	10	10	13	12	11	10	10	9	8	7	7
1.70≤d<1.80		12	11	10	9	9	11	10	9	8	9	8	7	6	6
1.80≤d<1.90		11	10	9	8	8	10	9	8	7	8	7	6	5	5
1.90≤d<2.00	7.50	10	9	8	7	7	9	8	7	6	7	6	5	4	4

表 11（续）

钢丝公称直径	弯曲半径	光面和B级					AB级				A级				
		公称抗拉强度/(N/mm²)													
mm		1 370	1 470 1 570	1 670 1 770	1 870 1 960	2 160	1 370	1 470 1 570	1 670 1 770	1 870 1 960、2 160	1 370	1 470 1 570	1 670 1 770	1 870	1 960 2 160
2.00≤d<2.10	7.50	14	14	13	12	11	14	13	12	11	13	11	11	10	10
2.10≤d<2.20		14	13	12	11	10	13	12	11	10	12	10	10	9	9
2.20≤d<2.40		13	12	11	10	9	12	11	10	9	11	9	9	8	8
2.40≤d<2.50		12	11	10	9	8	11	10	9	8	10	9	8	7	7
2.50≤d<2.60		11	10	9	8	7	9	8	8	7	9	8	7	6	6
2.60≤d<2.80		10	9	8	7	6	9	8	7	6	8	8	6	5	5
2.80≤d<3.00		9	8	7	6	5	8	7	6	5	7	7	5	4	4
3.00≤d<3.10	10.0	12	11	10	9	8	12	11	10	9	10	10	8	7	7
3.10≤d<3.20		12	11	10	9	8	11	10	9	8	9	10	7	6	6
3.20≤d<3.40		11	10	9	8	7	10	9	8	7	8	9	6	5	5
3.40≤d<3.50		10	9	8	7	6	8	7	6	5	7	8	5	4	4
3.50≤d<3.70		8	7	7	6	5	7	6	5	4	6	8	4	4	4
3.70≤d<4.00		7	6	5	4	4	6	5	4	4	5	6	4	3	3
4.00≤d<4.20	15.0	12	11	10	9	8	11	10	9	8	9	8	6	5	5
4.20≤d<4.40		11	10	9	8	7	10	9	8	—	8	7	5	4	—
4.40≤d<4.60		9	8	7	6	—	8	7	6	—	—	—	—	—	—
4.60≤d≤4.80		8	7	7	5	—	5	4	4	—	—	—	—	—	—

注：其他公称抗拉强度的反复弯曲次数由双方协议。

表 12 钢丝最小镀层重量

钢丝公称直径 d/mm	最小镀层重量/(g/m²)		
	B级	AB级	A级
0.15≤d<0.25	14	—	—
0.25≤d<0.40	19	—	—
0.40≤d<0.50	28	57	71
0.50≤d<0.60	38	66	85
0.60≤d<0.70	48	81	104
0.70≤d<0.80	57	81	112
0.80≤d<1.00	66	91	124
1.00≤d<1.20	76	104	144
1.20≤d<1.50	86	112	157
1.50≤d<1.90	95	124	171
1.90≤d<2.50	104	142	190
2.50≤d<3.20	117	155	218
3.20≤d<4.00	128	180	228
4.00≤d≤4.80	142	185	247

表 13 部分试验钢丝绳允许低值钢丝根数

钢丝绳结构	抗拉强度	反复弯曲和扭转
1×7、1×19、1×37、6×12FC、6×7、6×V18、6×V19、6×V10	1	1
6×15FC 、6×19M、6×19W、6×19S、6×25F、8×19S、8×19W、8×25F、8×19M、4×19S、4×25F、6×V21FC 、18×7、17×76×24MFC、6×24SFC、6×24WFC、6×29F、6×V24FC、1×61、15×7、16×7	1	2
6×26WS、8×26WS、6×V25B 4×26WS、6×V37、6×V37S、6×V28B、6×V30、6×V34、4×31WS、6×31WS、8×31WS	2	3
6×37M、6×37S、6×36WS、8×36WS 、8×37M、4×36WS、6×V43	2	4
34(M)×7、36(M)×7、35(W)×7、40(W)×7、6×41WS、8×41WS、4×41WS	3	4
6×46WS、6×49SWS、8×46WS、8×49SWS	3	5
18×19S、18×19W、18×19M 、6×55SWS、8×55SWS	3	6
6×61M	4	6
4×V39S	4	5
4×V48S	5	6
35W×19S、35W×19W	7	11

注：未列入表 13 中的其他结构钢丝绳低值钢丝根数的计算方法：对于部分试验，抗拉强度按 6%，反复弯曲和扭转分别按 5%。100%试验时，抗拉强度、反复弯曲和扭转分别按 2.5%。

9 检验

9.1 直径的测量

9.1.1 钢丝绳直径应用带有宽钳口的游标卡尺测量。钳口的宽度要足以跨越两个相邻的股,见图6。

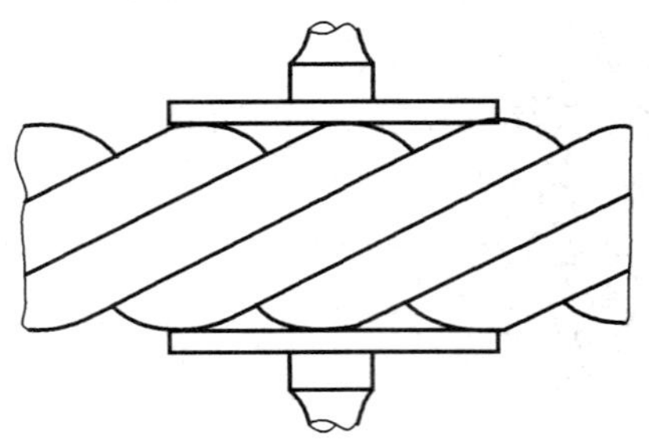

图6 钢丝绳直径测量方法

a) 测量应在无张力的情况下,在钢丝绳端头15 m外的直线部位相距至少1 m的两截面上进行,并在同一截面相互垂直的方向上测取两个数值。

b) 四个测量结果的算术平均值作为钢丝绳的实测直径,该值应符合表6的规定。

c) 对于直径小于或等于26 mm的钢丝绳,游标卡尺的最小分度值应不超过0.02 mm。对于直径大于或等于26 mm的钢丝绳,游标卡尺的最小分度值应不超出0.05 mm。

9.1.2 同一截面上最大直径与最小直径的差值与钢丝绳公称直径之比为不圆度,应符合表6的规定。

9.1.3 在供需双方有争议时钢丝绳直径的测量可在不超过钢丝绳最小破断拉力5%的负荷下进行。

9.2 长度的测量

钢丝绳的长度应在无载荷条件下测量。特殊要求测量钢丝绳长度的方法应供需双方协议。钢丝绳长度的测量以米为单位。

9.3 重量的测量

钢丝绳的总重量包括钢丝绳、卷轴和包装材料的重量,应用衡器测量,用kg表示;计算钢丝绳单位重量时,用钢丝绳净重量除以钢丝绳实测长度。钢丝绳单位实测重量用kg/m表示。

9.4 钢丝绳的绳芯检验

通过目测验证绳芯的符合性。

9.5 钢丝绳的涂油检验

通过目测验证涂油的符合性。

9.6 钢丝绳结构及绳级检验

通过目测验证结构的符合性。通过目测验证所提供的钢丝绳最小破断拉力值或最小破断拉力总和最小计算破断拉力的质量证明书文件,验证钢丝绳级别要求的符合性。

9.7 钢丝绳不松散的检验

将钢丝绳一端解开相对称的两个股,约有两个捻距长,当这两个股重新恢复到原位后,不应自行再散开(阻旋转钢丝绳和 4×V 39 类钢丝绳除外)。

9.8 钢丝绳表面质量的检查

钢丝绳及其股表面质量,用目测验证。不应有 GB/T 21965 标准中存在的质量缺陷。

10 试验

10.1 试验方式与试验数量

10.1.1 方式 1,钢丝绳组批试验

10.1.1.1 组批规则:由同一结构、同一公称直径、同一绳级、同一捻法、同一镀层级、同一制造工艺的钢丝绳组成。

10.1.1.2 从每批(*N*)中任选 *n* 条钢丝绳取样进行整绳破断拉力试验。

10.1.1.3 从每批(*N*)中任选 *n* 条钢丝绳取样进行部分拆股钢丝试验(焊接点除外)。

10.1.1.4 每批钢丝绳(*N*)的取样数量(*n*)按表 14 的规定。

表 14 每批钢丝绳的试样数量

每批钢丝绳数量 *N*	试样数量 *n*	附加试验的试样数量
1	1	—
2	2	—
3	3	—
4	3	1
5	3	2
6～15	3	3
16～25	4	4
26～40	5	5
41～65	7	7
66～110	10	10
111～180	15	15
181～300	20	20

10.1.2 方式 2,逐条试验

10.1.2.1 钢丝绳逐条取样进行部分拆股钢丝试验。需方要求 100%拆股试验,应在签订合同时明确。

10.1.2.2 钢丝绳部分拆股试验的钢丝数量,6 股和 8 股钢丝绳任取一股钢丝。阻旋转钢丝绳按表 15 的规定。单股钢丝绳每层任意抽取钢丝总数的 25%,但不应少于 3 根。

表 15 阻旋转钢丝绳拆取的股数

钢丝绳类型	外层	中层	内层
23×7 类	3	—	—
18×7 类、18×19 类	2	—	1
34(M)×7 类	3	2	1
35(W)×7 类、35(W)×19 类	3	大股、小股各 1	1

10.1.2.3 如果需方要求,镀层钢丝绳还应进行钢丝镀层重量试验,取样数量为钢丝绳结构中同一公称直径钢丝总数的 25%,但不应少于 3 根。

10.1.2.4 试验的钢丝不包括股中填充钢丝、中心钢丝、各种股芯钢丝和钢丝绳中钢芯的钢丝。但不进行试验的钢丝，应按制绳前各该钢丝公称直径和公称抗拉强度参与钢丝破断拉力总和的计算。

10.1.3 试验方式选择

方式1和方式2由供需双方协商选定，订货合同中未注明者，由供方自行决定。

10.2 破断拉力的测定

10.2.1 方法1——实测破断拉力

10.2.1.1 钢丝绳实际破断拉力测定方法按GB/T 8358规定。

10.2.1.2 当实测破断拉力已达到或超过钢丝绳最小破断拉力值而钢丝绳未破断的情况下试验可以结束，则可以确定该钢丝绳满足最小破断拉力要求。

10.2.1.3 当钢丝绳破断发生在距离夹头6倍钢丝绳直径长度范围内且破断拉力未达到标准规定的最小破断拉力值时则该试验无效，可重新取样进行试验，但不能视为四次试验中的一次。

10.2.1.4 如果在第一次破断拉力测试中，实测破断拉力未达到钢丝绳最小破断拉力值时，允许进行三次附加试验，一但有一个试验达到或超过钢丝绳最小破断拉力，可以确定该钢丝绳符合最小破断拉力的要求。

10.2.2 方法2——实测钢丝破断拉力总和

对单根钢丝进行拉伸试验，并将拆股后的单根钢丝破断拉力值加在一起即得到实测钢丝破断拉力总和。钢丝绳内钢丝破断拉力总和的测定，按如下规定：

a) 当试验钢丝绳内全部钢丝时，是将每根钢丝的实测破断拉力相加。

b) 当试验钢丝绳内部分钢丝时，钢丝破断拉力总和按式(3)计算。

$$F = F_0 + F_1N_1 + F_2N_2 + F_3N_3 + \cdots + F_nN_n \qquad (3)$$

式中：

F ——钢丝破断拉力总和；

F_1、F_2、$F_3\cdots F_n$ ——同结构、同直径1股中钢丝的实测破断拉力与不参加试验钢丝的计算破断拉力之和；

F_0 ——钢丝绳中钢芯计算破断拉力是捻制前钢丝直径面积乘以钢丝公称抗拉强度确定计算破断拉力之和；

N_1、N_2、$N_3\cdots N_n$ ——钢丝绳中同结构、同直径的股数。

10.2.3 方法3——计算实测破断拉力

将实测钢丝破断拉力总和除以附录A中各表给出注的系数。

计算实测破断拉力小于规定的钢丝绳最小破断拉力时，则可以按方法1再进行试验。

如果实测破断拉力仍不能满足规定的钢丝绳最小破断拉力时，可以将额定破断拉力降到小于实测值，再按方法1重新进行试验。这种情况下，可按降低后的破断拉力降低钢丝绳级，也可重新设计。

注：以这种方法确定的破断拉力值被称为“计算破断拉力”。

10.3 拆股钢丝试验

10.3.1 钢丝直径的测量

钢丝实测直径应在钢丝同一截面上相互垂直两次测量数据的算术平均值，该值应符合8.14.1的规定。

10.3.2 钢丝拉力的试验

拉力试验应按 GB/T 228.1 规定。

10.3.3 钢丝反复弯曲的试验

反复弯曲试验应按 GB/T 238 规定。

10.3.4 钢丝扭转的试验

扭转试验应按 GB/T 239.1 规定。

10.3.5 钢丝镀层的试验

镀层试验应按 GB/T 1839 规定。

10.4 钢丝绳性能考核

10.4.1 钢丝绳内不同直径钢丝为同一公称抗拉强度时，钢丝绳级与钢丝的公称抗拉强度相同；当钢丝绳内的不同直径钢丝为不同公称抗拉强度时，钢丝绳级应符合表 5 中钢丝的公称抗拉强度之一。

10.4.2 拆股钢丝的抗拉强度、反复弯曲和扭转值，按该钢丝的公称直径和公称抗拉强度级考核其性能指标。

注：根据实测钢丝绳破断拉力或计算实测钢丝绳破断拉力或实测钢丝破断拉力总和，考核钢丝绳级是否满足需方要求。

10.5 判定规则与复验

10.5.1 如果所有试验都符合标准规定，则该批(或条)钢丝绳合格。

10.5.2 如果一个或一个以上的试验项目不符合规定要求，则应在同一条钢丝绳上重新取样进行 100% 拆股复验其不合格钢丝的不合格项目，拆股的复验可将其余各股中同一公称直径的钢丝全部试验其不合格项目，加上原试验结果，按 100% 试验评定。复验结果符合标准规定的要求时，则该批(或条)钢丝绳仍为合格。

10.5.3 需方验收试验或仲裁试验，钢丝绳拆股初验不合格时，拆股复验可将其余各股中同一公称直径的钢丝全部试验其不合格项目，加上原试验结果，按 100% 试验评定。

10.5.4 按组批试验的钢丝绳，经复验不合格的钢丝绳应从该批钢丝绳中除去。当一批中大于 3 条时，则该批钢丝绳的其他条，按表 15 规定的取样数量做附加试验。附加试验合格，该批剩余部分的钢丝绳应为合格。如果一个或一个以上的附加试验结果不符合标准规定要求时，则该批剩余的钢丝绳，应逐条取样进行试验。

10.5.5 当一条钢丝绳截成数条交货时，则从其中任选一条取样试验，如果合格，其余各条免于试验，否则应逐条取样进行试验。

10.6 仲裁试验

当供需双方对试验结果有争议时，应在双方同意的检验机构进行仲裁试验。仲裁试验按本标准的方法 1 和订货合同规定。若试验结果符合标准要求，认为该钢丝绳合格。

11 验收方法

11.1 钢丝绳出厂前的验收，由供方进行。

11.2 需方的验收，可委托有钢丝绳检定资格的检测部门进行。验收的依据是本标准和订货合同及供方质量证明书，验收期(从出厂日期算起)不应超过一年。

12 包装、标志和质量证明书

钢丝绳的包装、标志和质量证明书按 GB/T 2104 的规定。

13 钢丝绳安全使用和维护

钢丝绳安全使用和维护按 GB/T 29086 的规定。

附　录　A
（规范性附录）
钢丝绳类别、直径和级的最小破断拉力表

表 A.1～表 A.32 给出了圆股钢丝绳和三角股钢丝绳类别、公称直径和级最小破断拉力。

表 A.1　6×7 类钢丝绳

典型结构图		典型结构				钢丝绳直径范围/mm
		钢丝绳结构	股结构	外层钢丝数		
				总数	每股	
6×7-FC	6×7-WSC	6×7	1-6	36	6	2～44

钢丝绳公称直径/mm	参考重量/(kg/100 m)		钢丝绳级					
			1 570		1 770		1 960	
			钢丝绳最小破断拉力/kN					
	纤维芯	钢芯	纤维芯	钢芯	纤维芯	钢芯	纤维芯	钢芯
2	1.40	1.55	2.08	2.25	2.35	2.54	2.60	2.81
3	3.16	3.48	4.69	5.07	5.29	5.72	5.86	6.33
4	5.62	6.19	8.34	9.02	9.40	10.2	10.4	11.3
5	8.78	9.68	13.0	14.1	14.7	15.9	16.3	17.6
6	12.6	13.9	18.8	20.3	21.2	22.9	23.4	25.3
7	17.2	19.0	25.5	27.6	28.8	31.1	31.9	34.5
8	22.5	24.8	33.4	36.1	37.6	40.7	41.6	45.0
9	28.4	31.3	42.2	45.7	47.6	51.5	52.7	57.0
10	35.1	38.7	52.1	56.4	58.8	63.5	65.1	70.4
11	42.5	46.8	63.1	68.2	71.1	76.9	78.7	85.1
12	50.5	55.7	75.1	81.2	84.6	91.5	93.7	101
13	59.3	65.4	88.1	95.3	99.3	107	110	119
14	68.8	75.9	102	110	115	125	128	138
16	89.9	99.1	133	144	150	163	167	180
18	114	125	169	183	190	206	211	228
20	140	155	208	225	235	254	260	281
22	170	187	252	273	284	308	315	341
24	202	223	300	325	338	366	375	405
26	237	262	352	381	397	430	440	476
28	275	303	409	442	461	498	510	552
32	359	396	534	577	602	651	666	721
36	455	502	676	730	762	824	843	912
40	562	619	834	902	940	1 020	1 041	1 130
44	680	749	1 010	1 090	1 140	1 230	1 260	1 360

注 1：直径为 2 mm～7 mm 的钢丝绳采用钢丝股芯（WSC），破断拉力用 K_3 来计算。表中给出的钢芯是独立的钢丝绳芯（IWRC）的数据。

注 2：钢丝最小破断拉力总和＝钢丝绳最小破断拉力×1.134（纤维芯）或 1.214（钢芯）。

表 A.2 6×19M 类钢丝绳

典型结构图	典型结构				钢丝绳直径范围/mm
	钢丝绳结构	股结构	外层钢丝数		
			总数	每股	
6×19M-FC　6×19M-IWRC 典型结构图	6×19M	1-6/12	72	12	3～52

钢丝绳公称直径/mm	参考重量/(kg/100 m)		钢丝绳级 1 570		1 770		1 960	
			钢丝绳最小破断拉力/kN					
	纤维芯	钢芯	纤维芯	钢芯	纤维芯	钢芯	纤维芯	钢芯
3	3.16	3.60	4.34	4.69	4.89	5.29	5.42	5.86
4	5.62	6.40	7.71	8.34	8.69	9.40	9.63	10.4
5	8.78	10.0	12.0	13.0	13.6	14.7	15.0	16.3
6	12.6	14.4	17.4	18.8	19.6	21.2	21.7	23.4
7	17.2	19.6	23.6	25.5	26.6	28.8	29.5	31.9
8	22.5	25.6	30.8	33.4	34.8	37.6	38.5	41.6
9	28.4	32.4	39.0	42.2	44.0	47.6	48.7	52.7
10	35.1	40.0	48.2	52.1	54.3	58.8	60.2	65.1
11	42.5	48.4	58.3	63.1	65.8	71.1	72.8	78.7
12	50.5	57.6	69.4	75.1	78.2	84.6	86.6	93.7
13	59.3	67.6	81.5	88.1	91.8	99.3	102	110
14	68.8	78.4	94.5	102	107	115	118	128
16	89.9	102	123	133	139	150	154	167
18	114	130	156	169	176	190	195	211
20	140	160	193	208	217	235	241	260
22	170	194	233	252	263	284	291	315
24	202	230	278	300	313	338	347	375
26	237	270	326	352	367	397	407	440
28	275	314	378	409	426	461	472	510
32	359	410	494	534	556	602	616	666
36	455	518	625	676	704	762	780	843
40	562	640	771	834	869	940	963	1 041
44	680	774	933	1 010	1 050	1 140	1 160	1 260
48	809	922	1 110	1 200	1 250	1 350	1 390	1 500
52	949	1 080	1 300	1 410	1 470	1 590	1 630	1 760

注 1：直径为 3 mm～7 mm 的钢丝绳采用钢丝股芯(WSC)，破断拉力用 K_3 来计算。表中给出的钢芯是独立的钢丝绳芯(IWRC)的数据。

注 2：钢丝最小破断拉力总和＝钢丝绳最小破断拉力×1.226(纤维芯)或 1.321(钢芯)。

表 A.3　6×12 类钢丝绳

<table>
<tr><td rowspan="3" colspan="2">6×12FC-FC
典型结构图</td><td colspan="4">典型结构</td><td rowspan="3">钢丝绳直径范围/
mm</td></tr>
<tr><td rowspan="2">钢丝绳
结构</td><td rowspan="2">股结构</td><td colspan="2">外层钢丝数</td></tr>
<tr><td>总数</td><td>每股</td></tr>
<tr><td>6×12FC-
FC</td><td>FC-12</td><td>72</td><td>12</td><td>6～52</td></tr>
</table>

钢丝绳公称直径/mm	参考重量/(kg/100 m)	钢丝绳级 1 570	钢丝绳级 1 770
		钢丝绳最小破断拉力/kN	
6	9.04	11.8	13.3
7	12.3	16.1	18.1
8	16.1	21.0	23.7
9	20.3	26.6	30.0
10	25.1	32.8	37.0
11	30.4	39.7	44.8
12	36.1	47.3	53.3
13	42.4	55.5	62.5
14	49.2	64.3	72.5
16	64.3	84.0	94.7
18	81.3	106	120
20	100	131	148
22	121	159	179
24	145	189	213
26	170	222	250
28	197	257	290
32	257	336	379

注：钢丝最小破断拉力总和＝钢丝绳最小破断拉力×1.136。

表 A.4　6×15 类钢丝绳

6×15FC-FC 典型结构图	典型结构				钢丝绳直径范围/mm
	钢丝绳结构	股结构	外层钢丝数		
			总数	每股	
	6×15FC-FC	FC-15	90	15	6～52

钢丝绳公称直径/mm	参考重量/(kg/100 m)	钢丝绳级	
		1 570	1 770
		钢丝绳最小破断拉力/kN	
8	12.8	18.1	20.4
9	16.2	22.9	25.8
10	20.0	28.3	31.9
11	24.2	34.2	38.6
12	28.8	40.7	45.9
13	33.8	47.8	53.8
14	39.2	55.4	62.4
15	45.0	63.6	71.7
16	51.2	72.3	81.6
18	64.8	91.6	103
20	80.0	113	127
22	96.8	137	154
24	115	163	184
26	135	191	215
28	157	222	250
30	180	254	287
32	205	289	326

注：钢丝最小破断拉力总和＝钢丝绳最小破断拉力×1.136。

表 A.5　6×24M 类钢丝绳

6×24MFC-FC 典型结构图		典型结构				
		钢丝绳结构	股结构	外层钢丝数 总数	外层钢丝数 每股	钢丝绳直径范围/mm
		6×24MFC-FC	FC-9/15	90	15	8～44

钢丝绳公称直径/mm	参考重量/(kg/100 m)	钢丝绳级 1 570	钢丝绳级 1 770
		钢丝绳最小破断拉力/kN	
8	20.4	28.1	31.7
9	25.8	35.6	40.1
10	31.8	44.0	49.6
11	38.5	53.2	60.0
12	45.8	63.3	71.4
13	53.7	74.3	83.8
14	62.3	86.2	97.1
15	71.6	98.9	112
16	81.4	113	127
18	103	142	161
20	127	176	198
22	154	213	240
24	183	253	285
26	215	297	335
28	249	345	389
30	286	396	446
32	326	450	507
36	412	570	642
40	509	703	793
44	616	851	959

注：钢丝最小破断拉力总和＝钢丝绳最小破断拉力×1.150。

表 A.6 6×37M 类钢丝绳

	典型结构				钢丝绳直径范围/mm
	钢丝绳结构	股结构	外层钢丝数		
			总数	每股	
6×37M-FC 6×37M-IWRC 典型结构图	6×37M	1-6/12/18	108	18	5～60

钢丝绳公称直径/mm	参考重量/(kg/100 m)		钢丝绳级					
			1 570		1 770		1 960	
			钢丝绳最小破断拉力/kN					
	纤维芯	钢芯	纤维芯	钢芯	纤维芯	钢芯	纤维芯	钢芯
5	8.65	10.0	11.6	12.5	13.1	14.1	14.5	15.6
6	12.5	14.4	16.7	18.0	18.8	20.3	20.8	22.5
7	17.0	19.6	22.7	24.5	25.6	27.7	28.3	30.6
8	22.1	25.6	29.6	32.1	33.4	36.1	37.0	40.0
9	28.0	32.4	37.5	40.6	42.3	45.7	46.8	50.6
10	34.6	40.0	46.3	50.1	52.2	56.5	57.8	62.5
11	41.9	48.4	56.0	60.6	63.2	68.3	70.0	75.7
12	49.8	57.6	66.7	72.1	75.2	81.3	83.3	90.0
13	58.5	67.6	78.3	84.6	88.2	95.4	97.7	106
14	67.8	78.4	90.8	98.2	102	111	113	123
16	88.6	102	119	128	134	145	148	160
18	112	130	150	162	169	183	187	203
20	138	160	185	200	209	226	231	250
22	167	194	224	242	253	273	280	303
24	199	230	267	288	301	325	333	360
26	234	270	313	339	353	382	391	423
28	271	314	363	393	409	443	453	490
32	354	410	474	513	535	578	592	640
36	448	518	600	649	677	732	749	810
40	554	640	741	801	835	903	925	1 000
44	670	774	897	970	1 010	1 090	1 120	1 210
48	797	922	1 070	1 150	1 200	1 300	1 330	1 440
52	936	1 082	1 250	1 350	1 410	1 530	1 560	1 690
56	1 090	1 254	1 450	1 570	1 640	1 770	1 810	1 960
60	1 250	1 440	1 670	1 800	1 880	2 030	2 080	2 250

注 1：直径为 5 mm～7 mm 的钢丝绳采用钢丝股芯(WSC)，破断拉力用 K_3 来计算。表中给出的钢芯是独立的钢丝绳芯(IWRC)的数据。

注 2：钢丝最小破断拉力总和＝钢丝绳最小破断拉力×1.249(纤维芯)或 1.336(钢芯)。

表 A.7　6×61M 类钢丝绳

典型结构图		钢丝绳结构	股结构	外层钢丝数 总数	外层钢丝数 每股	钢丝绳直径范围/mm			
6×61M-FC　6×61M-IWRC 典型结构图		6×61M	1-6/12/18/24	144	24	18～60			
钢丝绳公称直径/mm	参考重量/(kg/100 m)		钢丝绳级 1 570		钢丝绳级 1 770		钢丝绳级 1 960		
			钢丝绳最小破断拉力/kN						
	纤维芯	钢芯	纤维芯	钢芯	纤维芯	钢芯	纤维芯	钢芯	
18	117	129	144	156	162	175	180	194	
20	144	159	178	192	200	217	222	240	
22	175	193	215	232	242	262	268	290	
24	208	229	256	277	288	312	319	345	
26	244	269	300	325	339	366	375	405	
28	283	312	348	377	393	425	435	470	
32	370	408	455	492	513	555	568	614	
36	468	516	576	623	649	702	719	777	
40	578	637	711	769	801	867	887	960	
44	699	771	860	930	970	1 050	1 070	1 160	
48	832	917	1 020	1 110	1 150	1 250	1 280	1 380	
52	976	1 080	1 200	1 300	1 350	1 460	1 500	1 620	
56	1 130	1 250	1 390	1 510	1 570	1 700	1 740	1 880	
60	1 300	1 430	1 600	1 730	1 800	1 950	2 000	2 160	
注：钢丝最小破断拉力总和＝钢丝绳最小破断拉力×1.301(纤维芯)或 1.392(钢芯)。									

表 A.8　6×19 类钢丝绳

典型结构图	典型结构				钢丝绳直径范围/mm
	钢丝绳结构	股结构	外层钢丝数		
			总数	每股	
6×19S-FC　6×19S-IWRC 典型结构图	6×17S	1-8-8	48	8	6～36
	6×19S	1-9-9	54	9	6～48
	6×21S	1-10-10	60	10	8～52
	6×21F	1-5-5F-10	60	10	8～52
	6×26WS	1-5-5+5-10	60	10	8～52
	6×19W	1-6-6+6	72	12	8～52
	6×25F	1-6-6F-12	72	12	10～56

钢丝绳公称直径/mm	参考重量/(kg/100 m)		钢丝绳级							
			1 570		1 770		1 960		2 160	
			钢丝绳最小破断拉力/kN							
	纤维芯	钢芯	纤维芯	钢芯	纤维芯	钢芯	纤维芯	钢芯	纤维芯	钢芯
6	13.7	15.0	18.7	20.1	21.0	22.7	23.3	25.1	25.7	27.7
7	18.6	20.5	25.4	27.4	28.6	30.9	31.7	34.2	34.9	37.7
8	24.3	26.8	33.2	35.8	37.4	40.3	41.4	44.7	45.6	49.2
9	30.8	33.9	42.0	45.3	47.3	51.0	52.4	56.5	57.7	62.3
10	38.0	41.8	51.8	55.9	58.4	63.0	64.7	69.8	71.3	76.9
11	46.0	50.6	62.7	67.6	70.7	76.2	78.3	84.4	86.2	93.0
12	54.7	60.2	74.6	80.5	84.1	90.7	93.1	100	103	111
13	64.2	70.6	87.6	94.5	98.7	106	109	118	120	130
14	74.5	81.9	102	110	114	124	127	137	140	151
16	97.3	107	133	143	150	161	166	179	182	197
18	123	135	168	181	189	204	210	226	231	249
20	152	167	207	224	234	252	259	279	285	308
22	184	202	251	271	283	305	313	338	345	372
24	219	241	298	322	336	363	373	402	411	443
26	257	283	350	378	395	426	437	472	482	520
28	298	328	406	438	458	494	507	547	559	603
32	389	428	531	572	598	645	662	715	730	787
36	492	542	671	724	757	817	838	904	924	997
40	608	669	829	894	935	1 010	1 030	1 120	1 140	1 230
44	736	809	1 000	1 080	1 130	1 220	1 250	1 350	1 380	1 490
48	876	963	1 190	1 290	1 350	1 450	1 490	1 610	1 640	1 770
52	1 030	1 130	1 400	1 510	1 580	1 700	1 750	1 890	1 930	2 080
56	1 190	1 310	1 620	1 750	1 830	1 980	2 030	2 190	2 240	2 410

注：钢丝最小破断拉力总和＝钢丝绳最小破断拉力×1.214(纤维芯)或 1.308(钢芯)。

表 A.9　6×24 类钢丝绳

6×24SFC-FC 典型结构图	钢丝绳结构	股结构	外层钢丝数 总数	外层钢丝数 每股	钢丝绳直径范围/mm
	6×24SFC	FC-12-12	72	12	8～40
	6×24WFC	FC-8-8+8	96	16	10～40

钢丝绳公称直径/mm	参考重量/(kg/100 m)	钢丝绳级 1 570	钢丝绳级 1 770
		钢丝绳最小破断拉力/kN	
8	21.2	29.2	33.0
9	26.8	37.0	41.7
10	33.1	45.7	51.5
11	40.1	55.3	62.3
12	47.7	65.8	74.2
13	55.9	77.2	87.0
14	64.9	89.5	101
15	74.5	103	116
16	84.7	117	132
18	107	148	167
20	132	183	206
22	160	221	249
24	191	263	297
26	224	309	348
28	260	358	404
30	298	411	464
32	339	468	527
36	429	592	668
40	530	731	824

注：钢丝最小破断拉力总和＝钢丝绳最小破断拉力×1.150。

表 A.10 6×36 类钢丝绳

典型结构图	钢丝绳结构	股结构	外层钢丝数 总数	外层钢丝数 每股	钢丝绳直径范围/mm
6×36WS-FC 6×36WS-IWRC 典型结构图	6×31WS	1-6-6+6-12	72	12	8～60
	6×29F	1-7-7F-14	84	14	8～60
	6×36WS	1-7-7+7-14	84	14	8～60
	6×37FS	1-6-6F-12-12	72	12	10～60
	6×41WS	1-8-8+8-16	96	16	34～60
	6×46WS	1-9-9+9-18	108	18	40～60
	6×49SWS	1-8-8-8+8-16	96	16	42～60
	6×55SWS	1-9-9-9+9-18	108	18	44～60

钢丝绳公称直径/mm	参考重量/(kg/100 m)		钢丝绳级 1 570 钢丝绳最小破断拉力/kN		1 770		1 960		2 160	
	纤维芯	钢芯	纤维芯	钢芯	纤维芯	钢芯	纤维芯	钢芯	纤维芯	钢芯
8	24.3	26.8	33.2	35.8	37.4	40.3	41.4	44.7	45.6	49.2
9	30.8	33.9	42.0	45.3	47.3	51.0	52.4	56.5	57.7	62.3
10	38.0	41.8	51.8	55.9	58.4	63.0	64.7	69.8	71.3	76.9
11	46.0	50.6	62.7	67.6	70.7	76.2	78.3	84.4	86.2	93.0
12	54.7	60.2	74.6	80.5	84.1	90.7	93.1	100	103	111
13	64.2	70.6	87.6	94.5	98.7	106	109	118	120	130
14	74.5	81.9	102	110	114	124	127	137	140	151
16	97.3	107	133	143	150	161	166	179	182	197
18	123	135	168	181	189	204	210	226	231	249
20	152	167	207	224	234	252	259	279	285	308
22	184	202	251	271	283	305	313	338	345	372
24	219	241	298	322	336	363	373	402	411	443
26	257	283	350	378	395	426	437	472	482	520
28	298	328	406	438	458	494	507	547	559	603
32	389	428	531	572	598	645	662	715	730	787
36	492	542	671	724	757	817	838	904	924	997
40	608	669	829	894	935	1 010	1 030	1 120	1 140	1 230
44	736	809	1 000	1 080	1 130	1 220	1 250	1 350	1 380	1 490
48	876	963	1 200	1 290	1 350	1 450	1 490	1 610	1 640	1 770
52	1 030	1 130	1 400	1 510	1 580	1 700	1 750	1 890	1 930	2 080
56	1 190	1 310	1 620	1 750	1 830	1 980	2 030	2 190	2 230	2 410
60	1 370	1 500	1 870	2 010	2 100	2 270	2 330	2 510	2 570	2 770

注：钢丝最小破断拉力总和＝钢丝绳最小破断拉力×1.214(纤维芯)或 1.308(钢芯)。

表 A.11 6×V7 类钢丝绳

典型结构图		钢丝绳结构	股结构	外层钢丝数 总数	外层钢丝数 每股	钢丝绳直径范围/mm	
6×V19-FC	6×V19-IWRC	6×V18 6×V19	/3×2-3/-9 /1×7-3/-9	54 54	9 9	18～40 18～40	
钢丝绳公称直径/mm	参考重量/(kg/100 m)		钢丝绳级 1 570 钢丝绳最小破断拉力/kN		1 770		1 960
	纤维芯	钢芯	纤维芯	钢芯	纤维芯	钢芯	纤维芯	钢芯
18	133	142	191	202	215	228	238	253
20	165	175	236	250	266	282	294	312
22	199	212	285	302	321	341	356	378
24	237	252	339	360	382	406	423	449
26	279	295	398	422	449	476	497	527
28	323	343	462	490	520	552	576	612
30	371	393	530	562	597	634	662	702
32	422	447	603	640	680	721	753	799
36	534	566	763	810	860	913	953	1 010
40	659	699	942	1 000	1 060	1 130	1 180	1 250

注：钢丝最小破断拉力总和＝钢丝绳最小破断拉力×1.156(纤维芯)或 1.191(钢芯)。

表 A.12 6×V19 类钢丝绳

典型结构图	钢丝绳结构	股结构	外层钢丝数 总数	外层钢丝数 每股	钢丝绳直径范围/mm
6×V21FC -FC　6×V24FC -FC	6×V21FC -FC 6×V24FC -FC	FC-9/12 FC-12-12	72 72	12 12	14～40 14～40

钢丝绳公称直径/mm	参考重量/(kg/100 m)	钢丝绳级 1 570 钢丝绳最小破断拉力/kN	1 770	1 960
14	73.0	102	115	127
16	95.4	133	150	166
18	121	168	190	210
20	149	208	234	260
22	180	252	284	314
24	215	300	338	374
26	252	352	396	439
28	292	408	460	509
30	335	468	528	584
32	382	532	600	665
36	483	674	760	841
40	596	832	938	1 040

注：钢丝最小破断拉力总和＝钢丝绳最小破断拉力×1.177。

表 A.13　6×V19 类钢丝绳

典型结构图		典型结构						钢丝绳直径范围/mm	
6×V30-FC　6×V30-IWRC		钢丝绳结构		股结构		外层钢丝数 总数	外层钢丝数 每股		
		6×V30		/6/-12-12		72	12	18～44	
钢丝绳公称直径/mm	参考重量/(kg/100 m)		钢丝绳级						
			1 570		1 770		1 960		
			钢丝绳最小破断拉力/kN						
	纤维芯	钢芯	纤维芯	钢芯	纤维芯	钢芯	纤维芯	钢芯	
18	131	139	165	175	186	197	206	218	
20	162	172	203	216	229	243	254	270	
22	196	208	246	261	278	295	307	326	
24	233	247	293	311	330	351	366	388	
26	274	290	344	365	388	411	429	456	
28	318	336	399	423	450	477	498	528	
30	365	386	458	486	516	548	572	606	
32	415	439	521	553	587	623	650	690	
36	525	556	659	700	743	789	823	873	
40	648	686	814	864	918	974	1 020	1 080	
44	784	831	985	1 040	1 110	1 180	1 230	1 300	

注：钢丝最小破断拉力总和＝钢丝绳最小破断拉力×1.177(纤维芯)或 1.213(钢芯)。

表 A.14　6×V19 类钢丝绳

典型结构图		典型结构						钢丝绳直径范围/mm
6×V34-FC　6×V34-IWRC		钢丝绳结构		股结构		外层钢丝数 总数	外层钢丝数 每股	
		6×V34		/1×7-3/-12-12		72	12	24～48
钢丝绳公称直径/mm	参考重量/(kg/100 m)		钢丝绳级					
			1 570		1 770		1 960	
			钢丝绳最小破断拉力/kN					
	纤维芯	钢芯	纤维芯	钢芯	纤维芯	钢芯	纤维芯	钢芯
24	233	247	326	345	367	389	406	431
26	274	290	382	405	431	457	477	506
28	318	336	443	470	500	530	553	587
30	365	386	509	540	573	609	635	674
32	415	439	579	614	652	692	723	767
36	525	556	732	777	826	876	914	970
40	648	686	904	960	1 020	1 080	1 130	1 200
44	784	831	1 090	1 160	1 230	1 310	1 370	1 450
48	933	988	1 300	1 380	1 470	1 560	1 630	1 720

注：钢丝最小破断拉力总和＝钢丝绳最小破断拉力×1.177(纤维芯)或 1.213(钢芯)。

表 A.15　6×V37 类钢丝绳

典型结构图	典型结构				钢丝绳直径范围/mm
	钢丝绳结构	股结构	外层钢丝数		
			总数	每股	
6×V37-FC　6×V37-IWRC	6×V37 6×V43	/1×7-3/-12-15 /1×7-3/-15-18	90 108	15 18	24～56 28～60

钢丝绳公称直径/mm	参考重量/(kg/100 m)		钢丝绳级 1 570		钢丝绳级 1 770		钢丝绳级 1 960	
			钢丝绳最小破断拉力/kN					
	纤维芯	钢芯	纤维芯	钢芯	纤维芯	钢芯	纤维芯	钢芯
24	233	247	326	345	367	389	406	431
26	274	290	382	405	431	457	477	506
28	318	336	443	470	500	530	553	587
30	365	386	509	540	573	609	635	674
32	415	439	579	614	652	692	723	767
36	525	556	732	777	826	876	914	970
40	648	686	904	960	1 020	1 080	1 130	1 200
44	784	831	1 090	1 160	1 230	1 310	1 370	1 450
48	933	988	1 300	1 380	1 470	1 560	1 630	1 720
52	1 090	1 160	1 530	1 620	1 720	1 830	1 910	2 020
56	1 270	1 340	1 770	1 880	2 000	2 120	2 210	2 350
60	1 460	1 540	2 030	2 160	2 290	2 430	2 540	2 700

注：钢丝最小破断拉力总和＝钢丝绳最小破断拉力×1.177(纤维芯)或 1.213(钢芯)。

表 A.16　6×V37 类钢丝绳

典型结构图	典型结构				钢丝绳直径范围/mm
	钢丝绳结构	股结构	外层钢丝数		
			总数	每股	
6×V37S-FC　6×V37S+IWRC	6×V37S	/1×7-3/-12-15	90	15	24～56

钢丝绳公称直径/mm	参考重量/(kg/100 m)		钢丝绳级 1 570		钢丝绳级 1 770		钢丝绳级 1 960	
			钢丝绳最小破断拉力/kN					
	纤维芯	钢芯	纤维芯	钢芯	纤维芯	钢芯	纤维芯	钢芯
24	240	255	335	356	378	401	419	444
26	282	299	394	418	444	471	491	521
28	327	346	456	484	515	546	570	605
30	375	398	524	556	591	627	654	694
32	427	452	596	633	672	713	744	790
36	541	573	754	801	851	903	942	999
40	667	707	931	988	1 050	1 114	1 160	1 230
44	808	855	1 130	1 200	1 270	1 348	1 410	1 490
48	961	1 020	1 340	1 420	1 510	1 600	1 670	1 780
52	1130	1 190	1 570	1 670	1 770	1 880	1 970	2 090
56	1310	1 390	1 830	1 940	2 060	2 180	2 280	2 420

注：钢丝最小破断拉力总和＝钢丝绳最小破断拉力×1.177(纤维芯)或 1.213(钢芯)。

表 A.17　6×V8 类钢丝绳

6×V10-FC 典型结构图		典型结构				钢丝绳直径范围/mm
		钢丝绳结构	股结构	外层钢丝数 总数	外层钢丝数 每股	
		6×V10	▲-9	54	9	20～32
钢丝绳公称直径/mm	参考重量/(kg/100 m)	钢丝绳级 1 570		钢丝绳级 1 770		钢丝绳级 1 960
		钢丝绳最小破断拉力/kN				
20	170	227		256		284
22	206	275		310		343
24	245	327		369		409
26	287	384		433		480
28	333	446		502		556
30	383	512		577		639
32	435	582		656		727

注：钢丝最小破断拉力总和＝钢丝绳最小破断拉力×1.156(纤维芯)。

表 A.18　6×V25 类钢丝绳

6×V28B-FC 典型结构图		典型结构				钢丝绳直径范围/mm
		钢丝绳结构	股结构	外层钢丝数 总数	外层钢丝数 每股	
		6×V25B	▲-12-12	72	12	24～44
		6×V28B	▲-12-15	90	15	24～56
		6×V31B	▲-12-18	108	18	26～60
钢丝绳公称直径/mm	参考重量/(kg/100 m)	钢丝绳级 1 570		钢丝绳级 1 770		钢丝绳级 1 960
		钢丝绳最小破断拉力/kN				
24	245	317		358		396
26	287	373		420		465
28	333	432		487		539
30	383	496		559		619
32	435	564		636		704
36	551	714		805		892
40	680	882		994		1 100
44	823	1 070		1 200		1 330
48	979	1 270		1 430		1 580
52	1 150	1 490		1 680		1 860
56	1 330	1 730		1 950		2 160
60	1 530	1 980		2 240		2 480

注：钢丝最小破断拉力总和＝最小破断拉力×1.176。

表 A.19 8×7 类钢丝绳

8×7-FC　　8×7-IWRC

典型结构图

钢丝绳结构	股结构	外层钢丝数 总数	外层钢丝数 每股	钢丝绳直径范围/mm
8×7	1-6	48	6	6～36

钢丝绳公称直径/mm	参考重量/(kg/100 m)		钢丝绳级 1 570		钢丝绳级 1 770		钢丝绳级 1 960	
			钢丝绳最小破断拉力/kN					
	纤维芯	钢芯	纤维芯	钢芯	纤维芯	钢芯	纤维芯	钢芯
6	11.8	14.1	16.4	20.3	18.5	22.9	20.5	25.3
7	16.0	19.2	22.4	27.6	25.2	31.1	27.9	34.5
8	20.9	25.0	29.2	36.1	33.0	40.7	36.5	45.0
9	26.5	31.7	37.0	45.7	41.7	51.5	46.2	57.0
10	32.7	39.1	45.7	56.4	51.5	63.5	57.0	70.4
11	39.6	47.3	55.3	68.2	62.3	76.9	69.0	85.1
12	47.1	56.3	65.8	81.2	74.2	91.5	82.1	101
13	55.3	66.1	77.2	95.3	87.0	107	96.4	119
14	64.1	76.6	89.5	110	101	125	112	138
16	83.7	100	117	144	132	163	146	180
18	106	127	148	183	167	206	185	228
20	131	156	183	225	206	254	228	281
22	158	189	221	273	249	308	276	341
24	188	225	263	325	297	366	329	405
26	221	264	309	381	348	430	386	476
28	256	307	358	442	404	498	447	552
32	335	400	468	577	527	651	584	721
36	424	507	592	730	668	824	739	912

注 1： 直径为 6 mm～7 mm 的钢丝绳采用钢丝股芯(WSC)，破断拉力用 K_3 来计算。表中给出的钢芯是独立的钢丝绳芯(IWRC)的数据。

注 2： 钢丝最小破断拉力总和＝钢丝绳最小破断拉力×1.214(纤维芯)或 1.360(钢芯)。

表 A.20　8×19 类钢丝绳

8×19S-FC　　8×19S-IWRC

典型结构图

钢丝绳结构	股结构	外层钢丝数 总数	外层钢丝数 每股	钢丝绳直径范围/mm
8×17S	1-8-8	64	8	8～36
8×19S	1-9-9	72	9	8～52
8×21F	1-5-5F-10	80	10	8～52
8×26WS	1-5-5+5-10	80	10	12～52
8×19W	1-6-6+6	96	12	12～52
8×25F	1-6-6F-12	96	12	12～60

钢丝绳公称直径/mm	参考重量/(kg/100 m)		钢丝绳级 1 570		钢丝绳级 1 770		钢丝绳级 1 960		钢丝绳级 2 160	
			钢丝绳最小破断拉力/kN							
	纤维芯	钢芯	纤维芯	钢芯	纤维芯	钢芯	纤维芯	钢芯	纤维芯	钢芯
8	22.8	27.8	29.4	34.8	33.2	39.2	36.8	43.4	40.5	47.8
9	28.9	35.2	37.3	44.0	42.0	49.6	46.5	54.9	51.3	60.5
10	35.7	43.5	46.0	54.3	51.9	61.2	57.4	67.8	63.3	74.7
11	43.2	52.6	55.7	65.7	62.8	74.1	69.5	82.1	76.6	90.4
12	51.4	62.6	66.2	78.2	74.7	88.2	82.7	97.7	91.1	108
13	60.3	73.5	77.7	91.8	87.6	103	97.1	115	107	126
14	70.0	85.3	90.2	106	102	120	113	133	124	146
16	91.4	111	118	139	133	157	147	174	162	191
18	116	141	149	176	168	198	186	220	205	242
20	143	174	184	217	207	245	230	271	253	299
22	173	211	223	263	251	296	278	328	306	362
24	206	251	265	313	299	353	331	391	365	430
26	241	294	311	367	351	414	388	458	428	505
28	280	341	361	426	407	480	450	532	496	586
32	366	445	471	556	531	627	588	694	648	765
36	463	564	596	704	672	794	744	879	820	969
40	571	696	736	869	830	980	919	1 090	1 010	1 200
44	691	842	891	1 050	1 000	1 190	1 110	1 310	1 230	1 450
48	823	1 000	1 060	1 250	1 190	1 410	1 320	1 560	1 460	1 720
52	965	1 180	1 240	1 470	1 400	1 660	1 550	1 830	1 710	2 020
56	1 120	1 360	1 440	1 700	1 630	1 920	1 800	2 130	1 980	2 340
60	1 290	1 570	1 660	1 960	1 870	2 200	2 070	2 440	2 280	2 690

注：钢丝最小破断拉力总和＝钢丝绳最小破断拉力×1.214(纤维芯)或 1.360(钢芯)。

表 A.21　8×36 类钢丝绳

8×36WS-FC　　8×36WS-IWRC

典型结构图

典型结构				钢丝绳直径范围/mm
钢丝绳结构	股结构	外层钢丝数		
		总数	每股	
8×31WS	1-6-6+6-12	72	12	10～60
8×29F	1-7-7F-14	84	14	10～60
8×36WS	1-7-7+7-14	84	14	12～60
8×37FS	1-6-6F-12-12	72	12	12～60
8×41WS	1-8-8+8-16	96	16	34～60
8×46WS	1-9-9+9-18	108	18	40～60
8×49SWS	1-8-8-8+8-16	96	16	42～60
8×55SWS	1-9-9-9+9-18	108	18	44～60

钢丝绳公称直径/mm	参考重量/(kg/100 m)		钢丝绳级							
			1 570		1 770		1 960		2 160	
			钢丝绳最小破断拉力/kN							
	纤维芯	钢芯	纤维芯	钢芯	纤维芯	钢芯	纤维芯	钢芯	纤维芯	钢芯
12	51.4	62.6	66.2	78.2	74.7	88.2	82.7	97.7	91.1	108
13	60.3	73.5	77.7	91.8	87.6	103	97.1	115	107	126
14	70.0	85.3	90.2	106	102	120	113	133	124	146
16	91.4	111	118	139	133	157	147	174	162	191
18	116	141	149	176	168	198	186	220	205	242
20	143	174	184	217	207	245	230	271	253	299
22	173	211	223	263	251	296	278	328	306	362
24	206	251	265	313	299	353	331	391	365	430
26	241	294	311	367	351	414	388	458	428	505
28	280	341	361	426	407	480	450	532	496	586
32	366	445	471	556	531	627	588	694	648	765
36	463	564	596	704	672	794	744	879	820	969
40	571	696	736	869	830	980	919	1 090	1 010	1 200
44	691	842	891	1 050	1 000	1 190	1 110	1 310	1 230	1 450
48	823	1 000	1 060	1 250	1 190	1 410	1 320	1 560	1 460	1 720
52	965	1 180	1 240	1 470	1 400	1 660	1 550	1 830	1 710	2 020
56	1 120	1 360	1 440	1 700	1 630	1 920	1 800	2 130	1 980	2 340
60	1 290	1 570	1 660	1 960	1 870	2 200	2 070	2 440	2 280	2 690

注：钢丝最小破断拉力总和＝钢丝绳最小破断拉力×1.226(纤维芯)或 1.374(钢芯)。

表 A.22　8×19M 和 8×37M 类钢丝绳

典型结构图 (8×37M-FC, 8×37M-IWRC)		典型结构				钢丝绳直径范围/mm	
		钢丝绳结构	股结构	外层钢丝数 总数	外层钢丝数 每股		
		8×19M	1-6/12	96	12	10～52	
		8×37M	1-6/12/18	144	18	16～60	
钢丝绳公称直径/mm	参考重量/(kg/100 m)		钢丝绳级				
		1 570		1 770		1 960	
		钢丝绳最小破断拉力/kN					
	纤维芯	钢芯	纤维芯	钢芯	纤维芯	钢芯	纤维芯	钢芯
10	35.6	42.0	41.0	48.7	46.2	54.9	51.2	60.8
11	43.1	50.8	49.6	58.9	55.9	66.4	61.9	73.5
12	51.3	60.5	59.0	70.1	66.5	79.0	73.7	87.5
13	60.2	71.0	69.3	82.3	78.1	92.7	86.5	103
14	69.8	82.3	80.3	95.4	90.5	108	100	119
16	91.1	108	105	125	118	140	131	156
18	115	136	133	158	150	178	166	197
20	142	168	164	195	185	219	205	243
22	172	203	198	236	224	266	248	294
24	205	242	236	280	266	316	295	350
26	241	284	277	329	312	371	346	411
28	279	329	321	382	362	430	401	476
32	365	430	420	498	473	562	524	622
36	461	544	531	631	599	711	663	787
40	570	672	656	779	739	878	818	972
44	689	813	793	942	894	1 060	990	1 180
48	820	968	944	1 120	1 060	1 260	1 180	1 400
52	963	1 140	1 110	1 320	1 250	1 480	1 380	1 640
56	1 120	1 320	1 280	1 530	1 450	1 720	1 600	1 900
60	1 280	1 510	1 470	1 750	1 660	1 970	1 840	2 190

注：钢丝最小破断拉力总和＝钢丝绳最小破断拉力×1.360(纤维芯)或 1.390(钢芯)。

表 A.23　23×7 类钢丝绳

典型结构图	典型结构				钢丝绳直径范围/mm
	钢丝绳结构	股结构	外层钢丝数		
			总数	每股	
15×7：IWRC　16×7：IWRC	15×7	1-6	90	6	14～52
	16×7	1-6	96	6	18～56

钢丝绳公称直径/mm	参考重量/(kg/100 m)	钢丝绳级			
		1 570	1 770	1 960	2 160
		钢丝绳最小破断拉力/kN			
14	92	111	125	138	152
16	120	145	163	181	199
18	152	183	206	229	252
20	188	226	255	282	311
22	227	274	308	342	376
24	271	326	367	406	448
26	318	382	431	477	526
28	368	443	500	553	610
32	423	509	573	635	700
36	481	579	652	723	796
40	609	732	826	914	1 010
44	752	904	1 020	1 130	1 240
48	910	1 090	1 230	1 370	—
52	1 080	1 300	1 470	1 630	—
56	1 270	15 30	1 720	1 910	—
	1 470	1 770	2 000	2 210	—

注：钢丝最小破断拉力总和＝最小破断拉力×1.316。

表 A.24　18×7 类和 18×19 类钢丝绳

18×7-FC　　18×7-WSC

典型结构图

钢丝绳结构	股结构	外层钢丝数 总数	外层钢丝数 每股	钢丝绳直径范围/mm
17×7	1-6	66	6	6～52
18×7	1-6	72	6	6～60
18×19S	1-9-9	108	9	14～60
18×19W	1-6-6+6	144	12	14～60
18×19M	1-6/12	144	12	14～60

钢丝绳公称直径/mm	参考重量/(kg/100 m)		钢丝绳级 1 570		钢丝绳级 1 770		钢丝绳级 1 960		钢丝绳级 2 160	
			钢丝绳最小破断拉力/kN							
	纤维芯	钢芯	纤维芯	钢芯	纤维芯	钢芯	纤维芯	钢芯	纤维芯	钢芯
6	14.0	15.5	17.5	18.5	19.8	20.9	21.9	23.1	24.1	25.5
7	19.1	21.1	23.8	25.2	26.9	28.4	29.8	31.5	32.8	34.7
8	25.0	27.5	31.1	33.0	35.1	37.2	38.9	41.1	42.9	45.3
9	31.6	34.8	39.4	41.7	44.4	47.0	49.2	52.1	54.2	57.4
10	39.0	43.0	48.7	51.5	54.9	58.1	60.8	64.3	67.0	70.8
11	47.2	52.0	58.9	62.3	66.4	70.2	73.5	77.8	81.0	85.7
12	56.2	61.9	70.1	74.2	79.0	83.6	87.5	92.6	96.4	102
13	65.9	72.7	82.3	87.0	92.7	98.1	103	109	113	120
14	76.4	84.3	95.4	101	108	114	119	126	131	139
16	100	110	125	132	140	149	156	165	171	181
18	126	139	158	167	178	188	197	208	217	230
20	156	172	195	206	219	232	243	257	268	283
22	189	208	236	249	266	281	294	311	324	343
24	225	248	280	297	316	334	350	370	386	408
26	264	291	329	348	371	392	411	435	453	479
28	306	337	382	404	430	455	476	504	525	555
30	351	387	438	463	494	523	547	579	603	638
32	399	440	498	527	562	594	622	658	686	725
36	505	557	631	667	711	752	787	833	868	918
40	624	688	779	824	878	929	972	1 030	1 070	1 130
44	755	832	942	997	1 060	1 120	1180	1 240	1 300	1 370
48	899	991	1 120	1 190	1 260	1 340	1 400	1 480	1 540	1 630
52	1 050	1 160	1 320	1 390	1 480	1 570	1 640	1 740	1 810	1 920
56	1 220	1 350	1 530	1 610	1 720	1 820	1 910	2 020	2 100	2 220
60	1 400	1 550	1 750	1 850	1 980	2 090	2 190	2 310	2 410	2 550

注：钢丝最小破断拉力总和=最小破断拉力×1.283。

表 A.25 34(M)×7 类钢丝绳

典型结构图	钢丝绳结构	股结构	外层钢丝数 总数	外层钢丝数 每股	钢丝绳直径范围/mm
34(M)×7-FC　34(M)×7-WSC	34(M)×7	1-6	102	6	10～60
	36(M)×7	1-6	108	6	16～60

钢丝绳公称直径/mm	参考重量/(kg/100 m)		钢丝绳级 1 570 钢丝绳最小破断拉力/kN		1 770		1 960	
	纤维芯	钢芯	纤维芯	钢芯	纤维芯	钢芯	纤维芯	钢芯
10	40.0	43.0	48.4	49.9	54.5	56.3	60.4	62.3
11	48.4	52.0	58.5	60.4	66.0	68.1	73.0	75.4
12	57.6	61.9	69.6	71.9	78.5	81.1	86.9	89.8
13	67.6	72.7	81.7	84.4	92.1	95.1	102	105
14	78.4	84.3	94.8	97.9	107	110	118	122
16	102	110	124	128	140	144	155	160
18	130	139	157	162	177	182	196	202
20	160	172	193	200	218	225	241	249
22	194	208	234	242	264	272	292	302
24	230	248	279	288	314	324	348	359
26	270	291	327	337	369	380	408	421
28	314	337	379	391	427	441	473	489
32	360	387	435	449	491	507	543	561
36	410	440	495	511	558	576	618	638
40	518	557	627	647	707	729	782	808
44	640	688	774	799	872	901	966	997
48	774	832	936	967	1 060	1 090	1 170	1 210
52	922	991	1 110	1 150	1 260	1 300	1 390	1 440
56	1 080	1 160	1 310	1 350	1 470	1 520	1 630	1 690
60	1 250	1 350	1 520	1 570	1 710	1 770	1 890	1 950
	1 440	1 550	1 740	1 800	1 960	2 030	2 170	2 240

注：钢丝最小破断拉力总和＝最小破断拉力×1.334。

表 A.26 35(W)×7 和 35(W)×19 类钢丝绳

35(W)×7 典型结构图	典型结构				钢丝绳直径范围/mm
	钢丝绳结构	股结构	外层钢丝数 总数	外层钢丝数 每股	
	35(W)×7	1-6	96	6	10～56
	40(W)×7	1-6	108	6	28～60
	35(W)×19S	1-9-9	144	9	36～60
	35(W)×19W	1-6-6/6	192	12	36～60

钢丝绳公称直径/mm	参考重量/(kg/100 m)	钢丝绳级 1 570	1 770	1 960	2 160
		钢丝绳最小破断拉力/kN			
10	46.0	56.5	63.7	70.6	75.6
11	55.7	68.4	77.1	85.4	91.5
12	66.2	81.4	91.8	102	109
13	77.7	95.5	108	119	128
14	90.2	111	125	138	148
16	118	145	163	181	194
18	149	183	206	229	245
20	184	226	255	282	302
22	223	274	308	342	366
24	265	326	367	406	435
26	311	382	431	477	511
28	361	443	500	553	593
30	414	509	573	635	680
32	471	579	652	723	774
36	596	732	826	914	980
40	736	904	1 020	1 130	1 210
44	891	1 090	1 230	1 370	1 460
48	1 060	1 300	1 470	1 630	1 740
52	1 240	1 530	1 720	1 910	2 040
56	1 440	1 770	2 000	2 210	2 370
60	1 660	2 030	2 290	2 540	2 720

注：钢丝最小破断拉力总和＝最小破断拉力×1.287。

表 A.27 4×19 和 4×36 类钢丝绳

4×19S-FC 典型结构图	典型结构				钢丝绳直径范围/mm
	钢丝绳结构	股结构	外层钢丝数		
			总数	每股	
	4×19S	1-9-9	36	9	8～26
	4×25F	1-6-6F-12	48	12	8～32
	4×26WS	1-5-5+5-10	40	10	8～32
	4×31WS	1-6-6+6-12	48	12	8～32
	4×36WS	1-7-7+7F-14	56	14	10～36

钢丝绳公称直径/mm	参考重量/(kg/100 m)	钢丝绳级		
		1 570	1 770	1 960
		钢丝绳最小破断拉力/kN		
8	26.2	36.2	40.8	45.2
9	33.2	45.8	51.6	57.2
10	41.0	56.5	63.7	70.6
11	49.6	68.4	77.1	85.4
12	59.0	81.4	91.8	102
13	69.3	95.5	108	119
14	80.4	111	125	138
16	105	145	163	181
18	133	183	206	229
20	164	226	255	282
22	198	274	308	342
24	236	326	367	406
26	277	382	431	477
28	321	443	500	553
30	369	509	573	635
32	420	579	652	723
36	531	732	826	914

注：钢丝最小破断拉力总和=最小破断拉力×1.191。

表 A.28　4×V39 类钢丝绳

4×V39FC-FC 典型结构图	典型结构				钢丝绳直径范围/mm
	钢丝绳结构	股结构	外层钢丝数		
			总数	每股	
	4×V39FC 4×V48SFC	FC-9/15-15 FC-12/18-18	60 72	15 18	10～44 16～48

钢丝绳公称直径/mm	参考重量/(kg/100 m)	钢丝绳级		
		1 570	1 770	1 960
		钢丝绳最小破断拉力/kN		
10	41.0	56.5	63.7	70.6
11	49.6	68.4	77.1	85.4
12	59.0	81.4	91.8	102
13	69.3	95.5	108	119
14	80.4	111	125	138
16	105	145	163	181
18	133	183	206	229
20	164	226	255	282
22	198	274	308	342
24	236	326	367	406
26	277	382	431	477
28	321	443	500	553
30	369	509	573	635
32	420	579	652	723
36	531	732	826	914
40	656	904	1 020	1 130
44	794	1 090	1 230	1 370
48	945	1 300	1 470	1 630

注：钢丝最小破断拉力总和＝最小破断拉力×1.191。

表 A.29　1×7 单股钢丝绳

钢丝绳公称直径/mm	参考重量/(kg/100 m)	公称金属横截面积/mm²	钢丝绳级		
			1 570	1 770	1 960
			钢丝绳最小破断拉力/kN		
0.6	0.19	0.22	0.31	0.34	0.38
1.2	0.75	0.86	1.22	1.38	1.52
1.5	1.17	1.35	1.91	2.15	2.38
1.8	1.69	1.94	2.75	3.10	3.43
2	2.09	2.40	3.39	3.82	4.23
3	4.70	5.40	7.63	8.60	9.53
4	8.35	9.60	13.6	15.3	16.9
5	13.1	15.0	21.2	23.9	26.5
6	18.8	21.6	30.5	34.4	38.1
7	25.6	29.4	41.5	46.8	51.9
8	33.4	38.4	54.3	61.2	67.7
9	42.3	48.6	68.7	77.4	85.7
10	52.2	60.0	84.8	95.6	106
11	63.2	72.6	103	116	128
12	75.2	86.4	122	138	152
注：钢丝最小破断拉力总和＝最小破断拉力×1.111。					

表 A.30　1×19 单股钢丝绳

钢丝绳公称直径/mm	参考重量/(kg/100 m)	公称金属横截面积/(mm²)	钢丝绳级		
			1 570	1 770	1 960
			钢丝绳最小破断拉力/kN		
1	0.51	0.59	0.83	0.94	1.04
2	2.03	2.35	3.33	3.75	4.16
3	4.56	5.29	7.49	8.44	9.35
4	8.11	9.41	13.3	15.0	16.6
5	12.7	14.7	20.8	23.5	26.0
6	18.3	21.2	30.0	33.8	37.4
7	24.8	28.8	40.8	46.0	50.9
8	32.4	37.6	53.3	60.0	66.5
9	41.1	47.6	67.4	76.0	84.1
10	50.7	58.8	83.2	93.8	104
11	61.3	71.1	101	114	126
12	73.0	84.7	120	135	150
13	85.7	99.4	141	159	176
14	99.4	115	163	184	204
15	114	132	187	211	234
16	130	151	213	240	266
18	164	191	270	304	337
20	203	236	333	375	416
注：钢丝最小破断拉力总和＝最小破断拉力×1.111。					

表 A.31　1×37 单股钢丝绳

钢丝绳公称直径/mm	参考重量/(kg/100 m)	公称金属横截面积/(mm^2)	钢丝绳级		
			1 570	1 770	1 960
			钢丝绳最小破断拉力/kN		
1.4	0.98	1.14	1.51	1.70	1.97
2.1	2.21	2.56	3.39	3.82	4.43
3	4.51	5.23	7.23	8.16	9.03
4	8.02	9.31	12.9	14.5	16.1
5	12.5	14.5	20.1	22.7	25.1
6	18.0	20.9	28.9	32.6	36.1
7	24.5	28.5	39.4	44.4	49.2
8	32.1	37.2	51.4	58.0	64.2
9	40.6	47.1	65.1	73.4	81.3
10	50.1	58.2	80.4	90.6	100
11	60.6	70.4	97.3	110	121
12	72.1	83.8	116	130	145
13	84.7	98.3	136	153	170
14	98.2	114	158	178	197
15	113	131	181	204	226
16	128	149	206	232	257
18	162	188	260	294	325
20	200	233	322	362	401
22	242	282	389	439	484
24	289	335	463	522	576
26	339	393	543	613	676
28	393	456	630	710	784
注：钢丝最小破断拉力总和＝最小破断拉力×1.136。					

表 A.32　1×61 单股钢丝绳

钢丝绳公称直径/mm	参考重量/(kg/100 m)	公称金属横截面积/(mm^2)	钢丝绳级		
			1 570	1 770	1 960
			钢丝绳最小破断拉力/kN		
16	125	154	205	231	256
17	141	173	231	261	289
18	158	194	259	292	324
19	176	217	289	326	361
20	195	240	320	361	400
22	236	290	388	437	484
24	281	345	461	520	576
26	329	405	541	610	676
29	382	470	673	759	841
30	438	540	721	812	900
32	499	614	820	924	1 020
34	563	693	926	1 040	1 160
36	631	777	1 040	1 170	1 290
注：钢丝最小破断拉力总和＝最小破断拉力×1.176。					

ICS 29.080.30
K 15

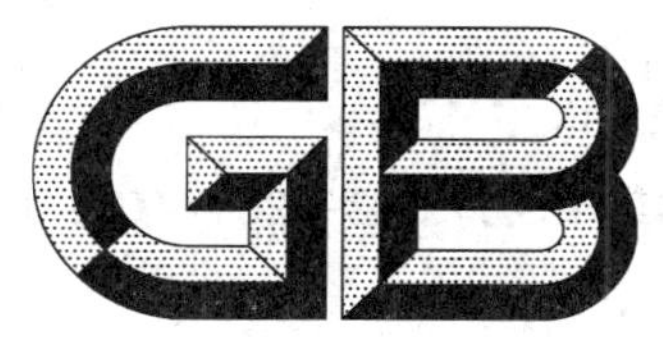

中华人民共和国国家标准

GB/T 20139.2—2017/IEC 61858-2:2014

电气绝缘系统 已确定等级的电气绝缘系统 (EIS)组分调整的热评定 第2部分:成型绕组EIS

Electrical insulation systems—Thermal evaluation of modifications to an established electrical insulation system(EIS)—Part 2:Form-wound EIS

(IEC 61858-2:2014,IDT)

2017-05-12 发布　　　　2017-12-01 实施

中华人民共和国国家质量监督检验检疫总局
中国国家标准化管理委员会　发布

前　言

GB/T 20139《电气绝缘系统　已确定等级的电气绝缘系统(EIS)组分调整的热评定》包含两个部分:

——第1部分:散绕绕组EIS;

——第2部分:成型绕组EIS。

本部分为GB/T 20139的第2部分。

本部分按照GB/T 1.1—2009给出的规则起草。

本部分使用翻译法等同采用IEC 61858-2:2014《电气绝缘系统　已确定等级的电气绝缘系统(EIS)组分调整的热评定　第2部分:成型绕组EIS》。

与本部分中规范性引用的国际文件有一致性对应关系的我国文件如下:

——GB/T 7095.2—2008　漆包铜扁线组线　第2部分:120级缩醛漆包铜扁线(IEC 60317-18:2004,IDT)

——GB/T 7095.4—2008　漆包铜扁绕组线　第4部分:180级聚酯亚胺漆包铜扁线(IEC 60317-28:1990,IDT)

——GB/T 7095.5—2008　漆包铜扁绕组线　第5部分:240级芳族聚酰亚胺漆包铜扁线(IEC 60317-47:1997,IDT)

——GB/T 7095.6—2008　漆包铜扁绕组线　第6部分:200级聚酯或聚酯亚胺/聚酰胺酰亚胺复合漆包铜扁线(IEC 60317-29:1990,IDT)

——GB/T 7672.3—2008　玻璃丝包绕组线　第3部分:155级浸漆玻璃丝包铜扁线和玻璃丝包漆包铜扁线(IEC 60317-32:1990,IDT)

——GB/T 7672.4—2008　玻璃丝包绕组线　第4部分:180级浸漆玻璃丝包铜扁线和玻璃丝包漆包铜扁线(IEC 60317-31:1990,IDT)

——GB/T 7672.5—2008　玻璃丝包绕组线　第5部分:200级浸漆玻璃丝包铜扁线和玻璃丝包漆包铜扁线(IEC 60317-33:1990,IDT)

——GB/T 7673.3—2008　纸包绕组线　第3部分:纸包铜扁线(IEC 60317-27:1998,MOD)

——GB/T 11026.7—2014　电气绝缘材料　耐热性　第7部分:确定绝缘材料的相对耐热指数(RTE)(IEC 60216-5:2008,IDT)

——GB/T 11026.8—2014　电气绝缘材料　耐热性　第8部分:用固定时限法确定绝缘材料的耐热指数(TI和RTE)(IEC 60216-6:2006,IDT)

——GB/T 17948.3—2006　旋转电机绝缘结构功能性评定　成型绕组试验规程　50 MVA、15 kV及以下电机绝缘结构热评定和分级(IEC 60034-18-31:1992,IDT)

——GB/T 20112—2015　电气绝缘系统的评定与鉴别(IEC 60505:2011,IDT)

——GB/T 23310—2009　240级芳族聚酰亚胺薄膜绕包铜扁线(IEC 60317-44:1997,IDT)

本部分做了下列编辑性修改:

——删除了附录B的注。

本部分由中国电器工业协会提出。

本部分由全国电气绝缘材料与绝缘系统评定标准化技术委员会(SAC/TC 301)归口。

本部分负责起草单位:苏州太湖电工新材料股份有限公司、机械工业北京电工技术经济研究所、佛山市顺德区质量技术监督标准与编码所、上海电器科学研究院。

本部分参加起草单位:深圳市旭生三益科技有限公司、东方电气集团东风电机有限公司。

本部分主要起草人:陈昊、张春琪、刘亚丽、徐晓风、赵群、余汉成、张生德、赵超、吴斌。

电气绝缘系统 已确定等级的电气绝缘系统 (EIS)组分调整的热评定 第2部分:成型绕组 EIS

1 范围

GB/T 20139 的本部分规定了已确定等级的电气绝缘系统(EIS)组分调整后耐热性评定所需的试验规程。

本部分适用于使用成型绕组电气装置的 EIS。

本部分的试验规程通过比较待评绝缘系统与基准绝缘系统的性能来确定。所选用的基准绝缘系统应具有符合 IEC 60505 规定的性能及运行经验,或已按照 GB/T 11021—2014 和 IEC 60034-18-31:2012 所规定的程序进行评价。

2 规范性引用文件

下列文件对于本文件的应用是必不可少的。凡是注日期的引用文件,仅注日期的版本适用于本文件。凡是不注日期的引用文件,其最新版本(包括所有的修改单)适用于本文件。

GB/T 11021—2014 电气绝缘 耐热性和表示方法(IEC 60085:2007,IDT)

GB/T 20139.1—2016 电气绝缘系统 已确定等级的电气绝缘系统(EIS)组分调整的热评定 第1部分:散绕绕组 EIS(IEC 61858-1:2014,IDT)

IEC 60034-18-31:2012 旋转电机 第18-31部分:绝缘系统的功能评估—成型绕组试验规程—旋转电机绝缘系统的热评估与分类(Rotating electrical machines—Part 18-31: Functional evaluation of insulation systems—Test procedures for form-wound windings—Thermal evaluation and classification of insulation systems used in rotating machines)

IEC 60216-5 电气绝缘材料 耐热性 第5部分:确定绝缘材料的相对耐热指数(RTE) [Electrical insulating materials—Thermal endurance properties—Part 5: Determination of relative thermal endurance index (RTE) of an insulating material]

IEC 60216-6 电气绝缘材料 耐热性 第6部分:用固定时限法确定绝缘材料的耐热指数(TI 和 RTE) [Electrical insulating materials—Thermal endurance properties—Part 6: Determination of thermal endurance indices (TI and RTI) of an insulating material using the fixed time frame method]

IEC 60317(全部) 特种绕组线规范(Specifications for particular types of winding wires)

IEC 60317-17 特种绕组线规范 第17部分:105级,聚乙烯醇缩醛漆包铜扁线(Specifications for particular types of winding wires—Part 17: Polyvinyl acetal enamelled rectangular copper wire, class 105)

IEC 60317-18 特种绕组线规范 第18部分:120级缩醛漆包铜扁线(Specifications for particular types of winding wires—Part 18: Polyvinyl acetal enamelled rectangular copper wire, class 120)

IEC 60317-27 特种绕组线规范 第27部分:纸包铜扁线(Specifications for particular types of winding wires—Part 27: Paper tape covered rectangular copper wire)

IEC 60317-28 特种绕组线规范 第28部分:180级聚酯亚胺漆包铜扁线(Specifications for particular types of winding wires—Part 28:Polyesterimide enamelled rectangular copper wire, class 180)

IEC 60317-29　特种绕组线规范　第 29 部分:200 级聚酯或聚酯亚胺/聚酰胺酰亚胺复合漆包铜扁线(Specifications for particular types of winding wires—Part 29: Polyester or polyesterimide overcoated with polyamide-imide enamelled rectangular copper wire, class 200)

IEC 60317-30　特种绕组线规范　第 30 部分:220 级聚酰亚胺漆包铜扁线(Specifications for particular types of winding wires—Part 30:Polyimide enamelled rectangular copper wire, class 220)

IEC 60317-31　特种绕组线规范　第 31 部分:180 级浸漆玻璃丝包铜扁线和玻璃丝包漆包铜扁线(Specifications for particular types of winding wires—Part 31:Glass-fibre wound, polyester or polyesterimide varnish-trated, bare or enamelled rectangular copper wire, temperature index 180)

IEC 60317-32　特种绕组线规范　第 32 部分:155 级浸漆玻璃丝包铜扁线和玻璃丝包漆包铜扁线(Specifications for particular types of winding wires—Part 32:Glass-fibre wound resin or varnish impregnated, bare or enamelled rectangular copper wire, temperature index 155)

IEC 60317-33　特种绕组线规范　第 33 部分:200 级浸漆玻璃丝包铜扁线和玻璃丝包漆包铜扁线(Specifications for particular types of winding wires—Part 33:Glass-fibre wound resin or varnish impregnated, bare or enamelled rectangular copper wire, temperature index 200)

IEC 60317-39　特种绕组线规范　第 39 部分:180 级浸漆玻璃丝编织铜扁线和玻璃丝编织漆包铜扁线(Specifications for particular types of winding wires—Part 39:Glass-fibre braided ,polyester or polyesterimide varnish-treated , bare or enamelled rectangular copper wire, temperature index 220)

IEC 60317-40　特种绕组线规范　第 40 部分:200 级硅树脂清漆浸渍玻璃丝编织铜扁线和玻璃丝编织漆包铜扁线(Specifications for particular types of winding wires—Part 40:Glass-fibre braided ,silicone varnish-treated , bare or enamelled rectangular copper wire, temperature index 200)

IEC 60317-44　特种绕组线规范　第 44 部分:240 级芳族聚酰亚胺薄膜绕包铜扁线(Specifications for particular types of winding wires—Part 44: Aromatic polyimide tape wrapped rectangular copper wire, class 240)

IEC 60317-47　特种绕组线规范　第 47 部分:240 级芳族聚酰亚胺漆包铜扁线(Specifications for particular types of winding wires—Part 47: Aromatic polyimide enamelled rectangular copper wire, class 240)

IEC 60317-53　特种绕组线规范　第 53 部分:220 级芳香族聚酰亚胺(芳纶)薄膜绕包铜扁线[Specifications for particular types of winding wires—Part 53: Aromatic polyamide (aramid) tape wrapped rectangular copper wire, temperature index 220]

IEC 60317-58　特种绕组线规范　第 58 部分:220 级聚酰亚胺漆包铜扁线(Specifications for particular types of winding wires—Part 58:Polyamide-imide enamelled rectangular copper wire, class 220)

IEC 60505　电气绝缘系统的评估与鉴别(Evaluation and qualification of electrical insulation systems)

3　术语和定义

下列术语和定义适用于本文件。

3.1

漆包绕组线　enamelled winding wire

根据 IEC 60317 系列标准制造的圆形或异型的绝缘导线。

3.2

绕包绕组线　wrapped insulated winding wire

根据 IEC 60317 系列标准制造、绕线、成型的绝缘导线。绝缘为有或无胶黏剂的带(由薄膜或者纸制造)并施加于导线上。

3.3

散绕线圈　random wire-wound coils

在电气设备中,由漆包绕组线制造的线圈且不考虑线匝位置。

3.4

精确绕线线圈　precision wire-wound coils

在电气设备中,由漆包绕组线制造的线圈且每匝以特定的连续的方式定位。

3.5

成型绕组线圈　form wound coils

在电气设备中,由矩形导体制作的线圈。

注:通常采用漆包线、纤维绕包线、纤维绕包漆包线制作的线圈。线圈绕包多层绝缘带后,采用 VPI 工艺或模压成型工艺制作。

3.6

散绕绕组电气绝缘系统　wire-wound electrical insulation system

待评 EIS 使用的线圈可为散绕或精确绕组,非成型绕组线圈。

3.7

散绕绕组电气装置　wire-wound winding electrotechnical device

设计使用散绕 EIS 的电气装置。

3.8

电气绝缘系统　electrical insulation system;EIS

用于电气设备的与导电部分结合在一起的含有一种或多种电气绝缘材料(EIM)的绝缘组合。

3.9

电气绝缘材料　electrical insulation system;EIM

具有可忽略不计的低电导率的材料,用于隔离电工设备中不同电位的导电部件。

3.10

待评 EIS　candidate EIS

正在评定中的为确定其耐热能力的 EIS。

3.11

基准 EIS　reference EIS

以已知运行经验的记录或已公认对比功能性评定为基础进行评定并确定了的 EIS。

3.12

EIS 预估耐热指数　EIS assessed thermal endurance index;EIS ATE

从已知运行经验或已公认对比功能性评定中得到的基准 EIS 摄氏温度数值。

3.13

EIS 相对耐热指数　EIS relative thermal endurance index;EIS RTE

当基准 EIS 和待评 EIS 在对比试验中经受相同的老化规程和诊断规程时,EIS RTE 为相对于已知基准 EIS ATE 的待评 EIS 摄氏温度数值。

4　总则

本部分提供了几种相对廉价又比较快速的方法如下所述,用户可以使用这些方法对已确定等级的绝缘系统通过评估进行组分调整：

a) 当绝缘系统中某种绝缘材料的厚度改变时对 EIS 热寿命的影响；

b) 替代绝缘材料在热应力下的相容性；

c) 与已确定等级的绝缘系统密切接触的其他部件在热应力下的相容性。

根据 IEC 60216-5 或 IEC 60216-6，可以通过试验确定 EIM 的耐热指数(ATE/RTE)。根据 IEC 60505，EIS 可由不同耐热指数的 EIM 构成，其耐热等级可能高于或者低于任一单一组分的耐热等级。

在一种特定的电气设备中，可能有不止一种的 EIS，该 EIS 可以有不同的耐热等级。

注：图 1 以框图的形式概述了本部分第 5 章到第 8 章的内容，可指导用户选择适当的方法对已确定等级的成型绕组 EIS 通过评估进行组分调整。

本部分的图 2、图 3、图 4 中，用下列字母代表测试程序：

- A＝规程 A：不需试验；
- B＝规程 B：密封管相容性试验(仅使用 GB/T 20139.1—2016 中的方法)；
- C＝规程 C：单点热老化试验(第 9 章)；
- D＝规程 D：完整热老化试验(第 10 章)。

5 相或对地绝缘的替代

5.1 属性相同

"属性相同"涉及原材料和替代材料的化学和物理特性。在耐热性能方面，替代材料具有与原材料相同或更好的机械和电气性能。

在替代之前，应考察替代材料的其他特性，例如透水性和加工性，这些性能会决定电气绝缘系统的性能。

以红外光谱、热重分析、差热分析(DTA)和/或原子吸收分析的分析方法为基础，通过数据的分析可确定基本化学组分和物理特性。通常特定试验由有关各方协商确定。

如果满足第 9 章的准则，属性相同的 EIM 是允许替换的。

5.2 所选组分和助剂的替代或增加

如各方同意，EIM 中所选助剂的替代或增加(如着色剂、填料等)，可以进行简化试验或者无需补充试验。

已在一种确定的绝缘系统中评定过的 EIM，用于与另一种绝缘材料或其他组分的组合之中时，可根据第 9 章进行的试验结果决定其是否可采用。已确定的 EIM 的厚度不应比它在评估时确定的 EIS 中的薄。

5.3 厚度减小

一种已确定等级绝缘系统中的 EIM，如果符合第 9 章的试验要求，厚度可以减小。

如无法满足上述任意一条要求，应按照第 10 章，进行完整热老化试验。

根据IEC 60034-18-31:2012或IEC 60505确定等级的EIS
已确定等级的EIS中EIM的调整
对已确定等级的EIS添加物的评定(8)
厚度变化（5）
EIM组分替代
浸渍树脂/漆的添加
其他组分的添加
浸渍树脂/漆(7)
相或对地绝缘
(5)
绕组线(5)
是否替代
是否替代(6.1)
是
否
是
否
试验（10）
单点热老化试验(9)
是否接受试验结果
是否接受试验结果
是
否
可用在EIS中
否
是
调整EIS可以接受
根据IEC 60034-18-31:2012对新EIS进行试验
单点热老化试验评价EIS
不需试验
完整热老化试验评价EIS

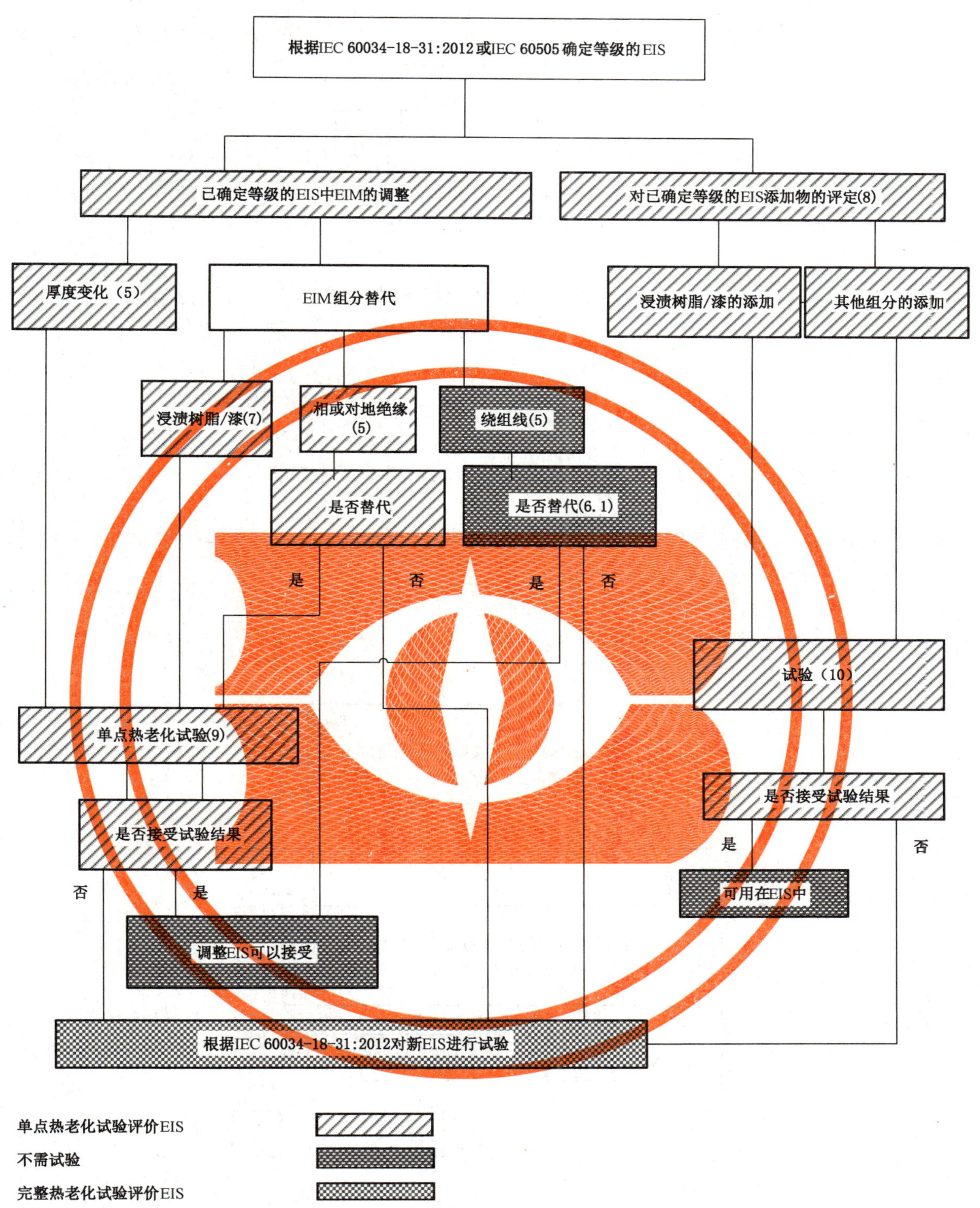

图 1　评价方法概述

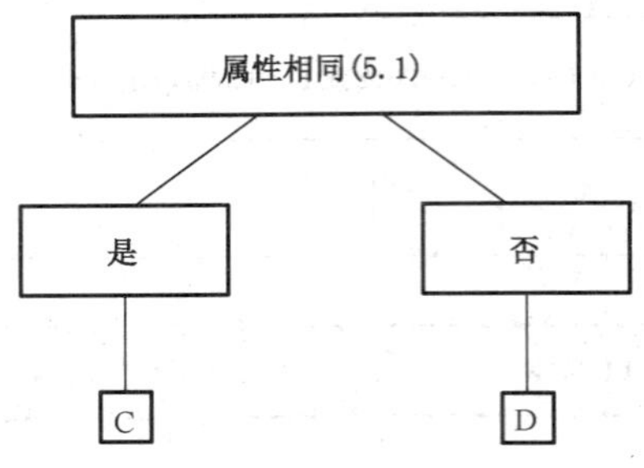

图 2 相或对地绝缘的替代

6 绕组线的替代

6.1 绕组线

若满足下列条件中的一项或多项时,对已确定等级的绝缘系统中绕组线的替代的评定无需做任何试验。

a) 与已确定等级的绝缘系统的绕组线化学成分一致(根据附录A),又符合IEC 60317的规定,且其耐热等级等于或高于以确定绝缘系统的耐热等级;

b) 导体具有不同的形状和尺寸,但具有相同的圆角半径。

成型绕组的制作过程参见附录B。

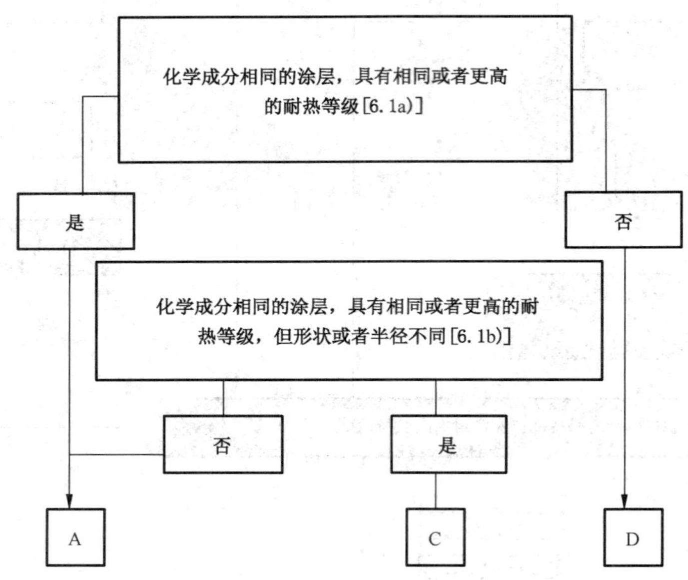

图 3 绕组线的替代

6.2 导体材料的替代

以铜作为导体的已确定等级的绝缘系统,可以使用铜或铝导体。

以铝作为导体的已确定等级的绝缘系统,若替代绕组线的热性能等于或者高于原绕组线的热性能,可以使用铜或铝导体。

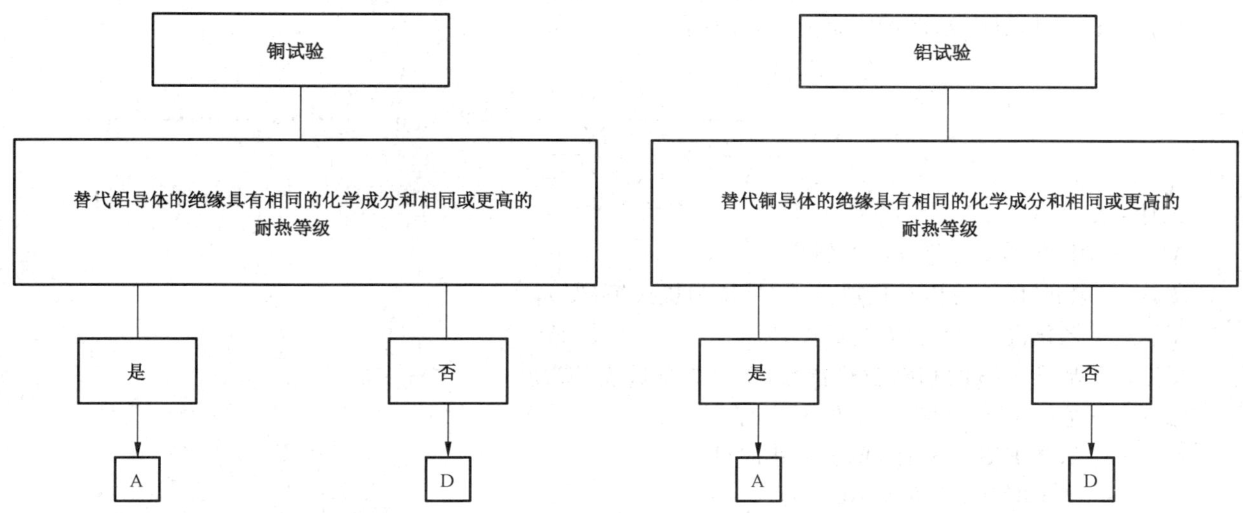

图4　导体的替代

6.3　备用绕组线

绕组线不符合6.1和6.2的要求，应根据IEC 60034-18-31:2012中的D类情况规定进行评价。

7　浸渍树脂/漆的替代

如果浸渍树脂/漆满足第9章的准则，则允许替代。

8　添加物的评定

根据IEC 60034-18-31:2012进行试验的EIS中的任意添加物应满足第9章的准则。

9　单点热老化试验(规程C)

9.1　试品

已确定等级的EIS(基准EIS)与待评EIS的典型试品应根据IEC 60034-18-31:2012进行组装与试验，但下述情况例外：

a)　基准EIS和待评EIS应在相同温度下同时试验；

b)　应从已确定等级的EIS的完整热老化规程中选择老化温度点，以使预期寿命在1 000 h～2 000 h之间；

c)　当具有多种EIM的已确定等级的EIS中的一种EIM失效时，基准试品应由全部余下的材料组成。

9.2　确定EIS的相对耐热指数

应通过基准EIS的初始回归线斜率与待评EIS的时间-温度数值点的对比，来确定待评EIS的相对耐热指数。

进行对比使用的相关时间依据式(1)计算：

$$t_X = t_R \times e^{\left(\frac{M}{T_R+273.15}-\frac{M}{T_A+273.15}\right)} \qquad \cdots\cdots(1)$$

待评 EIS 的相对耐热指数按照式(2)计算:

$$T_c = \left(\frac{M}{\ln\left(\frac{t_X}{t_c}\right) + \frac{M}{T_A + 273.15}} \right) - 273.15 \quad \cdots\cdots\cdots\cdots(2)$$

式中:

M ——基准 EIS 回归方程的斜率;

T_R——基准 EIS 的相对耐热指数,单位为摄氏度(℃);

T_A ——老化温度,单位为摄氏度(℃);

T_c ——基准 EIS 的相对耐热指数,单位为摄氏度(℃);

t_R ——基准 EIS 的寿命,单位为小时(h);

t_c ——基准 EIS 的寿命,单位为小时(h);

t_X ——相关时间,单位为小时(h)。

注:本规程在很大程度上是近似的,假设基准和待评 EIS 的热老化曲线具有相同的斜率。

9.3 结果分析

如果根据 9.2 得到待评 EIS 的 RTE 在基准 EIS 的 ATE±5 K 范围内,待评 EIS 应具有与基准 EIS 相同的耐热等级。如果待评 EIS 的 RTE 在基准 EIS 的 ATE±5 K 范围外,则无法确定待评 EIS 的耐热等级。根据 IEC 60034-18-31:2012 对待评 EIS 进行附加温度点的老化,以确定其耐热等级。

10 完整热老化试验(规程 D)

按照 IEC 60034-18-31:2012 来进行完整热老化试验。

附 录 A
(规范性附录)
绕组线类别

表 A.1 给出了根据 IEC 60317 系列标准确定的常规漆包绕组线的若干类型。绕组线可以替代的原则如下：

a) 若化学成分相同，且耐热等级等于或高于已确定等级的 EIS 中的绕组线，则无须附加试验就可以替代；

b) 若化学成分相同，但耐热等级低于已确定等级的 EIS 中的绕组线，则不可替代；

c) 若已确定等级的 EIS 的绕组线化学成分不同，则不可替代；

d) 根据 b)或 c)不允许替代的绕组线，应根据 GB/T 20139.1—2016 进行试验。

表 A.1 绕组线类型-矩形导体

涂层的化学成分(非焊接)	耐热等级	导体	IEC 规范
聚乙烯醇缩醛	105	铜	60317-17
聚乙烯醇缩醛	120	铜	60317-18
缠绕纸带	—	铜	60317-27
聚酯纤维	155	铜	60317-26
云母纸-PET 薄膜	155	铜	—
玻璃纤维缠绕树脂或浸渍漆	155	铜	60317-32
聚酯	180	铜	60317-28
玻璃纤维缠绕树脂或浸渍漆	180	铜	60317-31
玻璃纤维编织树脂或浸渍漆	180	铜	60317-39
玻璃纤维缠绕树脂或浸渍漆	200	铜	60317-33
聚酯或聚酯/聚酰胺酰亚胺薄膜	200	铜	60317-29
玻璃纤维编织树脂或浸渍漆	200	铜	60317-40
聚酰亚胺漆包线	220	铜	60317-30
芳香族聚酰胺(芳纶)，带绕包	220	铜	60317-53
芳香族聚酰胺-酰亚胺	220	铜	60317-58
芳香族聚酰亚胺	240	铜	60317-47
芳香族聚酰亚胺，带绕包	240	铜	60317-44

附　录　B
（资料性附录）
成型绕组线圈制作过程

图 B.1～图 B.9 为成型绕组线圈制作过程。

图 B.1　未成型绕组

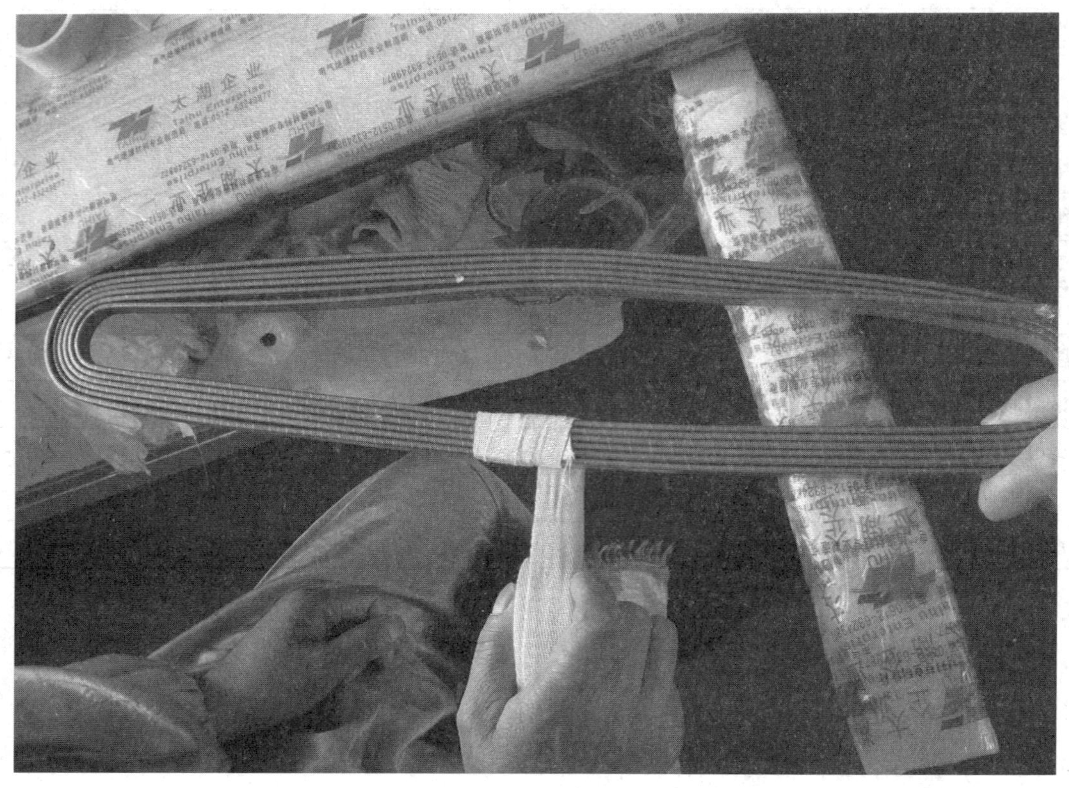

图 B.2　未成型绕组缠绕保护带

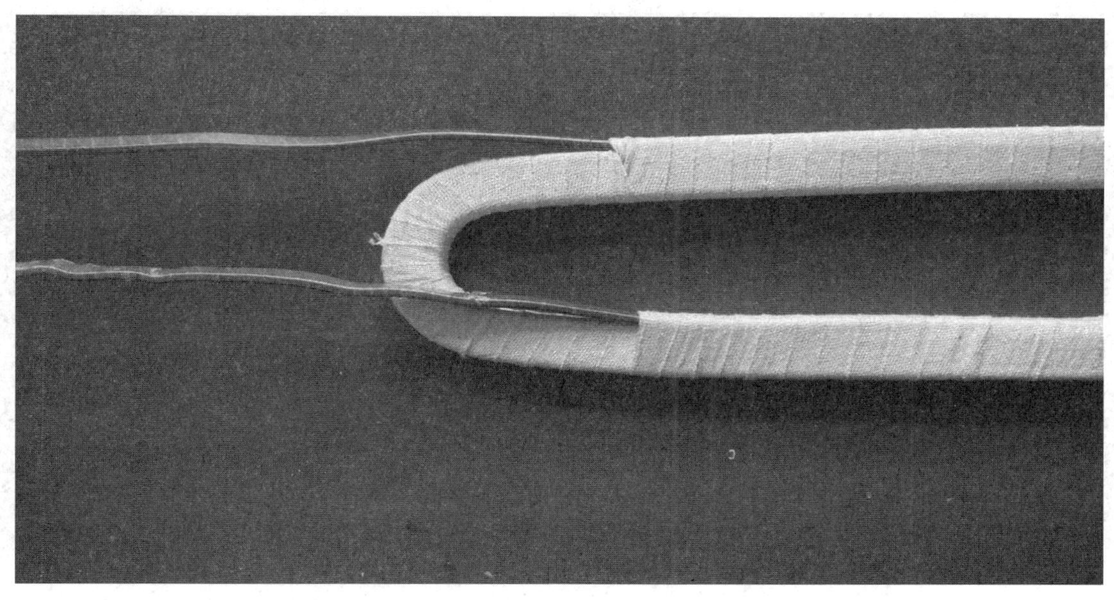

图 B.3　未成型绕组完全缠绕保护带

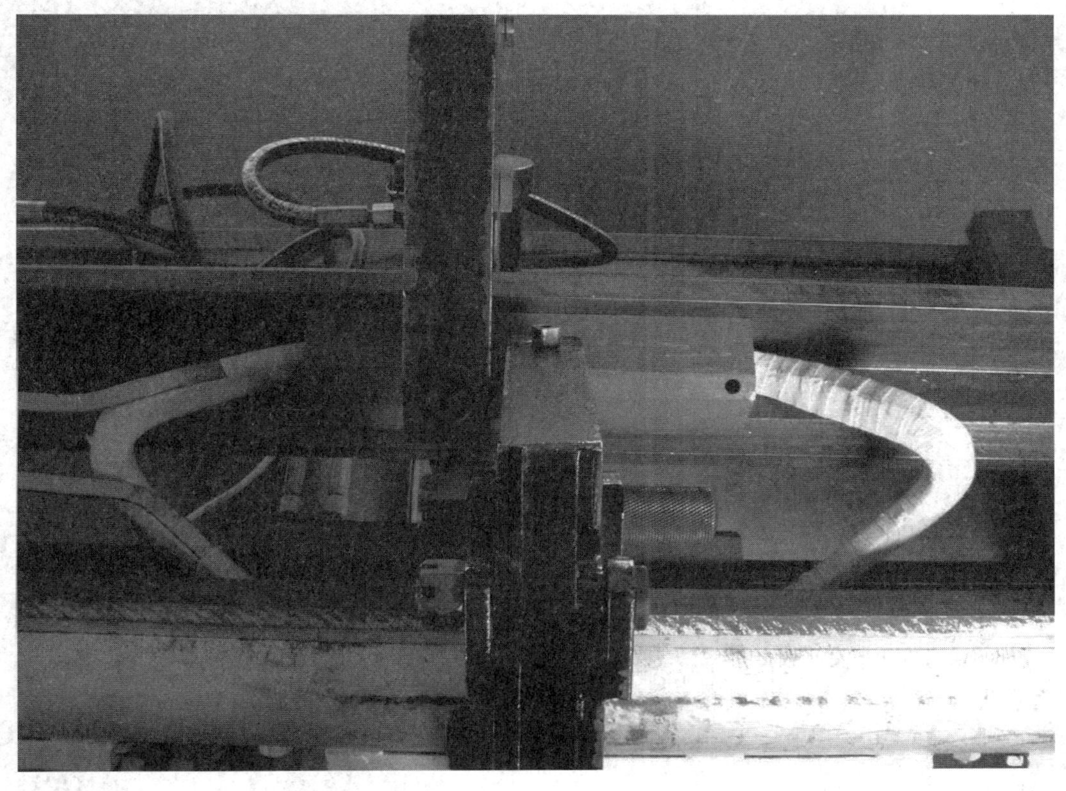

图 B.4　使用线圈成型机伸展和弯曲椭圆形线圈以形成线圈形状

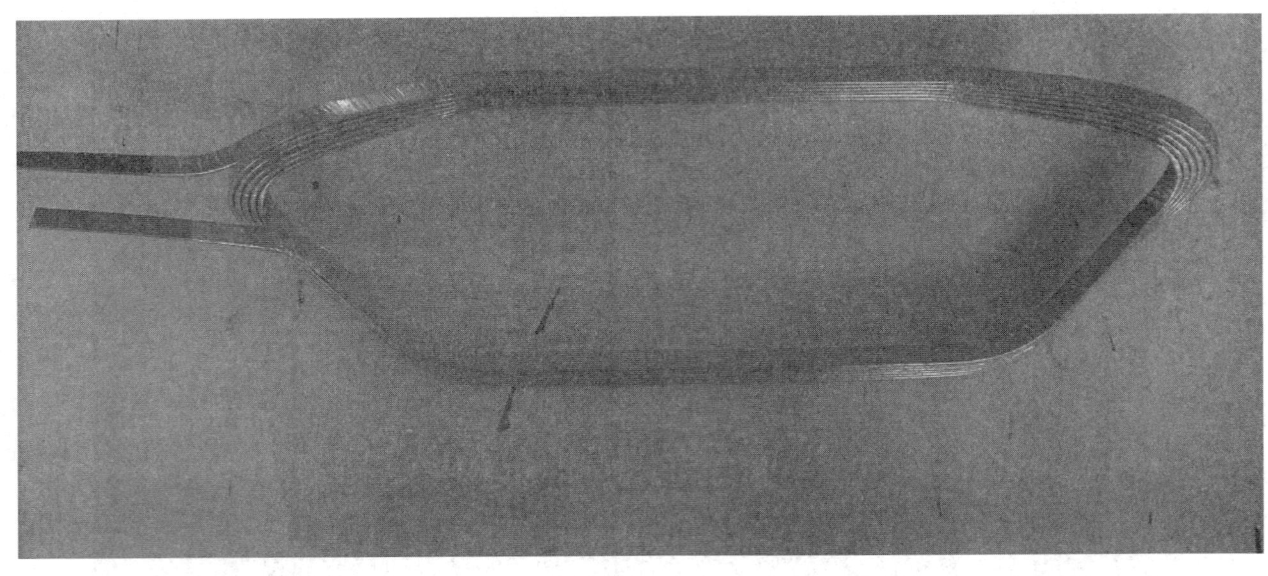

图 B.5　移除成型线圈保护层

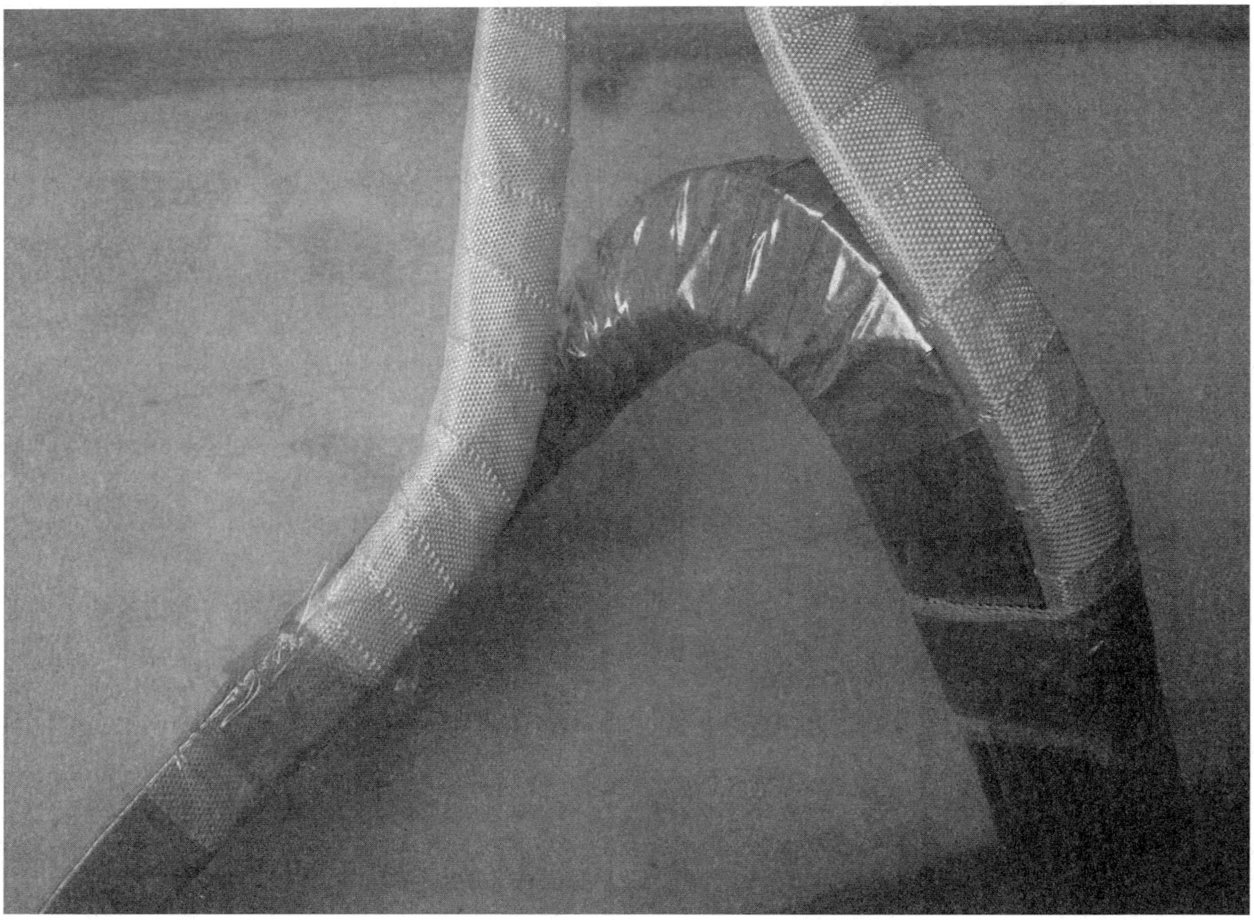

图 B.6　成型线圈绝缘节的封闭

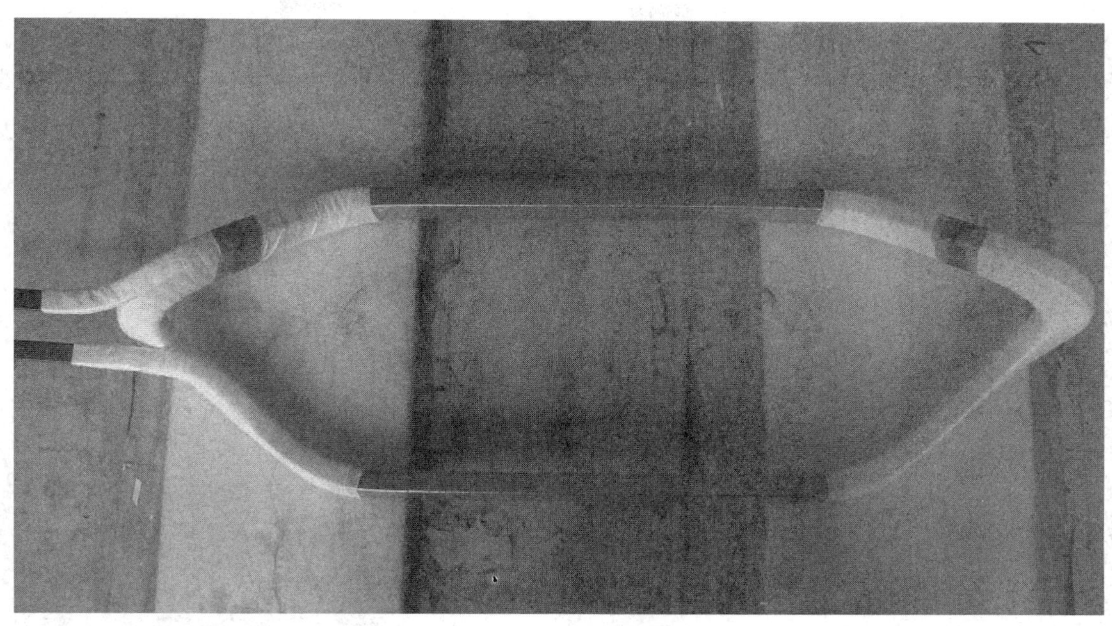

图 B.7 带多层绝缘的成型线圈

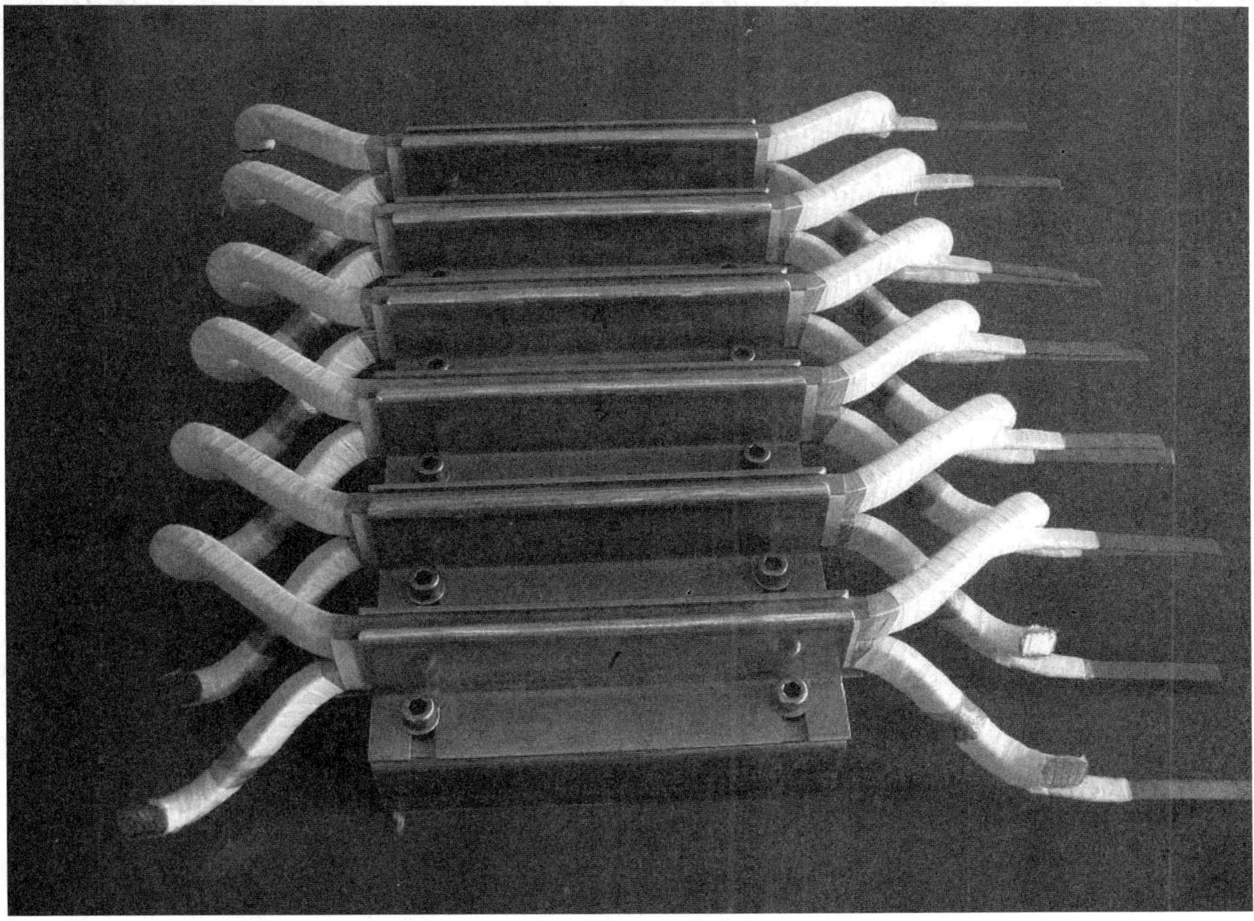

图 B.8 成型线圈放入成型绕组测试试样

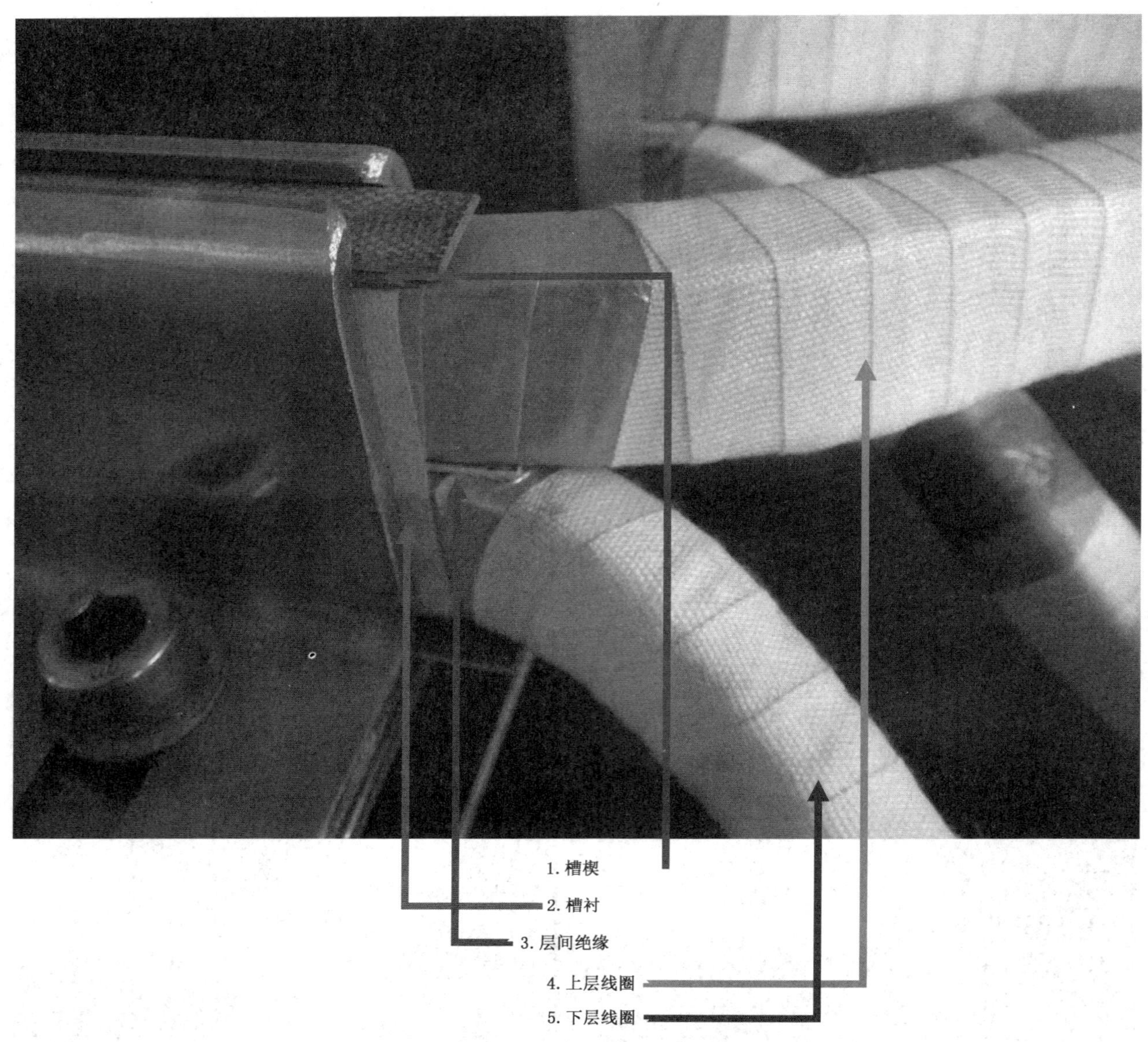

图 B.9 绝缘细节

参 考 文 献

[1] IEC 60172 Test procedure for the determination of the temperature index of enamelled winding wires

ICS 77.120.99
H 65

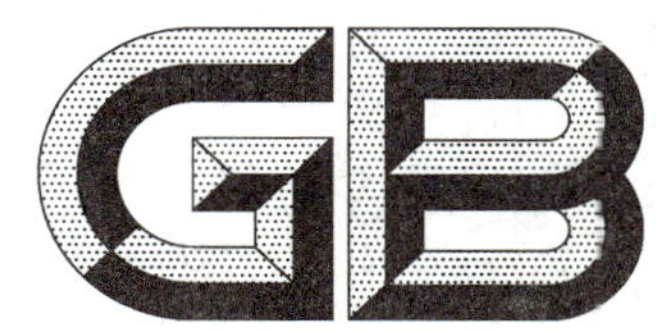

中华人民共和国国家标准

GB/T 20168—2017
代替 GB/T 20168—2006

快淬钕铁硼永磁粉

Rapidly-quenched neodymium iron boron permanent magnetic powder

2017-10-14 发布　　　　2018-05-01 实施

中华人民共和国国家质量监督检验检疫总局
中国国家标准化管理委员会　发布

前　言

本标准按照 GB/T 1.1—2009 给出的规则起草。

本标准代替 GB/T 20168—2006《快淬钕铁硼永磁粉》。

本标准与 GB/T 20168—2006 相比，除编辑性修改外主要技术变化如下：

——增加了规范性引用文件 GB/T 5158.4(见第 2 章)；

——增加了辅助磁性能要求(见 5.4)；

——修改了牌号表示方法，由原数字型改为由字母和数字组合而成的字符型(见 4.2、4.3、表 1)；

——增加了 L 类和 H 类部分牌号，删除了 M 类部分牌号(见表 1)；

——修改了 M 类部分牌号的性能参数(见表 1)；

——根据正文的引用顺序调整了附录的排列次序(见附录)；

——增加了资料性附录 B(见附录 B)；

——增加了 L、M 和 H 类典型牌号磁粉的饱和趋势图(见附录 C)。

本标准由全国稀土标准化技术委员会(SAC/TC 229)提出并归口。

本标准起草单位：北京中科三环高技术股份有限公司、上海三环磁性材料有限公司、核工业第八研究所、江西江钨稀有金属新材料股份有限公司、有研稀土新材料股份有限公司、沈阳新橡树磁性材料有限公司、东阳市银海磁业有限公司、宁波韵升股份有限公司、成都银河磁体股份有限公司、钢铁研究总院、虔东稀土集团股份有限公司、安徽大地熊新材料股份有限公司。

本标准主要起草人：饶晓雷、蔡道炎、秦国超、陈巍强、项友生、陈刚、夏秀夫、姚南红、温斌、郭晓燕、陈鑫、于敦波、李扩社、高利群、彭正国、李卫、朱明刚、何金洲、沈国迪、黄秀莲、李勇、楼勇辉、罗仙平。

本标准所代替标准的历次版本发布情况为：

——GB/T 20168—2006。

快淬钕铁硼永磁粉

1 范围

本标准规定了快淬钕铁硼永磁粉的要求、试验方法、检验规则、标志、包装、运输、贮存及质量证明书。

本标准适用于采用单辊或雾化快淬工艺生产的各向同性钕铁硼永磁粉，其中单辊快淬钕铁硼永磁粉用于模压成形、注塑成形、挤压成形和压延成形等工艺制造粘结磁体，雾化快淬钕铁硼永磁粉用于注塑成形及挤压成形等工艺制造粘结磁体。

2 规范性引用文件

下列文件对于本文件的应用是必不可少的。凡是注日期的引用文件，仅注日期的版本适用于本文件。凡是不注日期的引用文件，其最新版本(包括所有的修改单)适用于本文件。

GB/T 1479.1 金属粉末 松装密度的测定 第1部分：漏斗法

GB/T 1480 金属粉末 干筛分法测定粒度

GB/T 3217 永磁(硬磁)材料 磁性试验方法

GB/T 5158.4 金属粉末 还原法测定氧含量 第4部分：还原-提取法测定总氧量

GB/T 8170 数值修约规则与极限数值的表示和判定

GB/T 9637 电工术语 磁性材料与元件

GB/T 15676 稀土术语

GB/T 17803 稀土产品牌号表示方法

XB/T 617.7 钕铁硼合金化学分析方法 第7部分：氧、氮量的测定 脉冲-红外吸收法和脉冲-热导法

3 术语和定义

GB/T 9637 与 GB/T 15676 界定的以及下列术语和定义适用于本文件。为了便于使用，以下重复列出了 GB/T 9637 与 GB/T 15676 中的某些术语和定义。

3.1

主要磁性能 principal magnetic properties

包括永磁材料的剩余磁感应强度(B_r)，内禀矫顽力(H_{cJ})、磁感应强度矫顽力(H_{cB})、最大磁能积[$(BH)_{max}$]。

3.2

辅助磁性能 additional magnetic properties

包括永磁材料的剩余磁感应强度温度系数[$\alpha(B_r)$]、内禀矫顽力温度系数[$\alpha(H_{cJ})$]、居里温度(T_c)、剩余磁感应强度和内禀矫顽力的磁化饱和趋势。

3.3

快淬磁粉 rapid quenching magnetic powder

由快淬工艺制取的快速凝固磁性粉末，其结构为微晶状。

快淬钕铁硼永磁粉制备工艺及化学成分配比参见附录 A。

4　分类与牌号

4.1　分类

快淬钕铁硼永磁粉按内禀矫顽力大小分为低矫顽力 L、中矫顽力 M、高矫顽力 H 三类产品。

4.2　牌号

每类产品按最大磁能积大小划分为若干个牌号，其牌号表示方法应符合 GB/T 17803 的规定。

4.3　牌号表示方法

快淬钕铁硼永磁粉的牌号由构成快淬钕铁硼永磁粉的元素符号、英文字母和阿拉伯数字表示。共分五个层次表示，具体表示方法如下：

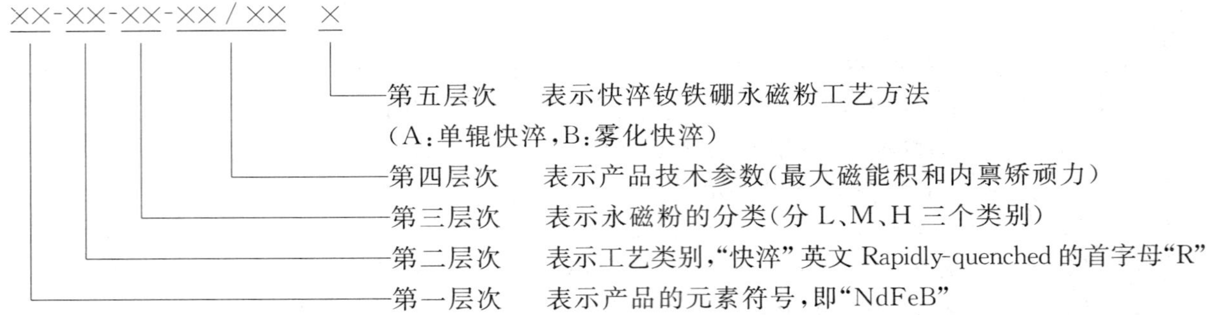

注： 为便于区分牌号的层次，第一层次与第二层次、第二层次与第三层次、第三层次与第四层次之间用分隔符“-”区分开，第四层次产品技术参数的最大磁能积和内禀矫顽力之间用分隔符“/”区分开。最大磁能积 $(BH)_{max}$（单位为 kJ/m^3）的参数为规定上下限的中值，内禀矫顽力 H_{cJ}（单位为 kA/m）的参数为规定下限值的 1/10。

4.4　牌号示例

示例如下：

NdFeB-R-M-80/64A 表示 $(BH)_{max}$ 为 76 kJ/m^3～84 kJ/m^3（上下限中值 80 kJ/m^3）、H_{cJ} 为 640 kJ/m^3～900 kA/m（下限值 640 kA/m，取其 1/10 为 64）的 M 类单辊快淬钕铁硼永磁粉。

5　要求

5.1　主要磁性能

产品在 23 ℃±3 ℃下的主要磁性能应符合表 1 的规定。如需方有特殊要求，供需双方可另行商定。为便于使用和查询，国际单位制（SI）和电磁单位制（CGSM）主要磁性能对照表以及 SI 制牌号和 CGSM 制约定牌号的对照参见附录 B。

表 1

材料		主要磁性能			
种类	牌号	剩余磁感应强度 B_r/T	内禀矫顽力 H_{cJ}/(kA/m)	磁感应强度矫顽力 H_{cB}/(kA/m)	最大磁能积 $(BH)_{max}$/(kJ/m^3)
L	NdFeB-R-L-64/20A	0.90～1.05	200～280	160～200	60～68
	NdFeB-R-L-63/28A	0.82～0.88	280～500	200～400	54～72
	NdFeB-R-L-126/50A	0.90～1.00	500～700	400～490	112～140
M	NdFeB-R-M-80/64A	0.70～0.78	640～900	360～420	76～84
	NdFeB-R-M-90/64A	0.77～0.80	640～900	390～460	84～96
	NdFeB-R-M-103/64A	0.80～0.89	640～900	410～510	96～110
	NdFeB-R-M-119/64A	0.86～0.91	640～860	500～570	110～128
	NdFeB-R-M-127/72A	0.89～0.92	720～850	510～580	120～134
H	NdFeB-R-H-94/103A	0.75～0.82	1 030～1 430	430～510	84～104
	NdFeB-R-H-112/93A	0.82～0.85	930～1 080	480～580	104～120
M	NdFeB-R-M-86/64B	0.73～0.76	640～800	400～460	80～92
H	NdFeB-R-H-84/90B	0.70～0.76	900～1 100	380～460	76～92

注：国际单位制(SI)与电磁单位制(CGSM)的换算关系为：

$1\ \text{T} \triangleq 10^4\ \text{Gs}$，$1\ \text{A/m} \triangleq 4\pi\times10^{-3}\ \text{Oe}$，$1\ \text{J/m}^3 \triangleq 4\pi\times10\ \text{Gs}\cdot\text{Oe}$。

5.2 粒度

5.2.1 单辊快淬钕铁硼永磁粉产品粒度范围为 53 μm～425 μm，但允许粒度大于 425 μm 的比例不超过产品总重量的 0.1%，粒度小于 53 μm 的比例不超过产品总重量的 15%。如需方有特殊要求，供需双方可另行商定。

5.2.2 雾化快淬钕铁硼永磁粉产品粒度范围为 10 μm～125 μm，但允许粒度大于 125 μm 的比例不超过产品总重量的 0.1%，粒度小于 10 μm 的比例不超过产品总重量的 1%。如需方有特殊要求，供需双方可另行商定。

5.3 外观

快淬钕铁硼永磁粉呈银白色，产品应洁净、无可见锈斑及夹杂物。

5.4 辅助磁性能及其他理化性能

产品的辅助磁性能及其他理化性能参见附录 C。如需方有特殊要求，供需双方可另行商定。

6 试验方法

6.1 主要磁性能

6.1.1 产品的主要磁性能采用满足精度要求的振动样品磁强计检测，试验方法参见附录 D。

6.1.2 经供需双方商定也可将磁粉制成磁体进行检测，磁体测试样品要求为：粘结剂质量分数为2.5%、密度(ρ)为 6.00 g/cm^3±0.05 g/cm^3、尺寸为 ϕ10 mm×10 mm；试验方法按 GB/T 3217 规定进行，磁性能检验结果的数值修约按 GB/T 8170 的规定进行。磁粉对应磁体牌号测试样品的主要磁性能值见附录 E。

6.2 粒度

产品粒度试验方法按 GB/T 1480 规定进行。

6.3 外观质量

产品外观质量采用 10 倍率放大镜目视检测。

7 检验规则

7.1 检查和验收

7.1.1 产品由供方质量技术监督部门进行检验，保证产品质量符合本标准规定，并填写质量证明书。

7.1.2 需方可对收到的产品按本标准规定进行检验。如检验结果与本标准规定不符，应在收到产品之日起的 1 个月内向供方书面提出，由供需双方协商解决；如超过 1 个月未提出质量异议的，则视同验收合格。如需仲裁，可委托双方认可的单位进行，并在需方共同取样。

7.2 组批

每批产品应由同一牌号的产品组成。

7.3 检验项目

每批产品出厂前应进行主要磁性能、粒度、外观质量的检验。其他性能由供方根据生产情况进行定期检测或抽检。

7.4 取样

每批产品仲裁取样件数按表 2 规定进行。每件取样 50 g，样品需密封包装。

表 2

每批件数	1	2～10	11～60	61～100	101～150	>150
取样件数	1	3	8	10	12	13

7.5 检验结果判定

产品的磁性能、粒度、外观质量等检验项目结果与本标准规定不符时，则从该批产品中取双倍试样对不合格项目进行复验，若仍有结果不合格，则判该批产品为不合格。

8 标志、包装、运输、贮存、质量证明书

8.1 标志、包装

产品应密封包装并符合运输和贮存的相应规定；每件产品净重不超过 100 kg，如需方有特殊要求，供需双方可另行商定。每个产品的包装物表面均应附标识，其上注明：

a） 供方名称；
b） 产品名称；
c） 产品牌号；
d） 批号、净重；
e） 出厂日期。

8.2 运输、贮存

产品在运输过程中应小心轻放、防火、防撞击、防潮，必要时附相关标识。贮存应放置于通风良好、干燥、无腐蚀气氛的场所。

8.3 质量证明书

每北产品应附质量证明书，注明：
a） 供方名称；
b） 产品名称、产品牌号；
c） 批号；
d） 净重；
e） 各检验项目结果和供方质量技术监督部门印记；
f） 本标准编号；
g） 检验日期；
h） 出厂日期。

附 录 A
（资料性附录）
快淬钕铁硼永磁粉的制备工艺及化学成分配比

A.1 快淬钕铁硼永磁粉的生产工艺

快淬钕铁硼永磁粉产品的典型工艺为：首先将金属钕（Nd）、铁（Fe）、硼铁合金（B-Fe）等原材料熔炼成合金，再经过重熔并通过快速凝固工艺制成快淬粉末，粉末经过晶化处理制成最终的磁粉产品。目前典型的快速凝固工艺有单辊快淬和雾化快淬两种。

A.2 快淬钕铁硼永磁粉的化学成分配比

见表1。快淬钕铁硼永磁粉主要化学成分为稀土（RE）、铁（Fe）、硼（B）。其中稀土主要为金属钕（Nd），为了获得不同性能可用镝（Dy）、镨（Pr）、镧（La）、铈（Ce）等其他稀土金属部分替代；铁也可被铝（Al）、铜（Cu）、钴（Co）、锆（Zr）、钒（V）、铌（Nb）部分替代。

表 A.1

化学成分（质量分数）/%								
主要成分			主要非稀土替代元素及其含量					
Nd	B	Fe	Al	Cu	Co	Zr	V	Nb
13.5～35	0.8～1.5	余量	<5	<5	<10	<10	<5	<5
注：其他稀土金属替代金属钕的相对质量百分比分别为：Pr < 95、La < 30、Ce < 30、Dy < 10。								

附　录　B
（资料性附录）
快淬钕铁硼永磁粉国际单位制和电磁单位制主要磁性能对照表

快淬钕铁硼永磁粉在 23 ℃±3 ℃下的国际单位制(SI)和电磁单位制(CGSM)主要磁性能对照表见表 B.1 。

表 B.1

材料			主要磁性能							
种类	牌号		剩余磁感应强度 B_r		内禀矫顽力 H_{cJ}		磁感应强度矫顽力 H_{cB}		最大磁能积 $(BH)_{max}$	
	SI 制牌号	CGSM 制约定牌号	T	kGs	kA/m	kOe	kA/m	kOe	kJ/m³	MGOe
L	NdFeB-R-L-64/20A	NdFeB-R-8-3	0.90～1.05	9.0～10.5	200～280	2.5～3.5	160～200	2.0～2.5	60～68	7.5～8.5
	NdFeB-R-L-63/28A	NdFeB-R-8-5	0.82～0.88	8.2～8.8	280～500	3.5～6.3	200～400	2.5～5.0	54～72	6.8～9.0
	NdFeB-R-L-126/50A	NdFeB-R-16-7	0.90～1.00	9.0～10.0	500～700	6.3～8.8	400～490	5.0～6.2	112～140	14.1～17.6
M	NdFeB-R-M-80/64A	NdFeB-R-10-8	0.70～0.80	7.0～8.0	640～900	8.0～11.3	360～420	4.5～5.3	76～84	9.6～10.6
	NdFeB-R-M-90/64A	NdFeB-R-11-8	0.77～0.82	7.7～8.2	640～900	8.0～11.3	390～460	4.9～5.8	84～96	10.6～12.1
	NdFeB-R-M-103/64A	NdFeB-R-13-9	0.80～0.89	8.0～8.9	640～900	8.0～11.3	410～510	5.2～6.4	96～110	12.1～13.8
	NdFeB-R-M-119/64A	NdFeB-R-15-9	0.86～0.91	8.6～9.1	640～860	8.0～10.8	500～570	6.3～7.2	110～128	13.8～16.1
	NdFeB-R-M-127/72A	NdFeB-R-16-10	0.89～0.92	8.9～9.2	720～850	9.0～10.7	510～580	6.4～7.3	120～134	15.1～16.8
H	NdFeB-R-H-94/103A	NdFeB-R-12-13	0.75～0.82	7.5～8.2	1 030～1 430	12.9～18.0	430～510	5.4～6.4	84～104	10.6～13.1
	NdFeB-R-H-112/93A	NdFeB-R-14-12	0.82～0.85	8.2～8.5	930～1 080	11.7～13.6	480～580	6.0～7.3	104～120	13.1～15.1
M	NdFeB-R-M-86/64B	NdFeB-R-11-8B	0.73～0.76	7.3～7.6	640～800	8.0～10.1	400～460	5.0～5.8	80～92	10.1～11.6
H	NdFeB-R-H-84/90B	NdFeB-R-10-12B	0.70～0.76	7.0～7.6	900～1 100	11.3～13.8	380～460	4.8～5.8	76～92	9.6～11.6

注：国际单位制(SI)与电磁单位制(CGSM)的换算关系为：

$1\ T \triangleq 10^4\ Gs$，$1\ A/m \triangleq 4\pi \times 10^{-3}\ Oe$，$1\ J/m^3 \triangleq 4\pi \times 10\ Gs \cdot Oe$。

附 录 C
（资料性附录）
快淬钕铁硼永磁粉的辅助磁性能及其他理化性能

C.1 快淬钕铁硼永磁粉辅助磁性能及其他理化性能的典型值见表 C.1，供使用参考。产品松装密度 P 试验方法按 GB/T 1479.1 规定进行，产品氧质量分数试验方法按 GB/T 5158.4 或 XB/T 617.7 的规定进行（建议采用 XB/T 617.7 规定的脉冲-红外吸收法）。

表 C.1

性能参数	单位	典型值
剩余磁感应强度温度系数 $\alpha(B_r)$	%/°C	−0.11
内禀矫顽力温度系数 $\alpha(H_{cJ})$	%/℃	−0.40
居里温度 T_c	℃	305～330
最高工作温度 T_W [L/D=0.7 的圆柱形磁体(P=2)，工作时间 t=2 h，不可逆损失=5%的对应温度]	℃	120～160
最高工艺温度 T_P （在空气中加热时间 t=1 h，剩余磁感应强度 B_r 不可恢复损失=2%的对应温度）	℃	200
松装密度 ρ_P	g/cm³	2.5
氧质量分数	ppm	600
理论密度 ρ	g/cm³	7.64
注：$\alpha(B_r)$ 和 $\alpha(H_{cJ})$ 测量的温度范围是 25 ℃～125 ℃，但并不表明快淬钕铁硼永磁粉只可以在此范围内使用。		

C.2 典型牌号磁粉的剩余磁感应强度（B_r）和内禀矫顽力（H_{cJ}）的磁化饱和趋势图见图 C.1，同一种类磁粉的磁化饱和趋势基本一致，供使用参考。

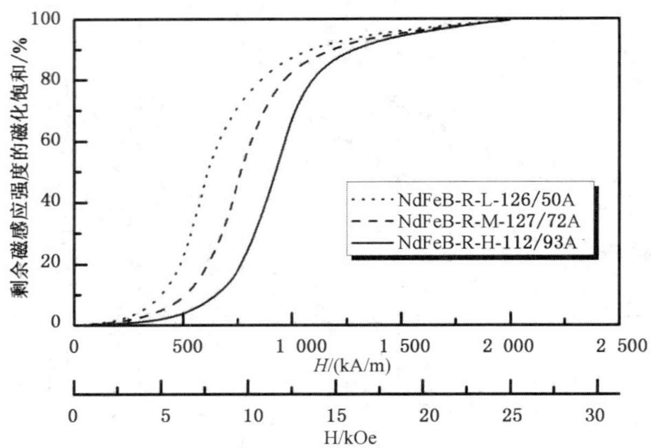

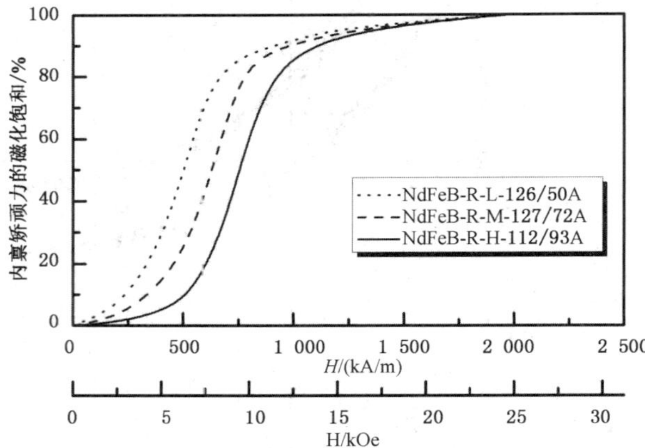

图 C.1

附　录　D
（资料性附录）
振动样品磁强计测量各向同性快淬钕铁硼永磁粉主要磁性能试验方法

D.1　样品的制备方法及试验程序

D.1.1　用精度为0.1 mg的电子天平称量待测磁粉的试样管质量（$m_{管}$）。

D.1.2　将适量磁粉装入试样管中压实、要求表面压平，然后一起进行称量，测出磁粉质量与试样管质量之和（$m_{管+粉}$），根据试样管质量（$m_{管}$）、磁粉质量与试样管质量之和（$m_{管+粉}$）计算出磁粉质量（$m_{粉}$）。

D.1.3　将502胶滴入装有磁粉的试样管中，对磁粉进行粘固，然后把试样管放入压样机中，将封口铜片平行巨入试样管端面，防止测量时磁粉随磁场转动。

D.1.4　待磁粉干固后，将试样管放入充磁机中，沿轴向用 $\mu_0 H \approx 4.5\ T$ 脉冲磁场磁化。

D.1.5　将试样管放入振动样品磁强计测量支架上，磁化方向与测量磁场方向一致，输入试样的类型、磁粉的质量（$m_{粉}$）、磁粉的密度（ρ）及退磁因子（N）的数值，进行退磁曲线测量。

D.2　退磁因子 N 的确定

根据样品的直径（D）和长度（L）确定其退磁因子（N）。

附 录 E
（规范性附录）
快淬钕铁硼永磁粉对应磁体测试样品的主要磁性能

快淬钕铁硼永磁粉对应磁体测试样品在 23 ℃±3 ℃下的主要磁性能值见表 E.1。

表 E.1

磁粉材料		对应磁体主要磁性能							
种类	磁粉牌号	剩余磁感应强度 B_r		内禀矫顽力 H_{cJ}		磁感应强度矫顽力 H_{cB}		最大磁能积 $(BH)_{max}$	
		T	kGs	kA/m	kOe	kA/m	kOe	kJ/m^3	MGOe
L	NdFeB-R-L-64/20A	0.78～0.88	7.8～8.8	200～280	2.5～3.5	160～200	2.0～2.5	48～56	6.0～7.0
L	NdFeB-R-L-63/28A	0.65～0.70	6.5～7.0	280～500	3.5～6.3	200～320	2.5～4.0	44～56	5.5～7.0
L	NdFeB-R-L-126/50A	0.69～0.77	6.9～7.7	500～700	6.3～8.8	380～470	4.8～5.9	78～96	9.8～12.1
M	NdFeB-R-M-80/64A	0.54～0.60	5.4～6.0	640～900	8.0～11.3	320～380	4.0～4.8	48～56	6.0～7.0
M	NdFeB-R-M-90/64A	0.59～0.64	5.9～6.4	640～900	8.0～11.3	340～420	4.3～5.3	56～64	7.0～8.0
M	NdFeB-R-M-103/64A	0.60～0.70	6.0～7.0	640～900	8.0～11.3	360～460	4.5～5.8	64～74	8.0～9.3
M	NdFeB-R-M-119/64A	0.68～0.75	6.8～7.5	640～860	8.0～10.8	380～490	4.8～6.2	74～90	9.3～11.3
M	NdFeB-R-M-127/72A	0.70～0.76	7.0～7.6	720～850	9.0～10.7	460～500	5.8～6.3	88～98	11.1～12.3
H	NdFeB-R-H-94/103A	0.58～0.62	5.8～6.2	1 030～1 430	12.9～18.0	380～440	4.8～5.5	56～68	7.0～8.5
H	NdFeB-R-H-112/93A	0.65～0.68	6.5～6.8	930～1 080	11.7～13.6	440～500	5.5～6.3	72～88	9.0～11.1
M	NdFeB-R-M-86/64B	0.55～0.58	5.5～5.8	640～800	8.0～10.1	350～400	4.4～5.0	50～58	6.3～7.3
H	NdFeB-R-H-84/90B	0.54～0.58	5.4～5.8	900～1 100	11.3～13.8	340～420	4.3～5.3	48～58	6.0～7.3

注：国际单位制(SI)与电磁单位制(CGSM)的换算关系为：

$1\ T \triangleq 10^4\ Gs$，$1\ A/m \triangleq 4\pi\times10^{-3}\ Oe$，$1\ J/m^3 \triangleq 4\pi\times10\ Gs\cdot Oe$。

ICS 93.160
P 57

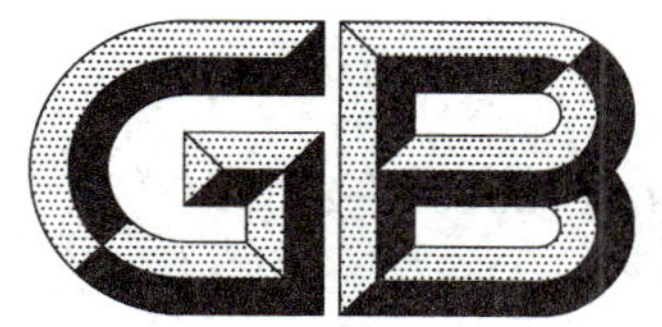

中华人民共和国国家标准

GB/T 20203—2017
代替 GB/T 20203—2006

管道输水灌溉工程技术规范

Technical specification for irrigation projects with pipe conveyance

2017-11-01 发布　　2017-11-01 实施

中华人民共和国国家质量监督检验检疫总局
中国国家标准化管理委员会　发布

前　言

本标准按照 GB/T 1.1—2009 给出的规则起草。

本标准代替 GB/T 20203—2006《农田低压管道输水灌溉工程技术规范》。与 GB/T 20203—2006 相比，主要技术变化如下：

——对术语和定义进行了删减，并重新做出规定；界定了管道与出口压力；

——适用范围由井灌区以及泵站扬水灌区和丘陵山区自流灌区扩大到所有类型灌区；

——取消了系统控制面积不大于 80 hm^2 的限制；

——增加了管道结构计算内容；

——增加了钢丝网混凝土管与连接件；

——增加了金属管与连接件；

——增加了管道水压试验内容；

——增加了工程运行维护内容；

——增加了工程质量检验评定与验收内容；

——增加了施工内容。

本标准由中华人民共和国水利部提出并归口。

本标准主要起草单位：中国水利水电科学研究院。

本标准起草单位：扬州大学、西北农林科技大学、华北水利水电大学、山东省水利科学研究院、天津农学院。

本标准主要起草人：刘群昌、何武全、丁昆仑、周明耀、仵峰、李其光、王仰仁、蔡甲冰、任贺靖、吴彩丽。

本标准所代替标准的历次版本发布情况为：

——GB/T 20203—2006。

管道输水灌溉工程技术规范

1 范围

本标准规定了管道输水灌溉工程的规划、设计、管材与连接件、附属设备及附属建筑物、水泵选型及动力机配套、管道施工与设备安装、工程质量检验与评定、工程验收、工程运行维护与管理、效益分析与经济评价等技术要求。

本标准适用于新建、扩建及改建管道输水灌溉工程的建设与管理。

2 规范性引用文件

下列文件对于本文件的应用是必不可少的。凡是注日期的引用文件，仅注日期的版本适用于本文件。凡是不注日期的引用文件，其最新版本(包括所有的修改单)适用于本文件。

GB/T 1040(所有部分)　塑料　拉伸性能的测定

GB/T 4084　自应力混凝土输水管

GB 5084　农田灌溉水质标准

GB/T 9647　热塑性塑料管材　环刚度的测定

GB/T 10002.1　给水用硬聚氯乙烯(PVC-U)管材

GB/T 11837　混凝土管用混凝土抗压强度试验方法

GB/T 12241　安全阀　一般要求

GB/T 13295　水及燃气用球墨铸铁管、管件和附件

GB/T 13663　给水用聚乙烯(PE)管材

GB/T 13664　低压输水灌溉用硬聚氯乙烯(PVC-U)管材

GB/T 18689—2002　农业灌溉设备　小型手动塑料阀

GB/T 18691.4　农业灌溉设备　灌溉阀　第4部分:进排气阀

GB/T 23241　灌溉用塑料管材和管件基本参数及技术条件

GB/T 50123　土工试验方法标准

GB 50203　砌体结构工程施工质量验收规范

GB 50231　机械设备安装工程施工及验收通用规范

GB 50235　工业金属管道工程施工规范

GB 50236　现场设备、工业管道焊接工程施工规范

GB 50254　电气装置安装工程　低压电器施工及验收规范

GB 50268　给水排水管道工程施工及验收规范

GB 50288　灌溉与排水工程设计规范

GB 50332　给水排水工程管道结构设计规范

GB/T 50769　节水灌溉工程验收规范

DL 499　农村低压电力技术规程

JB/T 8512　输水用涂塑软管

QB/T 1130　塑料直角撕裂性能试验方法

QB/T 1916　硬聚氯乙烯(PVC-U)双壁波纹管材

SL 72 水利建设项目经济评价规范
SL 255 泵站技术管理规程
SL 317 泵站设备安装及验收规范

3 术语和定义

下列术语和定义适用于本文件。

3.1

管道输水灌溉工程 irrigation projects with pipe conveyance

由水泵加压或自然落差形成的有压水流，通过管道输送到田间给水装置，采用地面灌溉的工程。输水管道设计工作压力不宜大于1.0 MPa，最不利点给水装置出口压力不宜大于0.02 MPa。

3.2

管道输水灌溉系统 irrigation networks with pipe conveyance

通过管道将水从水源输送到田间进行灌溉的各级管道及附属设施组成的系统。

3.3

自压管道输水灌溉系统 gravity irrigation networks with pipe conveyance

利用地面自然高差形成水流压力的管道输水灌溉系统。

3.4

机压管道输水灌溉系统 irrigation networks with pumping pipe conveyance

利用水泵加压的管道输水灌溉系统。

3.5

开敞式管道输水灌溉系统 irrigation networks with open pipe conveyance

沿管线不同部位设有自由水面调压井(池)的管道输水灌溉系统。

3.6

半封闭式管道输水灌溉系统 irrigation networks with semi-closed pipe conveyance

管道系统不完全封闭，输水过程中出现自由水面的管道输水灌溉系统。

3.7

封闭式管道输水灌溉系统 irrigation networks with closed pipe conveyance

水流在全封闭的管网中流动，输水过程中不出现自由水面的管道输水灌溉系统。

3.8

多水源汇流管道输水灌溉系统 confluence inflow converged pipe irrigation networks

2个及以上的水源汇流进入管网的管道输水灌溉系统。

3.9

闸管 gated pipe

沿管道按一定间距安装闸门直接放水进入沟畦的可移动管道，分为硬闸管和软闸管。

3.10

管道水利用系数 water use efficiency of pipe

管道出口水量与其进口水量的比值。

3.11

管道系统水利用系数 water use efficiency of pipeline system

设计工况下，管道系统出口总水量与其进口总水量的比值，也为各级管道水利用系数的乘积。

3.12

田间固定管道长度　length of on-farm fixed pipe

系统控制范围内，单位面积田间固定管道的用量，以 m/hm^2 计。

3.13

经济管径　economical pipe size

投资偿还期内，管道年费用最小的管道内径。

3.14

管道经济流速　economical flow velocity

灌溉管道在设计流量下对应经济管径的管内平均流速。

3.15

管道临界不淤流速　critical non-silting velocity of pipe

保证含沙水流挟带的泥沙能稳定地随水流输送而不致在管道中淤积时的管道水流最小平均流速。

3.16

给水装置　Water supply device

从输配水管网向田间供水进行灌溉的控制装置，包括给水栓和出水口。

3.17

给水栓　hydrant

从输配水管网向田间地面移动管道供水进行灌溉的给水装置。

3.18

出水口　outlet

从输配水管网直接向田间毛渠或格田供水进行灌溉的给水装置。

4　工程规划

4.1　一般规定

4.1.1　应收集项目所在地的水源、水文地质与工程地质、气象、地形、土壤、作物，以及水利、农业、交通、电力、社会经济和生态环境等方面的基本资料。

4.1.2　规划应符合当地农业发展规划、水利发展规划及现代灌溉发展规划。

4.1.3　规划应与道路、林带、供水、供电、通信以及居民点等相协调，并充分利用已有水利工程设施。

4.1.4　应将水源、输水管道系统及田间灌排工程作为一个整体统一规划，并进行多方案技术经济比较。

4.1.5　山区、丘陵地区宜利用地形落差进行自压输水灌溉。

4.2　主要技术参数

4.2.1　灌溉设计保证率应根据当地自然条件和经济条件，按 GB 50288 的要求确定，且不应低于 50%。

4.2.2　管道系统水利用系数设计值不应低于 0.95。

4.2.3　田间水利用系数取值应符合 GB 50288 的规定值。

4.2.4　灌溉水利用系数应根据 GB 50288 中规定的方法计算。

4.2.5　计划湿润层深度宜根据当地灌溉试验资料确定。无试验资料时，粮食、棉花、油料作物宜取 0.4 m～0.6 m，蔬菜宜取 0.2 m～0.3 m，果树宜取 0.8 m～1.0 m。

4.2.6　土壤适宜含水率上下限应根据当地灌溉试验资料确定。无试验资料时，上限宜为田间持水率的 85%～95%，下限宜为田间持水率的 60%～70%；粮食、棉花、油料作物和果树宜取小值，蔬菜和保护地作物宜取大值。

4.2.7 设计耗水强度应根据当地灌溉试验资料确定。无试验资料时，应依据气象资料采用作物系数方法分作物分生育阶段计算，从中选择灌水临界期内作物最大日需水量值。缺乏气象资料时，可按表1取值。

表 1 设计耗水强度

单位为毫米每天

作物	耗水强度	作物	耗水强度
果树	5～7	蔬菜(露地)	6～8
葡萄、瓜类	4～7	粮食、棉花作物	6～8
蔬菜(保护地)	3～4	油料作物	5～7

4.2.8 畦田与灌水沟的规格及适宜流量应根据当地试验资料确定。无试验资料时，可分别按表2和表3取值。

表 2 畦田灌水要素表

土壤透水性	地面坡度					
	≤0.002		0.002～0.005		0.005～0.01	
	畦长 m	单宽流量 L/(s·m)	畦长 m	单宽流量 L/(s·m)	畦长 m	单宽流量 L/(s·m)
强	25～50	5～6	30～60	5～6	50～70	4～5
中	30～60	5～6	40～70	4～5	60～80	4～5
弱	40～60	4～5	50～80	3～4	80～100	3～4

表 3 沟灌灌水要素表

土壤透水性	沟底坡度					
	≤0.002		0.002～0.005		0.005～0.01	
	沟长 m	流量 L/s	沟长 m	流量 L/s	沟长 m	流量 L/s
强	30～40	1.0～1.5	40～60	0.7～1.0	60～80	0.6～0.9
中	40～60	0.7～1.0	70～90	0.5～0.6	80～100	0.4～0.6
弱	50～60	0.5～0.6	80～100	0.4～0.5	90～120	0.2～0.4

4.3 水量供需平衡分析

4.3.1 应利用长系列资料进行水量供需平衡分析，提出灌溉设计保证率下的可供水量和需水量。

4.3.2 应根据规划区水资源评价成果，结合配套设施能力确定可供水量。地下水源的可供水量应是可开采水量和开采能力两者中的较小值，深层地下水不应计入可供水量。已建井灌区应根据地下水的多年开采与回补的监测资料，对地下水可供水量进行复核。

4.3.3 可供水量的计算应考虑水质状况，灌溉水质应符合GB 5084的要求。

4.3.4 灌溉需水量应根据作物组成、复种指数、作物需水量、降水量，并考虑作物种植结构调整规划等计算确定。

4.3.5 无长系列资料时，可选择典型年计算可供水量和需水量，并进行水量平衡计算。当项目在原有灌溉工程控制范围内时，可通过现状供水调查分析，进行水量平衡计算。

4.3.6 当供水量小于需水量时，应调整作物种植结构、减小灌溉面积或进一步采取节水措施。

4.4 管道系统布置

4.4.1 管道系统类型及管网布置形式应根据水源位置、地形、地貌和田间灌溉型式等合理确定；管道系统结构类型应采用开敞式管道输水灌溉系统、半封闭式管道输水灌溉系统或全封闭式管道输水灌溉系统。

4.4.2 管道系统宜采用单水源系统布置。当采用多水源汇流管道系统时，应经技术经济论证。

4.4.3 管道布置宜平行于沟、渠、路，应避开填方区和可能产生滑坡或受山洪威胁的地带。当管道穿越铁路、公路或构筑物时，应采取保护措施；当管道铺设在松软基础或有可能发生不均匀沉陷的地段时，应对管道基础进行处理或增设支墩。

4.4.4 管道级数应根据系统控制灌溉面积、地形条件等因素确定。土壤渗透性强的宜增设田间地面移动管道；山丘区的田间地面移动管道宜布置在同一级梯田上。

4.4.5 管道布置应与地形坡度相适应。在平坦地形区，干管或支管宜垂直于等高线布置；山丘区，干管宜垂直于等高线布置，支管宜平行于等高线布置。当地形复杂需要改变管道纵坡时，管道最大纵坡不宜超过 1∶1.5，且倾角应小于土壤的内摩擦角，并在其拐弯处或直管段长度超过 30 m 时设置镇墩。

4.4.6 管道布置宜总长度短、管线平直，并应减少折点和起伏；当转弯部分采用圆弧连接时，其弯曲半径不宜小于 130 倍的管外径；当采用直线段渐近弯道时，每段水流的折转角不应大于 5°，且渐近弯道半径不宜小于 10 倍的管外径。

4.4.7 田间固定管道长度宜为 90 m/hm^2～180 m/hm^2；山丘区可依据实际情况适当增加。

4.4.8 支管走向宜平行于作物种植行方向。平原区支管间距宜为 50 m～150 m，单向灌水时取小值，双向灌水时取大值；山丘区可依据实际情况适当减少。

4.4.9 给水装置间距应根据畦田规格确定，宜为 40 m～80 m；经济作物取小值，粮食作物取大值。

4.4.10 管道系统首部及干支管进口应安装控制和量水设施；管道最高处、管道起伏的高处、顺坡管道节制阀下游、逆坡管道节制阀上游、逆止阀的上游、压力池放水阀的下游以及可能出现负压的其他部位应设置进排气阀；管道低处、管道起伏的低处应设置排水泄空装置；寒冷地区应采用防冻害措施。

4.4.11 管道埋深应大于冻土层深度，且不应小于 700 mm。

4.5 规划成果

4.5.1 规划成果应包括规划报告、投资估算书及规划布置图等。

4.5.2 灌溉面积大于或等于 333 hm^2 的工程规划布置宜绘制在 1/5 000～1/10 000 的地形图上，面积小于 333 hm^2 的宜绘制在 1/2 000～1/5 000 的地形图上。

5 工程设计

5.1 水力计算

5.1.1 灌溉制度

5.1.1.1 设计灌溉定额应依据当地灌溉试验资料、水量平衡计算结果或地方相关定额标准确定。

5.1.1.2 设计净灌水定额应按当地灌溉试验资料确定。无试验资料时，可参考邻近地区资料确定，也可按式(1)或式(2)计算确定：

$$m = 0.1\gamma z(\theta_1 - \theta_2) \tag{1}$$

$$m = 0.1z(\theta'_1 - \theta'_2) \tag{2}$$

式中：

m ——设计净灌水定额，单位为毫米(mm)；

γ ——计划湿润层土壤的干容重，单位为克每立方厘米(g/cm^3)；

z ——计划湿润层深度，单位为厘米(cm)；

θ_1 ——按重量百分比确定的土壤适宜含水率上限；

θ_2 ——按重量百分比确定的土壤适宜含水率下限；

θ'_1 ——按体积百分比确定的土壤适宜含水率上限；

θ'_2 ——按体积百分比确定的土壤适宜含水率下限。

5.1.1.3 设计灌水周期应根据当地灌溉试验资料确定。无资料试验时，可参考邻近地区试验资料确定，也可按式(3)计算：

$$T_0 = \frac{m}{E_d}, T \leqslant T_0 \tag{3}$$

式中：

T_0——计算灌水周期，单位为天(d)；

T ——设计灌水周期，单位为天(d)；

E_d——灌溉控制区内作物最大日需水量，单位为毫米每天(mm/d)。

5.1.1.4 一个给水装置的灌水时间宜按式(4)计算：

$$t = \frac{mab}{1\,000q\eta_t} \tag{4}$$

式中：

t ——给水装置的灌水延续时间，单位为小时(h)；

a ——支管布置间距，单位为米(m)；

b ——给水装置布置间距，单位为米(m)；

q ——给水装置设计流量，单位为立方米每小时(m^3/h)；

η_t——田间灌溉水利用系数。

5.1.1.5 给水装置设计流量应与地面灌水技术要素相匹配。

5.1.1.6 给水装置一天工作的数量宜按式(5)计算：

$$n_d = \frac{t_d}{t} \tag{5}$$

式中：

n_d ——给水装置一天工作的数量，单位为个；

t_d ——系统日工作小时数，单位为小时每天(h/d)。

5.1.1.7 灌溉系统同时工作给水装置数宜按式(6)计算：

$$n_g = \frac{N_g}{n_d T} \tag{6}$$

式中：

n_g ——灌溉系统同时工作给水装置数，单位为个；

N_g ——灌溉系统布设的给水装置总数，单位为个。

5.1.1.8 灌溉系统宜采用轮灌方式进行灌溉，轮灌组划分宜符合下列规定：

a) 同一轮灌组内作物种类和种植方式宜相同；

b) 每个轮灌组内工作的管道宜集中；

c) 各个轮灌组的总流量宜接近，离水源较远的轮灌组总流量可小些，但变动幅度应平稳；

d) 地形地貌变化较大时，可将高程相近地块分在同一轮灌组，同组内压力宜相近；

e) 同一轮灌组内各给水装置出口压力宜相近；

f) 轮灌组数目应根据管网系统灌溉设计流量、给水装置的设计流量及整个系统的给水装置总数，按式(7)计算确定：

$$N = \mathrm{int}\left(\frac{N_g}{n_g}\right) + 1 \qquad \cdots\cdots(7)$$

5.1.2 设计流量

5.1.2.1 灌溉系统的设计流量应由调整后的灌水率确定，或按式(8)计算：

$$Q_0 = \sum_1^e \left(\frac{\alpha_i m_i}{T_i}\right)\frac{A}{t_d \eta} \qquad \cdots\cdots(8)$$

式中：

Q_0——灌溉系统设计流量，单位为立方米每小时(m^3/h)；

α_i——灌水高峰期第 i 种作物的种植比例；

m_i——灌水高峰期第 i 种作物的灌水定额，单位为立方米每公顷(m^3/hm^2)；

T_i——灌水高峰期第 i 种作物的一次灌水延续时间，单位为天(d)；

A——设计灌溉面积，单位为公顷(hm^2)；

η——灌溉水利用系数；

e——灌水高峰期同时灌水的作物种类数，单位为个。

5.1.2.2 树状管网各级管道或管段的设计流量，应按式(9)计算：

$$Q_{ij} = \frac{n}{n_g} Q_0 \qquad \cdots\cdots(9)$$

式中：

Q_{ij}——某级管道的设计流量，单位为立方米每小时(m^3/h)；

n——管道控制范围内同时开启的给水装置个数，单位为个；

n_g——全系统同时开启的给水装置个数，单位为个(个)。

5.1.2.3 环状管网管道流量应按式(10)计算。

$$Q_i + \sum q_{ij} = 0 \qquad \cdots\cdots(10)$$

式中：

Q_i——节点 i 的节点流量，单位为立方米每小时(m^3/h)；

q_{ij}——连接节点 i 的第 j 管段流量(流入节点的流量为正，流出为负)，单位为立方米每小时(m^3/h)。

5.1.2.4 管道系统、各级管道或管段及给水装置的流量，应在管道布置及管径已定的条件下，通过水力计算确定；水泵加压的管道系统，应通过水泵工作点计算确定。

5.1.2.5 管网系统水力设计，应使同时工作各给水装置的流量满足式(11)的要求：

$$Q_{\min} \geqslant 0.75 Q_{\max} \qquad \cdots\cdots(11)$$

式中：

$Q_{\max}$——同时工作各给水装置中的最大流量，单位为立方米每小时(m^3/h)；

$Q_{\min}$——同时工作各给水装置中的最小流量，单位为立方米每小时(m^3/h)。

5.1.3 设计水头

5.1.3.1 管道系统的设计工作水头，应按式(12)计算。对于地形复杂的灌区，或同时开启1个以上给水装置的管道输水灌溉系统,参考点应通过计算比较确定。

$$H_0 = Z_g - Z_0 + h_0 + \sum h_f + \sum h_j + h_g \quad \cdots\cdots(12)$$

式中:

H_0 ——管道系统设计工作水头,单位为米(m);

Z_0 ——管道系统进口高程,单位为米(m);

Z_g ——参考点给水装置的地面高程,单位为米(m);在平原地区,参考点一般为距水源最远的给水装置的位置;

h_0 ——参考点给水装置出口中心线与地面的高差,单位为米(m);给水装置出口中心线的高程应为其控制的田间最高地面高程加 0.15 m;

$\sum h_f$、$\sum h_j$ ——分别为管道系统进口至参考点给水装置的管路沿程水头损失与局部水头损失,单位为米(m);

h_g ——给水装置工作水头,单位为米(m)。

5.1.3.2　给水装置的工作水头,应按试验或厂家提供的资料确定;无资料时,可取 0.02 MPa。

5.1.3.3　机压管道输水灌溉系统的水泵运行扬程与流量范围,应通过水泵工作点计算确定,并使其位于水泵高效区内。水泵的设计扬程应按式(13)计算:

$$H_P = H_0 + Z_0 - Z_d + \sum h_{f0} + \sum h_{j0} \quad \cdots\cdots(13)$$

式中:

H_P ——灌溉系统水泵的设计扬程,单位为米(m);

Z_d ——泵站前池水位或机井动水位,单位为米(m);

$\sum h_{f0}$、$\sum h_{j0}$ ——分别为水泵吸水管进口至管道系统进口之间的管道沿程水头损失和局部水头损失,单位为米(m)。

5.1.3.4　自压管道输水灌溉系统设计应满足下列要求:

a) 通过高位水池供水的自压灌溉管道系统应根据田间需水要求及水源供水能力,合理确定蓄水池容积及高程;

b) 从水库取水的自压管道输水灌溉系统应校核设计水位能否满足系统压力水头需求;

c) 管道设计压力不应小于工作压力与残余水击压力之和,并不应小于静水压力。

5.1.4　水头损失

5.1.4.1　管道沿程水头损失,应按式(14)计算。各种管材的 f、m、b 值,可按表 4 确定:

$$h_f = f \frac{Q^m}{D^b} L \quad \cdots\cdots(14)$$

式中:

h_f ——管道沿程水头损失,单位为米(m);

f ——管材摩阻系数;

Q ——计算管段的设计流量,单位为立方米每小时(m^3/h);

D ——管道内径,单位为毫米(mm);

L ——管长,单位为米(m);

m ——流量指数;

b ——管径指数。

表 4 f、m、b 值

管材类别		f	m	b
混凝土管	$n=0.013$	1.312×10^6	2	5.33
	$n=0.014$	1.516×10^6	2	5.33
	$n=0.015$	1.749×10^6	2	5.33
硬塑料管		0.948×10^5	1.77	4.77
钢管、铸铁管		6.25×10^5	1.9	5.1
球墨铸铁管		$1.899\times10^5\sim2.232\times10^5$	1.852	4.87
铝合金管		0.861×10^5	1.74	4.74
注：n 为糙率系数。				

5.1.4.2 等距等流量多口供水时，管道沿程水头损失宜按式(15)和式(16)计算：

$$h'_{\mathrm{f}}=Fh_{\mathrm{f}} \qquad \cdots\cdots(15)$$

$$F=\frac{N\left(\frac{1}{m+1}+\frac{1}{2N}+\frac{\sqrt{m-1}}{6N^2}\right)-1+X}{N-1+X} \qquad \cdots\cdots(16)$$

式中：

h'_{f} ——多口出流时管道沿程水头损失，单位为米(m)；

F ——多口系数；

N ——同时出流的孔口数；

X ——多口管道首口位置系数。

5.1.4.3 地面移动软管沿程水头损失可按硬塑料管计算公式计算后乘以一个系数，该系数宜根据软管布置的顺直程度及铺设地面的平整度取 1.1～1.5。

5.1.4.4 管道局部水头损失应按式(17)计算，规划阶段可按沿程水头损失的 10%～15%估算：

$$h_{\mathrm{j}}=\zeta\frac{v^2}{2g} \qquad \cdots\cdots(17)$$

式中：

h_{j} ——管道局部水头损失，单位为米(m)；

ζ ——局部损失系数；

v ——管内流速，单位为米每秒(m/s)；

g ——重力加速度，单位为米每二次方秒 ($\mathrm{m/s^2}$)。

5.1.5 允许设计流速

5.1.5.1 允许设计流速宜根据管线、管材、管径、管网结构及管道投资、运行成本等因素综合考虑确定。

5.1.5.2 允许设计流速确定宜满足下列要求：

a) 在设计流量下，管内最小流速不宜低于 0.3 m/s；当配水管网兼有施肥或施药任务时，管内最小流速不宜低于 0.6 m/s；

b) 自压管道输水灌溉系统设计流速不宜大于 2.5 m/s；当采用较大流速时，应对管道倾斜部位水流惯性作用力和弯曲部位水流轴向推力进行分析；

c) 机压管道输水灌溉系统设计流速不宜大于 2.0 m/s。

5.1.5.3　采用多泥沙水源时，管道输水灌溉系统的设计流速应大于管道临界不淤流速。管道临界不淤流速宜通过试验确定；缺乏试验条件时，可按附录A规定的经验公式计算。

5.1.6　管径与管道工作压力

5.1.6.1　管道系统各管段的直径，应通过技术经济分析计算确定；初选管径时，可按式(18)估算：

$$D = 18.8\sqrt{\frac{Q}{v}} \tag{18}$$

5.1.6.2　计算管径时，流速可采用经济流速。不同管材的经济流速可按表5确定。

表5　管道经济流速推荐表

单位为米每秒

管材	混凝土管	钢筋混凝土管	硬塑料管	金属管	薄膜管
流速	0.5～1.0	0.8～1.5	1.0～1.5	1.5～2.0	0.5～1.2

5.1.6.3　管道系统各管段的设计工作压力，可取正常运行情况下最大工作压力与残余水击压力之和；最大工作压力应根据运行中可能出现的各种情况比较确定。

5.1.6.4　正常运用时管顶内水压不宜小于2 m，局部不应出现负值。

5.1.7　水击压力验算及其防护

5.1.7.1　出现下列情况时，应进行水击压力验算：

a)　管网系统规模较大，管线地形复杂；

b)　管道布设有易滞留空气和可能产生水柱分离的凸起部位；

c)　阀门关闭历时等于或小于一个水击相时；

d)　对设有止回阀的上坡管道，应验算事故停泵时的水击压力；未设止回阀时，应验算事故停泵时水泵机组的最高反转转速。对于下坡管道，应验算启闭阀门时的水击压力。

5.1.7.2　水击压力计算应符合下列规定：

a)　阀门关闭历时等于或小于一个水击相时，所产生的直接水击压力可按式(19)和式(20)计算：

$$H_d = \frac{2Lv_0}{gT_t} \tag{19}$$

$$T_t = \frac{2L}{C} \tag{20}$$

式中：

H_d——直接水击压力，单位为米(m)；

L——计算管段管长，单位为米(m)；

T_t——水击相时，单位为秒(s)；

v_0——阀门前水的流速，单位为米每秒(m/s)；

C——水击波传播速度，单位为米每秒(m/s)。

b)　阀门关闭历时大于一个水击相时，瞬时关阀所产生的间接水击压力可按式(21)计算：

$$H_i = \frac{2Lv_0}{g(T_t + T_s)} \tag{21}$$

式中：

H_i——间接水击压力，单位为米(m)；

T_s——阀门关闭历时，单位为秒(s)；

c) 瞬时完全关闭管道末端(下游)阀门时，在阀前产生的最大压力水头可按式(22)计算：

$$H_{max} = H + \frac{2Lv_0}{gT_t} \qquad (22)$$

式中：

H_{max}——阀前产生的最大压力水头，单位为米(m)；

H ——管道正常运行压力水头，单位为米(m)。

d) 瞬时部分关闭管道末端(下游)阀门时，在阀前产生的最大压力水头可按式(23)计算：

$$H_{max} = H + \frac{2L(v_0 - v_t)}{gT_t} \qquad (23)$$

式中：

v_t——瞬时部分关闭阀门后管内产生的流速，单位为米每秒(m/s)。

e) 缓慢关闭自压或恒压管道末端(下游)阀门时，在阀前产生的最大压力水头可按式(24)计算：

$$H_{max} = H + \frac{H}{2} \times \frac{T_b}{T_s}\left[\frac{T_b}{T_s} + \sqrt{4 + \left(\frac{T_b}{T_s}\right)^2}\right] \qquad (24)$$

式中：

T_b——管道中水柱惰性时间常数：$T_b = L\ v_0/g\ H_p$；

f) 缓慢关闭水泵出口(即管道首端)处的阀门时，阀后产生的压力水头可按式(25)计算：

$$H_{min} = H_0 - \frac{H_0}{2} \times \frac{T_b}{T_s}\left[\frac{T_b}{T_s} + \sqrt{4 + \left(\frac{T_b}{T_s}\right)^2}\right] \qquad (25)$$

5.1.7.3 出现下列情况之一时，管道应采取相应的水击防护措施：

a) 水击情况下，管道内压力超过管材公称压力；

b) 水击情况下，管内出现负压；

c) 水泵最高反转转速超过额定转速的 1.25 倍。

5.1.7.4 当关阀历时符合式(26)时，可不验算关阀水击压力。

$$T_s \geqslant 40\frac{L}{\alpha_w} \qquad (26)$$

$$\alpha_w = \frac{1\ 425}{\sqrt{1 + \frac{KD}{Et} \cdot c_p}} = \frac{1\ 425}{\sqrt{1 + \alpha\frac{D}{t} \cdot c_p}} \qquad (27)$$

式中：

α_w ——圆形管水击波传播速度，单位为米每秒(m/s)；

t ——管壁厚度，单位为米(m)；

K ——水的体积弹性模数，单位为帕(Pa)，随水温和水压的增加而增大，2.5 MPa 大气压以下，水温 10 ℃时 $K = 2.06 \times 10^9$ Pa；

α ——水的弹性系数和管材弹性系数之比，$\alpha = K/E$；

c_p ——管材系数，匀质管 $c=1$，钢筋混凝土管 $c = 1/(1+0.95a_0)$；

a_0 ——管壁环向含钢筋系数，$a_0 = f/t$；

E ——为管材纵向弹性模数，单位为帕(Pa)，不同管材的 α、E 值可按表 6 选取。

表 6　管材弹性模数(E)及水的弹性系数和管材弹性系数之比(α)值表

管材	钢管	球墨铸铁管	铸铁管	混凝土管	钢筋混凝土管
$E/(\mathrm{Pa})$	206×10^9	160×10^9	108×10^9	20.6×10^9	20.6×10^9
$K/E=\alpha$	0.01	0.013	0.02	0.10	0.10
管材	硬聚氯乙烯管	硬聚乙烯管	聚丙烯管	玻璃钢复合管	钢丝网水泥管
$E/(\mathrm{Pa})$	$2.8\sim3\times10^9$	$1.4\sim2\times10^9$	7.84×10^4	14.7×10^9	20.6×10^9
$K/E=\alpha$	0.74～0.69	1.47～1.03	26 276	0.14	0.10

5.2　管道结构计算

5.2.1　一般规定

5.2.1.1　管道结构设计应与其埋设条件和运行工况相适应。

5.2.1.2　柔性管应按柔性管理论进行设计，刚性管应按刚性管理论设计；管道刚、柔性判别方法应符合 GB 50332 的规定。

5.2.1.3　作用在管道上的永久作用应包括结构自重、竖向和侧向土压力、预加应力和管道内的水重等。

5.2.1.4　作用在管道上的可变作用应包括管道上的地面人畜荷载、地面车辆交通荷载、地面堆积荷载、外水压力和内水压力等。

5.2.1.5　永久作用和可变作用的计算应符合 GB 50332 的规定。

5.2.2　承载力极限状态验算

5.2.2.1　承载力极限状态验算应符合 GB 50332 的规定。

5.2.2.2　管道结构的强度应按式(28)验算：

$$\gamma_0 S \leqslant R_g \qquad \cdots\cdots(28)$$

式中：

γ_0 ——管道的重要性系数，输水管可取 1.1，配水管可取 1.0；当输水管道设有调蓄设施时，可采用 1.0；

S ——作用效应组合的设计值，单位为牛每平方毫米($\mathrm{N/mm^2}$)；

R_g——管道结构抗力强度设计值，单位为牛每平方毫米($\mathrm{N/mm^2}$)。

5.2.2.3　对埋设在地下的柔性管道，应根据各项作用的不利组合，计算管壁截面环向稳定性。计算时各项作用均应取标准值，并应满足环向稳定性抗力系数不低于 2.0。

5.2.2.4　水位高于管道时，应计算管道抗浮稳定。管道抗浮稳定应按式(29)验算：

$$\frac{\sum F_{Gk}}{F_{fw,k}} \geqslant K_f \qquad \cdots\cdots(29)$$

式中：

K_f ——浮托力抗力系数，取 1.1；

$\sum F_{Gk}$——各种抗浮力作用的标准值之和，单位为牛每平方毫米($\mathrm{N/mm^2}$)；

$F_{fw,k}$ —— 浮托力标准值，单位为牛每平方毫米($\mathrm{N/mm^2}$)。

5.2.2.5　管道失稳的临界压力标准值应按式(30)计算：

$$F_{cr,k} = 4\sqrt{2E_d S_d} \qquad \cdots\cdots(30)$$

式中：

$F_{cr,k}$——管壁截面失稳的临界压力标准值，单位为牛每平方毫米（N/mm^2）；

E_d ——管侧土的变形综合模量，单位为兆帕（MPa），应按 GB 50332—2002 附录 A 确定；

S_d ——管材环刚度，单位为兆帕（MPa），采用 GB/T 9647 规定的管材环钢度的测定方法计算出的环钢度值。

5.2.2.6 对非整体连接的管道，在其敷设方向改变处，应作抗滑稳定验算；抗滑验算的稳定性抗力系数不应小于 1.5。

5.2.3 正常使用极限状态验算

5.2.3.1 正常使用极限状态验算应符合 GB 50332 的规定。

5.2.3.2 柔性管道的变形允许值应符合下列规定：

a) 采用水泥砂浆等刚性材料作为防腐内衬的金属管道，在组合作用下的最大竖向变形不应超过管道计算直径的 0.02～0.03 倍；

b) 采用延性良好的防腐涂料作为内衬的金属管道，在组合作用下的最大竖向变形不应超过管道计算直径的 0.03～0.04 倍；

c) 塑料管道，在组合作用下的最大竖向变形不应超过管道计算直径的 0.05 倍。

5.2.3.3 对于刚性管道，其钢筋混凝土结构构件在组合作用下，计算截面的受力状态处于受弯、大偏心受压或受拉时，截面允许出现的最大裂缝宽度不应大于 0.2 mm。

5.2.3.4 对于刚性管道，其混凝土结构构件在组合作用下，计算截面的受力状态处于轴心受拉或小偏心受拉时，截面设计应按不允许裂缝出现控制。

5.2.3.5 对柔性管道在组合作用下的变形，应按准永久组合作用计算，并应按式（31）计算其变形量。

$$f_D = D_l \frac{K_b r^3 (F_{sv,k} + 2\psi_q q_{vk} r)}{E_p I_p + 0.061 E_d r^3} \quad \cdots\cdots\cdots\cdots (31)$$

式中：

f_D ——管道在组合作用下的最大竖向变形量，单位为毫米（mm）；

K_b ——管道变形系数，应按管的敷设基础中心角确定；对土弧基础，当中心角为 90°、120°时，分别可采用 0.096、0.089；

r ——圆管结构的计算半径，即自管中心至管壁中线的距离，单位为毫米（mm）；

$F_{sv,k}$——每延米管道上管顶的竖向土压力标准值，单位为千牛每毫米（N/mm）；

q_{vk} ——地面车辆轮压传递到管顶处的竖向压力标准值，单位为千牛每毫米（N/mm）；

ψ_q ——可变作用的准永久值系数，取 0.5；

D_l ——变形滞后效应系数，可根据管道胸腔回填土压实程度取 1.00～1.50；

E_p ——管材弹性模量，单位为兆帕（MPa）；

I_p ——管壁的单位长度截面惯性矩，单位为四次方毫米每毫米（mm^4/mm）。

5.3 设计成果

5.3.1 提交的设计成果应包括工程设计说明书、工程概（预）算书等。

5.3.2 说明书附图应包括下列主要图样：

a) 管道系统平面布置图；

b) 管道纵、横断面图；

c) 典型连接安装图；

d) 主要建筑物结构设计图；

e) 典型田间工程布置图（1/1 000～1/3 000）。

5.3.3 说明书附表应包括下列主要附表：

a) 工程量和材料量汇总表；

b) 田间典型区工程量分析计算表；

c) 田间工程量汇总表。

6 管材与连接件

6.1 一般规定

6.1.1 管道输水灌溉工程所用管材应根据工程特性，通过技术经济比较进行选择。

6.1.2 同一区域宜选用同一种管材；管线复杂或前后段压力相差 1 倍时，可根据不同条件分段选择不同材质的管材。

6.1.3 当管径小于或等于 400 mm 时，宜选用塑料管；当管径大于 400 mm 时，宜选用混凝土管、钢筋混凝土管、玻璃钢管、球墨铸铁管等。当不具备地埋条件而需要明铺时，宜选用球墨铸铁管、钢管或钢筋混凝土管。

6.1.4 选用的管材公称压力不应小于设计工作压力与残余水击压力之和。

6.1.5 管材、管件以及附属设备之间的连接应方便可靠。

6.1.6 连接件的公称压力不应小于所选管材的公称压力，且其规格尺寸及偏差应满足连接密封要求。

6.1.7 当管道需埋设在硫酸盐浓度超过 1%的土壤中时，不应选用混凝土管和金属管。

6.2 塑料管与连接件

6.2.1 管道输水灌溉工程所用硬聚氯乙稀管应符合 GB/T 10002.1、GB/T 13664 和 QB/T 1916 的规定，聚乙烯管应符合 GB/T 13663 的规定，加筋聚乙烯管应符合 GB/T 23241 的规定，涂塑软管应符合 JB/T 8512 的规定。

6.2.2 当聚氯乙稀管直径小于 200 mm 时，宜采用粘接剂承插连接；当直径大于或等于 200 mm 时，宜采用橡胶圈承插连接。

6.2.3 当聚氯乙稀管采用粘接剂连接时，粘接剂应由管材生产厂配套供应。粘接剂的固化时间应与施工条件相适应，粘结强度应满足管道使用要求。

6.2.4 当塑料管采用橡胶圈作为接口密封材料时，所用橡胶圈不应有气孔、裂缝或接缝，且其性能应符合下列基本要求：

a) 拉断强度大于或等于 16 MPa；

b) 伸长率大于或等于 500%；

c) 邵氏硬度为 45 度～55 度；

d) 永久变形率小于 20%；

e) 老化系数大于 0.8(在 70 ℃下，144 h)。

6.2.5 由静荷载引起的塑料管径向变形率不应大于 5%。

6.2.6 塑料管连接件应符合下列力学性能要求：

a) 1 m 高度自由坠落不破裂；

b) 在 20 ℃时，聚氯乙烯管件 4.2 倍公称压力保压 1.0 h 不渗漏；聚乙烯管件 3 倍公称压力保压 1.0 h不渗漏。

6.2.7 地面移动薄膜管质量应符合下列要求：

a) 规格尺寸及允许偏差应符合表 7 的规定；

表 7 薄膜管规格尺寸及允许偏差

单位为毫米

规格		允许偏差
折 径	160～300	±4
	300～500	±4
	500～800	±6
壁 厚	0.25	±0.025
	0.30	±0.030
	0.40	±0.040

b) 管内外壁应光滑、色泽均匀、不应有气泡、分解变色线和 1 mm 以上的杂质。1 mm 以下杂质，1 m 长度内不应超过 10 个，且不应聚集成群；

c) 薄膜管应按 GB/T 1040、QB/T 1130 测试力学性能。其拉伸强度应大于或等于 17 MPa，断裂伸长率不应小于 450%，直角撕裂强度应大于或等于 80 N/mm。

6.2.8 薄膜管应按 JB/T 8512 的规定进行水压试验，其破坏压力值不应小于其工作压力的 3 倍。

6.2.9 薄膜闸管性能除应满足 6.2.7 和 6.2.8 要求外，其孔口间距还应与沟畦宽度相匹配，孔口大小应能满足入沟畦流量的要求，且闸阀不应渗漏。

6.3 混凝土管与连接件

6.3.1 混凝土管的外观、规格尺寸及力学性能应符合下列要求：

a) 制管用混凝土强度等级不应低于 C20，强度检测应按 GB 11837 的规定进行；管体的抗渗性能检测应按 GB 4084 的规定进行，试验水压应大于管道系统工作压力的 2 倍；

b) 管内壁应光滑，内外壁应无裂缝；公称直径小于 300 mm 的混凝土管内径允许偏差为±3 mm，壁厚允许偏差为±2 mm；公称直径大于或等于 300 mm 的混凝土管内径允许偏差为+6 mm、−8 mm，壁厚允许偏差为+8 mm、−3 mm。

6.3.2 当采用三点荷载试验数据确定管上的允许填土荷载时，安全系数不应小于 1.25。

6.3.3 混凝土管连接件应符合下列要求：

a) 连接件的内径应为连接管外径加上填料厚度；

b) 连接件的壁厚应大于管壁厚度；

c) 刚性连接时，水泥砂浆的强度等级应大于 M10，柔性连接可采用塑料油膏；

d) 连接件应在承受管道的最大工作压力时不漏水。

6.4 钢丝网混凝土管与连接件

6.4.1 钢丝网混凝土管的外观、规格尺寸及力学性能应符合下列要求：

a) 管内壁及承插口密封面应光滑，无凹槽、无凸块；

b) 辊射制作的外保护层应圆滑整齐，波纹起伏不应大于 10 mm，保护层最薄处厚度不应小于 20 mm，保护层不应有空鼓、脱落和大于 0.02 mm 宽度的裂缝；

c) 管两端平面应垂直于管轴线。公称直径小于 300 mm 管道的管端平面倾斜度应小于或等于 2 mm；公称直径大于或等于 300 mm 管道的管端平面倾斜度应小于或等于 4 mm；尺寸偏差应符合表 8 的规定；

表 8 钢丝网混凝土管主要尺寸偏差

单位为毫米

公称直径	偏差部位						
	内径	壁厚	自应力保护层厚	止胶台直径	插口密封面直径	插口密封面长度	插口密封面直径
100～350	±3	+4 −2	+3 −1	±1	+1 −0.5	+2 −1	±2
400～600	±4	+4 −2	+3 −1	±1	+1 −0.5	+2 −1	±2
800～1 200	±6	+6 −3	+3 −1	±2	+2 −1	±2	±3
注：预应力—自应力钢丝网混凝土管不考核保护层厚。							

d) 压力等级及检验压力应符合表 9 的规定；

表 9 钢丝网混凝土管压力等级及检验压力

单位为兆帕

工作压力	抗漏试验压力	抗裂试验压力	工作压力	抗漏试验压力	抗裂试验压力
0.4	0.8	0.8	1.2	1.7	2.0
0.5	0.9	1.0	1.4	1.9	2.2
0.6	1.0	1.2	1.6	2.1	2.4
0.8	1.2	1.4	2.0	2.5	2.8
1.0	1.5	1.7	2.5	3.0	3.3

e) 在抗渗试验压力下，管身不应开裂、漏水、渗水，接头处不应滴水，外表面不应出现潮片；

f) 在抗裂试验压力下，管身不应开裂。

6.4.2 钢丝网混凝土管宜按 90°土弧基础、管顶覆土厚 0.8 m～2.0 m，地面两汽—15 级汽车荷载及工作压力设计；当条件改变时，应另行设计计算。

6.4.3 公称直径 100 mm～300 mm 管接头密封性能所允许的接头转角不应小于或等于 2.0°；公称直径 400 mm～800 mm 的不应小于或等于 1.5°；公称直径 1 000 mm 及 1 200 mm 的不应小于或等于 1.0°。

6.4.4 钢丝网混凝土管连接件应符合下列要求：

a) 连接件的外表面应光洁平整，不应有裂缝、蜂窝、气孔、缩松等缺陷；

b) 连接件的插口和承口工作面应光滑完整，且尺寸偏差应符合表 10 的规定；

表 10 钢丝网混凝土管主要尺寸偏差

单位为毫米

公称直径	承口工作面内径	插口工作面外径
100～300	±1.0	+1.0 −0.5

c) 在 3.2 MPa 试验压力下，应无渗漏现象。

6.5 金属管与连接件

6.5.1 球墨铸铁管与连接件

6.5.1.1 球墨铸铁管及管件的表面不应有裂纹、重皮，承、插口密封工作面不应有连续的轴向沟纹，不应有影响产品性能的缺陷和表面损伤。

6.5.1.2 密封面以外的不影响使用的表面局部缺陷应予验收。必要时,可对不影响整体壁厚的表面损伤和局部缺陷进行修复。修复后的管和管件应符合 GB/T 13295 要求。

6.5.1.3 管道输水灌溉工程宜采用 C25 级或 C20 级的球墨铸铁管。

6.5.1.4 球墨铸铁管宜采用承插式柔性接口,接口角度偏转能力应满足表 11 的要求。

表 11 铸铁、球墨铸铁管沿曲线安装接口的允许转角

管径 D/mm	75～600	700～800	≥900
允许转角/(°)	3	2	1

6.5.1.5 球墨铸铁管及管件的公称直径、长度和尺寸等应满足 GB/T 13295 的规定。

6.5.1.6 球墨铸铁管的机械性能应满足 GB/T 13295 的规定,拉伸性能应符合表 12 的规定。

表 12 球墨铸铁管拉伸性能要求

铸件类型	最小抗拉强度 MPa	最小断后伸长率 %	
	DN40～2 600	DN40～1 000	DN1 100～2 600
离心铸造管	420	10	7

6.5.2 钢管与连接件

6.5.2.1 钢管宜采用焊接的方式进行接口对接,焊接质量应符合 GB 50236 的规定。

6.5.2.2 钢管与量控设备之间宜采用法兰连接。

6.5.2.3 钢管及连接件的内外壁均应进行防腐处理。

7 附属设备及附属建筑物

7.1 一般规定

7.1.1 承压附属设备的公称压力不应小于所接管道的公称压力,与管道之间的连接应密封、牢固。

7.1.2 附属设备应为设计定型产品,出厂时应附有产品合格证。

7.1.3 附属设备应有相应的保护措施,并便于管理、养护和维修。

7.1.4 附属建筑物应满足相应的标准要求。

7.2 给水装置

7.2.1 给水装置宜由金属或工程塑料制成,且操作灵活、坚固耐用。

7.2.2 给水装置宜采用外压止水或内水压力止水结构形式。

7.2.3 给水装置采用外压止水时,密封压力不宜低于 0.2 MPa;采用内压止水时,最小密封压力不宜低于 0.01 MPa。

7.2.4 给水装置过流断面不宜小于结构断面的 90%。

7.2.5 用于寒冷地区的给水装置和出水立管,应有防冻措施。

7.2.6 给水装置防护设施宜采用装配式结构。

7.2.7 当采用给水装置直接向田间配水时,其出口应设置防冲设施,且防冲设施宜采用预制混凝土构

件;当采用给水装置接地面移动管道配水时,移动管道的出口宜采用防冲措施。

7.3 安全保护装置

7.3.1 安全保护装置应结构合理、运转灵活、牢固耐用。

7.3.2 对管线地形高差变化较大或管道直径较大的管网系统,可采用调压井、调压管等安全建筑物。调压井、调压管宜设在干管与支管连接处,可结合分水建筑物设置。调压井、调压管顶高程或溢流口高程应根据管道的保护压力确定。

7.3.3 在管道轴线起伏段的高处和顺流向下弯处,应设置进排气设施,且其通气孔直径应按式(32)计算:

$$d_c = 1.05D\sqrt{\frac{v}{v_a}} \qquad \cdots\cdots(32)$$

式中:

d_c ——进排气阀通气孔直径,单位为毫米(mm);

v_a ——排出空气流速,单位为米每秒(m/s),可取 45 m/s。

7.3.4 在顺坡管道节制阀下游侧、逆坡管道节制阀上游侧,以及可能出现负压的其他部位,应设置负压消除设施。

7.3.5 安全阀的排放能力,在管道压力上升但未超过管材公称压力的 1.5 倍时,应达到管道的设计流量。

7.3.6 当采用地表水时,应在管道进口处设置拦污栅、拦污网等;当泥沙含量较大时,宜设置沉沙池、拦沙坎等。

7.4 量水设施

7.4.1 管道输水灌溉系统应设置量水设备,并应按产品说明书要求进行安装。

7.4.2 量水设备规格应与管道流量相匹配。

7.4.3 量水设备应水头损失小、牢固耐用、维修方便;量水计量精度不应低于 3%。

7.4.4 固定量水设施应设防冻保护措施。

7.5 配水控制装置

7.5.1 配水控制装置可采用闸门、闸阀等定型产品,亦可根据实际情况采用分水、配水建筑物。

7.5.2 配水控制装置应满足设计的压力和流量要求,且密封性好、安全可靠、操作维修方便、水流阻力小。

7.5.3 对于较大管网系统应分级控制,干管、分干管和支管进口宜设置控制装置。

7.5.4 有条件地区宜采用电动阀、电磁阀等,进行自动控制。

7.6 交叉建筑物

7.6.1 交叉建筑物应具有稳定性和密封性。

7.6.2 当管道与铁路、公路、河渠、沟道等交叉时,应在充分考虑地形、地质条件以及安全、可靠和经济性的基础上,合理确定交叉建筑物的位置、形式等。

7.7 镇墩

7.7.1 管道出现下列情况之一时,应设置镇墩:

a) 管内压力水头大于等于 6 m,且管轴线转角大于或等于 15°;

b) 管内压力水头大于等于 3 m,且管轴线转角大于或等于 30°;

c) 管轴线转角大于或等于45°；

d) 管道末端、三通、弯头、出水口等重要管件连接处；

e) 管道长度超过100 m。

7.7.2 管道有坡度时，应通过受力分析确定其镇墩的位置。

7.7.3 镇墩应设在坚实的地基上，用混凝土构筑，管道与沟壁之间的空隙应用混凝土填充到管道外径的高度；镇墩的最小厚度应大于15 cm，其支撑面积应符合抗滑、抗倾稳定及地基强度等技术要求。

8 水泵选型及动力机配套

8.1 水泵选型

8.1.1 水泵宜优先选用技术成熟、性能先进、高效节能的产品；水泵类型应根据灌区水源条件、动力资源状况、地形条件及设计流量与扬程等因素，通过技术经济对比选择。

8.1.2 水位埋深较大的地下水源宜选用潜水电泵，其额定流量不应大于井的设计出水量。

8.1.3 潜水泵配套的出水管，在经济上合理的情况下可适当增大管径，但应不影响水泵的安装和运行。

8.1.4 水位变幅不大的地表水源，扬程较低的可选择轴流泵，扬程较高的可选择离心泵或混流泵。

8.1.5 抽取清水时，轴流泵站与混流泵站的装置效率宜为70%～75%；净扬程低于3 m的泵站，装置效率不宜低于60%；离心泵站的装置效率宜为65%～70%；新建泵站的装置效率应取高值。

8.1.6 在平均扬程时，水泵应在高效区运行；在整个运行扬程范围内，水泵应能安全、稳定运行。

8.1.7 多台并联运行的水泵扬程应相等或相近；多台串联运行的水泵流量应相等或相近。

8.1.8 水泵台数应根据工程规模及管网类型进行技术经济比较确定；备用机组的台数，应根据工程的重要性、运行条件及年运行小时数确定。工作台数3～9台时，宜设1台备用泵；多于9台时，宜设2台备用泵。

8.2 动力机配套

8.2.1 动力机的选型配套应根据当地的能源供应情况，结合工程实际选定。

8.2.2 有可靠电源时，宜优先选配电动机；无电源时，宜优先选配柴油机；机泵需要频繁移动时，宜选择小型柴油机或汽油机，也可选用移动式泵站。

8.2.3 水泵配用电动机时，应根据电源容量大小、电压等级、水泵轴功率、转速、传动方式以及使用条件来确定电动机的类型、容量、电压和转速等工作参数及绝缘等级。

8.2.4 水泵配用柴油机时，应根据水泵的转速和功率选配柴油机速度特性曲线和水泵特性曲线相适应的机型，并根据柴油机的相关特性曲线校核所选机型。

8.2.5 动力机配套功率应按水泵运行可能出现的最大轴功率选配，并留有一定的储备，储备系数宜为1.05～1.10。

9 管道施工与设备安装

9.1 一般规定

9.1.1 管道施工前应提供下列文件：

a) 完整的设计文件及施工图样；

b) 批准的施工方案及施工组织设计；

c) 管道沿线工程地质勘察资料；

d) 管区填土材料分布与储量资料；

e) 弃土场分布及容量资料；

f) 必要的试验资料。

9.1.2 管道施工前，应了解管线附近原有建(构)筑物详细情况。当施工影响其使用或安全时，应采取有效防范措施。

9.1.3 地下管道施工时，应防止雨水和施工用水浸入地基。冬季、雨季施工时，应采取专门措施，确保工程质量。

9.1.4 施工过程中，应在上一道工序验收合格后，再进行下一道工序的施工。

9.1.5 管道安装工作间断期间，应及时封闭敞开的管口。

9.1.6 施工中应执行机械、电气设备等安全生产的有关规定。

9.1.7 管道安装应符合 GB 50268 的规定。

9.2 管沟开挖

9.2.1 管沟开挖前应设置测量控制网点，控制网点技术要求应符合 GB 50268 的有关规定。管沟开挖前应先清理和平整场地。

9.2.2 管沟应位于天然稳定土层中，管沟两侧的天然稳定土层宽度不应小于管道公称直径的 2.5 倍，不足部分应采取加固措施。

9.2.3 管沟开挖宜采用窄沟断面形式，沟底开挖宽度应根据施工方法、采用的机械、施工进度要求等因素决定。沟底最小开挖宽度不宜小于表 13 规定的数值。同一管沟并行敷设的管道间距，以外轮廓计不应小于相邻管道的平均半径，且不应小于 300 mm。

表 13 沟底最小开挖宽度

单位为毫米

管道内径 D	沟底宽度 B
≤400	$\geqslant D_W^a+600$
400～1 000	$\geqslant D_W+800$
≥1 000	$\geqslant D_W+1\ 000$
[a] D_W为管道外径。	

9.2.4 从管沟内挖出的土，宜在管沟一侧堆成土堤，土堤坡脚至管沟边缘的距离不宜小于 300 mm。受地表径流威胁的管线段，在管道施工时，应做好临时防洪和排洪设施。

9.2.5 当管沟需要支护时，采用的支护设施应符合下列规定：

a) 临时支护不应影响后序工作的实施；

b) 管区部位不宜设置临时支护，当需设置支护时，应为永久支护，并进行防腐处理。

9.2.6 当管沟开挖遇有积水或地下水时，应及时进行排水。当开挖深度接近基底设计标高，而又不能进行下一工序时，宜在基底以上保留不小于 200 mm 厚的土层，待继续施工时开挖。

9.2.7 在管沟基底设计高程以上，应预留夯底土层，厚度应视土质而定。

9.2.8 在管道接口部位，宜局部加宽管沟。

9.3 地基与基础

9.3.1 管道位于一般土质地基时可直接采用天然地基，但槽底应连续平整，原状土不应被扰动。

9.3.2 管道位于淤泥、杂填土或其他高压缩性土层的地基时，可采用清除换填等方法进行处理，换填的材料可采用黏土、砾石砂及其他性能稳定、无侵蚀性的材料。换填厚度应根据承载力计算确定，不宜小于 500 mm，且不宜大于 3 000 mm。地基处理的压实度不应低于 95%。

9.3.3 湿陷性黄土、多年冻土、冻胀土、膨胀土、地下采空区等不良地基应进行相应处理。

9.3.4 砂土、粉砂土、黏性土、压实填土的地基可设置不小于 100 mm 垫层，基础的下层应铺砾石或碎石，基础压实度不应小于 95%；上层应铺厚度不小于 50 mm 的中粗砂。

9.3.5 岩石或坚硬土层地基可不设基础，但应铺设厚度不小于 100 mm 的中粗砂垫层，压实度不应小于 95%。

9.3.6 位于局部地势低洼地段的管道，当采用填方土堤通过时，管道应铺设在填方土堤内，且土堤截面应满足下列规定：

a) 堤边距管边距离应大于或等于 $2.5D_W$；

b) 土堤顶部宽度不应小于 $D_W+1\,000$ mm；

c) 管顶至堤顶距离应大于或等于 800 mm，土堤应按沟槽回填要求施工，并预留排水通道。

9.4 管道系统安装

9.4.1 管道安装应在管沟、管道基础等验收合格后进行。

9.4.2 管道安装前，应对管材、管件进行外观检查，清除管内杂物。

9.4.3 管道采用人工搬运时应轻抬轻放，不应使管道在不平地面上滚动、在地面上拖动以及从地面自由滚下沟槽。施工中应防止石块等重物撞击管道。

9.4.4 管道安装宜按先干管后支管顺序进行。

9.4.5 管道采用承插式连接时，应将插口顺水流方向，承口逆水流方向，安装宜由下游往上游行。

9.4.6 管道中心线应平直，管底与槽底应贴合良好；调压井和检查井的底板基底砂石垫层应与管道基础垫层平缓顺接。

9.4.7 塑料管的安装应符合下列规定：

a) 聚氯乙烯管宜采用承插式橡胶圈止水连接、承插或套管粘接和法兰连接，聚乙烯管宜采用承插式橡胶圈止水连接、热熔对接和法兰连接，聚丙烯管不宜用粘接法连接。

b) 承插式橡胶圈止水连接时，插口端不宜插到承口底部，应留出不小于 10 mm 的伸缩空隙，插入前应在插口端外壁做出插入深度标记；插入完毕后，承插口周围空隙均匀，连接的管道平直。聚氯乙烯管承插式橡胶圈止水连接的最小承口长度应符合表 14 的规定。

c) 采用粘接法连接时，应对管与管件进行去污、打毛等预加工处理。粘接时粘接剂涂抹应均匀，涂抹长度应符合设计规定。聚氯乙烯管每个连接处粘接剂的使用量不宜低于表 15 的规定。

表 14 聚氯乙烯管承插式橡胶圈止水连接时的最小承口长度

管径 mm	最小承口长度 mm	压力等级 MPa
63	64	1.0
75	67	
90	70	
110	75	
160	86	
200	94	
250	105	0.6
315	118	

表 15 聚氯乙烯管粘接法安装时粘接剂的使用量

管径 mm	使用量 g/个	管径 mm	使用量 g/个
63	6	160	30
75	9	200	54
90	11	250	84
110	13	315	120

d) 热熔对接时，电热设备的温度和时间控制、焊接设备的操作应按接头的技术指标和设备的操作程序进行。

e) 采用法兰连接时，法兰应放入接头沟槽内，并应保证管道中心线平直，法兰密封圈应与管同心。拧紧法兰螺栓时，扭力应符合规定，各螺栓受力应均匀。

9.4.8 玻璃钢管、预应力钢筒混凝土管安装应符合下列规定：

a) 管道运输时应固定牢靠，采用卧式堆放，不应抛掷或剧烈撞击；

b) 管道起吊时，宜用柔性绳索；若用铁链或钢索起吊，应在吊索与管道棱角处填橡胶块或其他柔性物；应采用双点起吊，并轻起轻放；

c) 采用套筒式连接时，应清除套筒内侧和插口外侧的污渍和附着物；

d) 管道安装就位后，套筒式或承插式接口周围不应有明显变形和胀破；

e) 施工过程中应防止管道受损伤，避免内表层和外保护层剥落；

f) 管道曲线铺设时，接口的允许转角不应大于表 16 的规定。

表 16 玻璃钢管、预应力钢筒混凝土管沿曲线安装的接口允许转角

管道内径 D/mm	允许转角/(°)	
	承插式接口	套筒式接口
400～500	1.5	—
500<D≤1 000	1.0	2.0
1 000<D≤1 800	1.0	1.0
D>1 800	0.5	0.5

9.4.9 铸铁、球墨铸铁管的安装应符合下列规定：

a) 铸铁、球墨铸铁管及管件下沟前，应清除承口内部的油污、飞刺、铸砂及铸瘤；柔性接口铸铁管及管件承口的内工作面、插口的外工作面应修整光滑，不应有沟槽、凸脊缺陷和裂纹；

b) 沿直线安装管道时，宜选用管径公差组合最小的管节组对连接；

c) 滑入式橡胶圈连接时，推入深度应达到标记环，并复查与其相邻已安好的第一至第二个接口推入深度；

d) 安装机械式柔性接口时，应使插口与承口法兰压盖的轴线相重合；螺栓安装方向应一致，用扭矩扳手均匀、对称地紧固；

e) 管道沿曲线安装时，接口的允许转角应符合表 11 的规定。

9.4.10 钢管的安装应符合 GB 50235 的规定。

9.4.11 凝土管的安装应符合下列规定：

a) 管节安装前应进行外观检查,发现裂缝、保护层脱落、空鼓、接口掉角等缺陷,应修补并经鉴定合格后方可使用;
b) 管节安装前应将管内外清扫干净,安装时应使管道中心及内底高程符合设计要求;
c) 采用混凝土基础时,管道中心、高程复验合格后,应及时浇筑管座混凝土;
d) 柔性接口的钢筋混凝土管安装时,套在插口上的橡胶圈应平直、无扭曲,应正确就位;橡胶圈表面和承口工作面应涂刷无腐蚀性的润滑剂;安装后放松外力,管节回弹不应大于 10 mm,且橡胶圈应在承、插口工作面上;
e) 刚性接口的钢筋混凝土管道施工时,抹带前应将管口的外壁凿毛、洗净;钢丝网端头应在浇筑混凝土管座时插入混凝土内,在混凝土初凝前,分层抹压钢丝网水泥砂浆抹带;抹带完成后应立即用吸水性强的材料覆盖,3 h~4 h 后洒水养护;水泥砂浆填缝及抹带接口作业时落入管道内的接口材料应清除;管径大于或等于 700 mm 时,应采用水泥砂浆将管道内接口部位抹平、压光;管径小于 700 mm 时,填缝后应立即拖平;
f) 钢筋混凝土管沿直线安装时,管口间的纵向间隙应符合设计及产品标准要求,无明确要求时应符合表 17 的规定;预(自)应力混凝土管沿曲线安装时,管口间的纵向间隙最小处不应小于 5 mm,接口转角应符合表 18 的规定;

表 17 钢筋混凝土管管口间的纵向间隙

单位为毫米

管材种类	接口类型	管内径 D	纵向间隙
钢筋混凝土管	平口、企口	500~600	1.0~5.0
		≥700	7.0~15
	承插式乙型口	600~3 000	5.0~1.5

表 18 预(自)应力混凝土管沿曲线安装接口的纵向间隙

单位为毫米

管材种类	管内径 D	纵向间隙
预应力混凝土管	500~700	1.5
	800~1 400	1.0
	1 600~3 000	0.5
自应力混凝土管	500~800	1.5

g) 预(自)应力混凝土管不得截断使用;
h) 预(自)应力混凝土管道采用金属管件连接时,管件应进行防腐处理。

9.4.12 安装完成后应及时进行冲洗。

9.5 管沟回填

9.5.1 管道敷设后,应对管道填土定位。对位置重要或易发生漏水的部位应在水压试验合格后再进行回填;其余位置应在密封性和水压试验前及时进行回填。管顶以上回填高度应满足抗浮要求的最小厚度且不小于 400 mm。

9.5.2 填土施工应符合下列规定:

a) 填土中不应含有尖角、锐棱的块石和废弃物,低液限有机土、高液限土、高有机土、冻土、软土膨胀土及湿陷性黄土等土类不应用于管区填土;
b) 填土施工应分层对称进行,不应单侧回填,两侧压实度应相同,回填高差不应超过 300 mm;

c) 腋部填土应塞满、密实；

d) 管顶部分填土施工可用人工夯打或轻型机械压实，但不应直接作用在管道上。

9.5.3 填土的含水量应控制在最优含水量的±3%的范围内。最优含水量可通过击实试验确定，击实试验应符合 GB/T 50123 的规定。

9.5.4 允许自行下沉的地段，可不夯实，但应留有适量的堆高，待其自然沉实。

9.5.5 使用碾压设备的适宜管顶填土厚度应经过荷载计算确定，且不应小于 500 mm。

9.5.6 管顶最小覆土厚度应大于当地最大冻土深度，且不宜小于 700 mm。

9.5.7 穿越铁路、公路和其他建(构)筑物的管道，宜采用套管法施工；采用直接覆土施工时，填土厚度及处理措施应符合相关标准的规定。

9.6 设备安装

9.6.1 机电设备、水泵、水表及闸阀等定型产品应按厂家提供的安装说明进行安装，并应分别符合 GB 50231、GB 50254、SL 317 等的规定。

9.6.2 给水装置安装前应进行检查，其转动部分应灵活；给水装置与竖管应连接稳固、可靠。

9.7 附属建筑物施工

9.7.1 附属建筑物施工应与管道安装过程同时进行。

9.7.2 阀门井和镇墩的施工应符合 GB 50203 的规定。

10 管道水压试验

10.1 一般规定

10.1.1 管道耐水压试验和渗水量试验应在管道安装完毕并填土定位后进行。

10.1.2 管道水压试验前，应编制试验方案，其内容应包括：

a) 水源引接及排水疏导路线；

b) 后背及堵板设计；

c) 进水管路、排气孔及排水孔设计；

d) 加压设备、压力表的选择及安装；

e) 排水疏导措施；

f) 升压分段的划分及观测方案；

g) 试验管段的稳定措施；

h) 安全措施。

10.1.3 管道充水宜从下游缓慢灌入。灌入时，在试验管段的上游管顶及管段中的凸起点应设排气阀。

10.1.4 冬季进行管道水压试验时，应采取防冻措施；试验完毕后应及时放空管道。

10.2 管道耐水压试验

10.2.1 管道耐水压试验的分段长度对无阀门等中间连接的管道，不宜超过 1.0 km；对中间有连接件的管道可根据其位置分段进行试验。

10.2.2 管道耐水压试验采用的设备、仪表规格及其安装应符合下列规定：

a) 当采用弹簧压力表时精度不应低于 1.5 级，最大量程宜为试验压力的 1.5～2.0 倍，表壳的公称直径不应小于 150 mm，使用前应校正；

b) 水泵、压力表应安装在试验段下游的端部与管道轴线相垂直的支管上。

10.2.3 管道耐水压试验前，管道安装应经检查合格；管件的支墩、锚固设施应达设计强度，未设支墩及锚固设施的管件应采取加固措施；试验管段所有敞口应临时密封，不应有渗水现象。

10.2.4 试验管段灌满水后，宜在不大于工作压力条件下充分浸泡后再进行试压，浸泡时间应符合下列规定：

a) 塑料管不应小于 24 h；

b) 无水泥砂浆衬里的铸铁管、球墨铸铁管、钢管不应小于 24 h；有水泥砂浆衬里的不应少于 48 h；

c) 管径小于或等于 1 000 mm 的预应力、自应力混凝土管不应少于 48 h；管径大于 1 000 mm 的不应少于 72 h。

10.2.5 管道耐水压试验时，应符合下列规定：

a) 管道升压时，应排除管道内气体；

b) 应分级升压，每升一级应检查后背、支墩、管身及接口，当无异常现象时，再继续升压；

c) 水压试验过程中，后背顶撑、管道两端不应人员逗留；

d) 水压试验时，不应对管身、接口进行敲打或修补缺陷，发现缺陷时，应作出标记，卸压后再修补。

10.2.6 管道耐水压试验的试验压力应符合表 19 的规定。

表 19 管道水压试验的试验压力

单位为兆帕

管材种类	工作压力 P	试验压力
塑料管	P	$1.5P$
钢管	P	$P+0.5$，且不应小于 0.9
铸铁及球墨铸铁管	≤0.5	$2.0\ P$
	>0.5	$P+0.5$
预应力、自应力混凝土管	≤0.6	$1.5P$
	>0.6	$P+0.3$

10.2.7 当管道长度不大于 1.0 km 时，在试验压力下保持恒压 10 min，管道压力下降不大于 0.05 MPa，管道无泄漏、无破损即为合格。

10.3 渗水量试验

10.3.1 当管道耐水压试验结果不满足 10.2.7 的规定时，应进行管道渗水量试验。试验时，先将管道压力缓慢升至试验压力，关闭进水阀，记录管道压力下降 0.1 MPa 所需时间。再将管道压力升至试验压力，关闭进水阀后立即开启放水阀向量水装置中放水，记录管道压力下降 0.1 MPa 时放出的水量。按式(33)计算实际渗水量：

$$q_s = \frac{1\ 000W}{TL} \qquad \cdots\cdots\cdots\cdots(33)$$

式中：

q_s ——管道实际渗水量，单位为升每分千米[L/(min·km)]；

L ——试验管道长度，单位为米(m)；

T ——管道密封时其压力下降 0.1 MPa 所经历的时间，单位为分(min)；

W ——开启放水阀放水，管道压力下降 0.1 MPa 时放出的水量，单位为升(L)。

10.3.2 管道实测渗水量应小于或等于表 20 规定的允许渗水量：

表 20 管道允许渗水量

管道内径 mm	允许渗水量 L/(min·km)		
	钢管和塑料管	铸铁管	混凝土管
100	0.28	0.70	1.40
125	0.35	0.90	1.56
150	0.42	1.05	1.72
200	0.56	1.40	1.98
250	0.70	1.55	2.22
300	0.85	1.70	2.42
350	0.93	1.80	2.62
400	1.00	1.95	2.80
450	1.05	2.10	2.96
500	1.10	2.20	3.14
600	1.20	2.40	3.44
700	1.30	2.55	3.70
800	1.35	2.75	3.96
900	1.45	2.95	4.20
1 000	1.53	3.10	4.42
1 100	1.60	3.25	4.64
1 200	1.68	3.40	4.85

10.3.3 当管道内径大于表 26 规定时，实测渗水量不应大于按式(34)、式(35)和式(36)计算的允许渗水量：

钢管和塑料管：
$$q_s=0.05\sqrt{D} \qquad (34)$$

球墨铸铁管：
$$q_s=0.1\sqrt{D} \qquad (35)$$

混凝土管：
$$q_s=0.14\sqrt{D} \qquad (36)$$

10.3.4 实测渗水量不大于允许渗水量即为合格；实测渗水量大于允许渗水量时，应修补后重测，直至合格为止。

11 工程质量检验与评定

11.1 一般规定

11.1.1 管道输水灌溉工程质量检验与评定应进行项目划分。项目按级划分为单位工程、分部工程、单元工程。

11.1.2 项目划分应有利于保证施工质量及施工质量管理，并应符合下列规定：

a) 单位工程应按项目区、招标标段工程结构进行划分；

b) 分部工程应按管道级别、长度或功能进行划分，同一单位工程中，各个分部工程的工程量(或投资)不宜相差太大；

c) 单元工程应按分部工程的不同施工内容或施工部署进行划分。

11.2 管材、管件检验

11.2.1 管材、管件的规格和性能应符合设计及国家相关标准要求，并应有产品出厂合格证。

11.2.2 管材、管件应有与规格一致的产品质量检测报告。

11.3 附属设备检验

11.3.1 附属设备检验应符合下列规定：

a) 附属设备应符合设计及国家相关标准要求，并应有产品出厂合格证；

b) 附属设备应有与规格一致的产品质量检测报告；

c) 承压附属设备的公称压力不应小于工作压力。

11.3.2 给水装置的检验应符合下列规定：

a) 给水装置操作应灵活方便，内外表面应光滑平整，不应有气孔、气泡、飞边、凸起及其他可能影响给水装置性能或造成人身伤害的缺陷；

b) 金属材质的给水装置在 1.5 倍额定公称压力下保压 5 min，塑料材质的给水装置在 GB/T 18689—2002 中表 A.2 规定的试验条件下，给水装置不应出现永久变形和渗漏现象；

c) 给水装置在 0.02 MPa 静水压力和 1 倍公称压力下各保压 5 min，给水装置密封接口处均不应出现渗漏现象；

d) 给水装置有水头损失资料。

11.3.3 进排气阀的技术要求应符合 GB/T 18691.4 的相关规定；

11.3.4 安全阀的检验应符合下列规定：

a) 安全阀的技术要求应符合 GB/T 12241 的相关规定；

b) 安全阀表面应光滑平整，不应有气孔、气泡、飞边、凸起及其他可能影响阀门性能或造成人身伤害的缺陷；

c) 安全阀在安装前应铅封良好，标牌上的技术参数符合规定；

d) 安全阀在 0.03 MPa 静水压力和 1 倍公称压力下各保压 5 min，安全阀不应出现渗漏现象。

11.3.5 量水设备的检验应符合下列规定：

a) 量水设备应符合设计及国家相关标准的要求，并应有产品出厂合格证；

b) 量水设备在安装前应铅封良好，标牌上的技术参数符合规定；

c) 量水设备的最大误差为 5%。

11.4 施工安装质量检验

11.4.1 管槽开挖的质量检验应符合下列规定：

a) 槽底高程的允许偏差为±20 mm；

b) 槽底宽度不应小于设计值；沟槽边坡宜大于设计值；

c) 管槽中心线偏离设计误差小于 30 mm；

d) 机械挖槽在槽底设计高程上预留土层不少于 100 mm，由人工清挖；

e) 沟槽两侧堆土时，堆土距槽边不应小于 0.3 m；

f) 雨季施工应制定施工阶段具体防汛预案；

g) 冬季施工应对施工沟槽槽底、暴露管道采取防冻措施。

11.4.2 地基处理应符合设计要求。

11.4.3 管沟回填的质量检验应符合下列规定：

a) 管顶以上覆土厚度应符合设计要求;中心轴线左右 500 mm 范围内不应使用压路机压实;采用弧形管基的管道,应按设计规定铺设砂砾层基础,管道下腋角部位,应采用木锤等特制工具填实或填砂捣实;回填应分层压实,每层厚度不应大于 300 mm;

b) 沟槽回填前混凝土管基强度、抹带接口强度及装配式管道的接缝水泥砂浆强度应不小于 5.0 MPa;柔性接口管道回填土前,应采取措施将管身固定;槽内的杂物已彻底清除;地下水位应降至槽底以下 500 mm;

c) 槽底至管顶以上 500 mm 范围内不应含有带腐蚀性物质、冻土及大于 50 mm 的砖石等坚硬块。塑料管及抹带周围的部位,应采用细粒土回填;

d) 回填时槽底应无积水,回填后应及时夯实,并达到规定的密实度要求;沟槽两侧应同时回填,两侧高差不应超过 300 mm;

e) 调压井、阀门井、排水井、出水口消力池等构筑物周围回填前,其现浇混凝土、砌体水泥砂浆强度应达到设计规定;构筑物周围的回填宜与管道沟槽回填同时进行,当不便同时进行时,应留台阶形接茬;构筑物周围回填压实时,应对称进行,高差不应大于 300 mm,密实度达到规定,且不应漏夯;紧贴构筑物部位应加细夯实。

11.4.4 塑料管道安装的质量检验应符合下列规定:

a) 管道中心线应平直,管底与槽底或垫层应贴合良好;管道安装允许偏差轴线为 30 mm、高程为 20 mm;

b) 带有承插口的塑料管连接后,除接头外均应覆土 200 mm～300 mm 进行初始回填;采用橡胶圈柔性接口的管道不宜在零下 10 ℃以下施工;粘接接口不宜在 5 ℃以下施工,连接完毕后,应及时将挤出的粘接剂擦拭干净,粘接后静止固化时间不应少于粘结剂的固化时间,静置固化期不应对接合部位强行加载。

11.4.5 混凝土管道的质量检验应符合下列规定:

a) 安装时的管道混凝土强度,应符合设计要求;安装后的管道不应出现损坏现象;管座混凝土材料及其强度,应符合标准规定和设计要求;接头处油膏、砂浆、钢丝网等材料应符合标准规定和设计要求,且与管道粘结良好,不应脱落;管道中心线应平直,管底与管基应贴合良好;管道安装允许偏差轴线为管壁厚度的 1/5～1/4、高程为管壁厚度的 1/5～1/4;

b) 采用平口式接头时合缝处不应漏浆,砂浆饱满,缝宽均匀,无裂缝,无起鼓,表面平整,抹带宽度、厚度的允许偏差应为+5 mm;

c) 承插式接口应平直,环向间隙应均匀,填料密实、饱满,表面平整,不应有裂缝现象。

11.4.6 球墨铸铁管安装的质量检验应符合 GB/T 13295 的相关规定。

11.4.7 钢管安装的质量检验应符合 GB/T 50235 的相关规定。

11.4.8 砌筑的阀门井、排水井的质量检验应符合下列规定:

a) 井壁应位置准确,灰浆饱满,灰缝平整,不应有通缝,抹面应压光,不应有空鼓、裂缝等现象;砂浆强度应符合设计要求,配合比准确;井室盖板尺寸及预留孔位置应正确,压墙尺寸符合设计要求,勾缝整齐;井盖应完整无损,安装稳固,位置准确;

b) 井室砌完后,应及时安装井盖。道路面上的井盖面应与路面平齐,农田内的井盖面宜高出地面 300 mm;砌筑圆井四面收口的每层砖不应超过 30 mm;三面收口的每层砖不应超过 40 mm～50 mm。圆井筒的楔形缝应以适宜的砖块填塞,砌筑砂浆应饱满;

c) 阀门井、排水井的尺寸偏差不大于 20 mm。

11.4.9 调压井、出水口消力池的质量检验应符合下列规定:

a) 混凝土和砌筑砂浆达到设计抗压强度标准值;

b) 砌体尺寸不小于设计值。

11.4.10 镇墩的最小厚度应大于 150 mm,砌筑砂浆强度应达到设计要求。

11.4.11 交叉建筑物的质量检验应符合下列规定：

a) 水下过河管道应按设计施工抗漂浮构造，当设计无要求时，应校核管道排空时，管道产生的浮力，采取相应的防漂浮措施；

b) 过河管道的施工场地布置、土方堆砌及排泥等，不应影响航运；穿越通航河道的过河管道竣工后，应按国家规定设置浮标或在两岸设置标志牌，表明水下管线位置；

c) 交叉建筑物应具有稳定性和密封性。

11.5 管道水压试验

11.5.1 管道水压试验质量检验应符合下列规定：

a) 管道试水时，环境气温应不低于 5 ℃；

b) 管道两端堵板承载力大于水压力的合力；堵板应封堵坚固，不应渗水；

c) 管道耐水压试验应符合 10.2 的规定；

d) 管道渗漏试验应符合 10.3 的规定；

e) 渗漏损失应符合管道水利用系数要求，不应有集中渗漏。

11.5.2 试水不合格时应采取修补措施，在修补达到预期强度后重新试水，直至合格。

11.6 工程质量评定

11.6.1 单元工程施工质量合格标准应符合下列规定：

a) 检查项目应符合 11.1～11.4 的规定，并应达到设计要求；

b) 达不到合格标准时，应及时处理。全部返工重做的，可重新评定质量等级；返修并经设计和监理单位鉴定能达到设计要求时，其质量评为合格。

11.6.2 分部工程施工质量同时满足下列条件时，其质量评为合格：

a) 所含单元工程的质量全部合格；

b) 水压试验结果符合 11.5 的规定；

c) 建筑材料、管材、管件和附属设备等质量合格。

11.6.3 单位工程施工质量同时满足下列条件时，其质量评为合格：

a) 所含分部工程质量全部合格；

b) 单位工程施工质量检验与评定资料齐全；

c) 试运行期，单位工程观测资料分析结果符合相关标准以及合同约定要求。

11.6.4 工程项目施工质量同时满足下列标准时，其质量评定为合格：

a) 单位工程全部合格；

b) 工程施工期及试运行期，各单位工程观测资料分析结果均符合相关标准的规定和合同约定的要求。

12 工程验收

12.1 一般规定

12.1.1 工程验收前应提交批复的设计和设计变更资料、施工合同、施工期间检查验收记录、水压试验和试运行报告、竣工报告和竣工图、工程预算和决算、工程建设管理工作报告、工程建设监理工作报告、工程质量评定报告、运行管理规程和组织等文件。

12.1.2 工程施工结束后，应由项目主管部门、有关地方人民政府和部门、质量监督机构、运行管理单位的代表及有关专家等组成工程验收委员会，对工程进行全面验收。

12.1.3 工程未验收移交前，应由施工单位负责管理和维护。

12.1.4 工程验收应符合 GB/T 50769 的有关规定。

12.2 验收内容

12.2.1 竣工验收应包括下列主要内容：

a) 现场检查工程建设情况；

b) 审查有关技术文件及资料，观看工程建设的声像资料；

c) 核实建设内容，按照竣工图抽查工程数量；

d) 审查管道铺设长度、管道系统布置和田间工程配套、管道系统试水及试运行结果、附属设备及附属建筑物是否达到设计要求；

e) 听取建设单位的工作报告。

12.2.2 竣工验收报告，验收报告应包括下列内容：

a) 验收概况；

b) 工程质量评价；

c) 对工程的运行意见和建议；

d) 验收结论及参加竣工验收代表名单(签名)；

e) 移交并由工程使用(所有)单位接收签字的证明书等。

12.2.3 工程验收后应填写“工程竣工验收证书”，由验收组负责人签字，设计、施工、使用单位签章，方可交付使用。

12.2.4 所有验收材料应由相关单位存档。

13 工程运行维护与管理

13.1 一般规定

13.1.1 管道输水灌溉工程建成后应建立管理组织，落实管护人员，制订管理制度和运行操作规程，操作人员应进行专门培训后上岗。

13.1.2 运行中应做好巡护工作，灌溉结束后应定期检查。

13.1.3 低压电器维护与检修应符合 DL 499 的规定。

13.1.4 按要求填写运行维护记录，运行维护记录表宜符合附录 B 的要求。

13.2 用水管理

13.2.1 应根据拟定的作物灌溉制度，制定用水计划，合理分配不同轮灌组的水量、灌水时间、灌水次序。

13.2.2 年度、季度用水计划应根据设计灌水定额和灌水周期、管理经验、当年作物种植状况、气象预报和水源等情况编制。

13.2.3 用水计划实施应符合下列规定：

a) 应按照用水计划进行灌溉。有条件的地方宜结合土壤墒情预报结果进行实时灌溉；

b) 应加强监督管理和田间配套工作，完善计量措施，落实用水计划，提高灌水质量；

c) 每个灌溉季节结束后应对灌溉用水计划执行情况进行总结，相关资料应及时归档。

13.3 运行与维护

13.3.1 水源工程的运行维护应符合下列规定：

a) 水源工程应进行经常性的维护，及时清淤、除障或整修；

b) 机井使用中，应注意观察水量和水质的变化，若发现出水量减少、水中含砂量增大等异常情况，应及时查清原因，妥善解决；

c) 机井在停灌期间，每隔 1～2 个月应进行 1 次养护性抽水，抽水时间不应少于 4 h。

13.3.2 水泵的运行维护和管理应符合下列规定：

a) 水泵维护与检修应符合 SL 255 的规定；

b) 水泵启动前应进行检查，并符合下列要求：

1) 水泵固定良好，各紧固件无松动；

2) 水泵淹没深度符合要求；

3) 动力与控制设备正常；

4) 水泵与进、出水管道连接正常；

c) 灌水时，应先开启给水装置，后启动水泵；系统关闭时应先停泵，后关给水装置；

d) 水泵启动后应缓慢开启控制阀门；

e) 开机后水泵的管理应符合下列要求：

1) 各种量测仪表工作正常；

2) 水泵运转声音正常；

3) 水泵出水量正常；

4) 水泵与管道连接部位无漏水和进气现象；

f) 水泵启动与关机不宜频繁，相邻两次启动时间间隔应不少于 5 min；

g) 应保持井房内和水泵表面干净，每年冬闲季节应对水泵进行检修、清洗，除锈去垢，修复或更换损坏的零部件；

h) 潜水泵检修和安装不应使用电缆吊装。

13.3.3 管道及附属设施的运行维护和管理应符合下列规定：

a) 灌溉季节前，应对管道及附件进行检查、试水，并应符合下列要求：

1) 管道通畅，无漏水现象；

2) 给水装置、控制阀门启闭灵活，进、排气阀等保护装置安全可靠；

3) 地埋管道的阀门井中无积水，管道的裸露部分完整无损；

4) 量测仪表盘面清晰，显示正常；

b) 轮灌时，应先开待运行的给水装置，后关闭尚在运行的给水装置；

c) 发现控制阀门或安全保护装置失灵，应及时停水检修；若量测仪表显示异常，应及时校正或更换；

d) 灌溉季节结束后，应对管道系统进行下列维护和保养：

1) 冲净泥沙，排放余水；

2) 妥善保护量测仪表和安全保护装置等；

3) 应对阀门、启闭机构涂油，盖好阀门井；

4) 对地面金属管道及附件进行定期养护；

e) 管道接口处漏水时宜采用下列方法处理：

1) 承插连接的聚氯乙烯管、双壁波纹管可调正或更换止水橡胶圈，也可用专用粘接剂堵漏；

2) 聚乙烯、聚丙烯管应采用热焊接方法修补。

13.3.4 地面移动软管运行管理应符合下列要求：

a) 软管使用前，认真检查其质量，并将铺管路线平整好；

b) 软管铺设，应从给水装置处开始，铺放顺直、平整，不应在地表拖拉；

c) 软管跨沟时，应设支架，转弯应平缓；

d) 软管搬移前，应放空管内积水，盘卷移动；

e) 气温低于 5 ℃时不宜使用地面移动软管；

f) 软管使用完毕后，用清水洗净卷好，平整存放在室内空气干燥、温度适中、没有阳光直接照射的地方，不宜与化肥、农药等有腐蚀性物质混放在一起，并采取防鼠害措施。

14 效益分析与经济评价

14.1 效益计算

14.1.1 工程效益应包括工程修建后所增加的产品产值以及省工、节地、节水所增加的收益。

14.1.2 实际增产值的计算应按包括丰水、平水和枯水年份在内的多年平均增产值计算。农业技术措施基本相同时，某种作物的增产值等于有、无管道输水灌溉工程相比所增加的产值，按式(37)计算；灌区内所有作物增产值按式(38)计算：

$$B_i = A_i(Y_i - Y_{0i})P_i \quad \cdots\cdots(37)$$

$$B = \sum_{i=1}^{e} B_i \quad \cdots\cdots(38)$$

式中：

B ——某一年灌区内作物的增产值，单位为元；

B_i ——某一年灌区内第 i 种作物的增产值，单位为元；

A_i ——灌区内第 i 种作物的播种面积，单位为公顷(hm^2)；

Y_i ——工程建成后，第 i 种作物的产量，单位为千克每公顷(kg/hm^2)；

Y_{0i} ——工程建成前，第 i 种作物的产量，单位为千克每公顷(kg/hm^2)；

P_i ——第 i 种作物的单价，单位为元每千克(元/kg)；

i ——作物种类序号。

14.1.3 农业技术措施不同时，管道输水灌溉增产值的计算应在式(37)中乘以工程效益分摊系数，其值可参考类似地区的试验成果或调查资料分析确定。无资料时，可按0.2～0.6进行估算，丰水年取小值，枯水年取大值。

14.1.4 省工效益应按节省的用工量乘以当地工值计算。

14.1.5 节水效益应按节省水量用于扩大灌区面积或用于其他服务所获得的效益计算。

14.1.6 省地效益应按节省土地面积所增加的产品效益扣除农业成本计算。

14.2 费用计算

14.2.1 工程投资应包括建筑工程费、设备购置及安装费、临时工程费、其他费用和预备费等。

14.2.2 由国家、集体和群众共同投资建设的工程，应将总投资分为国家投资和集体、群众投资两部分，分别计算。

14.2.3 管道输水灌溉工程与其他工程共同使用一个水源时，共用部分投资应合理分摊；兼作其他用途时，其费用亦应合理分摊。

14.2.4 经济分析中的年费用应包括年折旧费和年运行费两部分。社会折现率应按SL 72的要求进行取值，宜为6%～8%。

14.3 经济评价

14.3.1 已建成的管道输水灌溉工程运行1年后可进行经济评价。

14.3.2 管道输水灌溉工程国民经济评价应重视调查研究，采用的基本资料应准确。

14.3.3 经济评价方法应符合SL 72的规定，计算期宜采用30～50年。

附 录 A
（规范性附录）
多泥沙水源管道输水临界不淤流速的计算

A.1 多泥沙水源管道临界不淤流速

多泥沙水源管道临界不淤流速可采用 B.C 克诺罗兹公式计算，当 $d_p \leqslant 0.07$ mm 时可按式（A.1）计算；当 0.07 mm$\leqslant d_p \leqslant$0.15 mm 时可按式（A.2）计算。

$$v_L = 0.2\beta(1 + 3.43\sqrt[4]{C_d D_L^{0.75}}) \qquad \cdots\cdots\cdots\cdots (\text{A.1})$$

$$v_L = 0.255\beta(1 + 2.48\sqrt[3]{C_d}\sqrt[4]{D_L}) \qquad \cdots\cdots\cdots\cdots (\text{A.2})$$

式中：

d_p ——泥沙平均粒径，单位为毫米（mm）；

v_L ——临界不淤流速，单位为米每秒（m/s）；

β ——相对密度修正系数，$\beta = (\rho_g - 1)/1.7$；

ρ_g ——泥沙相对密度；

C_d ——含沙量（重量百分比）；

D_L——临界管径，单位为毫米（mm）。

A.2 黄河及其支流的多泥沙水源管道临界不淤流速

管道输水临界不淤流速可按式（A.3）计算。

$$v_L = 1.96KS_v^{0.2341}\sqrt[4]{gD\omega^2\frac{\rho_s - \rho}{\rho}} \qquad \cdots\cdots\cdots\cdots (\text{A.3})$$

式中：

v_L——临界不淤流速，单位为毫米每秒（mm/s）；

g ——重力加速度，单位为米每二次秒（m/s^2）；

S_v——重量含沙量，%；

D ——管道内径，单位为毫米（mm）；

ρ_s ——泥沙密度，单位为千克每升（kg/L）；

ρ ——水的密度，单位为千克每升（kg/L）；

ω ——泥沙沉降速度单位为毫米每秒（mm/s），可根据泥沙粒径、水温由表 A.1 查得；

K ——修正系数，当系统为加压管道灌溉形式时，K 值取 1，当系统为自压管道灌溉形式时，K 值取 1.05。

表 A.1 泥沙沉降速度

单位为毫米每秒

泥沙粒径 mm	水温 ℃			
	0	10	20	30
0.001	0.000 37	0.000 51	0.000 67	0.000 83
0.002	0.001 52	0.002 06	0.002 67	0.003 33
0.003	0.003 41	0.004 63	0.006 01	0.007 48
0.004	0.006 04	0.008 22	0.010 70	0.013 30
0.005	0.009 46	0.012 90	0.016 70	0.020 80
0.006	0.013 60	0.018 50	0.024 00	0.029 90
0.007	0.018 50	0.025 20	0.032 70	0.040 70
0.008	0.024 20	0.032 90	0.042 60	0.053 10
0.009	0.030 50	0.041 60	0.054 00	0.067 40
0.010	0.037 90	0.051 40	0.066 70	0.083 20
0.020	0.152 00	0.206 00	0.267 00	0.333 00
0.030	0.341 00	0.463 00	0.601 00	0.748 00
0.040	0.604 00	0.822 00	1.070 00	1.330 00
0.050	0.946 00	1.290 00	1.670 00	2.080 00
0.060	1.360 00	1.850 00	2.400 00	3.170 00
0.070	1.850 00	2.520 00	3.500 00	4.050 00
0.080	2.420 00	3.410 00	4.410 00	5.130 00
0.090	3.060 00	4.190 00	5.550 00	8.180 00
0.100	3.700 00	4.970 00	6.120 00	7.350 00
0.150	7.690 00	9.900 00	11.800 00	13.700 00
0.200	12.300 00	15.300 00	17.900 00	20.500 00
0.250	17.200 00	21.000 00	24.400 00	27.500 00
0.300	22.300 00	26.700 00	30.800 00	34.400 00
0.350	27.400 00	32.800 00	37.100 00	41.400 00
0.400	32.900 00	38.700 00	43.400 00	48.600 00
0.500	43.300 00	50.600 00	56.700 00	61.900 00
0.600	54.300 00	62.600 00	69.200 00	75.000 00
0.700	65.200 00	74.200 00	81.200 00	88.500 00
0.800	75.000 00	85.500 00	93.700 00	102.000 00
0.900	85.500 00	96.000 00	106.000 00	114.000 00
1.000	95.200 00	107.000 00	117.000 00	125.000 00
1.500	143.000 00	160.000 00	172.000 00	177.000 00
2.000	190.000 00	205.000 00	205.000 00	205.000 00
2.500	229.000 00	229.000 00	229.000 00	229.000 00
3.000	251.000 00	251.000 00	251.000 00	251.000 00

附 录 B
（资料性附录）
运行维护记录表

表 B.1 规定了运行维护记录使用的表格。

表 B.1 运行维护记录表

工程名称			所在地址		
作物种类		种植面积/hm^2		生育期	
灌水日期		轮灌组序号		作业时间/h	
压力表读数 MPa	1		水表读数 m^3	1	
	2			2	
	3			3	
	4			4	
	5			5	
	6			6	
	7			7	
	8			8	
	9			9	
	10			10	
计划灌水定额 m^3/hm^2			实际灌水定额 m^3/hm^2		
事故类型			事故描述		
处理结果					
其他情况					
值班人员签名			复核人签名		

ICS 01.040.37;37.080
A 14

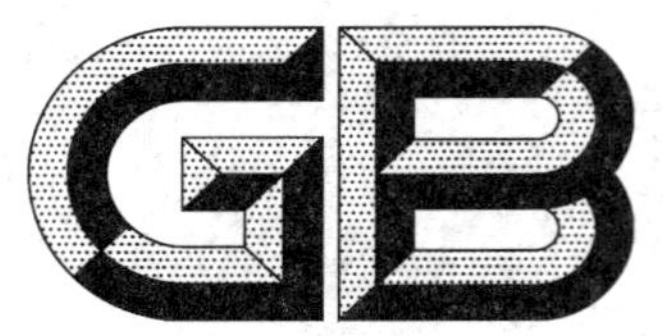

中华人民共和国国家标准

GB/T 20225.1—2017/ISO 12651-1:2012
代替 GB/T 20225—2006

电子文档管理　词汇
第1部分:电子文档成像

Electronic document management—Vocabulary—
Part 1:Electronic document imaging

(ISO 12651-1:2012,IDT)

2017-05-12 发布　　　　2017-12-01 实施

中华人民共和国国家质量监督检验检疫总局
中国国家标准化管理委员会　发布

前言

GB/T 20225《电子文档管理 词汇》包括如下部分：

——第1部分：电子文档成像；

——第2部分：文档流程。

本部分为GB/T 20225的第1部分。

本部分按照GB/T 1.1—2009给出的规则起草。

本部分代替GB/T 20225—2006《电子成像 词汇》。

本部分与GB/T 20225—2006相比，主要技术变化如下：

——在规范性引用文件中将2项标准移至参考文献中：

- GB/T 2659—2000 世界各国和地区名称代码(eqv ISO 3166-1:1997)；
- GB/T 15237.1—2000 术语工作 词汇 第1部分：理论与应用(eqv ISO 1087-1:2000)。

——在规范性引用文件中新增加3项标准：

- ISO/IEC 10918-4 信息技术 连续色调静态图像的数字压缩及编码：JPEG轮廓、SPIFF轮廓、SPIFF标签、SPIFF颜色、APP标记、SPIFF压缩类型和登记机构(REGAUT)扩充的登记[Information technology—Digital compression and coding of continuous-tone still images: Registration of JPEG profiles, SPIFF profiles, SPIFF tags, SPIFF colour spaces, APPn markers, SPIFF compression types and Registration Authorities (REGAUT)]；
- ISO/IEC 11544 信息技术 图片和声音信息的编码表示 递增二值图像压缩(Information technology—Coded representation of picture and audio information—Progressive bi-level image compression)；
- ISO 18901 成像材料 已加工银明胶型黑白胶片 稳定性规范(Imaging materials—Processed silver-gelatin-type black-and-white films—Specifications for stability)。

——增加术语，由原来的85条增加至现在146条。

——修改GB/T 20225—2006中多条术语的定义。

本部分使用翻译法等同采用ISO 12651-1:2012《电子文档管理 词汇 第1部分：电子文档成像》(英文版)。

本部分与ISO 12651-1:2012相比，做了以下编辑性修改：

——增加中文索引。

本部分由全国文献影像技术标准化技术委员会(SAC/TC 86)提出并归口。

本部分起草单位：中国人民大学数据工程与知识工程教育部重点实验室。

本部分主要起草人：张美芳、娄文婷、周杰、吴秀云、王新阳、陈敏。

本部分所代替标准的历次版本发布情况为：

——GB/T 20225—2006。

引　言

本部分的条目是按概念体系编排的。

每个条目均由条目编号、汉语术语、英语对应词和定义等部分组成。

本部分的条目中，术语采用黑体。定义或注释内出现的在标准其他处定义过的优先术语也采用黑体，且其后跟随相应的条目编号(加括号)。

在本部分的术语中，圆括号“()”用于注释或补充说明；方括号“[]”用于术语可省略部分。

在本部分的参考文献中，用与国际标准有一致性对应关系的我国文件来取代国际标准：

——GB/T 2659—2000　世界各国和地区名称代码(eqv ISO 3166-1:1997)；

——GB/T 15237.1—2000　术语工作　词汇　第1部分：理论与应用(eqv ISO 1087-1:2000)；

——GB/T 26162.1—2010　信息与文献　文件管理　第1部分：通则(ISO 15489-1:2001，IDT)。

电子文档管理 词汇 第1部分:电子文档成像

1 范围

GB/T 20225的本部分旨在方便电子文件管理领域内的交流和术语的翻译。

本部分通篇所用的"电子文档管理"是作为输入技术(扫描、索引、光学字符识别、格式、数字生成等)、管理技术(文档服务、工作流及其他工作管理工具)以及存储(主要是光学存储或磁存储)技术的通用术语。

2 规范性引用文件

下列文件对于本文件的应用是必不可少的。凡是注日期的引用文件,仅注日期的版本适用于本文件。凡是不注日期的引用文件,其最新版本(包括所有的修改单)适用于本文件。

ISO/IEC 10918-4 信息技术 连续色调静态图像的数字压缩及编码:JPEG轮廓、SPIFF轮廓、SPIFF标签、SPIFF颜色、APP标记、SPIFF压缩类型和登记机构(REGAUT)扩充的登记[Information technology—Digital compression and coding of continuous-tone still images: Registration of JPEG profiles, SPIFF profiles, SPIFF tags, SPIFF colour spaces, APPn markers, SPIFF compression types and Registration Authorities (REGAUT)]

ISO/IEC 11544 信息技术 图片和声音信息的编码表示 递增二值图像压缩(Information technology—Coded representation of picture and audio information—Progressive bi-level image compression)

ISO 18901 成像材料 已加工银明胶型黑白胶片 稳定性规范(Imaging materials—Processed silver-gelatin-type black-and-white films—Specifications for stability)

3 原则及惯例

3.1 定义、组成及条目管理

本部分制定的术语和定义及组成、条目管理参考ISO 10241-1:2011。

3.2 拼写

除非另有指出,术语对应的英语单词使用英国的拼写方式。

4 术语和定义

4.1

像差 aberration

透镜或反射镜中导致**影像**(4.67)产生畸变的缺陷。

示例:像散、色差、像场弯曲。

4.2

烧蚀　ablation

大功率激光在写入过程中使**光盘**(4.99)表面烧伤或者融化所造成的变形。

注:这种变形也称为坑。

4.3

可寻址能力　addressability

在显示屏或支持显示的装置上用坐标系统寻址的离散**像素**(4.108)数量。

示例:1 600×1 200。

4.4

模拟监视器　analogue monitor

使用模拟信号显示**影像**(4.67)的输出设备。

注:决定每种颜色成分亮度的电压连续变化。

4.5

模拟传输　analogue transmission

与色调变化相似的连续变化的电子信号传输。

4.6

模数转换　analogue-to-digital conversion

A/D

连续电流或电信号转变为数字形式的过程。

4.7

开窗卡扫描器　aperture card scanner

在开窗卡上扫描缩微影像的设备。

注:一些**扫描器**(4.124)也能读取开窗卡上的信息。

4.8

宽高比　aspect ratio

矩形的宽度与高度的比例。

4.9

自动字符识别　automatic character recognition

使用专门系统,如**OCR**(4.100)和**ICR**(4.80)来识别人可读字符(通常是文字与数字),并使用这些数据的技术。

4.10

自动文档供送装置　automatic document feeder

为捕获信息,将缩微品、胶片或纸张输入到**扫描器**(4.124)的动力装置。

注:该装置也能定位缩微品、胶片或纸张。

4.11

辅助业务　auxiliary operation

文档(4.41)管理系统主要运行的辅助活动。

示例:胶片的清洁、粘接、安装、包装、载入、编码。

4.12

后备文件　backfile

通常是在进入**成像**(4.76)系统之前,还未数字化的**文档**(4.41)集合。

4.13

后备文件转换　backfile conversion

后备文件(4.12)的扫描、**索引**(4.77)以及质量控制过程。

4.14

向后兼容　backward compatibility

将数据从较高版本的系统或软件包转移到较低版本的能力。

4.15

条码扫描器　bar-code scanner

通过反射光读取条码的设备。

4.16

条码符号　bar-code symbol

由机器生成并可用机器阅读,以印刷出的一系列具有不同宽度、不同间距和(或)不同高度的相对平行线条形式表达的数据(通常是数字)。

4.17

批处理　batch processing

一批**文档**(4.41)的机器处理过程。

注:这些**文档**(4.41)有可能是在一段时间内收集的。

4.18

位映射影像　bit-mapped image

由**像素**(4.108)阵列构成的**影像**(4.67)。

4.19

二值影像　bitonal image

有许多**像素**(4.108),每个像素具有一个"开"或"关"的值的**影像**(4.67)。

4.20

背透　bleed-through(US);show-through (GB)

当阅读和(或)扫描时,不希望从**文档**(4.41)背面透过来的呈现。

4.21

结块　blocking

邻层胶片或者纸张间的自然粘连。

4.22

浏览　browsing

在数据库或者**文档**(4.41)中查找信息。

4.23

缓存　cache

对于频繁使用的信息提供快速访问的暂时存储。

4.24

字符识别　character recognition

用自动的方法来识别图形字符。

4.25

电荷耦合器件扫描器　charge-coupled device scanner

CCD 扫描器　CCD scanner

包含能收集、存储和移动成组电荷的光敏半导体器件的**扫描器**(4.124)。

4.26

限幅的像素阵列　clipped pixel array

由裁切参数决定的、用于成像的实际**像素**(4.108)阵列。

4.27

限幅　clipping

由于光检测器灵敏度的限制，而造成**扫描器**(4.124)记录色调范围的缩小。

4.28

只读光盘　compact disk-read only memory;CD-ROM

符合光盘规范，通过**母版制作过程**(4.91)生成的、用来分布只读信息的**光盘**(4.99)。

4.29

可记录光盘　compact disk recordable;CD-R

符合光盘规范，数据由用户记录一次并能读取多次的光盘。

4.30

复合文档　compound document

包含多于一种类型信息的**文档**(4.41)。

示例：一份单一**文档**(4.41)中包含文本，图形和**影像**(4.67)，或者一份文字处理文档内嵌一份电子表格。

4.31

压缩　compression

电子文件容量的减少。

注1：压缩可以是**有损压缩**(4.88)，也可以是**无损压缩**(4.87)。

注2：执行压缩操作通常是为了减少存储容量，减少网络流量和(或)减少文件传输时间。

4.32

压缩比　compression ratio

压缩之前的文件大小与压缩之后的文件大小的关系。

4.33

计算机输出激光光盘　computer output to laser disk;COLD

通过使用虚拟打印机或其他技术，在生成或打印报告时进行捕获，把计算机生成的报告以计算机可访问的格式进行存储的技术。

注：此术语有时也指**企业报告管理**(4.54)。

4.34

连续色调　continuous-tone

颜色和(或)密度有连续变化。

注：颜色包括不同深浅的灰。

4.35

反差　contrast

影像最暗区域和最亮区域之间密度的差异。

4.36

解压缩　decompression

压缩文件的扩展。

4.37

纠歪斜　deskewing

按照**影像**(4.67)歪斜(倾斜)的同样角度向相反方向旋转影像，从而使影像在水平方向和垂直方向上对正，使页面内的文本不再倾斜的过程。

注1：参见**歪斜**(4.129)。

注2：没有对正的**影像**(4.67)使**光学字符识别**[**OCR**(4.100)]更加困难，并使OCR识别过程更加缓慢、更不准确。事

先对**文档**(4.41)进行歪斜校正可以使 OCR 过程更快、更准确。

4.38

数字化　digitize

使用**扫描器**(4.124)将文档转换为数字化编码的**电子影像**(4.48)。

4.39

数字转换器　digitizer

文档(4.41)数字化设备。

注：本术语常常被延伸为，既可扫描文档，又可对**文档**(4.41)进行实际数字化的装置。

4.40

抖动处理　dithering

用一个像元中黑白**像素**(4.108)的不同图案来模拟不同深浅的灰，或用其他颜色(往往是基色)图案来模拟颜色的方法。

4.41

文档　document

能作为一个单元记录下来的信息或对象。

4.42

文档属性　document profile

作为一个整体，规定**文档**(4.41)特征的属性集合。

4.43

文档服务　document service

组件、模块或用于支持和(或)提供编辑的应用、签入签出和版本控制能力，以及其他通过自动化方式创建、管理、更新和安全保护基于**文档**(4.41)的信息所需的其他特性。

4.44

点每英寸　dots per inch

dpi

分辨率的测量单位。

4.45

防复印油墨　dropout ink

颜色不能被**扫描器**(4.124)检测到的墨水。

4.46

边缘增强　edge enhancement

在**电子影像**(4.48)上使线条边缘锐化的技术。

4.47

电子文档管理系统　electronic document management system;EDMS

基于计算机应用，在整个**文档**(4.41)生命周期对**文档**(4.41)进行管理。

注：该系统可能包含一种或多种技术，如文档成像、文档/图书馆服务、工作流、企业报告管理、表格管理和自动字符识别。

4.48

电子影像　electronic image

文档(4.41)的数字化表达。

4.49

电子影像管理　electronic image management

所有**电子成像**(4.51)技术的协调应用。

4.50

电子影像灰度比例变换　electronic image grey scaling

把**连续色调**(4.34)的影像转换为有限的灰色深浅的影像,生成以不同深浅的灰表示**影像**(4.67)内容的**电子影像**(4.48)。

4.51

电子成像　electronic imaging

输入、记录、处理、存储、传递和使用**影像**(4.67)所用的技术。

4.52

增强　enhancement

为使影像视觉上更加清晰,对影像采取的处理技术。

4.53

企业内容管理　enterprise content management;ECM

用于捕获、管理、存储、保存和传递与组织过程有关的内容和**文档**(4.41)的策略、方法和工具。

注:ECM 工具和策略允许对存在于组织内部任何地方的非结构化信息进行管理。

4.54

企业报告管理　enterprise report management;ERM

把计算机生成的报告以计算机可访问的格式进行存储的技术,即当报告生成或打印时,使用虚拟计算机或其他技术来捕获这份报告。

注:参见 COLD(4.33)。

4.55

清除　expunge

从计算机系统中彻底移除**文档**(4.41)、**影像**(4.67)或文件及其**索引**(4.77),而不留下其在系统中曾经出现过的任何证据的过程。

4.56

平板扫描器　flat-bed scanner

具有一个平面来输入材料的扫描装置。

注:通常用于扫描装订材料和其他不适用于**自动文档供送装置**(4.10)的原件。

4.57

格式化　formatting

在数据介质上设置空间区划,初始化空间分配表,便于准确找到之后存储于此的每一比特的数据。

4.58

表格嵌套　forms overlay

能够将一组标准格式**影像**(4.67)存储在打印机或计算机中,并且有选择性地在规定的表格位置上嵌套于将要打印的可变数据的打印特征。

4.59

表格消除　forms removal

从**数字化**(4.38)**影像**(4.67)中移除固定的嵌套部分,只留下可变数据的系统(通常是软件)。

4.60

向前兼容　forward compatibility

将数据从较低版本的硬件和软件包向较高版本转移的能力。

4.61

Group 3(压缩)　group 3(compression)

T.4 压缩标准中用行程编码减少数据冗余的**压缩**(4.31)格式。

4.62

Group 4(压缩)　group 4 (compression)

T.6 压缩标准中用行程编码减少数据冗余的**压缩**(4.31)格式。

4.63

半色调　halftone

通过网屏拍摄**影像**(4.67),以一系列点的形式再现**连续色调**(4.34)原件的技术。

注:网屏越细,形成底片的细节就越多。

4.64

水平影像分辨率　horizontal image resolution

影像(4.67)水平方向上离散像素的数量。

4.65

霍夫曼编码　Huffman coding

数据**压缩**(4.31)技术。此技术指定较短的比特序列为频繁出现的标记,较长的比特序列为不频繁出现的标记。

4.66

超文本　hypertext

存储**影像**(4.67)、文本和其他计算机文件的系统,这种系统允许直接链接到其他相关的数据。

示例:最著名的超文本是万维网(互联网)。

注:这里的相关数据包括文本、图片、声音、视频或者程序。

4.67

影像　image

文档(4.41)的数字或图片形式的表达。

注 1:参见**电子影像**(4.48)。

注 2:缩微品也能包含**文档**(4.41)的**影像**(4.67)。

4.68

影像验收抽样　image acceptance sampling

为了确定影像品质的可接受性,从藏品中随机选取文档影像。

示例:质量、**解像力**(4.73)。

4.69

影像压缩　image compression

用于减少**电子影像**(4.48)文件中比特数数量所使用的技术。

注:参见**压缩**(4.31)、**无损压缩**(4.87)和**有损压缩**(4.88)。

4.70

影像转换　image conversion

影像(4.67)从一种格式转换为另一种格式的操作。

4.71

影像解压缩　image decompression

从压缩格式恢复**电子影像**(4.48)的技术。

4.72

影像偏移　image offset

扫描器(4.124)上允许捕获区相对于待捕获**文档**(4.41)上信息做移动的调节装置。

4.73

解像力　image resolution

影像(4.67)每一单位长度和宽度上的**像素**(4.108)数。

注：参见**垂直影像分辨率**（4.144）和**水平影像分辨率**（4.64）。

4.74

影像服务器　image server

在网络上管理**影像**(4.67)存储的计算机。

4.75

成像能力　image-enabled

通过数据处理终端、工作站或微型计算机上的软件而实现的**电子成像**(4.51)能力。

4.76

成像　imaging

使用缩微技术和(或)**电子成像**(4.51)，对任何原始格式的**文档**(4.41)进行捕获、存储和检索的过程。

注：有时此过程也被称为**电子成像**(4.51)。

4.77

索引　index

文件、**文档**（4.41)或文档集合的内容列表，作为查询文档内容的参考。

4.78

初始化　initialisation

在使用数据介质、实施过程、或运行机器之前要求执行的操作。

4.79

输入装置　input device

把数据转换为电子信号以便能够在计算机系统上运行的装置。

示例：CRT/键盘、**OCR**（4.100)**扫描器**（4.124)、鼠标。

4.80

智能字符识别　intelligent character recognition

ICR

OCR(4.100)技术的高级形式，包括诸如在处理过程中识别字体、使用上下文提高正确识别率，或者识别手写字符的能力。

4.81

国际电信联盟(电信标准化部门)　International Telecommunication Union（Telecommunication Standardization Sector)；ITU-T

制定国际通信标准的国际组织。

注：ITU-T 取代了国际电报电话咨询委员会(CCITT)。

4.82

联合双值影像组　joint bi-level image group；JBIG

〈压缩〉ISO 11544 中规定的**影像压缩**(4.69)的演算法。

4.83

联合图像专家组　joint photographic experts group；JPEG

〈压缩〉ISO 10918-4 中规定的**影像压缩**(4.69)的演算法。

注 1：当前版本是 JPEG 2000。

注 2：JPEG 可对一类**影像**(4.67)提供**无损压缩**(4.87)及**有损压缩**(4.88)、连续及渐进性**压缩**(4.31)、算法或**霍夫曼编码**(4.65)和大量其他的相关因素，来优化压缩并使用。JPEG 现已被认定为 Group 3 颜色传真的压缩标准。

4.84

光盘库　jukebox

用于多个**光盘**(4.99)的存储，自动选择并将其传送至一个或多个驱动器的装置。

4.85

寿命预期　life expectancy;LE

按照 ISO 18901 规定,在适当的存储条件下,预测系统中的信息能被检索的时间长度。

注 1:"LE"的确定是记录材料和相关检索系统的寿命预期值。

注 2:LE 符号后面的数字表示信息在永久保存条件下经适当保存,能被检索到而无明显丢失的最低寿命预测,例如,LE-100 表示存储信息在经过至少 100 年后,仍可被读出。

4.86

线性　linearity

在 X 轴和 Y 轴上实际距离对比计算机计算距离的测量。

4.87

无损压缩　lossless compression

使解压缩**影像**(4.67)与原始未压缩影像相同的技术。

4.88

有损压缩　lossy compression

压缩过程中丢失一部分原始信息的**压缩**(4.31)算法,这样解压缩数据只是近似于原始数据。

这项技术在**影像压缩**(4.69)中特别有用。通常,随着**压缩**(4.31)明显增加,人眼对细节没有察觉,或者有最低程度的察觉,可被忽略不计。

4.89

磁光记录　magneto-optic recording

MO 记录　MO recording

用磁性和光学相结合的方式记录数据,以改变记录介质磁场的极性,实现高密度。

注:数据是可擦除和(或)可重写的。

4.90

母版　master

用于产生复制品的**电子影像**(4.48)。

4.91

母版制作过程　mastering process

在介质复制过程中,生成用以制作复制件的**电子影像**(4.48)的过程。

4.92

载体迁移　media migration

把存储在一种载体上的信息转换到另一种载体上的过程。

示例:从磁带到**光盘**(4.99)的转换。

4.93

缩微平片扫描仪　microfiche scanner

扫描缩微平片的装置。

4.94

改进的霍夫曼编码　modified Huffman code;MH;MHC

只移除**影像**(4.67)水平冗余的行程编码。

4.95

读改良修正码　modified modified read code

MMR code

无差错的环境下的二维数字编码方案。

注:这种编码用于 Group 4 **影像压缩**(4.69)。

4.96

读改良码　modified read code

MR code

在 Group 3 **影像压缩**(4.69)使用的具有错误恢复能力的一维数字编码方案。

4.97

多功能光学驱动系统　multi-functional optical drive system

既可使用 **WORM**(4.145),也可使用可擦写**光盘**(4.99)的驱动器。

4.98

标称容量　nominal capacity

在光盘及其他记录介质上可存储电子信息的字节数。

4.99

光盘　optical disk

在记录层内接受、保留信息,并能用光束阅读的盘。

注:也可以拼写成"disc"。

4.100

光学字符识别　optical character recognition;OCR

识别字符并转换成二进制码的技术。

注:参见**智能字符识别**(4.80)。

4.101

光盘盒　optical disk cartridge;ODC

光盘的保护盒。

4.102

光学驱动器　optical drive

在光学介质上读取或写入的装置。

4.103

光存储器　optical memory

以记录或密度调制的形式,在记录层接收、保留信息并用光束进行读取的介质。

4.104

光学存储　optical storage

使用光学介质的存储系统。

4.105

输出影像区域　output imaging area

输出设备输出**影像**(4.67)的画幅区。

在大多数电子打印机及**成像**(4.76)设备上,它比整页纸小,导致成像区域比页面尺寸小。

4.106

相变记录　phase change recording

PC recording

在可重写介质上使用激光束,使记录物质由非晶态(无形态)变为晶态(结构状)来记录数据,或反之读取数据的技术。

注:这种介质能在有限次数内被写入、擦除及重写。

4.107

光电二极管器件　photodiode device

基于半导体技术,用于探测光源的设备。

注：这些设备的排列常被用于图像**扫描器**(4.124)的探测器。

4.108

像素　picture element

pixel

pel

电子影像(4.48)的最小元素。

注：来自 GB/T 5271.13—2008 13.03。

4.109

色距　pitch

〈成像〉显示器中三原色组之间的辐射距离。

注：三原色组聚合的越近，颜色显示效果越好。

4.110

道距　pitch

〈介质〉磁盘记录层上写入或者凹槽之间标称中心之间的距离。

4.111

单元距　pitch

〈扫描器〉**扫描器**(4.124)检测器阵列中元件之间的水平或者垂直距离。

4.112

页每分钟　pages per minute

ppm

一分钟内输入到**扫描器**(4.124)的页数。

4.113

保护层　protective layer

在盘面上对记录层提供物理保护的一层。

4.114

记录层　recording layer

在生产和(或)使用期间信息被记录的一层。

4.115

报表　reporting

数据库中以电子或打印形式呈现的信息列表。

4.116

分辨测试卡　resolution test chart

包含一系列逐渐变小的分辨率测试图案。

4.117

分辨　resolve

测试图案中线条间的区分。

4.118

分辨力　resolving power

光学系统中区分或分离临近两个线条或字符能力的数值表达。

4.119

可擦写光盘　rewritable optical disk

能重复记录和擦除数据，并能记录新数据的**光盘**(4.99)。

4.120

正确阅读方向　right-reading

按正常顺序阅读的文本或**影像**(4.67)的方向。

4.121

卷片扫描器　roll film scanner

从卷式缩微品扫描**影像**(4.67)的设备。

4.122

扫描尺寸　scan size

捕获尺寸　capture size

在**文档**(4.41)**成像**(4.76)系统中，一份数字化**文档**(4.41)部分的长度和宽度。

4.123

扫描时间　scan time

将文本或者图像信息转化为电子格式所需要的时间。

4.124

扫描器 scanner

通过电—光原理将**文档**(4.41)转换成数字格式的设备。

4.125

扫描器分辨率　scanner resolution

应用于扫描文档的每单位长度**像素**(4.108)数或线条数。

4.126

扫描器阈值　scanner threshold

在黑白**扫描器**(4.124)中，决定**文档**(4.41)上的点是记录成黑还是白的反射光强度。

注：有时由人工设定(亮、暗设置)，有时是基于**文档**(4.41)的平均亮度自动设定。

4.127

屏幕分辨率　screen resolution

显示分辨率　display resolution

显示器屏幕上每单位面积的**像素**(4.108)数。

4.128

纸张供送装置　sheet feeder

将单页纸自动输送入另一个设备的设备。

4.129

歪斜 skewing

文档(4.41)扫描时出现的错误，导致**影像**(4.67)倾斜。

4.130

源文档　source document

原始**文档**(4.41)，通常为纸质。

4.131

斑点　speckle

扫描**文档**(4.41)的**影像**(4.67)上出现的多余点。

4.132

标记图像文件格式　tagged image file format;TIFF

由图像数据、一系列标题或标签组成的**影像**(4.67)文件结构。

4.133

测试标板　test target

为评估**扫描器**(4.124)输出质量而设计的测试图和(或)测试元素。

4.134

阈值处理　thresholding

扫描器(4.124)阈值设定的过程。

注:光电探测器包含发光二极管、CCD 等。

4.135

入口　throat

文档(4.41)被送入**扫描器**(4.124)的入口。

4.136

吞吐率　throughput

在扫描系统里,将硬拷贝原始文档转化为数字形式的比率,一般以页/分钟来表示。

4.137

平铺　tiling

将**电子影像**(4.48)细分成若干同样大小、完全互锁区域的方法。

注:平铺经常用于大型**影像**(4.67),如工程图,以便于一次只需解压缩和使用少量平铺区域。

4.138

矢量　vector

给定方向和长度数值的线。

注:能在二维或三维空间以图形化方式描述矢量。线段的长短表示矢量的大小,线段的方向及线段一端的箭头表示矢量的方向。

4.139

矢量数据　vector data

存储**影像**(4.67)的数字化描述,用一系列的点和数学函数来描述几何形态。

示例:线、圆、弧。

4.140

矢量数据影像　vector data image

以含有**矢量**(4.138)信息的数据文件形式存储的**影像**(4.67)。

4.141

矢量编辑器　vector editor

用来编辑**矢量数据影像**(4.140)的子系统。

4.142

矢量化　vectorisation

将包含字母数字的字符、线条、图形或草图,从栅格数据转化为**矢量**(4.138)数据的过程。

4.143

矢量-栅格转化　vector-to-raster conversion

将**矢量数据影像**(4.140)转化为栅格**影像**(4.67)。

4.144

垂直影像分辨率　vertical image resolution

纸张的**影像**(4.67)垂直方向上离散像素的数量。

4.145

一次写入多次读出光盘　write-once-read-many optical disk;WORM

数据能写入一次,读取多次的光盘。

4.146

放大　zoom

在工作站显示器中将信息放大呈现,比如文本、**影像**(4.67)。

参 考 文 献

[1] GB/T 2659—2000 世界各国和地区名称代码(eqv ISO 3166-1:1997)

[2] GB/T 15237.1—2000 术语工作 词汇 第1部分:理论与应用(eqv ISO 1087-1:2000)

[3] GB/T 26162.1—2010 信息与文献 文件管理 第1部分:通则

[4] ISO 704:2009 Terminology work—Principles and methods

[5] ISO/IEC 2382(part 1 to 34) Information technology—Vocabulary

[6] ISO 6196(part 1 to 10) Micrographics—Vocabulary

[7] ISO 10241-1:2011 Terminological entries in standards—Part 1:General requirements and examples of presentation

索 引

汉语拼音索引

B

斑点 …… 4.131
半色调 …… 4.63
报表 …… 4.115
保护层 …… 4.113
背透 …… 4.20
边缘增强 …… 4.46
标称容量 …… 4.98
表格嵌套 …… 4.58
表格消除 …… 4.59
标记图像文件格式 …… 4.132
捕获尺寸 …… 4.122

C

测试标板 …… 4.133
超文本 …… 4.66
成像能力 …… 4.75
成像 …… 4.76
初始化 …… 4.78
垂直影像分辨率 …… 4.144
磁光记录 …… 4.89

D

单元距 …… 4.111
道距 …… 4.110
电荷耦合器件扫描器 …… 4.25
点每英寸 …… 4.44
电子文档管理系统 …… 4.47
电子影像 …… 4.48
电子影像管理 …… 4.49
电子影像灰度比例变换 …… 4.50
电子成像 …… 4.51
抖动处理 …… 4.40
读改良码 …… 4.96
读改良修正码 …… 4.95
多功能光学驱动系统 …… 4.97

E

二值影像 …… 4.19

F

反差 …… 4.35
放大 …… 4.146
防复印油墨 …… 4.45
分辨 …… 4.117
分辨测试卡 …… 4.116
分辨力 …… 4.118
复合文档 …… 4.30
辅助业务 …… 4.11

G

改进的霍夫曼编码 …… 4.94
格式化 …… 4.57
光存储器 …… 4.103
光电二极管器件 …… 4.107
光盘 …… 4.99
光盘库 …… 4.84
光盘盒 …… 4.101
光学存储 …… 4.104
光学驱动器 …… 4.102
光学字符识别 …… 4.100
国际电信联盟(电信标准化部门) …… 4.81

H

后备文件 …… 4.12
后备文件转换 …… 4.13
缓存 …… 4.23
霍夫曼编码 …… 4.65

J

记录层 …… 4.114
计算机输出激光光盘 …… 4.33
结块 …… 4.21
解像力 …… 4.73

解压缩 …… 4.36
纠歪斜 …… 4.37
卷片扫描器 …… 4.121

K

开窗卡扫描器 …… 4.7
可擦写光盘 …… 4.119
可记录光盘 …… 4.29
可寻址能力 …… 4.3
宽高比 …… 4.8

L

联合双值影像组 …… 4.82
联合图像专家组 …… 4.83
连续色调 …… 4.34
浏览 …… 4.22

M

模拟监视器 …… 4.4
模拟传输 …… 4.5
模数转换 …… 4.6
母版 …… 4.90
母版制作过程 …… 4.91

P

批处理 …… 4.17
平板扫描仪 …… 4.56
屏幕分辨率 …… 4.127
平铺 …… 4.137

Q

企业内容管理 …… 4.53
企业报告管理 …… 4.54
清除 …… 4.55

R

入口 …… 4.135

S

扫描尺寸 …… 4.122
扫描时间 …… 4.123
扫描器 …… 4.124
扫描器分辨率 …… 4.125
扫描器阈值 …… 4.126
色距 …… 4.109
烧蚀 …… 4.2
矢量 …… 4.138
矢量编辑器 …… 4.141
矢量化 …… 4.142
矢量-栅格转化 …… 4.143
矢量数据 …… 4.139
矢量数据影像 …… 4.140
寿命预期 …… 4.85
输出影像区域 …… 4.105
输入装置 …… 4.79
数字化 …… 4.38
数字转换器 …… 4.39
水平影像分辨率 …… 4.64
缩微平片扫描仪 …… 4.93
索引 …… 4.77

T

条码扫描器 …… 4.15
条码符号 …… 4.16
吞吐率 …… 4.136

W

歪斜 …… 4.129
位映射影像 …… 4.18
文档 …… 4.41
文档属性 …… 4.42
文档服务 …… 4.43
无损压缩 …… 4.87

X

限幅 …… 4.27
限幅的像素阵列 …… 4.26
像差 …… 4.1
相变记录 …… 4.106
向后兼容 …… 4.14
向前兼容 …… 4.60
像素 …… 4.108
显示分辨率 …… 4.127
线性 …… 4.86

Y

压缩 …… 4.31

压缩比 …… 4.32
页每分钟 …… 4.112
一次写入多次读出光盘 …… 4.145
影像 …… 4.67
影像服务器 …… 4.74
影像解压缩 …… 4.71
影像偏移 …… 4.72
影像验收抽样 …… 4.68
影像压缩 …… 4.69
影像转换 …… 4.70
有损压缩 …… 4.88
源文档 …… 4.130
阈值处理 …… 4.134
增强 …… 4.52
正确阅读方向 …… 4.120
只读光盘 …… 4.28
智能字符识别 …… 4.80
纸张供送装置 …… 4.128
自动文档供送装置 …… 4.10
自动字符识别 …… 4.9
字符识别 …… 4.24
CCD 扫描器 …… 4.25
Group 3(压缩) …… 4.61
Group 4(压缩) …… 4.62
MO 记录 …… 4.89

Z

载体迁移 …… 4.92

英文对应词索引

A

aberration …… 4.1
ablation …… 4.2
A/D …… 4.6
addressability …… 4.3
analogue monitor …… 4.4
analogue transmission …… 4.5
analogue-to-digital conversion …… 4.6
aperture card scanner …… 4.7
aspect ratio …… 4.8
automatic character recognition …… 4.9
automatic document feeder …… 4.10
auxiliary operation …… 4.11

B

backfile …… 4.12
backfile conversion …… 4.13
backward compatibility …… 4.14
bar-code scanner …… 4.15
bar-code symbol …… 4.16
batch processing …… 4.17
bit-mapped image …… 4.18
bitonal image …… 4.19

bleed-through(US) …… 4.20
blocking …… 4.21
browsing …… 4.22

C

cache …… 4.23
capture size …… 4.122
CCD scanner …… 4.25
CD-R …… 4.29
CD-ROM …… 4.28
character recognition …… 4.24
charge-coupled device scanner …… 4.25
clipped pixel array …… 4.26
clipping …… 4.27
COLD …… 4.33
compact disk recordable …… 4.29
compact disk – read only memory …… 4.28
compound document …… 4.30
compression …… 4.31
compression ratio …… 4.32
computer output to laser disk …… 4.33
continuous-tone …… 4.34
contrast …… 4.35

D

decompression …… 4.36
deskewing …… 4.37
digitize …… 4.38
digitizer …… 4.39
display resolution …… 4.127
dithering …… 4.40
document …… 4.41
document profile …… 4.42
document service …… 4.43
dots per inch …… 4.44
dpi …… 4.44
dropout ink …… 4.45

E

ECM …… 4.53
edge enhancement …… 4.46
EDMS …… 4.47
electronic document management system …… 4.47

electronic image …… 4.48
electronic image grey scaling …… 4.50
electronic image management …… 4.49
electronic imaging …… 4.51
enhancement …… 4.52
enterprise content management …… 4.53
enterprise report management …… 4.54
ERM …… 4.54
expunge …… 4.55

F

flat-bed scanner …… 4.56
formatting …… 4.57
forms overlay …… 4.58
forms removal …… 4.59
forward compatibility …… 4.60

G

group 3 (compression) …… 4.61
group 4 (compression) …… 4.62

H

halftone …… 4.63
horizontal image resolution …… 4.64
Huffman coding …… 4.65
hypertext …… 4.66

I

ICR …… 4.80
image …… 4.67
image acceptance sampling …… 4.68
image compression …… 4.69
image conversion …… 4.70
image decompression …… 4.71
image offset …… 4.72
image resolution …… 4.73
image server …… 4.74
image-enabled …… 4.75
imaging …… 4.76
index …… 4.77
initialisation …… 4.78
input device …… 4.79
intelligent character recognition …… 4.80

International Telecommunication Union(Telecommunication Standardization Sector) ················ 4.81
ITU-T ·· 4.81

J

JBIG ·· 4.82
joint bi-level image group ·· 4.82
joint photographic experts group ·· 4.83
JPEG ·· 4.83
jukebox ·· 4.84

L

LE ·· 4.85
life expectancy ·· 4.85
linearity ·· 4.86
lossless compression ·· 4.87
lossy compression ·· 4.88

M

magneto-optic recording ·· 4.89
master ·· 4.90
mastering process ·· 4.91
media migration ·· 4.92
MH ·· 4.94
MHC ·· 4.94
microfiche scanner ·· 4.93
MMR code ·· 4.95
modified Huffman code ·· 4.94
modified modified read code ·· 4.95
modified read code ·· 4.96
MO recording ·· 4.89
MR code ·· 4.96
multi-functional optical drive system ·· 4.97

N

nominal capacity ·· 4.98

O

OCR ·· 4.100
ODC ·· 4.101
optical character recognition ·· 4.100
optical disk ·· 4.99
optical disk cartridge ·· 4.101
optical drive ·· 4.102

optical memory …… 4.103
optical storage …… 4.104
output imaging area …… 4.105

P

pages per minute …… 4.112
PC recording …… 4.106
pel …… 4.108
phase change recording …… 4.106
photodiode device …… 4.107
picture element …… 4.108
pitch …… 4.109,4.110,4.111
pixel …… 4.108
ppm …… 4.112
protective layer …… 4.113

R

recording layer …… 4.114
reporting …… 4.115
resolution test chart …… 4.116
resolve …… 4.117
resolving power …… 4.118
rewritable optical disk …… 4.119
right-reading …… 4.120
roll film scanner …… 4.121

S

scan size …… 4.122
scan time …… 4.123
scanner …… 4.124
scanner resolution …… 4.125
scanner threshold …… 4.126
screen resolution …… 4.127
sheet feeder …… 4.128
show-through(GB) …… 4.20
skewing …… 4.129
source document …… 4.130
speckle …… 4.131

T

tagged image file format …… 4.132
test target …… 4.133
thresholding …… 4.134

throat ········ 4.135
throughput ········ 4.136
tiling ········ 4.137
TIFF ········ 4.132

V

vertical image resolution ········ 4.144
vector ········ 4.138
vector data ········ 4.139
vector data image ········ 4.140
vector editor ········ 4.141
vectorisation ········ 4.142
vector-to-raster conversion ········ 4.143

W

WORM ········ 4.145
write-once-read-many optical disk ········ 4.145

Z

zoom ········ 4.146

ICS 79.060.99
B 70

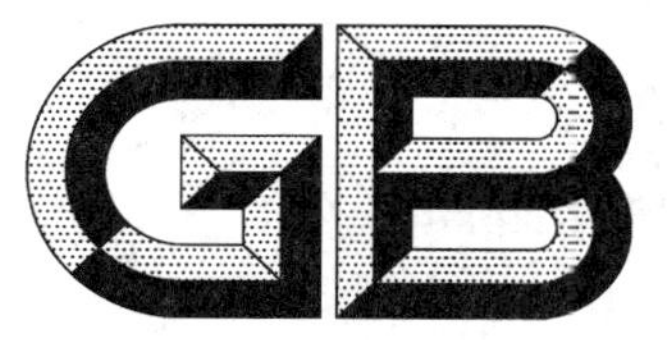

中华人民共和国国家标准

GB/T 20240—2017
代替 GB/T 20240—2006

竹集成材地板

Glued laminated bamboo flooring

2017-11-01 发布　　2018-05-01 实施

中华人民共和国国家质量监督检验检疫总局
中国国家标准化管理委员会　发布

前　言

本标准按照 GB/T 1.1—2009 给出的规则起草。

本标准代替 GB/T 20240—2006《竹地板》，与 GB/T 20240—2006 相比，除编辑性修改外主要技术变化如下：

——修改了范围(见第 1 章，2006 年版的第 1 章)；

——修改了术语和定义(见 3.1、3.15、3.22 2006 年版的 3.2、3.15、3.18)；

——增加了术语和定义(见 3.2、3.3、3.4、3.5、3.6)；

——修改了分类(见 4.1，2006 年版的 4.1)；

——增加了常用规格尺寸(见 5.2.1)；

——修改了表 1(见表 1，2006 年版的表 1)；

——提高了表 2 中榫舌缺损和裂纹、宽度拼接离缝的要求(见表 2，2006 年版的表 2)；

——放宽了对背板的要求(见表 2，2006 年版的表 2)；

——修改了浸渍剥离试验的指标值(见表 3，2006 年版的表 3)；

——提高了表面漆膜耐磨性的指标值(见表 3，2006 年版的表 3)；

——增加了表板纤维方向与芯板纤维方向相互垂直的竹集成材地板的静曲强度的要求(见表 3)；

——修改了甲醛释放量的指标值(见 5.4.2，2006 年版的表 3)；

——修改了浸渍剥离试验的试验方法(见 6.3.5，2006 年版的 6.5)；

——修改了甲醛释放量的测试方法(见 6.3.11，2006 年版的 6.11)。

本标准由国家林业局提出。

本标准由全国竹藤标准化技术委员会(SAC/TC 263)归口。

本标准起草单位：南京林业大学、杭州大索科技有限公司、浙江永裕高耐竹科技有限公司、浙江天振竹木开发有限公司、上海升达林产有限公司、太尔化工南京有限公司、福建华宇竹业有限公司、江西康达竹业集团、江西飞宇竹业集团、江西康替龙竹业有限公司、江西华昌竹业集团有限公司、江西松涛竹业有限公司、江西省贵竹发展有限公司、江西腾达竹木业有限公司、安徽龙华竹业有限公司、国家林业局南京人造板质量监督检验站、国家竹木产品质量监督检验中心、上海市建材科学研究院(集团)有限公司。

本标准主要起草人：张勤丽、蒋身学、林海、陈永兴、方庆华、汤建兴、杨虹、郭学婢、赖学桂、魏冬冬、钟三明、蔡煌远、方青松、熊晓洪、王贤成、方业龙、易庠华、邱伟星、张治宇。

本标准所代替标准的历次版本发布情况为：

——GB/T 20240—2006。

竹集成材地板

1 范围

本标准规定了竹集成材地板的术语和定义、分类、技术要求、检验方法、检验规则以及标志、包装、运输和贮存。

本标准适用于室内用竹条集成材企口地板。

2 规范性引用文件

下列文件对于本文件的应用是必不可少的。凡是注日期的引用文件,仅注日期的版本适用于本文件。凡是不注日期的引用文件,其最新版本(包括所有的修改单)适用于本文件。

GB/T 2828.1—2012 计数抽样检验程序 第1部分:按接收质量限(AQL)检索的逐批检验抽样计划

GB/T 17657—2013 人造板及饰面人造板理化性能试验方法

GB/T 18103—2013 实木复合地板

GB 18580 室内装饰装修材料 人造板及其制品中甲醛释放限量

3 术语和定义

下列术语和定义适用于本文件。

3.1

竹条 bamboo strip

竹片经机械加工形成具有一定规格尺寸、横断面为矩形的长条状片材。

3.2

层板 lamination

精刨竹条纤维方向相互平行,胶拼而成的具有设定宽度的板材。

注:层板是竹集成材地板生产过程中的半成品。

3.3

竹集成材地板 glued laminated bamboo flooring

将精刨竹条纤维方向相互平行,宽度方向拼宽,厚度方向层积一次胶合、加工成的或层板厚度方向层积胶合、加工而成的企口地板。

3.4

水平型竹集成材地板 horizontal glued laminated bamboo flooring

表板纤维方向与芯板纤维方向相互平行或垂直,地板表面与层板厚度方向层积胶合的胶层相互平行的竹集成材地板。

见图1。

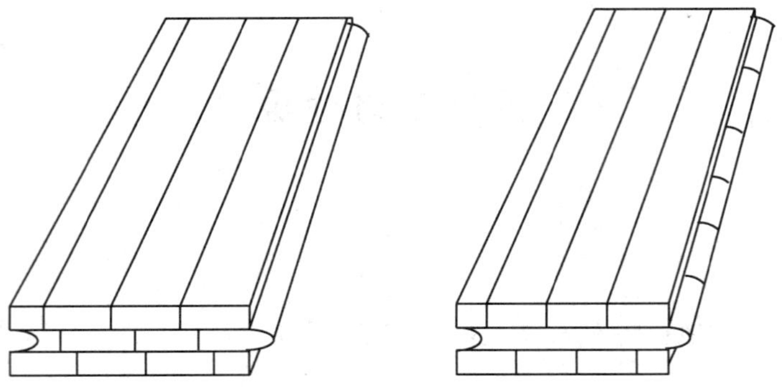

图 1　水平型竹集成材地板

注：商品名为平拼竹地板。

3.5

垂直型竹集成材地板　vertical glued laminated bamboo flooring

地板表面与竹条层积胶合的胶层相互垂直的竹集成材地板。

见图 2。

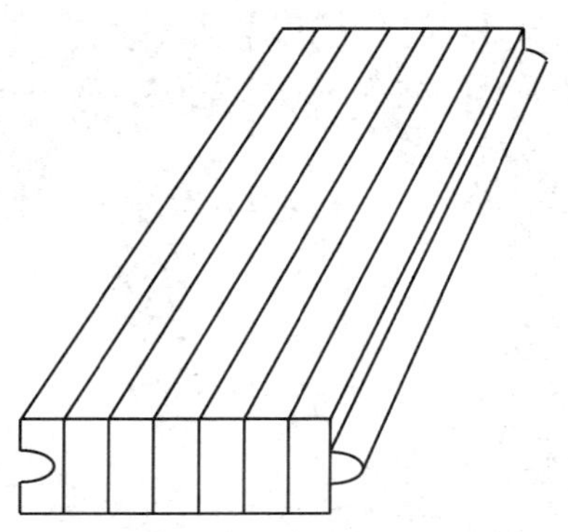

图 2　垂直型竹集成材地板

注：商品名为侧拼竹地板。

3.6

组合型竹集成材地板　glued laminated bamboo flooring in combination

水平竹集成材与垂直竹集成材组合结构的竹集成材地板。

见图 3。

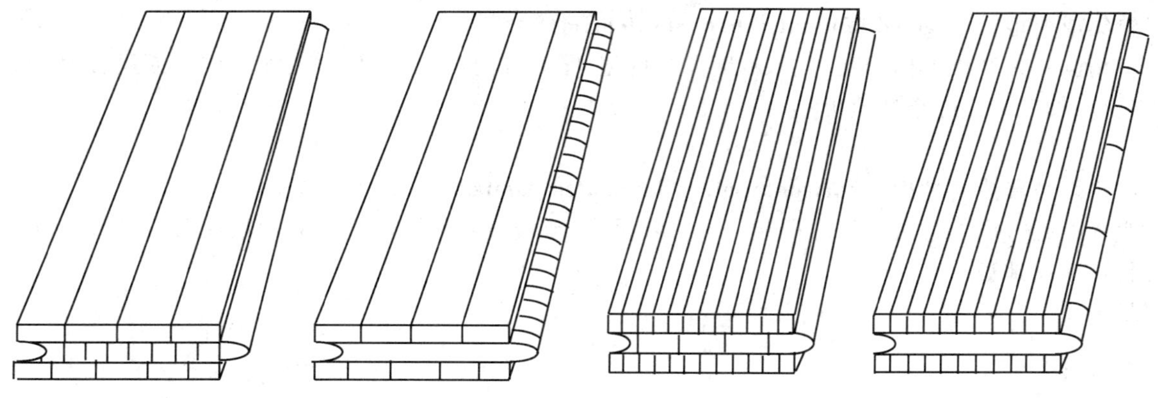

图 3　组合型竹集成材地板

3.7

腐朽　decay

由于腐朽菌的侵入,使细胞壁物质发生分解,导致竹材组织结构松散、强度和密度下降、竹材组织颜色发生变化的现象。

3.8

色差　colour variation

板面各部位颜色不一致。

3.9

裂纹　split

竹纤维沿竹材纹理方向分离。

3.10

虫孔　worm hole

蛀虫或其幼虫在竹材中蛀成的孔和虫道。

3.11

缺棱　wane

因竹片宽度不够、砂磨、刨削或碰撞所造成的棱边缺损。

3.12

拼接离缝　gap

相邻竹片之间的拼接缝隙。

3.13

波纹　cut mark

切削和砂磨时,在加工表面留下的形状和大小相近且有规律的波状痕迹。

3.14

污染　staining

受其他物质的影响,造成的部分表面颜色与本色不同。

3.15

鼓泡　blister

漆膜表面鼓起的大小不一的气泡。

3.16

针孔　pin hole

漆膜干燥过程中因收缩而产生的小孔。

3.17

皱皮　wrinkling

因漆膜收缩而造成的表面发皱现象。

3.18

漏漆　exposed undercoat

局部没有漆膜。

3.19

粒子　nib

漆膜表面粘附的颗粒状杂物。

3.20

霉变　moulding

因霉菌滋生而造成的材色的变化。

3.21

胀边　fatty edge

漆膜周边结成条状增厚部分。

3.22

榫舌残缺　rabbet deformity

榫舌在宽度及长度上有缺损。

见图 4。

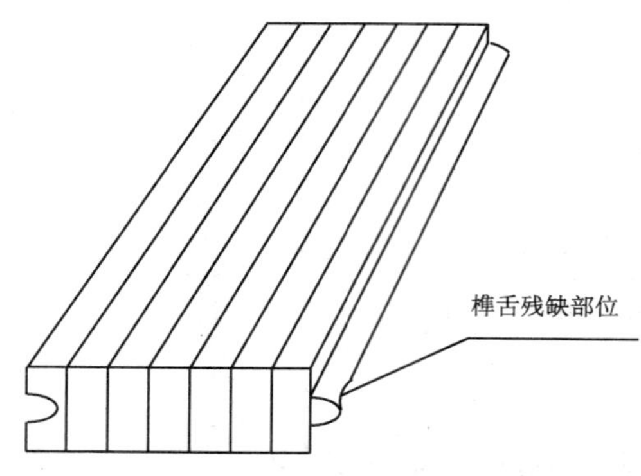

图 4　榫舌残缺

3.23

面层净尺寸　size of the surface layer

不包括榫舌的竹集成材地板表面层的长和宽。

3.24

炭化竹集成材地板　dark glued laminated bamboo flooring

竹条经湿热处理后制成的褐色竹集成材地板。

4　分类

4.1　按结构分为：

——水平型竹集成材地板；

——重直型竹集成材地板；

——组合型竹集成材地板。

4.2　按表面有无涂饰分为：

——涂饰竹集成材地板；

——未涂饰竹集成材地板。

4.3　按表面颜色分为：

——本色竹集成材地板；

——漂白竹集成材地板；

——炭化竹集成材地板。

5　技术要求

5.1　分等

产品分为优等品、一等品、合格品三个等级。

5.2 规格尺寸及偏差

5.2.1 常用规格尺寸如下：

——长度：450 mm～2 200 mm；

——宽度：75 mm～200 mm；

——厚度：8 mm～18 mm。

经供需双方协议可生产其他规格产品。

5.2.2 允许偏差见表1。

表1 允许偏差

项目	单位	允许偏差
面层净长 l	mm	公称长度 l_n 与每个测量值 l_m 之差的绝对值≤0.50
面层净宽 w	mm	公称宽度 w_n 与平均宽度 w_m 之差的绝对值≤0.15 宽度最大值 w_{max} 与最小值 w_{min} 之差≤0.20
厚度 t	mm	公称厚度 t_n 与平均厚度 t_m 之差的绝对值≤0.30 厚度最大值 t_{max} 与最小值 t_{min} 之差≤0.20
垂直度 q	mm	q_{max}≤0.15
边缘直度 s	mm/m	s_{max}≤0.20
翘曲度 f	%	宽度方向翘曲度 f_w≤0.20 长度方向翘曲度 f_l≤0.50
拼装高差 h	mm	拼装高差平均值 h_a≤0.15 拼装高差最大值 h_{max}≤0.20
拼装离缝 o	mm	拼装离缝平均值 o_a≤0.15 拼装离缝最大值 o_{max}≤0.20

5.3 外观质量要求

外观质量要求见表2。生产企业为保证其成品符合标准规定，应通过逐块检验地板块外观质量确定其等级。

表2 外观质量要求

项目		优等品	一等品	合格品
漏刨	表面、侧面	不允许		
	背面	不允许	轻微	允许
榫舌残缺		不允许	残缺长度≤板长的5%，残缺宽度≤1 mm	
色差	表面	不明显	轻微	允许
	背面	允许		
裂纹	表面、侧面	不允许	允许1条宽度≤0.2 mm 长度≤100 mm	
	背面	允许，应进行腻子修补		

表 2(续)

<table>
<tr><th colspan="2">项目</th><th>优等品</th><th>一等品</th><th>合格品</th></tr>
<tr><td rowspan="2">宽度方向拼接离缝</td><td>表板</td><td>不允许</td><td colspan="2">允许 1 条宽度≤0.2 mm</td></tr>
<tr><td>背板</td><td>不允许</td><td colspan="2">允许,宽度≤1 mm</td></tr>
<tr><td colspan="2">腐朽</td><td colspan="3">不允许</td></tr>
<tr><td colspan="2">虫孔</td><td colspan="3">不允许</td></tr>
<tr><td colspan="2">波纹</td><td colspan="2">不允许</td><td>不明显</td></tr>
<tr><td colspan="2">缺棱</td><td colspan="3">不允许</td></tr>
<tr><td colspan="2">污染</td><td colspan="2">不允许</td><td>≤板面积的 5%(累计)</td></tr>
<tr><td colspan="2">霉变</td><td colspan="2">不允许</td><td>不明显</td></tr>
<tr><td colspan="2">鼓泡(ϕ≤0.5 mm)</td><td>不允许</td><td>每块板不超过 3 个</td><td>每块板不超过 5 个</td></tr>
<tr><td colspan="2">针孔(ϕ≤0.5 mm)</td><td>不允许</td><td>每块板不超过 3 个</td><td>每块板不超过 5 个</td></tr>
<tr><td colspan="2">皱皮</td><td colspan="2">不允许</td><td>≤板面积的 5%</td></tr>
<tr><td colspan="2">漏漆</td><td colspan="3">不允许</td></tr>
<tr><td colspan="2">粒子</td><td colspan="2">不允许</td><td>轻微</td></tr>
<tr><td colspan="2">胀边</td><td colspan="2">不允许</td><td>轻微</td></tr>
<tr><td colspan="5">注 1:不明显——正常视力在自然光下,距地板 0.4 m,肉眼观察不易辨别。
注 2:轻微——正常视力在自然光下,距地板 0.4 m,肉眼观察不显著。
注 3:鼓泡、针孔、皱皮、漏漆、粒子、胀边为涂饰竹集成材地板检测项目。
注 4:竹条厚度局部不足按漏刨处理。</td></tr>
</table>

5.4 理化性能指标

5.4.1 理化性能指标应符合表 3 的规定。

表 3 竹集成材地板理化性能指标

<table>
<tr><th colspan="3">项 目</th><th>指 标 值</th></tr>
<tr><td colspan="3">含水率</td><td>6.0% ~ 15.0%</td></tr>
<tr><td rowspan="4">静曲强度</td><td rowspan="2">面板纤维方向与芯板纤维方向相互平行</td><td>厚度≤15 mm</td><td>≥80 MPa</td></tr>
<tr><td>厚度>15 mm</td><td>≥75 MPa</td></tr>
<tr><td rowspan="2">面板纤维方向与芯板纤维方向相互垂直</td><td>厚度≤15 mm</td><td>≥75 MPa</td></tr>
<tr><td>厚度>15 mm</td><td>≥70 MPa</td></tr>
<tr><td rowspan="2">浸渍剥离试验</td><td colspan="2">水平型竹集成材地板
组合型竹集成材地板</td><td>四个侧面的各层层板之间的任一胶层的累计剥离长度≤该胶层全长的 1/3,六个试件中至少五个试件达到上述要求</td></tr>
<tr><td colspan="2">垂直型竹集成材地板</td><td>两端面胶层剥离长度大于胶层全长的 1/3 的胶层数≤总胶层数的 1/3,六个试件中至少五个试件达到上述要求</td></tr>
</table>

表 3（续）

项 目		指 标 值
表面漆膜耐磨性	磨耗转数	磨 100 r 后表面未磨透
	磨耗值	≤0.12 g/100 r
表面漆膜耐污染性		5 级，无明显变化
表面漆膜附着力		不低于 2 级
表面抗冲击性能		压痕直径≤10 mm，无裂纹

5.4.2 甲醛释放量指标值按 GB 18580 的规定确定。

6 检验方法

6.1 规格尺寸检验

6.1.1 计量器具

6.1.1.1 钢卷尺，3 m 长，分度值为 1.0 mm。

6.1.1.2 150 mm 钢板尺，分度值为 0.5 mm。

6.1.1.3 游标卡尺，分度值为 0.02 mm。

6.1.1.4 千分尺，分度值为 0.01 mm。

6.1.1.5 直角尺，精度等级 2 级。

6.1.1.6 塞尺，分度值为 0.02 mm。

6.1.2 面层净长

按 GB/T 18103—2013 中 6.2.2.1 的规定进行。

6.1.3 面层净宽

按 GB/T 18103—2013 中 6.2.2.2 的规定进行。

6.1.4 厚度

按 GB/T 18103—2013 中 6.2.2.3 的规定进行。

6.1.5 直角度

按 GB/T 18103—2013 中 6.2.2.4 的规定进行

6.1.6 边缘直度

按 GB/T 18103—2013 中 6.2.2.5 的规定进行。

6.1.7 翘曲度

按 GB/T 18103—2013 中 6.2.2.6 的规定进行。

6.1.8 拼装高差和拼装离缝

按 GB/T 18103—2013 中 6.2.2.7 的规定进行。

6.2 外观质量检验

按 5.3 外观质量要求，对所取样本采用目测或用 6 倍读数放大镜、分度值为 0.5 mm 的钢板尺、分度值为 0.02 mm 的塞尺进行逐项检量，判定其等级。

6.3 理化性能检验

6.3.1 取样

6.3.1.1 样本按 7.4.3 的规定抽取。

6.3.1.2 去掉试样两端 20 mm 后裁取试件，应避免影响检验准确性的各种缺陷。

6.3.2 试件

试件按表 4、图 5 制作，试件制作图按长度为 920 mm、宽度为 92 mm 的地板绘制。如样本规格尺寸较小，不能满足试件尺寸和数量的要求，可适当增加抽取的样本数。反之，如样本规格尺寸较大，则在满足试件尺寸和数量的前提下，可适当减少抽取的样本数。

表 4 试件尺寸、数量及编号

检测项目	试件尺寸(长×宽) mm	数量/块	编号	备注
含水率	50×50	3	3	
静曲强度[a]	300×30($h\leqslant15$) 350×30($h>15$)	6	1	
浸渍剥离试验	75×75	6	2	
表面漆膜耐磨性	100×100	1	4	涂饰竹集成材地板，当地板宽度小于 100 mm时，需拼宽至 100 mm
表面漆膜耐污染性	长度 300	1	6	涂饰竹集成材地板
表面漆膜附着力	长度 250	1	5	涂饰竹集成材地板
表面抗冲击性能	长度 230	3	7	
试件边、角平直，长度、宽度允许偏差±0.5 mm。 甲醛释放量试件尺寸及数量按 GB 18580 的规定确定，在锯完后立即用聚乙烯塑料袋密封包装，放置在 20 ℃条件下至少 24 h。				
[a] 制取静曲强度试件应去除榫槽、榫舌。				

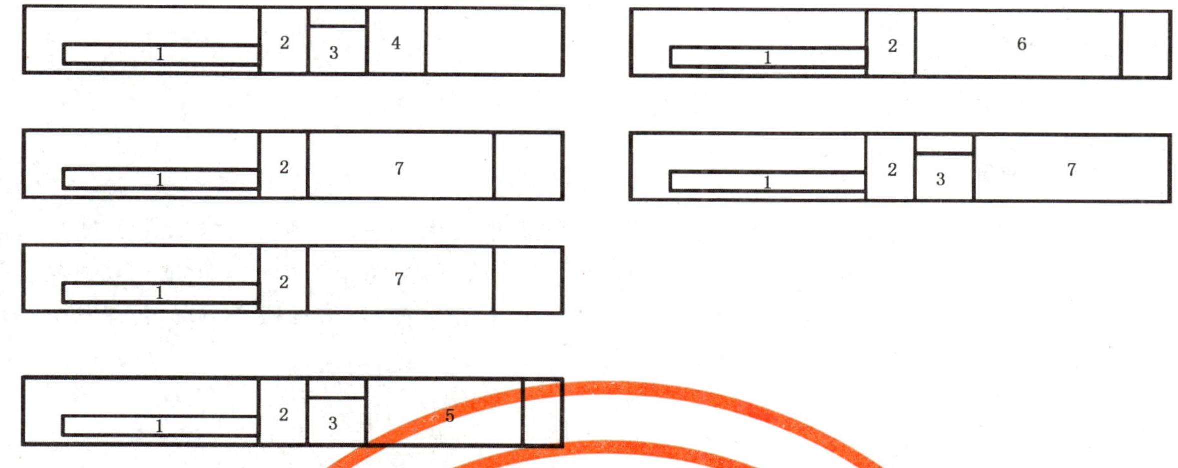

图 5 试件制取图

6.3.3 试件尺寸测量

试件尺寸的测量方法按 GB/T 17657—2013 中 4.1 的规定进行。

6.3.4 含水率

按 GB/T 17657—2013 中 4.3 的规定进行。被测试样的含水率是全部试件含水率的算术平均值。

6.3.5 浸渍剥离

按 GB/T 17657—2013 中 4.19.4.1 的Ⅱ类浸渍剥离试验法的规定进行,按表 3 要求,仔细观察所测胶层有无剥离。断续剥离累计计算;凡剥离间隙<0.1 mm、剥离长度≤3 mm 者忽略不计;竹条自身开裂、缺损不计。用厚度为 0.1 mm 的塞尺进行探测,并用钢板尺测量剥离长度。

计算所测胶层的累计剥离长度并与该胶层全长进行比较;统计剥离长度>胶层全长 1/3 的胶层条数。

6.3.6 静曲强度

6.3.6.1 按 GB/T 17657—2013 中 4.7 的规定进行。

6.3.6.2 测量厚度时地板条表、背面开的槽忽略不计。

6.3.6.3 当试件厚度≤15 mm 时,支座距离 L 为 240 mm,当试件厚度>15 mm 时,支座距离 L 为 300 mm。

6.3.6.4 测试时试件正面向上。

6.3.6.5 被测试样的静曲强度为 6 个试件的静曲强度的算术平均值,精确至 0.1 MPa。

6.3.7 表面漆膜耐磨性

按 GB/T17657—2013 中 4.44 的规定进行。磨 100 r,计算磨耗值并观察试件表面被磨部分漆膜是否被磨透。

6.3.8 表面漆膜耐污染性

按 GB/T17657—2013 中 4.41 方法 2 的规定进行。选择 2 种代表性污染物丙酮和黑咖啡作为常规污染试验物。

6.3.9 表面漆膜附着力

按 GB/T 17657—2013 中 4.56 的规定进行。

6.3.10 表面抗冲击性能

按 GB/T 17657—2013 中 4.51 的规定进行。每个试件只冲击一次。试验时，试件下衬幅面为 300 mm×300 mm，厚度为(2.5±0.2) mm，面密度为 75 g/m^2 的泡沫聚乙烯。在距试件表面高度为 1 m处使钢球自由垂直落于试件表面。测量每个试件的压痕直径并观察表面破损情况，记录最大的压痕直径及最严重的表面破损情况作为测试结果。

6.3.11 甲醛释放量

按 GB18580 的规定进行。

7 检验规则

7.1 检验分类

产品检验分出厂检验和型式检验。

7.2 出厂检验

出厂检验包括以下项目：

——外观质量检验；

——规格尺寸检验；

——理化性能检验项目中含水率、浸渍剥离试验、表面漆膜耐磨性。

7.3 型式检验

7.3.1 型式检验除了包括出厂检验的全部项目外，还应增加静曲强度、抗冲击性能的检验、表面漆膜耐污染性、表面漆膜附着力等项目。

7.3.2 有下列情况之一时，应进行型式检验：

——当原辅材料及生产工艺发生较大变动时；

——长期停产后恢复生产时；

——正常生产时，每半年检验不少于一次；

——质量监督部门提出型式检验要求时。

7.4 抽样方案及判定规则

7.4.1 规格尺寸抽样方案及判定规则

7.4.1.1 抽样方案

7.4.1.1.1 规格尺寸检验应在同一批次中抽取样本。面层净长、面层净宽、厚度、垂直度、边缘直度、翘曲度采用 GB/T 2828.1—2012 中的二次抽样方案，其检查水平为Ⅰ，接收质量限(AQL)为 4.0。规格尺寸检验抽样方案见表 5。

7.4.1.1.2 拼装高差、拼装离缝检验的样本数为 10 块，该 10 块样本从检验规格尺寸的同批产品中随机抽取。

表 5　规格尺寸检验抽样方案

单位为块

批量范围	样本	样本大小	累计样本大小	接收数(Ac)	拒收数(Re)
≤150	第一	5	5	0	2
	第二	5	10	1	2
151～280	第一	8	8	0	2
	第二	8	16	1	2
281～500	第一	13	13	0	3
	第二	13	26	3	4
501～1 200	第一	20	20	1	3
	第二	20	40	4	5
1 201～3 200	第一	32	32	2	5
	第二	32	64	6	7
3 201～10 000	第一	50	50	3	6
	第二	50	100	9	10

7.4.1.2　判定规则

7.4.1.2.1　面层净长、面层净宽、厚度、垂直度、边缘直度、翘曲度，第一次检验的样品数量应等于该方案的第一样本数。按表 1 要求，如果第一样本中发现的不合格品数小于或等于第一接收数，应认为该批产品是可以接收的。如果第一样本中发现的不合格品数介于第一接收数与第一拒收数之间，应抽取第二样本。如果累计第一和第二样本中发现的不合格品数小于或等于第二接收数，则判定数该批产品是可以接收的。如果累计不合格品数大于或等于第二拒收数，则判定数该批产品是不可以接收的。

7.4.1.2.2　拼装高差、拼装离缝检验的样本按表 1 要求进行检验，如果第一次抽样检验有不合格项目，允许在同批产品中加倍抽样(20 块，分 2 组)对该项目复检一次，2 组均合格方可判为合格。所有项目全部合格方可判为合格。

7.4.1.2.3　当面层净长、面层净宽、厚度、垂直度、边缘直度、翘曲度、拼装高差、拼装离缝均合格时，判定该批产品的规格尺寸合格。

7.4.2　外观质量抽样方案及判定规则

7.4.2.1　抽样方案

对成批拨交竹集成材地板进行外观质量检验时，应从同一批次中抽取样本。采用 GB/T 2828.1—2012 中的二次抽样方案，其检查水平为Ⅱ，接收质量限(AQL)为 4.0，外观质量检验抽样方案见表 6。

表 6　外观质量检验抽样方案

单位为块

批量范围	样本	样本大小	累计样本大小	接收数(Ac)	拒收数(Re)
≤150	第一	13	13	0	3
	第二	13	26	3	4
151～280	第一	20	20	1	3
	第二	20	40	4	5
281～500	第一	32	32	2	5
	第二	32	64	6	7

表 6（续）

单位为块

批量范围	样本	样本大小	累计样本大小	接收数(Ac)	拒收数(Re)
501～1 200	第一	50	50	3	6
	第二	50	100	9	10
1 201～3 200	第一	80	80	5	9
	第二	80	160	12	13
3 201～10 000	第一	125	125	7	11
	第二	125	250	18	19

7.4.2.2 判定规则

第一次检验的样品数量应等于该方案给出的第一样本数。如果第一样本中发现的不合格品数小于或等于第一接收数，应认为该批产品是可以接收的。如果第一样本中发现的不合格品数介于第一接收数与第一拒收数之间，应抽取第二样本。如果累计第一和第二样本中发现的不合格品数小于或等于第二接收数，则判定该批产品是可以接收的。如果累计不合格品数大于或等于第二拒收数，则判定数该批产品是不可以接收的。

7.4.3 理化性能抽样方案及判定规则

7.4.3.1 抽样方案

在提交检查批中随机抽取样本，抽样方案见表 7，第一次抽样检验不合格的项目，允许在同一批次产品中加倍抽样复检，复检分两组进行。

表 7 理化性能检验抽样方案

单位为块

批量范围	初检抽样数	复检抽样数
≤1 000	6	12
>1 000	12	24

7.4.3.2 判定规则

含水率、静曲强度、浸渍剥离试验、表面漆膜耐磨性、表面漆膜耐污染性、表面漆膜附着力、表面抗冲击性能性、甲醛释放量均符合要求时为合格；否则不合格项应进行加倍抽样复检，复检均合格时，该批产品的理化性能判定为合格，否则判定为不合格。

7.5 综合判定

当产品规格尺寸、外观质量、理化性能三项检验结果均合格时，判定该批产品为合格产品，否则判定为不合格产品。

8 标志、包装、运输和贮存

8.1 标志

产品应标明等级、生产日期、检验员代号，或根据供需合同规定加盖产品标志。

8.2 包装

产品包装箱(袋)外面应印有或贴有生产厂名、厂址、商标、产品标准号、规格、等级、甲醛释放量等级、颜色、数量、出厂日期。

8.3 运输和贮存

产品在运输和贮存中,应注意防雨、防潮、防晒、防变形。